U0366114

国家出版基金项目
NATIONAL PUBLICATION FOUNDATION

雷达技术丛书

雷达接收机技术

弋稳　王冰　伍小保　张德智　编著

电子工业出版社
Publishing House of Electronics Industry
北京·BEIJING

内 容 简 介

雷达接收机是雷达系统的重要组成部分。本书主要阐述雷达接收机和频率源系统及电路的工作原理、基本理论、主要组成、设计技术和测试方法，重点阐述数字化收发技术、相控阵雷达接收机和数字阵列雷达接收机的工作原理和典型实现方法，并介绍近年来发展的基于先进封装工艺的接收机技术、RFSoC（射频片上系统）接收机技术、微波光子接收机技术和一体化多功能接收技术等新技术。

本书重点介绍雷达接收系统及电路的设计和工程实现方法，力求从工程的角度阐述，突出实用性、先进性、通用性、系统性和完整性。本书可供从事雷达及相关专业的工程技术人员使用，也可作为高等学校电子工程系雷达及相关专业的教学参考书。

图书在版编目（CIP）数据

雷达接收机技术 / 弋稳等编著. -- 北京 ：电子工业出版社，2024. 12. --（雷达技术丛书）. -- ISBN 978-7-121-49573-1

Ⅰ. TN957.5

中国国家版本馆 CIP 数据核字第 20252S761P 号

责任编辑：朱雨萌　　　　文字编辑：苏颖杰
印　　刷：天津嘉恒印务有限公司
装　　订：天津嘉恒印务有限公司
出版发行：电子工业出版社
　　　　　北京市海淀区万寿路 173 信箱　邮编　100036
开　　本：720×1 000　1/16　印张：29.25　字数：608.4 千字
版　　次：2024 年 12 月第 1 版
印　　次：2024 年 12 月第 1 次印刷
定　　价：180.00 元

凡所购买电子工业出版社图书有缺损问题，请向购买书店调换。若书店售缺，请与本社发行部联系，联系及邮购电话：（010）88254888，88258888。

质量投诉请发邮件至 zlts@phei.com.cn，盗版侵权举报请发邮件至 dbqq@phei.com.cn。

本书咨询联系方式：（010）88254754。

"雷达技术丛书"编辑委员会

总　序

雷达在第二次世界大战中得到迅速发展，为适应战争需要，交战各方研制出从米波到微波的各种雷达装备。战后美国麻省理工学院辐射实验室集合各方面的专家，总结第二次世界大战期间的经验，于1950年前后出版了雷达丛书共28本，大幅度推动了雷达技术的发展。我刚参加工作时，就从这套书中得益不少。随着雷达技术的进步，28本书的内容已趋陈旧。20世纪后期，美国Skolnik编写了《雷达手册》，其版本和内容不断更新，在雷达界有着较大的影响力，但它仍不及麻省理工学院辐射实验室众多专家撰写的28本书的内容详尽。

我国的雷达事业，经过几代人70余年的努力，从无到有，从小到大，从弱到强，许多领域的技术已经进入国际先进行列。总结和回顾这些成果，为我国今后雷达事业的发展做点贡献是我长期以来的一个心愿。在电子工业出版社的鼓励下，我和张光义院士倡导并担任主编，在中国电子科技集团有限公司的领导下，组织编写了这套"雷达技术丛书"（以下简称"丛书"）。它是我国雷达领域专家、学者长期从事雷达科研的经验总结和实践创新成果的展现，反映了我国雷达事业发展的进步，特别是近20年雷达工程和实践创新的成果，以及业界经实践检验过的新技术内容和取得的最新成就，具有较好的系统性、新颖性和实用性。

"丛书"的作者大多来自科研一线，是我国雷达领域的著名专家或学术带头人，"丛书"总结和记录了他们几十年来的工程实践，挖掘、传承雷达领域专家们的宝贵经验，并融进新技术内容。

"丛书"内容共分3个部分：第一部分主要介绍雷达基本原理、目标特性和环境，第二部分介绍雷达各组成部分的原理和设计技术，第三部分按重要功能和用途对典型雷达系统做深入浅出的介绍。"丛书"编委会负责对各册的结构和总体内容进行审定，使各册内容之间既具有较好的衔接性，又保持各册内容的独立性和完整性。"丛书"各册作者不同，写作风格各异，但其内容的科学性和完整性是不容置疑的，读者可按需要选择其中的一册或数册阅读。希望此次出版的"丛书"能对从事雷达研究、设计和制造的工程技术人员，雷达部队的干部、战士以及高校电子工程专业及相关专业的师生有所帮助。

　　"丛书"是从事雷达技术领域各项工作专家们集体智慧的结晶,是他们长期工作成果的总结与展示,专家们既要完成繁重的科研任务,又要在百忙中抽出时间保质保量地完成书稿,工作十分辛苦,在此,我代表"丛书"编委会向各分册作者和审稿专家表示深深的敬意!

　　本次"丛书"的出版意义重大,它是我国雷达界知识传承的系统工程,得到了业界各位专家和领导的大力支持,得到参与作者的鼎力相助,得到中国电子科技集团有限公司和有关单位、中国航天科工集团有限公司有关单位、西安电子科技大学、哈尔滨工业大学等各参与单位领导的大力支持,得到电子工业出版社领导和参与编辑们的积极推动,借此机会,一并表示衷心的感谢!

中国工程院院士

2012 年度国家最高科学技术奖获得者

2022 年 11 月 1 日

前　言

雷达体制、雷达系统技术的需求不断更新，引领着雷达接收机技术的发展，模拟和数字集成电路技术的快速发展推动了雷达接收机技术的进步。近年来，随着相控阵雷达，特别是数字阵列雷达技术的快速发展和广泛应用，雷达接收机技术在阵列化和数字化方面发展迅速。本书按雷达接收机技术的基本架构、理论、实践应用的脉络，阐述了现代雷达接收机的新技术，特别是数字化收发、数字波形产生、数字阵列接收技术及阵列接收机主要实现方式等内容。本书内容分为 10 章。

第 1 章，概论：结合技术的发展，简要介绍相控阵雷达、数字阵列雷达、数字接收机、数字化波形产生技术的基本原理和发展。

第 2 章，现代雷达接收机技术分类：介绍现代雷达接收机技术的共性要求和不同体制接收机的主要要求，着重论述模拟相控阵和数字阵列雷达接收机的相关新技术需求、架构和体制。

第 3 章，雷达接收机的基本理论：主要介绍噪声理论、匹配网络理论、采样理论和频率稳定度理论。

第 4 章，雷达接收系统设计：主要介绍接收机的低噪声设计、变频分析和交调抑制、大动态范围设计、滤波和接收机带宽设计、系统调制与解调设计等。

第 5 章，雷达频率源：主要介绍雷达接收机对频率源的要求、直接频率合成器、锁相频率合成器、直接数字频率合成器（DDS）、发射激励和测试信号，以及波形设计，阐述了相关数字阵列接收系统时钟信号的基本要求，给出了目前较为通用的综合频率合成方式。

第 6 章，数字化收发和波束形成控制：详细介绍雷达数字化收发和数字阵列系统波束形成控制的基本原理和设计方法，包括与雷达数字化收发相关的采样频率变换与多速率滤波的基本原理、DAC 技术和常用雷达数字波形产生技术、ADC 技术、数字解调和数字下变频技术、收发信号失真分析与补偿处理、常规 DBF 幅相测量与控制技术、宽带 DBF 时延测量与控制技术，以及宽窄带数字阵列系统的多通道同步设计。由于数字阵列系统的波束形成控制一般在数字化收发部分实现，因此将波束形成控制与数字化收发的相关内容放在同一章中阐述。

第 7 章，可扩充阵列模块设计技术：主要面向模拟相控阵和子阵数字化相控阵雷达接收机工程实现，阐述可扩充阵列模块（SAM）设计技术，包括 SAM 的功能组成与工作原理、技术要求及指标、设计方法等，并给出设计实例。

第 8 章，数字阵列模块设计技术：主要面向数字阵列雷达接收机，阐述数字阵列模块（DAM）的设计技术，包括 DAM 的功能组成及工作原理、技术要求及指标、设计方法等，并给出设计实例。

第 9 章，雷达接收机测试技术：主要介绍接收机噪声系数和灵敏度、镜像抑制特性及通频带、动态和增益、幅度和相位控制特性、ADC 和 I/Q 正交特性的测试技术，频率源功率、频率、杂散抑制度、频率稳定度，以及波形特性和 DAM 测试技术。

第 10 章，现代雷达接收机设计展望：介绍先进封装工艺，并展望其在雷达接收机设计中的应用前景，简述了 RFSoC 接收机技术的原理及其在雷达接收系统中的应用，阐述了微波光子接收机的基本原理和设计方法，以及一体化多功能接收机技术的发展状况。

书中的仿真结果均由 MATLAB 软件生成，部分未显示坐标轴端点数据，但并不影响读者理解相关内容，特此说明。

在本书编写过程中，王小谟院士、吴剑旗院士、罗健首席专家、中国电子科技集团有限公司第三十八研究所（以下简称"38 所"）靳学明副所长、弋稳研究员对本书内容提出了指导性的建议。38 所副总工程师李佩研究员确定了本书的编写思路、大纲及主要内容。非常不幸的是，在本书编写期间，李佩因病去世。李佩是 38 所微波技术和接收技术的专业带头人，他的离世使雷达界失去了一位优秀的微波技术专家，38 所微波技术人员失去了一位良师益友，本书的出版时间和技术水平也因此产生了不确定性。我们秉承前期确定的思路和方向，努力完成了书稿的编写工作，第 1~3 章主要由弋稳、王冰、张德智编写，第 4 章由弋稳、王冰、吴兵、赵以贵编写，第 5 章主要由弋稳、吉宗海编写，第 6 章主要由伍小保、王冰编写，第 7 章主要由郑林华、张德智编写，第 8 章主要由张德智、王才华、王冰编写，第 9 章主要由弋稳、彭卫编写，第 10 章主要由刘勇、朱文松、崇毓华、刘秉策、王冰编写。安徽大学吴先良教授对本书进行了仔细审核，并提出了宝贵的意见；华东电子工程研究所蔡德林研究员、胡善祥研究员、郑世连研究员、王凯研究员对本书的初稿进行了仔细的审阅，微波技术研发中心与我们共事多年的同人为本书的编写提供了大量宝贵的技术资料，并提出了许多有益的建议，朱国政和赵丁雷工程师完成了本书的初步编排工作。本书在编写过程中还得到了工作单位领导及"雷达技术丛书"编辑委员会和有关同志的支持和帮助，也得到了电子工业出版社的大力支持，在此一并深表感谢。

由于我们的理论和技术水平有限，书中难免存在各种各样的错误和疏漏，恳请相关领域的专家和读者批评指正。

编著者

目　录

第 1 章

概　论

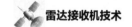

提要： 本章概述雷达接收机在雷达系统中的作用，以及各种不同用途、不同体制、不同频段雷达接收机的特点，介绍通用雷达接收机的基本工作原理、组成和主要技术参数。

1.1 概述

"雷达"这个名称是美国海军在第二次世界大战期间，自 1940 年开始使用的一个保密代号。它是"无线电探测和测距"（Radio Detection and Ranging）的英文缩写。雷达的基本任务是目标的探测，并从中提取如目标距离、角坐标、速度和反射特征等方面的信息。

雷达发射机产生的电磁能经天线辐射到大气中，以光的速度（约 3×10^8 m/s）传播，位于雷达天线波束内的物体或目标遇到雷达辐射的电磁能，会反射其中一部分，雷达天线接收到微弱的回波，通过雷达接收机进行放大，然后将射频信息转换成视频或数字（包含目标的幅度和相位等信息）信号，再经信号处理和数据处理，最后显示出所需要的目标信息。

1.1.1 接收机在雷达系统中的作用

通常，完整的雷达接收机主要包括接收通道、频率源和激励通道（含波形产生）三部分。图 1.1 和图 1.2 所示为接收机在典型雷达系统中的构成和作用位置。在传统单/多通道（堆积多波束）雷达中，集中大功率发射电路和系统都较复杂，通常划为单独的发射分系统。而在数字阵列雷达中，采用分布式发射，发射单元成千上万，单个发射通道功率较小，电路复杂度大大下降，在物理形态上也和接收通道等集成为一体，所以通常和接收机集成为收发分系统。本书主要介绍接收机，因此分离出发射功率电路（图 1.1 中灰色部分），将其余的电路归为接收机。

雷达接收机的主要作用是放大和处理雷达发射之后返回的回波，并以在有用的回波和无用的干扰之间获得最大鉴别率的方式对回波进行滤波。干扰（有时称作杂波）不仅包含雷达接收机产生的噪声，也包含从银河系、邻近雷达、通信设备，以及可能的干扰台接收到的电磁能。干扰还包括雷达本身辐射的能量被无用的目标（如建筑物、山、森林、云、雨、雪、鸟群、虫类、金属箔条等）散射的部分。这里要说明的是，对于不同用途的雷达，有用回波和杂波是相对的。一般来说，雷达探测的飞机、船只、地面车辆和人员所反射的回波是有用信号，海面、地面、云雨等反射的回波均为杂波，但对气象雷达而言，云、雨相关信号则是有用的。

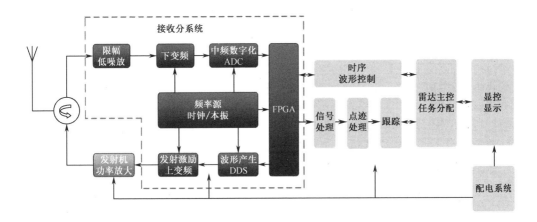

图 1.1 接收机在传统单/多通道雷达中的构成和作用位置

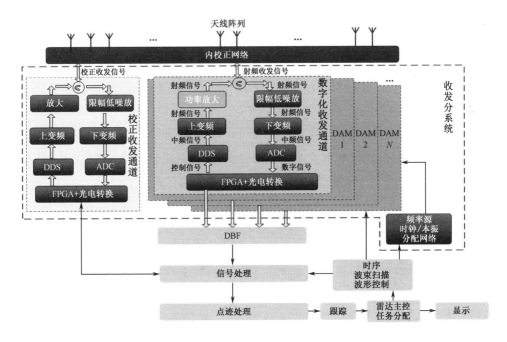

图 1.2 接收机在数字阵列雷达中的构成和作用位置

雷达性能通常用能检测给定散射截面目标的最大作用距离来表征。雷达方程的基本形式可写为

$$R_{\max}^4 = \frac{P_t G_t G_r \lambda^2 \sigma_T}{(4\pi)^3 S_{\min}} \qquad (1.1)$$

式中，$R_{\max}$ 为最大探测距离；P_t 为发射机功率；G_t 为发射天线增益；G_r 为接收天线增益；λ 为发射电磁能量的波长；σ_T 为目标雷达散射截面积；$S_{\min}$ 为接收机最小可检测信号功率。

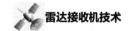

假定雷达使用同一口径的天线进行发射和接收，则式（1.1）可改写成

$$R_{\max}^4 = \frac{P_t G A \sigma_T}{(4\pi)^2 S_{\min}} \tag{1.2}$$

式中，$G = G_t = G_r = \dfrac{4\pi A}{\lambda^2}$；$A$ 为有效天线口径。

一般地，天线的有效口径往往受到物理尺寸的限制，这样，发射机功率 P_t 和接收机最小可检测信号功率 $S_{\min}$ 就成为关键的参数。此外，发射机功率常常受到体积和成本的限制，所以设计良好的接收机是雷达系统十分重要的关键技术。

接收的回波往往非常微弱，检测这些微弱信号的限制通常跟雷达接收机的噪声成分有关。$S_{\min}$ 是一个与检测概率和虚警概率有关的参数，它表示雷达接收机检测微弱信号的能力，是接收机输入端可检测的最小信号功率。$S_{\min}$ 称为雷达接收机的灵敏度，它不仅与接收机的噪声性能有关，而且与雷达的工作体制有关。

雷达接收机在接收有用回波的同时，还会遭受到杂波干扰（如由分布物体产生的杂波干扰、干扰机施放的噪声调频干扰等）。另外，接收机内部的非线性器件也会产生交调干扰。接收机设计面临的主要问题是，在有不需要的信号存在时，如何使雷达检测目标回波的能力最大。

除主要考虑接收机噪声和杂波外，还必须考虑增益、动态范围、带宽、相位和幅度稳定性，以及过载和饱和的敏感性等因素。雷达接收机的具体设计还与雷达的用途、波形的形式、干扰特性及接收信号的处理方式有关。

1.1.2 雷达接收机的发展简况

早期的雷达接收机有超再生式接收机、晶体视频接收机和调谐式射频接收机，自从超外差接收机出现，由于其具有高灵敏度和强抗干扰能力，使得几乎所有雷达系统都采用了它，但在具体物理实现上形态各异。

超外差雷达接收机的发展可以通过图 1.3～图 1.5 来说明。图 1.3 所示是早期脉冲雷达接收机的原理框图。发射机采用大功率高频振荡器直接产生所需要的功率，接收机为简单的超外差接收机，本振一般为高频或微波振荡器。图 1.4 所示为振荡式发射机动目标显示雷达接收机的原理框图。它不仅有低噪声高频放大器、稳定本振，同时还用发射信号对相干振荡器的相位进行锁定。图 1.5 所示为具有放大链的现代雷达接收机的原理框图。它的稳定本振由高稳定频率合成器组成，发射功率由功率放大器产生。波形产生、相干振荡器、信号处理和数据处理的时钟及稳定本振信号都是以一个高稳定晶体振荡器为基准产生的。

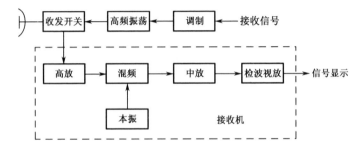

图 1.3　早期脉冲雷达接收机的原理框图

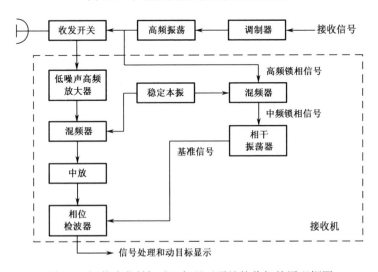

图 1.4　振荡式发射机动目标显示雷达接收机的原理框图

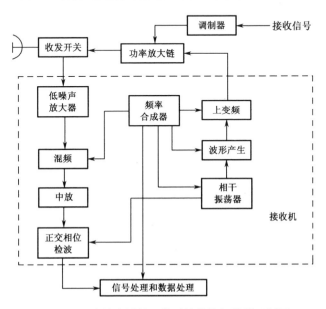

图 1.5　具有放大链的现代雷达接收机的原理框图

虽然现代雷达接收机均采用超外差接收机体制，但因雷达体制的不同，接收机的形式多种多样，比较典型的有双通道接收机、多通道接收机（堆积波束三坐标雷达接收机和数字波束形成雷达接收机）、单脉冲雷达接收机、相控阵雷达接收机、机载成像雷达接收机、气象雷达接收机等。20 世纪 80 年代后期至 90 年代，固态有源相控阵雷达逐渐成为主流。此后，各种性能先进的实验 DBF 雷达的研究更加深入、广泛。进入 21 世纪，基于 DBF 技术的数字阵列雷达开始从实验室进入装备应用，同时收发技术也由分立模块、低集成度的单/多通道接收机向以高集成多通道 SAM（可扩充阵列模块）和 DAM（数字阵列模块）为代表的收发技术方向发展，从模拟接收机向数字接收机发展，以支撑雷达实现全数字波束形成，并得到了快速应用。作为数字阵列雷达的核心设备，数字化收发系统决定了雷达的综合性能（包括智能化、数字化、集成化、模块化等性能），其基本原理框图如图 1.2 所示。

2016 年，美国 ADI 公司和加利福尼亚大学等机构提出了一种基于晶圆级的发射相控阵，单个硅片上集成了射频分配网络、功分器、相控阵信道和高效天线。该 60GHz 的相控阵在 x 和 y 方向上以 $\lambda/2$ 为间距，分为 64 单元相控阵和 256 单元相控阵，面积分别为 $21.4\times22mm^2$（$471mm^2$）和 $41.2\times42mm^2$（$1740mm^2$）。

2018 年，美国国防部高级研究计划局（DARPA）的毫米波数字阵列项目 MIDAS 采用单元级数字化，聚焦两项关键技术的发展：一是硅芯片的发展，以形成阵列磁贴的核心收发机；二是开发宽带天线，将发射/接收元件和整体系统集成。该项目天线采用扁平化设计，可以贴在飞机等装备的外壳上。在天线的正下方，使用小间距 3D 异构集成了基于磷化铟的射频前端和 32 通道 18～50GHz 收发器 ASIC（内置数据转换器和数字波束发生器），这是一个完整的从射频到数字的片上系统，包括发射器、接收器和数据转换器。2 通道差分直接转换收发器的性能如下：支持 16 个单元，两个方向极化（H/V）；高选择性滤波；低增益、高动态范围接收器；在单个芯片上需要 64 个低功耗 ADC 和 DAC（I/Q 配对）。

2019 年，美国 IQ-Analog 公司发布其开发的天线处理器 ASIC 已应用于洛克希德·马丁公司的数字 AESA 传感器，助力向全数字天线处理能力转变。IQ-Analog 公司全谱转换天线处理单元 Full Spectrum Conversion IQA-F1000 采用 12nm FinFETCMOS 工艺，以及独特的高速数据转换方法，性能如下：行波脉冲波量化 TPWQ 4TX4RX；64GHz 采样频率和 30GHz 瞬时带宽；可实现在 30GHz 以下直接射频采样接收。

2020 年，美国正式上线的太空围栏雷达系统项目使用单元级数字波束成形阵列雷达对太空碎片进行检测。这种雷达使用了 FPGA 等商用现货电子产品（COTS）

和高功率氮化镓器件，采用数字收发单元为基本模块的架构，可以进行快速扩展。

同时期，DARPA 在设备技术、电路设计和封装等方面进行投资，构建新的数字波束成形架构。在毫米波频段上，大量采用数字波束形成技术。一种新的 AESA 技术——全单元数字波束形成（Full Element Digital Beam Forming，FEDBF）技术，可实现高灵敏度和灵活的雷达资源管理，使雷达能够根据任务的需要建立不同的接收波束模式。现在，Thales 公司已经在水面（地面和海军）雷达中使用 FEDBF 技术。最新一代多功能雷达实现了 FEDBP 能力，包括在一个（振幅/相位）单元的基础上控制接收辐射模式。此外，AESA 技术还允许在（仅相位）单元对单元的传输辐射模式下进行控制。多功能雷达的发展还需要一种新的数字处理技术，其计算能力比上一代提升 1000 倍。

2017 年，德国 Hensoldt 公司开发了 SiGe SoC BiCMOS DBF 接收芯片，数字 SoC（D-SoC）接收器虽然仍需要内部 I/Q 解调来向下转换模拟信号，但是已经建立了 DBF 的 A/D 变换器对，所有的模拟和数字部分完全集成在一块芯片上。

在微系统集成上，DARPA 基于多通道 ADC、DDS 和多通道同步技术，通过集成、高效的设计方案，完成了数字收发单元的原理分析和电路集约化设计。从异构技术的发展态势来说，DARPA 聚焦单片级架构，发展圆片级平台工艺，特征尺寸是 HIC 间距是 $3\mu m$。产业界的英特尔、台积电等公司以产品升级换代和市场需求为抓手，大力发展异构封装体系和平台，特征尺寸是以倒装芯片为基础的凸点间距约为 $50\mu m$。从异构集成功能来说，DARPA 致力于下一代毫米波和亚毫米波数字电路与模拟/微波电路的集成，是异质材料、异类功能的集成；英特尔公司布局于 CPU、FPGA、多类存储等全数字电路集成，是同质材料、不同工艺节点和异类功能的异构集成。从技术成熟度来看，两者最终实现途径的共同点是多小芯片模式的异构集成，后续需要实现 IP 复用、小芯片互联物理接口标准开放等，从而形成生态链。美国 Raytheon 公司通过微系统集成技术大幅提高了阵面集成度，研发了 X 波段 128 通道一体化设计的片式有源阵面样件。可见，微系统集成改变了数字化接收通道、收发通道的物理形态，进而改变了有源阵面的物理形态，大幅提高了阵面的集成度和轻量化性能。

1993 年，吴曼青在《DDS 技术及其在发射 DBF 中的应用》中提出了"直接数字波束控制系统"的概念，其基本思想是利用 DDS 的相位可控性来实现对相控阵发射波束的控制，并于 1998 年研制出 4 单元基于 DDS 技术的 DBF 发射阵，可以形成发射和/差波束及低副瓣的方向图。该项技术的突破标志着发射 DBF 技术是可以实现的，证明了前阶段理论研究的正确性，为下一步的研究打下了基础。

2000 年，吴曼青团队成功研制了国内首部数字阵列雷达试验台，实现了发射波束的数字形成与扫描、在任意指定方向上的多零点形成和超低副瓣（优于−40dB）的接收数字波束形成，在世界上率先成功地进行了对实际目标的探测。该项技术的突破填补了国内收发全数字波束形成相控阵技术的空白，对发展新型相控阵雷达具有十分重要的理论意义与实用价值。

为了进一步验证收发全 DBF 技术在工程上应用的可行性，实现数字阵列雷达技术的性能优势，为数字阵列雷达的工程应用探索出一条可持续发展的道路，2001 年，中国电子科技集团有限公司第三十八研究所开展了 512 单元收发全 DBF 技术雷达样机研制，建立了一个 512 单元的系统样机，验证了工程应用关键技术，确定了数字阵列雷达体系结构，并进行了波瓣测试和系统的外场观察目标，并对核心器件——数字阵列模块的各项指标进行了测试。

2005 年，该项目获得成功，完成了工程化的 512 单元数字阵列雷达系统研制。这标志着数字阵列雷达体系结构、具有自主知识产权的数字阵列雷达模块、大容量数据传输与实时多波束形成等关键技术均取得突破，实现了在多种模式下对飞行目标的探测和连续跟踪，覆盖范围达到方位 $\pm60°$、俯仰 $\pm30°$；实现了对民航目标的探测；实现了高相位控制精度、超低天线副瓣和大系统瞬时动态等关键技术指标。它标志着我国数字阵列雷达已进入实用研究阶段。

目前，数字阵列雷达技术已在我国雷达产品中广泛应用，数字化收发技术也得到很多科研机构广泛和深入的研究。

例如，2021 年，华东电子工程研究所报道实现了 S 波段瓦片式宽带数字阵列模块的研究，通过机电热一体化设计，突破了片式高密度集成设计、微波垂直互连、三维微波数字混合设计、多通道数字收发等关键技术。该瓦片式数字阵列模块将传统体制 DAM 数字母板中 ADC 和 DDS 前移，与射频前端、模拟中频进行集成设计，实现了分布数字化、集中数字处理，可以对 DAM 进行 4/8/16 通道灵活配置；采用弹性连接器完成高速、控制、电源信号互联，实现了 22.4Gbps 高速数据信号传输；采用整体水冷、局部毛细散热方案，充分利用高热流密度散热技术，取得了良好的散热效果。与传统 DAM 相比，它具有宽带综合射频前端，软件可灵活定义系统功能，将在雷达、通信、电子战等多个领域得到更加广泛的应用。

2014 年，南京电子技术研究所报道了一种工作在 S 波段的数字 T/R 组件，并重点介绍了其工作原理与关键技术设计方法。与传统的 S 波段 T/R 组件相比，该组件实现了小型化、大功率输出、高效率的性能，在电性能指标和结构性能指标方面都完全达到了技术要求，具有很高的实用价值。相信随着国产元器件水平的不断提高，采用 GaN 开发微带集成电路 MMIC，利用 GaN 器件在功率、效率、温度等方面的出色性能，可有效解决高功率发射与电源功耗、散热之间的矛盾，将进一步提高 T/R 组件的集成度，实现更高功率和更高效率的 T/R 组件的设计。

2016 年，南京电子技术研究所报道了针对宽带雷达信号通道均衡的均衡算法及参考通道的选择，系统推导了基于时域、频域及自适应的均衡算法公式，利用 FIR 滤波器仿真得到宽带均衡器在不同条件下的波束方向图及脉冲压缩输出，着重考虑了参考通道的选择对通道均衡效果的影响。经过基于实际雷达的试验测试，证实了参考通道的选择对通道均衡的重要性及各均衡手段的优劣。该方法具有很高的工程应用价值。

目前，雷达接收机技术在体制上，朝着单元级数字化的方向发展；在功能上，朝着多功能一体化的方向发展；在形态上，朝着轻、薄、低剖面的方向发展。单片化和数字化是雷达接收机技术的发展方向。

1.1.3　雷达接收机的工作频率和分类

雷达的工作频率与雷达的工作性能密切相关，不同用途和不同体制的雷达往往采用不同的工作频率。不同工作频率的雷达接收机，在实现方法和所获得的电气性能上也有较大的差异。

高频（3～30MHz）和甚高频（30～300MHz）是雷达发明以来较早使用的工作频段。第二次世界大战前夕，英国人研制的第一部实用雷达就工作在 22～28MHz 频段。第二次世界大战期间研制的一些警戒雷达和火控雷达大都工作在 30～300MHz 频段。在这个频段，大功率器件当时比较容易获得，接收机的频率稳定度及其相关的动目标显示性能也容易实现，不易出现盲速，在高频频段，由于电离层的反射作用，还可以实现超视距雷达体制。基于以上原因，这个频段的雷达目前还有新型的产品研制，但是由于该频段内的广播、电视电磁波频谱很拥挤，往往使接收机饱和阻塞，所以接收机频率的选择比较严格，并用窄带滤波器组进行频率预选，以防止广播、电视频率对雷达的干扰。近年来，先进米波雷达技术解决了空域覆盖、测量精度和抗干扰等问题，充分结合米波雷达在反隐形等方面的独特优势，使米波段雷达重放异彩，得到新的发展，如全数字阵列高机动米波反隐形雷达、米波综合脉冲孔径雷达（SIAR）、舰载米波雷达等。

超高频（300～1000MHz）和 P 波段（230～1000MHz）基本重合，在这个频段，外部噪声较低，接收机具有良好的动目标显示能力，但是也有通信和电视电磁波频谱的干扰，接收机频率的选择和滤波同样十分重要。

广播、通信和电视电磁波对一般雷达来说是严重的干扰，但近年研究的无源探测技术则以这些电磁波为发射源，对于雷达反侦察具有十分重要的意义。

L 波段（1000～2000MHz）是警戒雷达常用的频段，工作在这个波段的雷达作用距离远，外部噪声较低，天线尺寸不太大，角分辨率也较高。

从米波（高频）到 L 波段的雷达接收机电路都可以用集总参数来实现。近年来，基于通信技术的飞速发展，许多单片微波集成电路（MMIC）具有良好的性能价格比，迅速发展的声表面波滤波器也为这个波段雷达接收机的实现提供了良好的手段。以上这些有利条件为接收机的微电子化和模块化奠定了基础。

S 波段（2000～4000MHz）是目前雷达使用较多的频段，远距离的警戒引导雷达和中距离的跟踪雷达均可使用这一波段。在这个波段，合理的天线尺寸可得到较高的角分辨率，但电磁波受气象条件的影响已变得明显起来。对雷达接收机而言，动目标显示能力虽然比 P 波段要差一些，但是随着频率合成技术和全相参雷达体制的不断完善，在这一波段也可获得理想的 MTI（动目标显示）性能。

C 波段（4000～8000MHz）介于 S 和 X 波段之间，雷达性能也是两个波段的折中，中距离的警戒引导雷达可以使用这个波段。这个波段的雷达具有良好的机动性，常用于飞机的警戒引导、船舶的导航和武器的控制。这个波段的接收机由于有较严重的气象干扰，动目标性能不甚理想，很多关键电路的设计要采用分布参数，与雷达 MTI 改善因子密切相关的频率源短期频率稳定度也随频率的升高而变差。

X 波段（8～12.5GHz）也是雷达使用较多的频段。这个波段的雷达体积小、波瓣窄，适用于机载或其他移动的场合，多普勒导航雷达和武器控制（火控）雷达及精密跟踪雷达大都采用这个波段。这个波段的雷达接收机采用分布参数设计，仍能实现小型化。

S、C 和 X 波段较严重的气象干扰影响了雷达接收机的动目标性能。然而，对气象雷达而言，云雨的反射回波恰恰是所需要的信号，因此气象雷达大都工作在 S、C 和 X 波段。

Ku（12～18GHz）波段是主动导引头成像雷达的主要工作频段，同时，大型相控阵测量雷达、精密跟踪雷达、ISAR 雷达也在应用。目前，综合考虑系统的体积、重量和成本，这个频段的雷达多采用模拟相控阵和子阵数字化相控阵体制。

K 和 Ka（12.5～40GHz）及毫米波波段的雷达目前处于快速发展时期，首先在民用汽车防撞雷达上得到广泛应用。例如，24GHz、77GHz 汽车防撞雷达已批量装车应用，其特点是系统芯片化，整个雷达由一片涵盖射频、信号产生、数字化、信号处理和数据处理完整功能的 SoC 实现，高集成、低功耗、低成本。一些精确制导雷达和大型军用毫米波雷达也在这个频段实现高精度定位、跟踪、成像和目标识别。

Ku、K 和 Ka（12.5～40GHz）及毫米波波段的雷达较少，但是近年来发展的制导雷达和星载雷达使用了该波段。另外，随着反隐形技术的发展，米波和毫米波雷达也受到人们的格外重视。

随着 HMIC（混合微波集成电路）和 MMIC（单片微波集成电路）的迅速发展，雷达接收机的微电子化实现有了较好的基础。目前，制约接收机小型化的重要因素为滤波器，所以从 S 波段到 X 波段微型滤波器的研究仍然是接收机微电子化研究的重点。

雷达接收机除按频段划分外，还可按用途和体制进行分类。

按用途分类，雷达可分为警戒雷达、引导雷达、火控雷达、精密跟踪雷达、制导雷达、合成孔径雷达、气象雷达和空中交通管制雷达等。用途不同，雷达的体制也有所不同，随着技术的发展，同样用途的雷达的工作体制也会各种各样，相应的雷达接收机会有较大的区别。例如，三坐标雷达除早先的 V 波束体制、堆积波束三坐标雷达、频扫三坐标雷达、相扫三坐标雷达外，还有目前广泛应用的模拟相控阵雷达和 DBF（数字波束形成）体制数字阵列雷达，其相应的雷达接收机的组成和性能要求也各不相同。

根据现代雷达接收机的不同要求和特点，本章除阐述传统的通用两通道雷达接收机、多通道接收机和单脉冲雷达接收机的性能和特点外，还重点介绍相控阵雷达接收机、机载雷达接收机、气象雷达接收机，以及目前迅速发展的数字阵列雷达数字接收机。

1.2　雷达接收机的基本工作原理

直到现在，雷达系统仍在采用超外差接收机技术，只是随着数字技术的发展，变频滤波等环节也可以采用数字信号处理来实现，可称之为数字化超外差。传统雷达接收机原理框图如图 1.6 所示，实际的雷达接收机并不一定包括图中全部部件，为了保证雷达的性能，也可能比该原理框图更为复杂。例如，为了使接收机在宽频带工作，常常要采用二次变频方案，为了保证系统频率稳定度和宽带跳频，稳定本机振荡器常常采用复杂的频率合成器方案。

由图 1.6 可知，经天线进入接收机的微弱信号首先要经过射频放大器进行放大，射频滤波器用于抑制进入接收机的外部干扰，有时把这种滤波器称为预选器。对于不同波段的雷达接收机，射频滤波器可能放置在射频放大器之前或之后，放在放大器之前，对雷达抗干扰和抗饱和很有好处，但是滤波器的损耗会增大接收机的噪声；放在放大器之后，对接收系统的灵敏度和噪声系数有好处，但是抗干扰和抗饱和能力将变差。

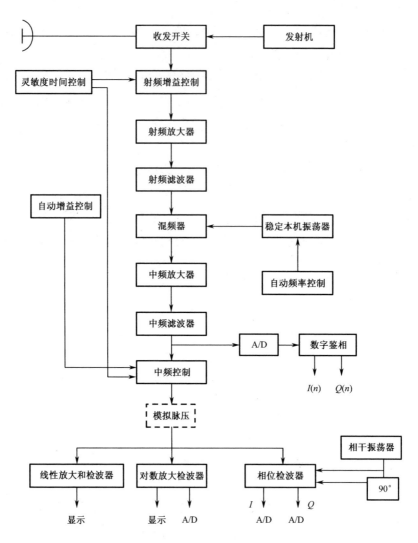

图 1.6　传统雷达接收机原理框图

混频器将雷达的射频信号变换成中频信号，中频放大器不仅比微波放大器成本低、增益高、稳定性好，而且容易对信号进行匹配滤波。对于不同频率、不同频带的接收机都可以通过变换本振频率使其形成固定中频频率和带宽的中频信号。

灵敏度时间控制（STC）和自动增益控制（AGC）是雷达接收机抗饱和、扩展动态及保持接收机增益稳定的主要措施。STC 是在某些探测雷达中使用的一种随着作用距离减小而降低接收机灵敏度（增大衰减或损耗）的技术。它是将接收机的增益作为时间（对应为距离）的函数来实现的，在信号发射之后，按照一定比例使接收机的增益随时间而增大，或者说使增益衰减器的衰减量随时间而减小。此技术的副作用是降低了接收机在近距离时的灵敏度，从而减小了近距离时检测小目标的概率。STC 可以在射频或中频实现，经常表示为 RFSTC 或 IFSTC。RFSTC 可能放置在射频放大器之前或之后，视对接收机总动态的要求而定。AGC 是一种反馈技术，用于调整接收机的增益，以便使系统保持适当的增益范围。它对接收机在宽温、宽频带工作中保持增益稳定具有重要作用。对于多路接收机系统，它还有保持接收机增益平衡的作用，此时也常把 AGC 称为 AGB（自动增益平衡）。

本机振荡器（LO）是雷达接收机的重要组成部分。在非相干雷达中，本机振荡器（简称本振）是一个自由振荡器，通过自动频率控制（AFC）电路将本振的频率调谐到接收射频信号所需要的频率上。AFC 有时也称自动频率微调（简称自频调）。自频调电路首先搜索和跟踪、测定发射信号频率，然后把本振的频率调谐到比发射信号频率低（或高）一个中频的频率上，以便通过混频使发射信号的回波信号能落入接收机的中频带宽之内。在相干接收机（有时也称相参接收机）中，稳定本机振荡器（STALO）是与发射信号相干的。在现代雷达接收机中，稳定本机振荡器和发射信号及相干振荡器、全机时钟都是通过频率合成器产生的。频率合成器的频率则以一个高稳定的晶体振荡器为基准。此时，当然就不需要自频调了。

混频后的中频信号通常要通过几级中频放大器（简称“中放”）来放大，在中频放大器中，还要插入中频滤波器和中频增益控制电路。在许多情况下，混频器和第一级中放电路组成一个部件（通常称为混频前中），以使混频-放大器的性能最佳。前置中放后面的中频放大器经常称为主中放。对于 P、L、S、C 和 X 波段的雷达接收机，典型的中频范围为 30～1000MHz，考虑到器件成本、增益、动态范围、保真度、稳定性和选择性等因素，一般希望使用的中频频率低一些。但当需要信号宽频带时，便要使用较高的中频频率。比如，现在迅速发展的成像技术就要求有较高的中频频率和较宽的中频带宽。在二次变频接收机中，中频频率的选择更为重要。

经中频放大之后，可采用几种方法来处理信号。对于非相干检测和显示，可采用线性放大器和检波器来为显示器或检测电路提供信息。在要求大的瞬时动态范围时，可使用对数放大器-检波器。对数放大器可提供 80～90dB 的有效动态范围，对于大时间带宽积的线性调频或非线性调频信号可以用脉冲压缩电路来实现匹配滤波。接收机的脉冲压缩电路中一般为模拟脉冲压缩，如果是数字脉冲压缩，则要放置在信号处理系统中。对于相干处理，中频放大器的输出可以用正交相位检波器来完成，以产生同相（I）和正交（Q）基带信号，这种信号包含回波信号的相位和幅度信息。根据多普勒原理，这些信号经处理后便可提取动目标显示（MTI）信息并最大限度地减小固定杂乱回波的影响。对于这种检测，相干振荡器（COHO）可以通过发射信号的锁相进行，也可通过频率合成器产生全相参的相干

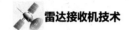

振荡器信号。

在雷达中，经过接收机处理的视频信号、基带信号（或中频信号）可以通过 A/D 变换器变换成数字信号，再输出给信号处理和数据处理分系统进行处理。通常对中频直接进行 A/D 采样，然后进行数字 I/Q 鉴相的接收机叫作数字接收机。

对于目前广泛应用的数字阵列雷达系统，由于采用分布式多通道发射，单元发射功率较小，发射电路大大简化，已没有明显独立的传统形态的发射机，发射链路的变频、滤波等也和接收机进行了融合设计，发射链路和接收链路融合为收发分系统，是一个基于数字阵列模块（DAM）的多通道数字化收发分系统。DAM 接收通道完成回波信号的接收、放大、变频、滤波和数字化接收，形成数字基带信号，从而由信号处理分系统实现接收 DBF。DAM 发射通道完成雷达波形信号的 DDS 形成、变频、滤波放大，经功率放大器（简称"功放"）送至天馈分系统，其 DDS 波形形成技术能够实现高精度相位控制，可以实现发射 DBF。校正/监测收发分机为有源阵面的校正、测试和监测提供有源收发通道。

系统频率源以高稳定、低相噪恒温晶体振荡器为频率基准，在产生收发通道变频所需要的本振信号的同时，还产生信号处理、数据处理、波束与时序控制所需要的各种参考同步时钟信号，以保证雷达整机系统的相参性。典型数字阵列雷达收发分系统原理框图如图 1.7 所示。

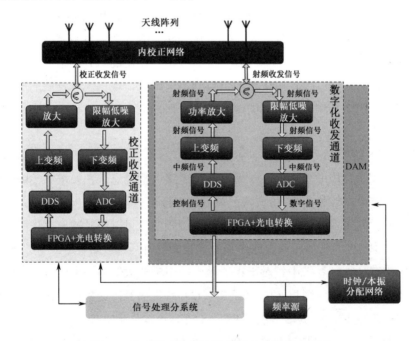

图 1.7　典型数字阵列雷达收发分系统原理框图

数字接收机接收来自天线单元的回波信号，模拟接收通道首先对回波信号进行一系列处理，包含保护接收机免烧毁或饱和的限幅器、低噪声放大器（LNA）、开关分段滤波器、补偿放大器、混频器和抗混叠滤波器等设备。在现有技术条件下，雷达工作频率在 C 波段以下，已可以实现直接对射频信号进行数字化，但是目前高射频采样会带来 S/N 等指标的降低，所以在工程实现时要综合考虑系统动态、功耗、成本等因素选择采用射频直采、混频，还是射频直接解调接收体制。经过模拟接收通道处理后的回波信号送入数字接收机，由高速率 A/D 变换器对模拟回波信号进行采样，采样后的数字信号在专用数字下变频（DDC）芯片或在 FPGA 中借助数控振荡器（NCO）实现雷达信号的射频或中频数字解调功能，解调出数字基带信号。同时，为了与后续的信号处理机进行数据匹配，往往还要对高速率的数字信号进行抽取和进一步的数字匹配滤波。通常，为满足系统动态范围要求，雷达系统中 ADC 的分辨率作为器件选型首要考虑的因素，同时兼顾射频带宽、采样频率等指标。

数字发射机主要包括激励信号产生器、匹配滤波器、上变频器、功率放大器和环行器（或隔离器）等部件。激励信号产生器由 FPGA 和 DDS 芯片直接产生雷达所需的波形信号，频率、带宽、调制形式、脉冲宽度和初始相位等信号特征均可由外部参数控制。DDS 输出的波形信号首先要经过匹配滤波器，完成发射信号的提纯处理，滤除系统并不需要的频谱成分。上变频器完成频率变换，功率放大链通常可分为前级放大和末级放大，是发射通道的核心部分。自 20 世纪 60 年代末开始研制，目前固态发射机凭借其独特优势几乎应用于所有的相控阵雷达，是现代雷达的主流设计技术。发射机的另一个重要部件就是环行器（或隔离器），其功能是实现收发通道隔离及发射信号与端口反射信号的隔离。在相控阵雷达中，发射波束的扫描会引起天线有源驻波的变化，在发射通道设计时应关注。

校正收发通道是完成数字阵列雷达内、外校正的辅助功能通道，在进行发射校正时，对校正信号的幅度、相位信息进行提取；在进行接收校正时，产生校正信号。同时，校正收发通道还可以产生用于雷达系统测试的模拟目标信号和机内自检信号等，以方便雷达的测试、状态监测和检修。

1.3　雷达接收机的基本组成

现代雷达接收机的基本组成可分为三部分，即射频接收、数字接收及频率源和波形产生。

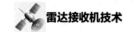

1.3.1 射频接收机

1.2 节在阐述雷达接收机基本工作原理时,给出了接收前端一次变频的原理框图,但在传统雷达接收机中,大多采用二次变频的方案,这是因为受 ADC/DAC 器件射频输入频率范围的限制,中频频率不能太高。此时,具有一定射频带宽的接收机一次变频的镜像频率一般都落在信号频率带宽之内,只有通过提高中频才能使镜像频率落在信号频率带宽之外。这时需要二次变频降低中频频率,镜像频率的信号或噪声是我们不需要的,必须通过射频滤波器(又称预选器)滤除。随着 ADC/DAC 器件射频输入频率的提高,在现代相控阵体制的雷达接收机中,一次变频的方案也被广泛采用,为了抑制镜像频率,混频器一般要采用镜像频率抑制混频器。关于混频器及其镜像频率抑制的原理,将在第 4 章详细论述。

图 1.8 所示为一般接收前端原理框图,实际应用时还要根据雷达的具体要求和结构布局进行适当的调整。RFSTC 和预选滤波器要根据对接收机总动态和抗干扰的要求放置在适当的位置,可以在低噪声放大器前,也可以在低噪声放大器后。有时为了减小馈线损耗,需要把低噪声放大器放置在靠近天线的接收机输入口,低噪声放大器后的长线输出则需要适当的补偿放大器进行补偿。射频测试信号的馈入也可根据不同的要求而采用不同的方式。

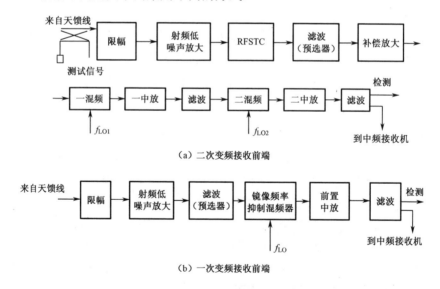

(a)二次变频接收前端

(b)一次变频接收前端

图 1.8   一般接收前端原理框图

1.3.2 中频接收机

在传统雷达中,射频接收机后会有中频接收机对中频模拟信号做一定的处理。中频接收机原理框图如图 1.9 所示。图 1.9(a)所示为目前雷达中频接收机常用的方案。其中，"零中频"是正交相位检波器的另一种说法，"宽限窄"是宽带放大限幅、窄带滤波的意思。图 1.9（b）所示为一种直接对中频进行采样，然后进行 *I/Q* 分离的方案。目前，在 S 波段以上采用中频采样方案的接收机还是主流，它的最大好处是 *I/Q* 正交度可以做得很高，A/D 变换器位数的不断增加也可使接收机的瞬时动态信号不断增加，从而克服零中频电路对接收机瞬时动态的限制。声表面波（SAW）脉冲压缩电路是模拟脉冲压缩常用电路，现代雷达大多采用数字脉冲压缩电路。模拟脉冲压缩的实现是在信号处理中完成的，它的最大特点是简单可靠，最大优点则是能进行波形捷变，波形捷变是现代雷达抗干扰的重要措施。

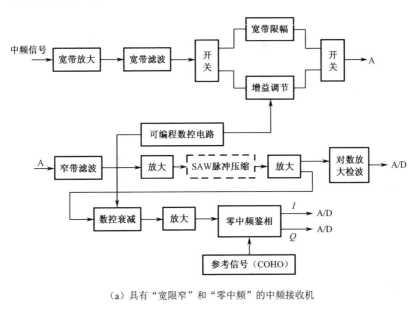

（a）具有"宽限窄"和"零中频"的中频接收机

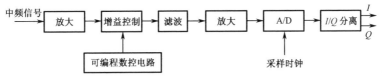

（b）中频直接采样接收机

图 1.9 中频接收机原理框图

1.3.3 数字接收机

雷达系统向数字化、软件化和智能化发展，首先就要实现数字化，将模拟信号转变为数字信号，实现数字化收发。目前，中频和基带数字化广泛应用，将数字化处理（A/D 变换和 D/A 变换）尽量靠近天线，即实现射频数字化是接收机的发展方向，也是实现全数字化雷达的关键技术。射频数字化实现方案和技术指标主要取决于 ADC 和 DAC 器件的水平。理想的射频数字化前端是在全微波频段都能实现单元级射频数字化，同时能够满足系统对通道噪声、动态等指标的要求，就需要 ADC 和 DAC 器件能够具有宽频段输入范围，以及超高速采样能力和高分辨率。这也是 ADC 和 DAC 器件厂家的目标，但目前尚无法达到。图 1.10 显示了数字化收发在接收机中的位置。图 1.11 是典型的射频数字化收发原理框图。

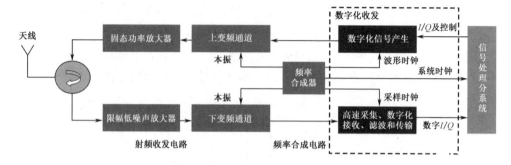

图 1.10　数字化收发在接收机中的位置示意图

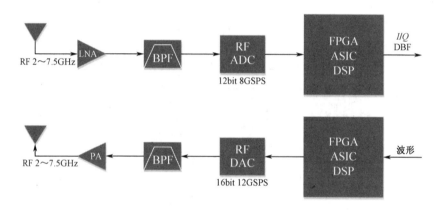

图 1.11　典型的射频数字化收发原理框图

数字化接收包括模数变换（A/D）和数字信号预处理（数字解调和多速率信号处理）。其中，ADC 芯片实现模拟中频/射频信号的数字化，数字解调实现中频实信号到数字基带信号的变换。另外，为了最小化处理资源，需要对不同信号带宽的信号进行采样频率变换处理；为了补偿不同体制模拟接收通道的失真，需要进行相应的失真补偿和数字均衡处理，以及数字阵列 DBF 相关的幅相、时延数字化控制功能；具体实现时可以基于 ADC 芯片+FPGA 芯片、多功能 ASIC 芯片或 SoC 芯片等。

在数字接收机中，输入信号首先被下变频到射频或中频，然后直接进行数字采样，并在数字域中完成解调、滤波和抽取等处理，最后输出 I、Q 基带信号。与传统的模拟接收机相比，数字接收机的优点体现在以下几个方面。

（1）减少了模拟电路的温度漂移、增益变化、直流电平漂移和非线性失真等的影响。

（2）数字接收机在中频直接采样，信号没有通过视频检波器，使得接收机能保留尽量多的信息。

（3）采用数字混频的方式实现正交解调，获得的正交特性优于模拟混频，并避免了模拟混频产生的寄生信号和交调失真。

（4）一般具有可编程的特点，参数配置灵活。

（5）数字滤波器的阶数可以很高，使其频响特性易于控制。

（6）数字化数据能长期保存，可用更灵活的信号处理方法从数字信号中获取需要的信息。

（7）对多通道接收机而言，数字接收机通道间的均衡性好，易于集成，体积小，功耗低。

1.3.4 频率源和波形产生

1. 频率源

频率源是雷达接收机十分重要的组成部分。早期的频率源只是具有一定稳定度的本机振荡器（常用压控振荡器来实现）和相干振荡器。随着雷达技术的发展，雷达对频率源的稳定度（特别是短期稳定度）的要求越来越高，只有具有全相参（全相干）的频率合成器才能满足现代雷达对频率源频率稳定度的要求。

非相参雷达频率源如图 1.12 所示。

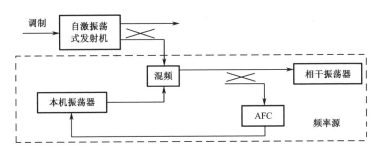

图 1.12　非相参雷达频率源

全相参雷达的频率源原理框图如图 1.13 所示。频率源的核心是频率合成器，其他有产生相参的二本振、中频相干振荡器（COHO）及激励发射机大功率放大器的发射激励源。

全相参雷达频率源中的频率合成器可以用直接合成和间接合成（锁相）的方

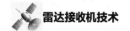

法来实现。

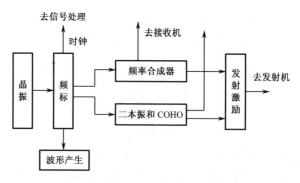

图 1.13 全相参雷达频率源原理框图

全相参直接合成器以一个高稳定的晶体振荡器为参考,通过倍频、混频放大及开关滤波器来获得所需要的一组高稳定频率信号。图 1.14 所示为一种常用的直接合成器原理框图。图中两种梳齿波发生器的频段是根据频率合成器的频率、带宽及所需要的频率间隔综合考虑确定的。

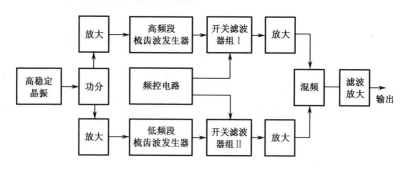

图 1.14 一种常用的直接合成器原理框图

锁相频率合成器原理框图如图 1.15 所示。这种频率合成器通过锁相环将压控振荡器产生的振荡信号锁定在高稳定晶振相关的频率及相位上,从而获得一组高稳定的本振信号。锁相环还兼有窄带滤波器的作用,详细分析将在后续相应的章节中阐述。

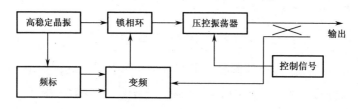

图 1.15 锁相频率合成器原理框图

2. 波形产生

随着雷达技术的发展，雷达发射信号波形的产生问题越来越受到人们的关注，其产生的方法也在不断改进、提高和创新，从最初的压控振荡器（VCO）、声表面波（SAW）和超声波器件模拟产生方法发展到现在的数字化产生。雷达技术的进步，各种新体制、多功能雷达的涌现对雷达发射信号的质量和产生的灵活性提出了更高的要求。比如，现代数字相控阵多功能雷达的工作方式要求雷达发射信号具有任意波形形式的能力，如在一个重复周期内发射长短不一的脉冲，分别照射远距离与近距离的不同目标，在一个脉冲内发射不同的波形，以实现抗干扰和反辐射等功能；为适应对更复杂的雷达信号进行能量管理，不仅需要通过改变信号的脉冲宽度，还要通过改变信号的幅度来合理分配能量。这就要求雷达的波形形成非常灵活，传统的模拟产生方法已不能适应这种要求，取而代之的是数字波形产生。

用数字方法产生波形不仅具有较好的灵活性和可重复性，而且便于实现幅相补偿来提高合成波形的质量。数字波形合成就其具体的产生方法，可分为数字基带产生加模拟正交调制方法和中频或射频直接产生方法。前者称为基带产生法，其基本原理是用数字直读方法产生 I/Q 基带信号，然后由模拟正交调制器将其调制到中频载波上。这种波形产生方法在数字电路发展早期被广泛采用。其优点是能灵活地产生各种波形，对数字电路的速度要求不高。但其引入的模拟正交调制器难以做到理想的幅相平衡，致使输出波形产生镜像虚假信号和载波泄漏，从而影响系统的脉冲压缩主旁瓣比。特别是在产生相对带宽较宽的波形时，这种缺陷尤为明显。中频或射频直接产生方法是一种基于 DDS（Direct Digital Synthesis）技术的波形产生方法。近年来，高速数字电路的飞速发展使在较高中频直接合成雷达所需波形成为可能。基于 DDS 技术的波形产生方法实际上是类似于查表直读，直接输出信号的雷达波形产生方法，只不过基于 DDS 结构的独特性，合成波形的方式更灵活，更适合要求波形捷变的雷达系统。相控阵的每个发射模块都包含一块 DDS 芯片，利用 DDS 的相位可控性来实现对相控阵发射波束的控制。

在数字发射通道中，核心硬件包括基于 DDS 芯片的波形产生和固态发射功率放大电路。这两种电路的技术指标在很大程度上决定了雷达系统的战术性能。典型单通道射频数字发射机构成如图 1.16 所示。

通常，发射的 DDS 信号经过放大/滤波，通过一次混频到射频，经过射频滤波到功率放大，最后输出能满足系统要求的高功率发射信号。随着半导体技术的飞速发展，目前已经可以在 UHF、VHF、L、S 和 C 波段实现射频数字化，通道将省去混频环节，简化雷达收发通道的设备量。具体工程设计要综合考虑系统杂散、发射信号信噪比、功耗和成本等因素，选择合适的发射通道体制。

图 1.16 典型单通道射频数字发射机构成

常用电路结构形式是采取一次混频有源方式来实现的。整个发射通道由隔离器、末级功放、集成驱动功放、一次有源变频放大、滤波器及一体化数字板中的 DDS 波形产生等几个单元等组成。对于上变频激励通道，要保证输出功率能够达到要求，同时兼顾线性相位、杂散、寄生调制、对改善因子的限制等指标，对增益的分配就相对比较简单。在工程设计中，上变频通道需要注意的是组合交调杂散信号的避免和抑制、1dB 压缩点的设置、滤波器中对本振信号及谐波的抑制、电源调制产生时序控制与防止通道振荡等。

1.4 雷达接收机的主要技术参数

1. 灵敏度和噪声系数

接收机的灵敏度表征了接收机接收微弱信号的能力，灵敏度越高，能够接收的信号越弱，雷达的作用距离就越远。接收信号的强度可用功率来表示，因此接收机的灵敏度用能够辨别的最小信号功率 S_{min} 来表示，如果信号功率低于此值，信号将被淹没在噪声干扰之中，不能被检测出来。由于雷达接收机的灵敏度被噪声电平所限制，因此要想提高灵敏度，就必须尽量减小噪声电平。减小噪声电平的方法首先是抑制外部的干扰（噪声），其次是尽量减小接收机内部的噪声。正是基于上述原因，雷达接收机一般要采用预选器、低噪声高频放大器和匹配滤波。当然，接收通道各部分的增益分配也很关键，因为合理的增益分配将减小后置电路对接收机灵敏度的影响。

噪声系数的定义为接收机输入信噪比和输出信噪比的比值。噪声系数表征接收机内部噪声的大小。很显然，如果 $F=1$，说明接收机内部没有噪声，当然这只是一种极限的理想情况。

接收机灵敏度和噪声系数之间的关系可表示为

$$S_{min} = kT_0 B_n FM \tag{1.3}$$

式中，k 为玻尔兹曼常数，$k=1.38\times10^{-23}$J/K；T_0 为室温，一般取 290K；B_n 为系统噪声带宽；F 为接收机噪声系数；M 为识别系数，对不同体制的雷达，M 的值不同，一般取 $M=1$。

2. 选择性和信号带宽

选择性表示接收机选择所需要的信号而滤除邻频干扰的能力，与接收机内部频率（如中频频率和本振频率）的选择，以及接收机高、中频部分的频率特性有关。在保证接收所需信号的条件下，带宽越窄或谐振曲线的矩形系数越理想，则滤波性能越好，所受到的邻频干扰也就越小，即选择性越好。

信号带宽有时称为接收机的通频带。在通常的脉冲雷达中，以 τ 代表脉冲宽度，以 Δf 代表信号带宽，对于监视雷达（或称警戒雷达），有

$$\Delta f \approx \frac{1}{\tau} \tag{1.4}$$

即当 $\tau = 1\mu s$ 时，$\Delta f \approx 1 MHz$。

对于跟踪雷达，为了使输出的脉冲边沿陡直，以提高测距精度，通频带通常取 $2/\tau$。

在现代雷达中，信号波形的时间带宽积（或称带宽脉宽积）往往大于 1，此时接收机的带宽则要与信号的频谱宽度相匹配。如果采用数字脉冲压缩，则信号的匹配滤波在信号处理中完成。

3. 动态范围和增益

动态范围表示接收机能够正常工作所容许的输入信号的强度范围。最小输入信号强度通常取最小信号功率 S_{min}，允许最大的输入信号强度则根据正常工作的要求而定，当输入信号太强时，接收机将发生饱和和过载，从而使较小的目标回波显著减小，甚至丢失。为了保证强弱信号都能正常接收，要求接收机的动态范围要大。AGC 和对数放大器等就是扩展接收机动态范围的重要措施。

增益表示接收机对回波信号的放大能力，它是输出信号与输入信号的功率比，即 $G = S_o/S_i$，有时用输出信号与输入信号的电压比表示，称为电压增益。接收机的增益并不是越大越好，它是由接收机系统的要求确定的。接收机的增益确定了接收机输出信号的幅度。在接收机的设计中，增益及其分配与噪声系数和动态都有直接的关系。

4. 幅相一致性和稳定性

在现代雷达接收机中，接收机的幅相稳定性十分重要。在多波束三坐标雷达和相扫三坐标雷达中，幅度、相位的不稳定将直接影响测高精度。在单脉冲跟踪雷达中，幅度和相位的不稳定将直接影响测角精度。在相控阵雷达和数字阵列雷

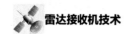

达中，收发通道间的相位和幅度误差会直接影响波束合成，和天线的副瓣电平直接相关。

幅相一致性和稳定性包括常温稳定性、宽温稳定性、在振动平台上的稳定性及宽频带稳定性等。

通道的幅相一致性通常指在同一频率下，接收机多个通道的幅度和相位对于参考通道的幅度和相位均衡的程度。在具有多通道幅相校正的相控阵系统中，通道的幅相一致性可以通过系统校正来保证。通道的幅相的稳定性指在同一频率下，接收机多个通道的幅相一致性在规定时间内的变化量，在相控阵和数字阵列系统中，这一指标更为重要。

5. 通道间隔离度

在相控阵雷达系统中，通道间隔离度指两个以上通道的耦合度，通常指只在一个通道输入信号时，该通道与其他通道的输出信号功率之比，通常用 dB 表示。通道间隔离度不够会造成各通道信号的互相串扰，直接影响波束合成效果。

6. 频率源的频率稳定度和频谱纯度

这里所指的频率源主要指接收机的本振信号。本振的频率稳定度直接影响雷达系统的动目标改善因子（在强杂波下对运动目标的检测能力）。频率源的频率稳定度主要指短期频率稳定度（一般为 ms 级），常常用单边带相位噪声谱密度表征。

频谱纯度主要包括频率源的杂散抑制度和谐波抑制度。在机载雷达中，有时还提到所需信号的频谱宽度，它和单边带相位噪声谱密度相关。

7. 正交鉴相器的正交度

为了获得和保持雷达信号回波的幅度和相位信息，正交相位检波器（或称正交鉴相器）将回波信号分解成正交分量，有

$$I = A(t)\cos[2\pi f_d t + \phi(t)] \tag{1.5}$$

$$Q = A(t)\sin[2\pi f_d t + \phi(t)] \tag{1.6}$$

式中，$A(t)$ 为回波信号的幅度；f_d 为回波的多普勒频移；$\phi(t)$ 为回波的相位；I 为同相分量；Q 为正交分量。

回波信号此时常称为相干视频信号，它的复信号表示形式为

$$\bar{S} = I + jQ = A(t)e^{j\phi(t)} \tag{1.7}$$

正交鉴相器的正交度表示了鉴相器保持回波信号幅度、相位信息的准确度。如果因鉴相器电路的不正交产生了幅度和相位误差，则信号产生失真，在频域里，

将产生镜像频率，影响系统动目标改善因子，在时域里，会对脉冲压缩的主副比产生不利影响。

8. A/D 变换器的主要要求

在现代雷达中，雷达接收机的视频信号或中频信号常常要通过模数变换器（一般称为 A/D 变换器或 ADC）转换成数字信号。A/D 变换器与接收机相关的参数有位数（有时称 bit 数）、有效位、采样频率及输入信号的带宽等，与之相对应的量化噪声、信噪比及动态范围是 A/D 变换器的重要特性。与此同时，时钟孔径的抖动及与模拟信号的接口也是设计 A/D 变换器时常要考虑的因素。其中，常重点关注的是信噪比和无杂散动态范围，在被测接收机输入信号的 1dB 压缩点状态下进行数据采集分析，信号功率与噪声功率之比为信噪比（SNR），信号功率与最大杂散信号功率之比为无杂散动态范围（SFDR，简写为 DR）。

9. 抗干扰能力

抗干扰能力是现代雷达接收机的主要性能之一。干扰可能是从海浪、雨雪、地物反射的杂波干扰，友邻雷达无意造成的干扰，敌方干扰机施放的干扰等。这些干扰会妨碍对目标的正常观测，或造成判断错误，严重时甚至会完全破坏接收机的正常工作。因此，为使抗干扰性能良好，一方面是要提高雷达接收机本身的抗干扰性能，如提高系统的频率、幅相稳定性，采用宽带自适应跳频体制等；另一方面，需加装各种抗干扰电路，如抗过载电路、抗噪声调制干扰电路等。

10. 波形质量和发射激励性能

现代雷达大都采用全相参体制，因此雷达波形和发射激励往往由接收机来完成。为了提高雷达的抗干扰能力和提高检测能力，雷达的波形会设计为各式各样。有时，一部雷达中还需要多种波形捷变，则波形质量和发射激励性能也需在接收机的研制中认真考虑并设计。

波形质量和发射激励性能可以从频域和时域两个方面来检测，从频谱分析的角度来判定时，主要是观测波形和发射激励信号的频谱特性。例如，一个具有单载频的矩形脉冲，其频谱应该是标准的 $\dfrac{\sin x}{x}$ 函数。从时域的角度来判定信号的质量，主要包括调制信号包络的前后沿和顶部起伏及内部载频调制的频率和相位特性。对于发射激励信号，还要经常用频谱仪测量其稳定性及其所对应的改善因子。

第 2 章
现代雷达接收机技术分类

提要：本章阐述现代雷达接收机的共性要求及各种不同体制接收机的特殊要求，简述模拟相控阵雷达和数字阵列雷达接收机的相关技术需求，概述其典型架构和体制形式。

2.1　现代雷达接收机技术需求

现代雷达接收机的共性要求可以概括为宽频带、低噪声、大动态和高稳定。

图 2.1 所示为某典型 S 波段中低空警戒雷达接收机原理框图。其中，T/R 和 PIN 分别为收发开关和 PIN 开关；LNA 为低噪声放大器；线放和对放分别为线性放大器和对数放大器。该雷达工作在 S 波段低端，采用全相参体制，信号频率和一本振频率带宽均为 200MHz；一本振为锁相环，频率间隔为 10MHz；接收机的噪声系数为 2dB；由于采用了 RFSTC，动态范围可达到 80dB 以上；频率源采用锁相频率合成器，其单边带相位噪声谱密度在频偏 1kHz 处可达到-105dBc/Hz；折合动目标改善因子可达到 50dB 以上。

虽然现代雷达的用途和体制种类繁多。但雷达接收机的共性要求都可以用前述的四个方面来概括。当然，对于不同的雷达其要求重点可能有所不同。例如，气象雷达要检测非常微弱的气象目标，所以低噪声和大动态十分重要，频带宽度要求有所降低；而机载雷达要工作在运动平台上，并要对下视的强杂波进行处理，这就对接收机的频率稳定度和动态范围有更高的要求。

2.2　多通道接收机

随着雷达体制和微波集成电路的迅速发展，多通道接收机在 20 世纪普遍应用。在堆积多波束三坐标雷达中，为了保证比幅测高的精度，天线波束所对应的接收机有时多达十几路；如果采用频率分集体制，则可达二十几路。初期的 DBF（数字波束形成）接收机具有相扫描和多波束功能，通道数可达 40～50 路。在传统的现代相控阵雷达中，收发（T/R）组件可达几百到上千个，波束合成器后的接收机系统可以是几路或几十路接收机。

在堆积多波束雷达接收机中，多通道接收机的增益稳定性是非常重要的，因为增益的起伏直接影响比幅测高的精度，为此，接收机要有十分稳定的测试信号（有时称增益平衡信号），通过 AGC（自动增益平衡，有时称 AGB）消除接收机宽温宽频带增益的起伏。图 2.2 所示为 16 通道 DBF 接收机原理框图。这种雷达接收机对多通道的幅相稳定性提出了很高的要求。对于多通道 DBF 接收机，最主要的要求是保持一定时间内增益和相位的稳定性,各通道的幅度和相位的相对固定误差可通过数字校正来处理。图 2.2 中采用了三次变频,这是由 ADC 的采样频率决定的。随着 ADC 性能的不断提高,现在的 DBF 接收机一般通过二次变频即可直接采样。图中的 SAWD 为声表面波器件,实际上是线性调频信号的脉冲压缩器。

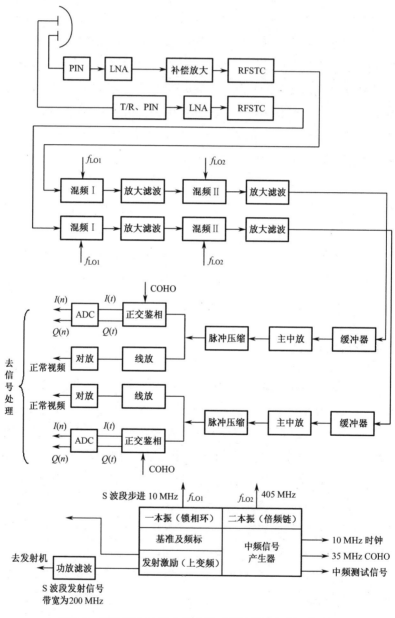

图 2.1　某典型 S 波段中低空警戒雷达接收机原理框图

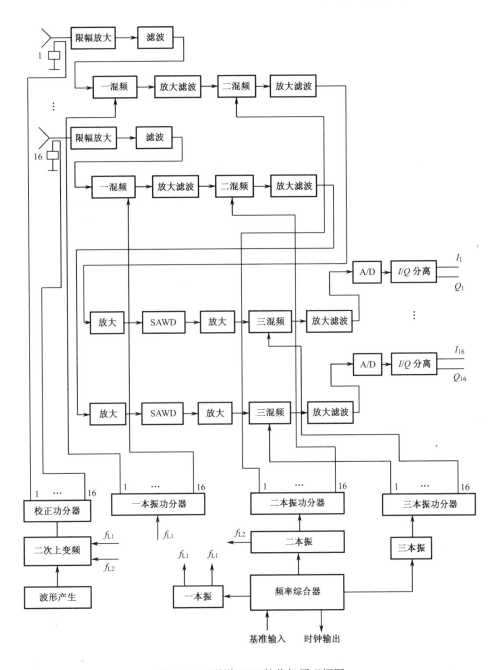

图 2.2　16 通道 DBF 接收机原理框图

2.3　单脉冲接收机

在精密跟踪雷达中，单脉冲体制是当前广泛采用的雷达体制。与圆锥扫描体制相比，单脉冲体制虽然较为复杂，但其角跟踪精度、数据率和抗干扰能力都更优。

单脉冲体制包括振幅和差单脉冲及相位和差单脉冲。单平面振幅和差单脉冲接收机原理框图如图2.3所示。

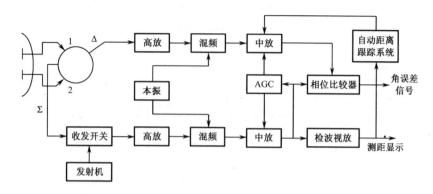

图2.3 单平面振幅和差单脉冲接收机原理框图

配置在天线轴线两侧的偏焦馈源接收到的回波经环形电桥形成和波束信号 E_Σ 和差波束信号 E_Δ，和/差波束的幅度和相位关系如图2.4所示。

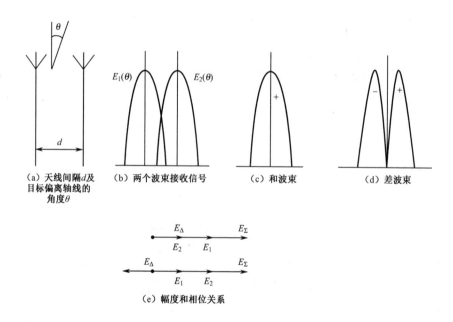

图2.4 和/差波束接收信号的幅度和相位关系

在一般情况下，$d<2\lambda$，λ 为雷达工作波长。左右两个波束接收信号的相位差 $\Delta\phi=\dfrac{2\pi}{\lambda}d\sin\theta\approx\dfrac{2\pi}{\lambda}d\theta$。若 $\theta=0.2°$，$d=2\lambda$，则 $\Delta\phi=2.5°$。因此，可近似认为和波束的相位与目标偏离天线轴线多少无关。差波束和和波束的幅度和相位关系如

图 2.4(e)所示，当 $E_1 > E_2$ 时，E_Δ 与 E_Σ 同相；当 $E_1 < E_2$ 时，E_Δ 与 E_Σ 反相。因此，根据 E_Δ 的大小和相位就可确定目标偏离天线轴线的方向。

为了对空中目标进行自动方向跟踪，必须在方位和仰角两个平面上进行角跟踪。为了获得方位和仰角的误差信号，需要 4 个馈源，以形成 4 个对称的交叉波束。在接收机中有 4 个环形电桥和 3 路接收机（和支路、方位差支路和仰角差支路），以及 2 个相位比较器和 2 路伺服系统。图 2.5 所示为双平面振幅和差单脉冲接收机原理框图。

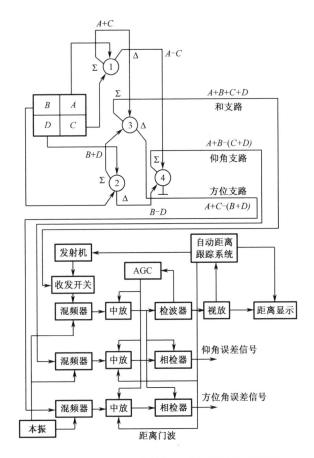

图 2.5　双平面振幅和差单脉冲接收机原理框图

相位和差单脉冲雷达接收机的构成与振幅和差单脉冲接收机的构成相比，不同的是它在鉴相时需将差支路的相位移相 90°，其原理框图如图 2.6 所示。其输入信号是由两个相隔数个波长的天线孔径形成的，每个天线孔径都产生一个以天线轴为对称轴的波瓣。当目标偏离对称轴时，两个天线接收信号由于波程差引起的相位差为

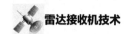
$$\phi = \frac{2\pi}{\lambda} d \sin\theta \tag{2.1}$$

式中，d 为天线间隔；θ 为目标对天线轴的偏角。

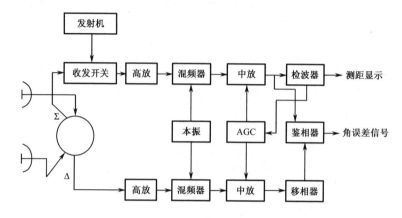

图 2.6　相位和差单脉冲接收机原理框图

图 2.7 所示为两个输入信号的矢量图，从图中可以看出，和信号为

$$\boldsymbol{E}_\Sigma = 2\boldsymbol{E}_1 \cos\frac{\phi}{2} = 2\boldsymbol{E}_1 \cos\left(\frac{\pi}{\lambda} d \sin\theta\right) \tag{2.2}$$

差信号为

$$\boldsymbol{E}_\Delta = 2\boldsymbol{E}_1 \sin\left(\frac{\pi}{\lambda} d \sin\theta\right) \tag{2.3}$$

当 θ 很小时，有

$$\boldsymbol{E}_\Delta \approx \boldsymbol{E}_1 \frac{2\pi}{\lambda} d\theta \tag{2.4}$$

差信号的大小反映了目标偏离天线轴的程度，其相位反映了目标偏离天线轴的方向。由于和差信号相位相差 90°，所以鉴相时，必须把其中一路预先移相 90°。

接收机内部的热噪声和幅相稳定性都会引起精密跟踪雷达的角跟踪误差，因此在接收机设计时一定要考虑其幅相稳定性，并尽量减少热噪声对测角的影响。

图 2.7　和差信号矢量图

2.4　机载雷达接收机

当雷达装入机载平台后，其工作环境发生了较大变化，因而对接收机的要求也随之而异。首先，机载环境对雷达的体积、重量和功耗都提出了严格的要求，希望体积小（集成度高）、重量轻（薄壳体设计）和功耗小，对某些机载雷达（如火控雷达），其结构还需与飞行器外形进行共形设计。另外，环境温度和气压也发生了变化。飞行器的振动和雷达下视的强杂波处理，要求本振的频率稳定度具有相当低的单边带相位噪声谱密度。

当雷达处于运动状态时，原先对地面为固定不动的目标（如地杂波）将相对于雷达有所运动，这样固定的地杂波或海杂波会产生多普勒频移，频移值为

$$f_d = \frac{2V_R}{\lambda} \cos\phi \cos\alpha \tag{2.5}$$

式中，V_R 为载机飞行的速度；λ 为雷达的工作波长；ϕ 为雷达波束的指向与飞行方向的夹角；α 为波束的俯角，近似等于波束的擦地角。

由于雷达天线波束在水平和垂直方向上都有一定的宽度，根据式（2.5），波束中心与波束边缘部分产生的杂波多普勒频谱也有一定的差异，这就形成了一定宽度的杂波谱。为了对杂波进行对消，机载雷达杂波谱中心必须移位。图 2.8 所示为机载 PD 雷达接收机原理框图。在该雷达中，主杂波位移（又称主杂波跟踪）的功能就是将主杂波谱的中心移至零频位置。主杂波谱中心归零还可使 I 和 Q 两路幅相不完全平衡引起的镜像信号落在零频附近，易于与主杂波一并滤除。

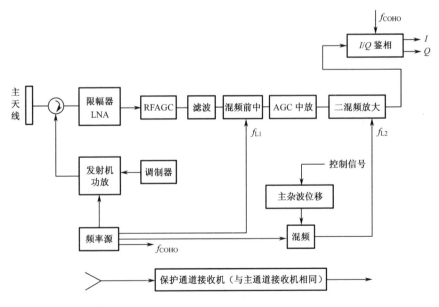

图 2.8　机载 PD 雷达接收机原理框图

保护通道接收机的作用是确定接收机的回波来自天线的主瓣还是旁瓣。保护通道接收机连接到一个辅助宽波束天线上，保护天线的波瓣电平最好刚超过主天

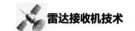

线的旁瓣。当两个天线的回波经接收机和信号处理之后，如果保护通道输出大于主通道，则表明输出是从主通道旁瓣进入的，应予屏蔽；反之，如主通道输出大于保护通道，则表明输出是主瓣信号回波，应予保留。

在现代机载雷达中，有时要求 SAR 与 MTI 兼容，即成像与动目标显示兼容。SAR 是"合成孔径雷达"的英文缩写，有时也称成像雷达。当机载雷达工作在 SAR 体制时，为了提高成像的分辨率，雷达频率源产生的波形要求是宽带信号，频率通常为几十兆赫，甚至几百兆赫。与此同时，雷达接收机的通道带宽也有相当高的要求。

图 2.9 所示为 Ku 波段去调频 SAR 接收机简化原理框图。其中，信号为 $f_s±120MHz$ 线性调频信号，本振为 $f_{LO}±160MHz$ 线性调频信号。接收机采用去调频混频，混频后的接收信号带宽为 80MHz，回波信号经低噪声放大和去调频混频后，进行宽带正交解调、A/D 采样，然后送信号处理。该接收机的关键技术是宽带线性调频信号和线性调频本振信号的产生及宽带正交解调。

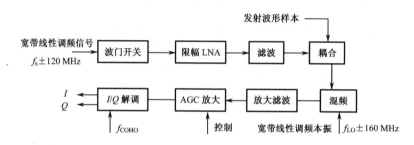

图 2.9　Ku 波段去调频 SAR 接收机简化原理框图

2.5　气象雷达接收机

与一般监视雷达和跟踪雷达不同，气象雷达不仅要测量云、雨的位置，而且更重要的是要测量云、雨的强度及运动速度，这就要求雷达接收机不失真地接收大动态气象回波信号。同时，为了获得较理想的测速精度、杂散抑制和相干积累处理效果，本振及其各种参考信号必须有相当高的频率稳定度。图 2.10 所示为气象雷达接收机原理框图。图中的噪声源、标定信号及发射样本和 RF 延迟线都是气象雷达接收机进行系统标定所必需的。

噪声系数的标定类似于接收系统噪声系数的测试，根据噪声源通电与断电两种状态下接收机输出噪声电平的变化，利用 Y 系数法求出系统噪声系数。接收机增益的标定及整机频率稳定性的测量，主要通过标定信号和时延发射样本信号来完成。为了对雷达多普勒信息探测性能进行标定，标定信号源必须是具有一定频率步进和带宽的稳定信号源，一般用 DDS（数字直接合成器）来实现。

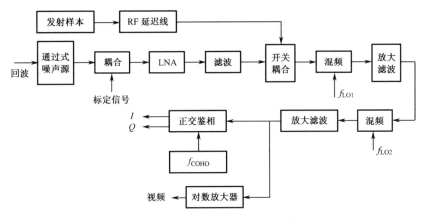

图 2.10　气象雷达接收机原理框图

2.6　相控阵雷达接收机

随着微波集成电路的迅速发展，具有 T/R 组件的有源相控阵雷达体制越来越受到人们的重视。相控阵雷达接收机与机械扫描雷达接收机的主要区别是，在阵列天线中具有成百上千个接收机和发射机的高频组件，波束形成靠移相而不是机械扫描来完成。经射频或数字波束形成后，接收机可以是单脉冲体制的，也可以是多通道体制的。有些相控阵雷达接收机还采用一般警戒引导雷达的双通道体制。在多通道接收机中，通过 I/Q 正交处理的回波信号包含了目标的多种信息，因此相控阵雷达接收机除可在时域和频域检测信号外，还可实现空域滤波。图 2.11 和图 2.12 所示分别为相控阵雷达多通道接收机和单脉冲接收机原理框图。

随着半导体器件技术的发展，有源相控阵雷达接收机和发射机都采用了数字波束形成（DBF）技术，数字阵列雷达的概念应运而生。由于数字阵列雷达波束扫描所需要的移相是在数字域实现的，因此对移相在射频域实现的有源相控阵雷达而言，数字阵列雷达的系统性能有了很大提升，具有低副瓣、大动态、波束形成灵活等特点，对复杂环境中的隐形目标、弹道导弹及巡航导弹等非常规威胁目标具有良好的探测性能。它采用灵活的模块化结构形式，通过扩充和重构，可满足多样化任务需求；采用开放式、通用化的体系结构，具备良好的升级和扩展能力，可实现多平台、系列化发展。数字阵列雷达的出现在一定程度上代表了未来雷达阵列技术的发展方向。英国 Roke Manor 公司雷达专家 Chris Tarran 指出，有源相控阵雷达技术成就了现代的先进军用雷达。

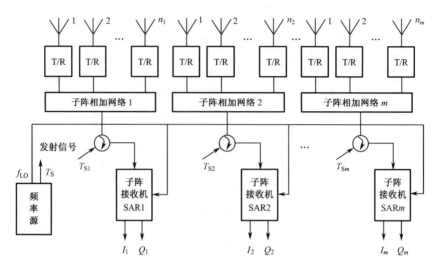

图 2.11　相控阵雷达多通道接收机原理框图

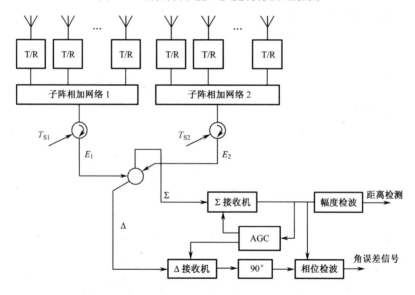

图 2.12　相控阵雷达单脉冲接收机原理框图

2.6.1　模拟相控阵雷达接收机

模拟相控阵雷达的波束形成在射频或中频模拟信号域完成。在有源相控阵雷达中，成百上千的 T/R 组件是系统实现的关键。图 2.13 所示为 T/R 组件原理框图。其中，数控移相器的位数决定了波束跃度，数控移相器和衰减器的量化误差决定了天线的副瓣电平。另外，雷达系统还要有良好的校正子系统，其中校正用的测试信号及检测电路必须由接收机来完成。

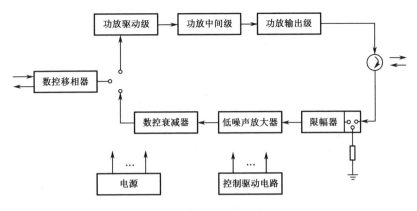

图 2.13　T/R 组件原理框图

由于目前大型相控阵雷达的通道数成千上万，一个个 T/R 组件单独应用不利于阵面集成，将多个 T/R 组件集成为一个标准的可扩充模块（SAM），再由 SAM 以积木式构建整个阵面的集成方式应运而生。SAM 是有源相控阵雷达的核心部件之一，可由 T/R 组件、波束形成器、驱动放大、延迟线、波控、电源、冷板高度集成为多通道微波系统，针对不同平台、不同任务需求构建不同规模的可扩充阵列天线，具有显著的通用化、模块化、标准化特点，充分体现了现代有源相控阵雷达的发展趋势。图 2.14 所示为 SAM 功能框图，其内部集成度高，外部接口简单，因而显著提高了雷达的可靠性。

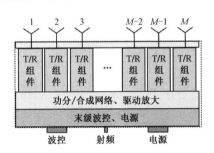

图 2.14　SAM 功能框图

2.6.2　数字阵列雷达接收机

数字阵列雷达波束形成在数字域完成。数字阵列雷达要求对每个收发通道的信号都进行数字化处理，实现了发射波形产生与接收信号处理的全数字化，其实现基础就是采用数字频率直接合成器（DDS），在数字域形成发射波形。DDS 能够实现高精度相位控制，可以实现发射 DBF；采用 ADC 将接收的模拟信号转变为基带 I/Q 数字信号进行数字 DBF 及信号处理，每个通道发射及接收波形所需的

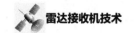

幅相数据等均在数字域实现单独可控，波束形成灵活、准确。

在数字阵列雷达中，不再有传统雷达中相对独立的接收系统和发射系统，而是采用集成化和数字化技术，将射频收发单元、数字收发单元、分布式电源、集中式电源、本振功分单元、分布式参考源等功能电路集成，形成了具有数字化收发、数据预处理及数据传输功能的新型综合性雷达数字化前端功能模块，称为数字阵列模块（Digital Array Module，DAM）。这种 DAM 集成设计方式改变了人们长期以来对相控阵雷达的认识，其接口简洁，输入射频信号，输出数字信号，易于采用"搭积木"的方式构建大型复杂数字相控阵雷达，具有模块化、可扩充、可重构及任务可靠性高等鲜明特征，极大地提升了雷达系统的灵活度。

数字阵列雷达收发分系统以 DAM 为核心，系统形态、接口、互联均简洁明了；每个阵列单元均包含完整的数字收发通道，实现了雷达回波信号的接收、放大、变频、滤波和数字化，实现了基于 DDS 技术的发射波形信号数字化，以及变频、滤波和功率放大；同时还可提供整机的基准时钟、采样时钟、本振信号，以及有源天线阵面校正、测试及监测的数字收发通道。典型数字阵列雷达收发分系统原理框图如图 2.15 所示。

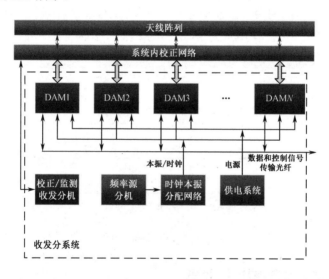

图 2.15　典型数字阵列雷达收发分系统原理框图

DAM 通常包括多路相互独立的模拟收发通道、多通道数字接收机、多通道数字波形产生器，以及本振功分器、时钟分配、分布式电源、数据传输和光电转换等部分。DAM 常采用紧凑的三维布局、立体安装、微波模拟通道高度集成、一体化数字收发多层基板集成、大容量高速光纤数据传输等措施提高系统集成度，实现体积小、重量轻的目标。

DAM 组件体积小、元器件多、装配密度大，是一个高功率组件，热流密度大。因此，要使元器件和功放正常工作，就需要有良好的散热条件，应通过热设计仿真和验证试验，在满足散热要求条件下尽量减轻散热片重量。

DAM 是一个集发射系统、接收系统和信号处理系统的全部或部分功能的相对独立的雷达子阵，且需完成接收、发射、幅相调整控制等众多功能，大小信号之间、高低频信号之间、信号与电源之间极易产生相互干扰，因此，在设计时必须考虑电磁兼容问题。

2.6.3 现代雷达数字接收机的实现方式

目前，数字接收机迅速发展并被广泛应用。随着超高速数字电路技术的迅速发展，雷达接收机的数字化水平越来越高。特别是高速（GHz 级）多位（12bit 以上）ADC 和 DDS/DAC 技术的发展，以及高速数字信号处理芯片（DSP）的普遍使用，为数字接收机提供了良好的硬件基础。

图 2.16 所示为数字接收机的三种实现方式。图 2.16（a）所示为中频数字接收机原理框图。它将经过低噪声放大和混频后的中频信号直接进行 A/D 变换，随后进行数字正交鉴相和数字滤波，然后将获得的数字 I/Q 基带信号送数字信号处理器（DSP）进行处理。在 I/Q 通道的平衡性方面，它比模拟实现方式有更好的特性，而且由于只使用了一个 A/D 变换器，结构更加简单。本地振荡器 NCO 产生两路正交振荡信号，与输入信号相乘，将中频信号下变频为基带信号，低通滤波及随后的恒虚警处理等算法均由 DSP 来实现。由于主要解调工作由 DSP 完成，中频数字接收机使用更加灵活，可以方便地应用于各种体制、各种速率的场合，但要注意，ADC 的采样频率至少为通带信号带宽的两倍。通常为获得更好的噪声性能和提高处理增益，可采用过采样技术进一步提高系统性能。对解调器来说，采用独立于载波、自由振荡的高稳定本地时钟，对接收到的中频信号直接进行中频采样和解调处理。中频采样的好处是不需要将误差信号反馈回混频器进行调整，直接在 DSP 中完成各种误差信号消除和信号的判定，简化了接收机的前端设计。借助于 DSP，许多同步算法可以精确地实现。

图 2.16（b）所示为射频数字接收机原理框图。它将经过低噪声放大和滤波后的射频信号直接进行 A/D 变换和数字正交鉴相，然后将获得的数字 I/Q 基带信号送 DSP 进行处理。需要说明的是，其数字正交鉴相和滤波也常常是用 DSP 来完成的。射频数字接收机减少了混频电路对信号频率的转换，对射频信号进行 A/D 变换，直接下变频为零中频信号，虽然电路形式简单，但其需要高频采样时钟。目前，射频采样在 C 波段以下已得到应用，Ku 波段射频采样已在课题研究阶段。

图 2.16（c）所示为基带数字接收机原理框图。它通过射频零中频解调得到模拟 *I/Q* 基带信号，两路基带信号经过 ADC 后进入 DSP 进行数字解调等处理。ADC 的采样频率最小为基带信号带宽的两倍。该接收机的优点是链路简洁且 ADC 能以较低的采样频率实现模拟信号的数字化；缺点是可能存在 *I/Q* 信号模拟通道的参数不一致，导致两路信号经 ADC 后幅相不平衡而使系统性能变差。

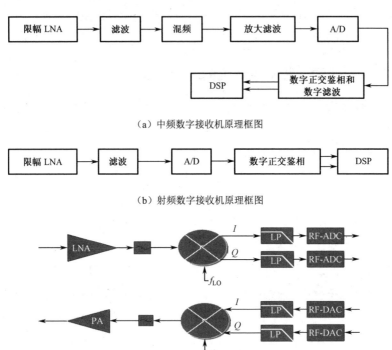

（a）中频数字接收机原理框图

（b）射频数字接收机原理框图

（c）基带数字接收机原理框图

图 2.16　数字接收机的三种实现方式

第 3 章
雷达接收机的基本理论

提要：雷达接收机的工作频率范围覆盖了毫米波、微波、超高频、高频、中频、视频及数字信号，因而设计雷达接收机涉及的理论也相当广泛。本章主要介绍与雷达接收机密切相关的基本噪声理论、网络匹配理论、采样理论及频率稳定度理论等。

3.1 噪声理论

对于雷达接收机，从原理上讲，不管输入信号怎样微弱，接收机都可以把它放大到足够的程度而辨别出来，但实际上做不到。这是由于接收机内部存在噪声，外部也会输入噪声，接收机在放大信号的同时，也放大了噪声。当信号太弱时，它将淹没在噪声之中不能被辨别。尽管可用尽量降低接收机内部噪声、脉冲压缩、信号积累等方法来提高信噪比，但是信号输入功率必须达到所要求的最小值。本节首先讲述接收机中噪声的概率特性，然后阐明接收机的噪声系数和噪声温度的计算方法。

3.1.1 接收机中噪声的概率特性

噪声是随机信号，本小节将用频域的描述方法给这种随机信号建立一个简单的数学模型，以便于分析计算。

任一噪声（在接收机中常称为白噪声）信号都可以用傅里叶展开式表示为

$$f(t) = \sum_{m=1}^{\infty} (a_m \cos\omega_m t + b_m \sin\omega_m t) \tag{3.1}$$

当对该噪声观察时间足够长时，a_m 和 b_m 互相独立，且都服从正态分布，即

$$\overline{a}_m = \overline{b}_m = 0 \quad （均值为零） \tag{3.2}$$

$$\overline{a}_m^2 = \overline{b}_m^2 = \sigma_m^2 \quad （方差相同） \tag{3.3}$$

式（3.1）可以写成

$$f(t) = \sum_{m=1}^{\infty} c_m \cos(\omega_m t - \phi_m) \tag{3.4}$$

其中，

$$c_m = \sqrt{a_m^2 + b_m^2} \tag{3.5}$$

$$\phi_m = \arctan\frac{b_m}{a_m} \tag{3.6}$$

噪声 $f(t)$ 经过窄频带滤波电路后输出的电压 $e(t)$，可以看作调制后的信号，其载波频率是 ω_0，包络是缓慢变化的随机变量 $E(t)$，相位也是一个缓慢变化的随机

变量 $\phi(t)$，有

$$e(t) = a(t)\cos\omega_0 t + b(t)\sin\omega_0 t \tag{3.7}$$

式中，$a(t)$ 和 $b(t)$ 都是正态分布的随机变量。

式（3.7）可改写为

$$e(t) = E(t)\cos[\omega_0 t - \phi(t)] \tag{3.8}$$

$$E(t) = \sqrt{a^2(t) + b^2(t)} \tag{3.9}$$

$$\phi(t) = \arctan\frac{b(t)}{a(t)} \tag{3.10}$$

$$a(t) = E(t)\cos\phi(t) \tag{3.11}$$

$$b(t) = E(t)\sin\phi(t) \tag{3.12}$$

$a(t)$ 和 $b(t)$ 的联合概率密度为

$$p(a,b) = \frac{1}{2\pi\sigma^2}\exp\left(-\frac{a^2 + b^2}{2\sigma^2}\right) \tag{3.13}$$

式中，σ^2 是 $a(t)$ 和 $b(t)$ 的方差。

幅度 $E(t)$ 的概率密度分布为瑞利分布，相位 $\phi(t)$ 的分布为均匀分布，即

$$p(E) = \frac{E}{\sigma^2}e^{-E^2/2\sigma^2} \tag{3.14}$$

$$p(\phi) = \frac{1}{2\pi} \tag{3.15}$$

当接收机有信号 $s(t) = A\cos\omega_0 t$ 时，其窄频带噪声加正弦信号的分布为广义瑞利分布，其表达式可写为

$$e'(t) = [a(t) + A]\cos\omega_0 t + b(t)\sin\omega_0 t \tag{3.16}$$

或 $$e'(t) = R(t)\cos[\omega_0 t - \theta(t)] \tag{3.17}$$

其概率密度分布为

$$p(r,a) = r\exp\left(-\frac{r^2 + a^2}{2}\right)I_0(r,a) \tag{3.18}$$

式中，$r = R/\sigma$；$a = A/\sigma$；I_0 为零阶贝塞尔函数。其中，R 为噪声加信号合成信号包络；A 为信号电压包络；σ 为噪声的均方差。

该广义瑞利分布曲线如图 3.1 所示。

当瑞利分布的噪声（或杂波）通过对数接收机后，其输出的方差为常量，与输入的干扰或噪声强度无关，这正是对数接收机具有恒虚警特性的原因。

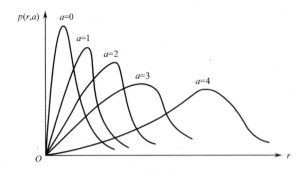

图 3.1　广义瑞利分布曲线

3.1.2　接收机的噪声和噪声系数

1. 噪声

噪声是限制接收机灵敏度的主要因素。它的来源是多方面的，在接收机内部，电路中的电阻元件、放大器、混频器等都会产生噪声；在接收机外部，噪声是通过天线引入的，有天线热噪声、天电干扰、宇宙干扰、电源干扰和工业干扰等。这些干扰的频谱各不相同，对雷达接收机的影响程度与雷达所采用的频率有密切的关系。由于雷达的工作频率很高，进入接收机的外部噪声除敌方有意施放的干扰外，主要是天线的热噪声。因此，在一般情况下，接收机的噪声主要来源于电阻噪声、器件噪声和天线的热噪声。

（1）电阻噪声。

一个有一定电阻的导体，只要它的温度不是绝对零度，它内部的自由电子就总是处于不规则的运动状态。在没有外加电压的情况下，这种不规则的电子运动会在导体内形成电流，从而在导体两端产生电压。当然，该电流和电压是随机的。这就是电阻噪声。

电阻噪声所产生的电压均方值为

$$\overline{e^2} = 4kRT\Delta f \tag{3.19}$$

式中，k 为玻尔兹曼常数，$k=1.38\times10^{-23}$J/K；R 为电阻的阻值；T 为电阻的绝对温度；Δf 为接收机的带宽。

当电阻与外负载匹配时，其加至负载的有效噪声功率 $P_n = kT\Delta f$。显然，它只与电阻的绝对温度和接收机（或测量仪表）的带宽有关。

（2）天线的热噪声。

这是接收机外部进入的噪声，是由于天线周围的介质热运动产生的电磁波辐射被天线接收而产生的，其性质与电阻噪声相似。

假设天线周围的介质是均匀的，温度为 T_A，则天线的热噪声电压均方值可表示为

$$\overline{e}_A^2 = 4kR_A T_A \Delta f \tag{3.20}$$

式中，R_A 是天线的辐射电阻。

同样，当天线的辐射电阻和接收机的输入电阻相等（匹配）时，天线的有效噪声功率为

$$P_A = kT_A \Delta f \tag{3.21}$$

（3）接收系统的噪声。

接收系统可以看作多级传输网络，噪声可以在任一级中产生。接收系统的噪声功率可表示为

$$P_r = kT_e \Delta f \tag{3.22}$$

式中，P_r 为接收机内部噪声折合到输入端的等效值；T_e 为接收机内部噪声折合到输入端的噪声温度。

在一个雷达系统中，其接收系统（广义的）的噪声温度可用下式计算：

$$T_s = T_A + T_r + L_r T_e \tag{3.23}$$

式中各物理量的含义如图 3.2 所示。

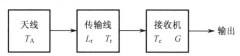

图 3.2　接收系统噪声温度计算示意图

2. 噪声系数

噪声系数是表征接收机内部噪声大小的物理量。

噪声是限制接收机灵敏度的根本原因，因此衡量接收机的信号功率和噪声功率的相对大小，是接收机能否正常工作的重要标志。通常，用 S 表示信号功率，用 N 表示噪声功率，S 和 N 的比值叫作信号噪声比，简称信噪比。显然，信噪比越大，越容易发现目标；信噪比越小，越难发现目标。

一个理想的接收机，只放大天线输入的信号和噪声，而不加入其他信号。但实际的接收机总要产生内部噪声，因此其输出的噪声中，除天线的热噪声外，还有接收机本机的噪声。

用 S_i/N_i 表示接收机输入信噪比，S_o/N_o 表示输出信噪比，它们的比值叫作接收机的噪声系数，用 F 表示，即

$$F = \frac{S_i/N_i}{S_o/N_o} \tag{3.24}$$

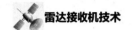

通常，$F>1$，当接收机没有内部噪声时，$F=1$。F 表征了接收机内部噪声的大小，显然 F 值越小越好。

F 也可表示为

$$F = \frac{N_o / N_i}{S_o / S_i} = \frac{N_o}{GN_i} \tag{3.25}$$

式中，G 为接收机的增益。

可见，噪声系数的大小与信号功率的大小无关，仅仅决定于总的输出噪声功率与天线热噪声经过接收机后的输出功率的比。显然，总的输出噪声功率 N_o 包括了天线的噪声功率 N_{Ao} 与接收机的噪声功率 N_{ro}，即

$$F = \frac{N_{Ao} + N_{ro}}{GN_i} = \frac{GN_i + GN_{ri}}{GN_i} = \frac{N_i + N_{ri}}{N_i} \tag{3.26}$$

由于 $N_i = kT_A\Delta f$，$N_{ri} = kT_e\Delta f$，所以

$$T_e = (F-1)T_A \tag{3.27}$$

式（3.27）为接收机噪声系数与噪声温度的关系。通常，天线温度 T_A 取常温值 290K。噪声系数的大小直接与噪声温度有关。表 3.1 给出了 T_e 与 F 的一些数值关系。

表 3.1　T_e 与 F 的一些数值关系（T_A=290K）

F(倍数)	1	1.05	1.1	1.25	1.259	2	5	8	10
F/dB	0	0.21	0.41	0.97	1	3.01	6.99	9.03	10
T_e/K	0	14.5	29	72.5	75	290	1160	2030	2610

接收机常常是由多级放大器、混频器和滤波器等连接起来的，级联电路的噪声系数（或噪声温度）可用下式表示：

$$F = F_1 + \frac{F_2 - 1}{G_1} + \frac{F_3 - 1}{G_1 G_2} + \cdots + \frac{F_n - 1}{G_1 G_2 \cdots G_{n-1}} \tag{3.28}$$

$$T_e = T_1 + \frac{T_2}{G_1} + \frac{T_3}{G_1 G_2} + \cdots + \frac{T_n}{G_1 G_2 \cdots G_{n-1}} \tag{3.29}$$

式中，G 为放大器的增益或变频衰耗、滤波器衰耗的倒数。

接收机的噪声系数和噪声温度是等效的，有的资料用噪声系数，有的则用噪声温度，有的二者并用。降低噪声系数，是设计和制造接收机的一项主要任务，主要的办法是选用不同类型的低噪声放大器。在过去相当长一段时间内，低噪声放大器曾是设计微波雷达接收机的难题，常使用行波管和返波管放大器。这两种放大器是电真空器件，需要很高的电压。后来采用变容二极管参量放大器和隧道二极管放大器。这两种器件是单端口器件，稳定性常常有很大的问题。近年来，

微波低噪声晶体管，特别是微波金属半导体场效应管（MESFET）的问世使接收机的噪声系数有了很大的改善，已达到常温参量放大器的水平，甚至达到液氮制冷参量放大器的水平。现在，噪声系数已不再是困扰雷达接收机设计的难题了。

3.2　匹配网络

现代雷达接收机大都采用微波单片集成电路（MMIC）和微波混合集成电路（HMIC），有源器件和无源器件之间的匹配和滤波成为接收机设计中非常重要的技术。

微波 CAD 软件的不断完善使很多对微波匹配网络理论不太了解的设计者也可按软件给出的步骤设计出基本合格的电路或子系统。然而，只有对微波基本匹配网络理论有较深了解的设计者在网络初值设计时给出合适的初始网络拓扑，才能尽快地优化出最终需要的网络拓扑参数。

3.2.1　通用四端网络的匹配方法

任何一块微波集成电路（MMIC 或 HMIC）都可以用一组$[S]$参数来表示。集成电路两端的匹配网络往往用分布参数网络（传输线网络）或集总参数网络来实现。一般给出器件的$[S]$参数，很容易得到匹配网络的$[A]$参数。$[A]$参数是一种连接参数，用它可比较容易地求出整个网络的特性。

如图 3.3 所示，假定输入匹配网络的$[A]$参数为$\begin{pmatrix} A_1 & B_1 \\ C_1 & D_1 \end{pmatrix}$，输出匹配网络的

$[A]$参数为$\begin{pmatrix} A_3 & B_3 \\ C_3 & D_3 \end{pmatrix}$；器件的$[S]$参数为$\begin{pmatrix} S_{11} & S_{12} \\ S_{21} & S_{22} \end{pmatrix}$，它对应的$[A]$参数为

$\begin{pmatrix} A_2 & B_2 \\ C_2 & D_2 \end{pmatrix}$，则有

$$\begin{cases} A_2 = \dfrac{-\Delta S + S_{11} - S_{22} + 1}{2S_{21}} \\[3mm] B_2 = Z_0 \dfrac{\Delta S + S_{11} + S_{22} + 1}{2S_{21}} \\[3mm] C_2 = \dfrac{1}{Z_0} \dfrac{\Delta S - S_{11} - S_{22} + 1}{2S_{21}} \\[3mm] D_2 = \dfrac{-\Delta S - S_{11} + S_{22} + 1}{2S_{21}} \end{cases} \tag{3.30}$$

式中，$\Delta S = S_{11}S_{22} - S_{12}S_{21}$；$Z_0$为测定$[S]$参数时所用的传输线特性阻抗。

整个系统的$[A]$参数为

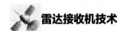

$$\begin{pmatrix} A & B \\ C & D \end{pmatrix} = \begin{pmatrix} A_1 & B_1 \\ C_1 & D_1 \end{pmatrix}\begin{pmatrix} A_2 & B_2 \\ C_2 & D_2 \end{pmatrix}\begin{pmatrix} A_3 & B_3 \\ C_3 & D_3 \end{pmatrix} = \prod_{i=1}^{3}\begin{pmatrix} A_i & B_i \\ C_i & D_i \end{pmatrix} \quad (3.31)$$

显然，任意网络的连接都可用类似式（3.31）的表达式来表示。

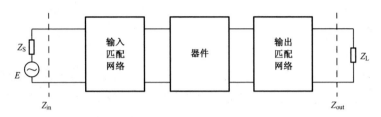

图 3.3　双端口匹配网络

表 3.2 给出了一些常用二端口网络的[A]参数。

表 3.2　常用二端口网络的[A]参数

名　称	电路图	[A]参数	备注
传输线	Z_0　l	$\begin{pmatrix} \mathrm{ch}(rl) & Z_0\mathrm{sh}(rl) \\ \dfrac{\mathrm{sh}(rl)}{Z_0} & \mathrm{ch}(rl) \end{pmatrix}$	$r=\alpha+\mathrm{j}\beta$ α为单位长度的衰减 β为相移常数
并联开路线	l　Z_0	$\begin{pmatrix} 0 & 1 \\ \dfrac{1}{Z_0\coth(rl)} & 1 \end{pmatrix}$	Z_0 为开路线特性阻抗
并联短路线	l　Z_0	$\begin{pmatrix} 0 & 1 \\ \dfrac{1}{Z_0\coth(rl)} & 1 \end{pmatrix}$	Z_0 为短路线特性阻抗
串联阻抗	Z_0	$\begin{pmatrix} 1 & Z_0 \\ 0 & 1 \end{pmatrix}$	
并联导纳	Y	$\begin{pmatrix} 1 & 0 \\ Y & 1 \end{pmatrix}$	
T 形电路	Z_1　Z_2　Z_3	$\begin{pmatrix} 1+\dfrac{Z_1}{Z_3} & Z_1+Z_2+\dfrac{Z_1Z_2}{Z_3} \\ \dfrac{1}{Z_3} & 1+\dfrac{Z_2}{Z_3} \end{pmatrix}$	
π形电路	Y_3　Y_1　Y_2	$\begin{pmatrix} 1+\dfrac{Y_1}{Y_3} & \dfrac{1}{Y_3} \\ Y_1+Y_2+\dfrac{Y_1Y_2}{Y_3} & 1+\dfrac{Y_1}{Y_3} \end{pmatrix}$	

在图 3.3 中，输入阻抗 Z_{in} 和输出阻抗 Z_{out} 分别为

$$\begin{cases} Z_{\text{in}} = \dfrac{AZ_{\text{L}} + B}{CZ_{\text{L}} + D} \\[3mm] Z_{\text{out}} = \dfrac{DZ_{\text{S}} + B}{CZ_{\text{S}} + A} \end{cases} \tag{3.32}$$

输入端反射系数 Γ_{in} 和输出端反射系数 Γ_{out} 分别为

$$\begin{cases} \Gamma_{\text{in}} = \dfrac{Z_{\text{in}} - Z_{\text{S}}}{Z_{\text{in}} + Z_{\text{S}}} \\[3mm] \Gamma_{\text{out}} = \dfrac{Z_{\text{out}} - Z_{\text{L}}}{Z_{\text{out}} + Z_{\text{L}}} \end{cases} \tag{3.33}$$

当 $Z_{\text{S}} = Z_{\text{L}} = Z_0$ 时，功率增益为

$$G_P = \left(\frac{2}{A + B/Z_0 + CZ_0 + D} \right)^2 \tag{3.34}$$

很显然，当 $Z_{\text{S}} = Z_{\text{in}}^{*}$ 或 $Z_{\text{L}} = Z_{\text{out}}^{*}$ 时，网络满足共轭匹配，其输出功率最大。

3.2.2　传输线匹配电路

1. TEM 传输线的基本特性

在雷达接收机中，常用的传输线有同轴线、带状线和微带线等。在不考虑高次模（或称高阶模）时，这些传输线所传输的波都可以认为是 TEM 波。表 3.3 给出了 TEM 传输线的常用公式。

表 3.3　TEM 传输线的常用公式

参　数	有　耗　线	无　耗　线
传播常数	$r = \alpha + \mathrm{j}\beta = \sqrt{(R + \mathrm{j}\omega L)(G + \mathrm{j}\omega C)}$	$r = \mathrm{j}\beta$
相移常数 β	r 的虚部	$\beta = \omega\sqrt{LC} = \dfrac{2\pi}{\lambda}$
衰减常数 α	r 的实部	$\alpha = 0$
特性阻抗 Z_0	$Z_0 = \sqrt{\dfrac{R + \mathrm{j}\omega L}{G + \mathrm{j}\omega C}}$	$Z_0 = \sqrt{\dfrac{L}{C}}$
输入阻抗 Z_{in}	$Z_{\text{in}} = Z_0 \dfrac{Z_{\text{L}} + Z_0 \tanh(rl)}{Z_0 + Z_{\text{L}} \tanh(rl)}$	$Z_{\text{in}} = Z_0 \dfrac{Z_{\text{L}} + \mathrm{j}Z_0 \tan(\beta l)}{Z_0 + \mathrm{j}Z_{\text{L}} \tan(\beta l)}$
短路线的输入阻抗 Z_{in0}	$Z_{\text{in}} = Z_0 \tanh(rl)$	$Z_{\text{in0}} = \mathrm{j}Z_0 \tan(\beta l)$
开路线的输入阻抗 $Z_{\text{in}\infty}$	$Z_{\text{in}\infty} = Z_0 \coth(rl)$	$Z_{\text{in}\infty} = \mathrm{j}Z_0 \cot(\beta l)$
$\lambda/4$ 奇数倍线的输入阻抗	$Z_{\text{in}} = Z_0 \dfrac{Z_{\text{L}} + Z_0 \coth(\alpha l)}{Z_0 + Z_{\text{L}} \coth(\alpha l)}$	$Z_{\text{in}} = \dfrac{Z_0^2}{Z_{\text{L}}}$
$\lambda/2$ 整数倍线的输入阻抗	$Z_{\text{in}} = Z_0 \dfrac{Z_{\text{L}} + Z_0 \tanh(\alpha l)}{Z_0 + Z_{\text{L}} \tanh(\alpha l)}$	$Z_{\text{in}} = Z_{\text{L}}$

参　数	有　耗　线	无　耗　线
电压反射系数（终端）Γ_0	$\Gamma_0 = \dfrac{Z_L - Z_0}{Z_L + Z_0}$	$\Gamma_0 = \dfrac{Z_L - Z_0}{Z_L + Z_0}$
沿线电压	$U_{-l} = U_{in}(1 + \Gamma_0 e^{-2rl})$	$U_{-l} = U_{in}(1 + \Gamma_0 e^{-j2\beta l})$

在微波频段，传输线匹配电路是常用的匹配电路。

2. 串联单节线的匹配电路

在所有匹配网络中，最简单的是一段电长度为 θ、特性阻抗为 Z_0 的传输线，用它使一变数负载（$R_L + jX_L$）与实数电阻 R 相匹配，此时的传输线参数为

$$\begin{cases} Z_0 = \sqrt{\dfrac{R_S R_L - (R_L^2 + X_L^2)}{1 - R_L / R}} \\ \tan\theta = \dfrac{\sqrt{(1 - R_L / R)(RR_L - (R_L^2 + X_L^2))}}{X_L} \end{cases} \quad (3.35)$$

图 3.4 给出了串联单节线的匹配电路示意图。这是一种窄带匹配方法，它的使用受到限制，因为只有式（3.35）中的 Z_0 值是实数时，阻抗才能匹配。实际设计时，变换器的特性阻抗受到所用传输线类型的限制。例如，当用微带线时，阻抗值应为 $20\sim100\Omega$。

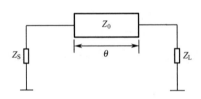

图 3.4　串联单节线的匹配电路示意图

在负载复阻抗和源复阻抗之间，最大传输功率或共轭匹配的传输线变换器的设计公式为

$$\begin{cases} Z_0 = \left(\dfrac{R_S |Z_L|^2 - R_L |Z_S|^2}{R_L - R_S} \right)^{1/2} \\ \tan\theta = \dfrac{Z_0(R_L - R_S)}{R_L X_S - R_S X_L} \end{cases} \quad (3.36)$$

式中，Z_L 为负载复阻抗，$Z_L = R_L + jX_L$；Z_S 为源复阻抗，$Z_S = R_S + jX_S$。

3. 传输线阶梯阻抗变换器

传输线阶梯阻抗变换器是微波匹配网络中常用的匹配电路。其中最简单、最常用的是四分之一波长传输线阻抗变换器。

1）单节四分之一波长传输线阻抗变换器

单节四分之一波长传输线阻抗变换器电路示意图如图 3.5 所示，其特性阻抗

为输入、输出阻抗的几何平均值，有

$$\begin{cases} Z_0 = \sqrt{Z_S Z_L} \ \text{或} \ Z_S = \dfrac{Z_0^2}{Z_L} \\[2mm] l = \lambda_g/4, \ \theta = \dfrac{\pi}{2} \end{cases} \quad (3.37)$$

这种变换器的显著特点是简单，但当频率偏离中心时，其电长度不再是π/2，变换特性随之恶化。由于它对频率敏感，故仅适合于窄带应用。

表 3.4 给出了单节四分之一波长传输线阻抗变换器的最大电压驻波比与阻抗比（$R=Z_L/Z_S$）和带宽 W 的关系。

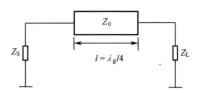

图 3.5　单节四分之一波长传输线阻抗变换器电路示意图

表 3.4　单节四分之一波长传输线阻抗变换器的最大电压驻波比

阻抗比 R	带宽 W				
	0.2	0.4	0.6	0.8	1.0
1.25	1.03	1.07	1.11	1.14	1.17
1.50	1.06	1.13	1 20	1.27	1.33
1.75	1.09	1.19	1.30	1.39	1.49
2.00	1.12	1.24	1.38	1.51	1.64
2.50	1.16	1.34	1.53	1.73	1.93
3.00	1.20	1.43	1.68	1.95	1.21
4.00	1.26	1.58	1.95	2.35	2.76
5.00	1.32	1.73	2.21	2.74	3.30
6.00	1.37	1.86	2.45	3.12	3.82
8.00	1.47	2.11	2.92	3.86	4.86

2）双节四分之一波长传输线阻抗变换器

在需要宽带匹配的场合，应采用多节阶梯阻抗变换器。在多节阶梯阻抗变换器中，各阻抗阶段产生的反射波彼此抵消，于是匹配的频带得以展宽。多节阶梯阻抗变换器最常用的是每节长为四分之一波长的双节阻抗变换器。设计时，根据阻抗变换器所要求的匹配带宽和带内最大电压驻波比，以及电压驻波比是最平坦响应还是切比雪夫响应，来确定双节阻抗变换器的特性阻抗。图 3.6 所示为双节四分之一波长传输线阻抗变换器电路示意图。表 3.5 和表 3.6 给出了双节四分之一波长传输线阻抗变换器的设计参数。表中，$R = Z_L / Z_S$，W 为阻抗变换器带宽。

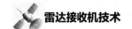

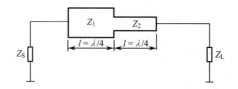

图 3.6 双节四分之一波长传输线阻抗变换器电路示意图

表 3.5 双节四分之一波长传输线阻抗变换器的电压驻波比

阻抗比 R	带宽 W					
	0.2	0.4	0.6	0.8	1.0	1.2
1.00	1.00	1.00	1.00	1.00	1.00	1.00
1.25	1.00	1.01	1 03	1.05	1.08	1.11
1.50	1.01	1.02	1.05	1.09	1.15	1.22
1.75	1.01	1.03	1.07	1.13	1.21	1.32
2.00	1.01	1.04	1.08	1.16	1.27	1.41
2.50	1.01	1.05	1.12	1.22	1.37	1.58
3.00	1.01	1.06	1.14	1.27	1.47	1.74
4.00	1.02	1.08	1.19	1.37	1.64	2.04
5.00	1.02	1.09	1.23	1.45	1.80	2.33
6.00	1.03	1.11	1.26	1.53	1.95	2.60

表 3.6 双节四分之一波长传输线阻抗变换器的归一阻抗 Z_1（Z_2 由 $Z_2 = R/Z_1$ 求得）

阻抗比 R	带宽 W					
	0.2	0.4	0.6	0.8	1.0	1.2
1.00	1.000	1.000	1.000	1.000	1.000	1.000
1.25	1.058	1.060	1 064	1.069	1.077	1.087
1.50	1.108	1.112	1.120	1.131	1.145	1.163
1.75	1.152	1.158	1.169	1.185	1.206	1.232
2.00	1.192	1.200	1.214	1.234	1.261	1.295
2.5	1.261	1.272	1.292	1.321	1.360	1.410
3.00	1.321	1.335	1.360	1.398	1.448	1.512
4.00	1.421	1.441	1.476	1.529	1.601	1.691
5.00	1.504	1.529	1.574	1.641	1.732	1.847
6.00	1.575	1.606	1.659	1.740	1.850	1.988

4. 短截线（开路线、短路线）匹配电路

单短线匹配电路示意图如图 3.7 所示，有

$$Y_{AA'} = Y_S + Y_D \tag{3.38}$$

式中，Y_S 是长度为 l 的短截线（短路或开路）的导纳；Y_D 是负载导纳变换到 AA′ 处的值。当 $Y_{AA'} = Y_0^*$ 时，获得最大的传输功率。

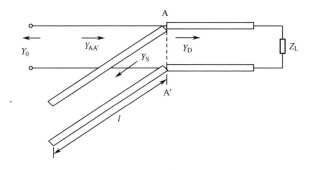

图 3.7　单短线匹配电路示意图

双短线匹配电路示意图如图 3.8 所示，有

$$Y_{BB} = Y_{S2} + Y_{D2} \tag{3.39}$$

式中，Y_{D2} 是 AA′ 处导纳 $Y_{AA'}$ 通过传输线 l 变换到 BB′ 处的导纳；Y_{S2} 是第二根短截线的导纳。当 $Y_{BB'} = Y_0^*$ 时，获得最大的传输功率。

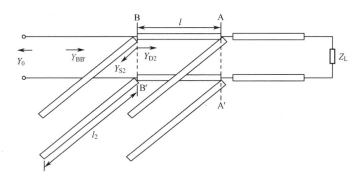

图 3.8　双短线匹配电路示意图

3.2.3　集总参数阻抗匹配网络

集总参数阻抗匹配网络相对于分布参数匹配网络（如传输线匹配网络）而言要简单一些，串联或并联电感或电容可将负载的复阻抗变为实阻抗，负载的实阻抗与源阻抗（一般为实阻抗）的匹配可通过图 3.9 所示的 T 形匹配网络来实现。图中，$M = R_L / R_S > 1$，$N > M$，通过适当选择 N，可在匹配带宽和可实现的电路元器件参数值之间得到一个折中方案。图中的 ω_0 为信号中心频率。

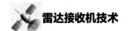
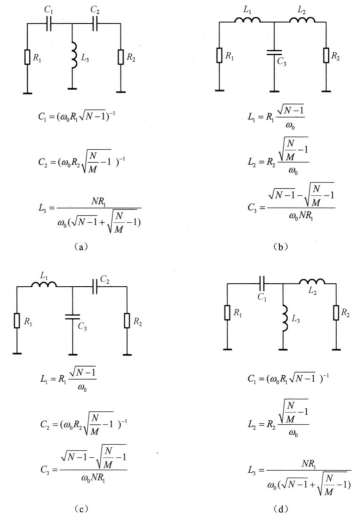

$$C_1 = (\omega_0 R_1 \sqrt{N-1})^{-1}$$

$$C_2 = (\omega_0 R_2 \sqrt{\frac{N}{M}-1}\,)^{-1}$$

$$L_3 = \frac{NR_1}{\omega_0(\sqrt{N-1}+\sqrt{\frac{N}{M}-1})}$$

（a）

$$L_1 = R_1 \frac{\sqrt{N-1}}{\omega_0}$$

$$L_2 = R_2 \frac{\sqrt{\frac{N}{M}-1}}{\omega_0}$$

$$C_3 = \frac{\sqrt{N-1}-\sqrt{\frac{N}{M}-1}}{\omega_0 NR_1}$$

（b）

$$L_1 = R_1 \frac{\sqrt{N-1}}{\omega_0}$$

$$C_2 = (\omega_0 R_2 \sqrt{\frac{N}{M}-1}\,)^{-1}$$

$$C_3 = \frac{\sqrt{N-1}-\sqrt{\frac{N}{M}-1}}{\omega_0 NR_1}$$

（c）

$$C_1 = (\omega_0 R_1 \sqrt{N-1}\,)^{-1}$$

$$L_2 = R_2 \frac{\sqrt{\frac{N}{M}-1}}{\omega_0}$$

$$L_3 = \frac{NR_1}{\omega_0(\sqrt{N-1}+\sqrt{\frac{N}{M}-1})}$$

（d）

图 3.9　集总参数 T 形匹配网络示意图

3.2.4　阻抗变换器和导纳变换器

阻抗变换器和导纳变换器是微波滤波器常用的变换电路,其示意图如图 3.10 所示。

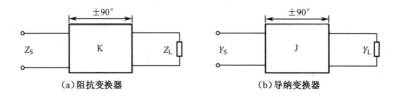

图 3.10　阻抗和导纳变换器示意图

一个理想的阻抗变换器是在所有工作频率上特性阻抗 K 都和四分之一波长线相同。如果阻抗变换器一端接阻抗 Z_{L}，则在另一端所看到的阻抗 Z_{S} 为

$$Z_{\mathrm{S}} = \frac{K^2}{Z_{\mathrm{L}}} \tag{3.40}$$

同样，理想的导纳变换器有如下关系式：

$$Y_{\mathrm{S}} = \frac{J^2}{Y_{\mathrm{L}}} \tag{3.41}$$

阻抗变换器又称 K 变换器，它的 $[A]$ 参数为

$$[A] = \begin{pmatrix} 0 & \pm \mathrm{j}K \\ \pm \mathrm{j}/K & 0 \end{pmatrix} \tag{3.42}$$

导纳变换器又称 J 变换器，它的 $[A]$ 参数为

$$[A] = \begin{pmatrix} 0 & \pm \mathrm{j}/J \\ \pm \mathrm{j}J & 0 \end{pmatrix} \tag{3.43}$$

对于图 3.11 所示 K 变换器的半集总参数等效电路，其 $[A]$ 参数为

$$
[A] = \begin{pmatrix} \cos\phi & \mathrm{j}Z_0\sin\phi \\ \mathrm{j}\sin\phi/Z_0 & \cos\phi \end{pmatrix} \begin{pmatrix} 1 & 0 \\ -\mathrm{j}\dfrac{1}{X} & 1 \end{pmatrix} \begin{pmatrix} \cos\phi & \mathrm{j}Z_0\sin\phi \\ \mathrm{j}\sin\phi/Z_0 & \cos\phi \end{pmatrix}
$$

$$
= \begin{pmatrix} \sin 2\phi + \dfrac{Z_0}{2X}\sin 2\phi & \mathrm{j}\left(Z_0\sin 2\phi + \dfrac{Z_0^2}{X}\sin^2\phi \right) \\ \mathrm{j}\left(\dfrac{\sin 2\phi}{Z_0} - \dfrac{\cos^2\phi}{X} \right) & \cos 2\phi + \dfrac{Z_0}{2X}\sin 2\phi \end{pmatrix}
$$

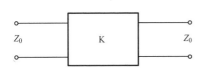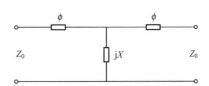

图 3.11　K 变换器的半集总参数等效电路

令其与 K 变换器的 $[A]$ 参数相等，则得到

$$
\begin{cases}
\cos 2\phi + \dfrac{Z_0}{2X}\sin 2\phi = 0 \\[2mm]
Z_0\sin 2\phi + \dfrac{Z_0^2}{X}\sin^2\phi = \pm K \\[2mm]
\dfrac{\sin 2\phi}{Z_0} - \dfrac{\cos^2\phi}{X} = \pm\dfrac{1}{K}
\end{cases}
\tag{3.44}
$$

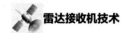

解得

$$\tan 2\phi = -\frac{2X}{Z_0}$$

$$\phi = -\frac{1}{2}\arctan\frac{2X}{Z_0} \tag{3.45}$$

$$\frac{X}{Z_0} = \pm\frac{K/Z_0}{(K/Z_0)^2 - 1}$$

$$\frac{|X|}{Z_0} = \frac{K/Z_0}{|(K/Z_0)^2 - 1|} \tag{3.46}$$

由式（3.45）和式（3.46）可得到 K 变换器的等效电路参数。

若 X 是感抗，即 $X>0$，则 ϕ 为负值；若 X 是容抗，即 $X<0$，则 ϕ 为正值。

应用对偶定理，对于图 3.12 所示 J 变换器的半集总参数等效电路，可得

$$\begin{cases}\phi = -\frac{1}{2}\arctan\frac{2B}{Y_0}\\[2mm]\dfrac{|B|}{Y_0} = \dfrac{J/Y_0}{|(J/Y_0)^2 - 1|}\end{cases} \tag{3.47}$$

同样，若 B 是容纳，即 $B>0$，则 ϕ 为负值；若 B 是感纳，即 $B<0$，则 ϕ 为正值。

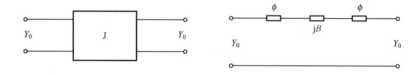

图 3.12　J 变换器的半集总参数等效电路

3.2.5　阻抗圆图和导纳圆图的应用

阻抗圆图和导纳圆图又称 smith 圆图，它是微波电路（包括集总参数匹配网络）匹配的一种十分有效且方便的计算工具。在阻抗圆图（见图 3.13）中，电抗的变化相当于等电阻圆上轨迹的移动，阻抗实部电阻的变化相当于等电抗圆上轨迹的移动。一个复阻抗通过传输线的匹配相当于等驻波圆上轨迹的移动，或一个复阻抗通过传输线网络串联和并联支节等的匹配，在阻抗圆图上最后都可达到预期的目标。

由于导纳是阻抗的倒数，对应于阻抗圆图等驻波圆直径的另一端，阻抗圆图中的阻抗值和导纳圆图中的导纳值互为倒数，阻抗圆图和导纳圆图的轨迹形状是完全相同的。

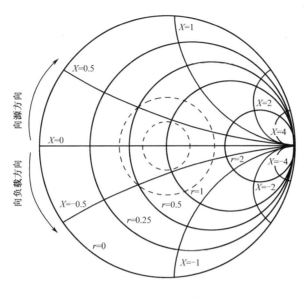

图 3.13 阻抗圆图

3.3 采样理论

本节主要从理论上分析，当对某一时间连续信号（模拟信号）进行采样时，只有采样频率达到一定数值，才能根据采样值准确确定原信号，而不至于产生信号的失真和混叠。

3.3.1 **基本采样理论——Nyquist 采样定理**

Nyquist 采样定理：设有一个信号 $x(t)$，其频带限制在 $(0, f_H)$ 范围内，如果以不小于 $f_s = 2f_H$ 的采样频率对 $x(t)$ 进行等间隔采样，得到时间离散的采样信号 $x(n) = x(nT_s)$（T_s 称为采样间隔，$T_s = 1/f_s$），则原信号 $x(t)$ 将被所得到的采样值 $x(n)$ 完全地确定。

Nyquist 采样定理告诉我们，如果以不低于信号最高频率两倍的采样频率对带限信号进行采样，那么所得到的离散采样值就能准确地确定原信号。

下面从数学上推导出离散采样值 $x(n)$ 表示带限信号 $x(t)$ 的数字表达式。

采样信号用周期冲激函数 $p(t)$ 表示为

$$p(t) = \sum_{n=-\infty}^{+\infty} \delta(t - nT_s) \tag{3.48}$$

应用傅里叶级数原型可得

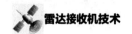

$$p(t) = \sum_{n=-\infty}^{+\infty} C_n \mathrm{e}^{\mathrm{j}\frac{2\pi}{T_s}nt} \tag{3.49}$$

其中，

$$C_n = \frac{1}{T_s} \int_{-\frac{T_s}{2}}^{\frac{T_s}{2}} p(t) \mathrm{e}^{-\mathrm{j}\frac{2\pi}{T_s}nt} \mathrm{d}t$$

$$= \frac{1}{T_s} \int_{-\frac{T_s}{2}}^{\frac{T_s}{2}} \delta(t) \mathrm{e}^{-\mathrm{j}\frac{2\pi}{T_s}nt} \mathrm{d}t$$

$$= \frac{1}{T_s}$$

式（3.49）根据 $X(t) = \int_{-\infty}^{+\infty} \delta(t) \mathrm{e}^{-\mathrm{j}2\pi ft} \mathrm{d}t = \mathrm{e}^0 = 1$（冲激函数的傅里叶变换）得到。

因此有

$$p(t) = \frac{1}{T_s} \sum_{n=-\infty}^{+\infty} \mathrm{e}^{\mathrm{j}\frac{2\pi}{T_s}nt} \tag{3.50}$$

$x(t)$ 以采样频率 f_s 得到的采样信号可表示为

$$x_s(t) = p(t)x(t)$$

$$= \frac{1}{T_s} \sum_{n=-\infty}^{+\infty} \mathrm{e}^{\mathrm{j}\frac{2\pi}{T_s}nt} x(t)$$

根据傅里叶变换的性质

$$\mathrm{e}^{\mathrm{j}\omega_0 t} x(t) \leftrightarrow X(\omega - \omega_0)$$

可得

$$X_s(\omega) = \frac{1}{T_s} \sum_{n=-\infty}^{+\infty} X\left(\omega - \frac{2\pi}{T_s}n\right) \tag{3.51}$$

$$= \frac{1}{T_s} \sum_{n=-\infty}^{+\infty} X(\omega - n\omega_s)$$

由此可见，采样信号的频谱为原信号频谱频移后的多个叠加。

从图 3.14 所示信号采样示意图可以看出，只要满足 $\omega_s \geqslant 2\omega_H$（或 $f_s \geqslant 2f_H$），信号频谱就不会混叠。这时用一个带宽不小于 ω_H 的滤波器就能滤出原来的信号 $x(t)$。

采样定理的意义在于，时间上连续的模拟信号可以用时间上离散的采样值来取代，这就为模拟信号的数字化处理奠定了理论基础。

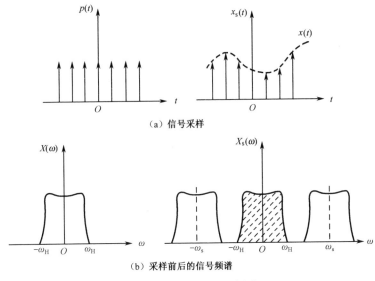

（a）信号采样

（b）采样前后的信号频谱

图 3.14 信号采样示意图

3.3.2 带通信号采样理论

Nyquist 采样定理只讨论了其频谱分布在（$0, f_H$）上的基带信号的采样问题，如果信号的频率分布在某一有限的频带（$f_L \sim f_H$）上，那么如何进行采样呢？当然，根据 Nyquist 采样定理，仍然可按 $f_s \geqslant 2f_H$ 的采样频率来进行采样，但是当信号的最高频率 f_H 远远高于信号带宽 B 时，如果仍然按 Nyquist 采样定理来采样，则采样频率会很高，以致很难实现，或者后处理的速度满足不了要求。带通信号本身的带宽不一定很宽，那么能不能采用比 Nyquist 采样定理要求更低的采样频率呢？是否可以用两倍带宽的采样频率来采样呢？这就是带通信号采样理论要回答的问题。

带通采样定理：设频率带限信号 $x(t)$ 的频带限制在 $f_L \sim f_H$ 范围内，如果其采样频率 f_s 满足

$$f_s = \frac{2(f_L + f_H)}{2n+1} \tag{3.52}$$

式中，n 为能满足 $f_s \geqslant 2(f_H - f_L)$ 的最大正整数。

则用 f_s 进行等间隔采样所得到的信号采样值 $x(nT_s)$ 能准确地确定原信号 $x(t)$。

式（3.52）也可用带通信号的中心频率 f_0 表示为

$$f_s = \frac{4f_0}{2n+1} \tag{3.53}$$

式中，$f_0 = \dfrac{f_L + f_H}{2}$；$n$ 为能满足 $f_s \geqslant 2B$（B 为频带宽度）的最大正整数。

显然，当 $f_0 = f_H / 2$，$B = f_H$ 时，取 $n = 0$，式（3.53）就成为 Nyquist 采样定

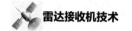

理公式。

从式（3.53）还可看出，当 $f_s = 2B$ 时，$f_0 = \dfrac{2n+1}{2}B$，或者 $f_H + f_L = (2n+1)B$，即信号最高和最低频率之和应是带宽的整数倍。带通信号采样的频谱如图 3.15 所示。

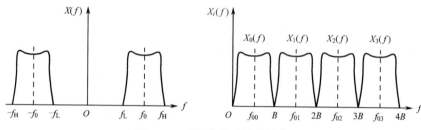

图 3.15　带通信号采样的频谱

应用带通采样定理时应注意以下三点。

（1）采用带通采样定理的前提条件是只允许在一个频带上存在信号，而不允许在不同频带上同时存在信号，否则会引起信号混叠。为了满足这个前提条件，可采用跟踪滤波器，在采样前先进行滤波，滤出感兴趣的带通信号，如 $X_n(f)$，然后进行采样，以防止信号混叠。这样的跟踪滤波器称为抗混叠滤波器。

（2）单从对模拟信号的采样数字化来讲，频带宽度 B 应理解为处理带宽，也就是这一处理带宽内可以同时存在多个信号，而不只限于一个信号。

（3）带通采样的结果是把位于 $[nB,(n+1)B](n=0,1,2,\cdots)$ 不同频带上的信号都用位于 $(0,B)$ 上相同的基带信号频谱来表示，但这种关系在 n 为奇数时，其频率对应关系是相对于中心频率"反折"的，即奇数通带上的高频分量对应于基带上的低频分量，奇数通带上的低频分量对应于基带上的高频分量。如图 3.16 所示，奇数频带，如 $(B,2B)$ 上的高、低频两个信号与采样后在 $(0,B)$ 上的信号的对应关系互为"反折"；而偶数频带，如 $(2B,3B)$ 上的信号与采样后数字基带上的频率分量是一一对应的。

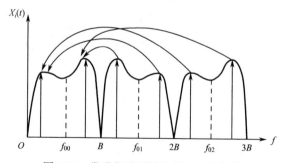

图 3.16　带通信号采样的频率对应关系

3.4 频率稳定度理论

频率稳定度是现代雷达（如动目标显示、多普勒测速、脉冲多普勒、脉冲压缩、合成孔径、导航定位等雷达）的关键技术和重要指标之一。众所周知，现代雷达大多采用相干体制，利用相位或频率信息，而不是按传统方式只利用幅度信息来完成系统的主要功能；或者虽不直接利用相位或频率信息，但必须在频率源相位或频率高度稳定的前提下，才能完成系统功能。例如，动目标显示雷达利用多普勒效应在时域上从背景干扰中提取动目标信号，多普勒测速雷达利用多普勒频移获得速度信息，脉冲压缩雷达则利用器件稳定的频率色散特性或稳定的相位编码特性获得展宽波形和压缩信号。如果雷达本身的频率源就存在频率起伏和相位起伏（或者说存在着频率起伏和相位噪声），那么这种起伏或噪声就会与有用的频率或相位信息混淆，从而大大降低雷达系统的性能。随着现代雷达性能的迅速提高，频率稳定度的重要性显得更为突出。

所谓频率稳定度问题，归纳起来包括以下几个方面。

（1）各种现代雷达频率稳定度表征方法和指标的意义。

（2）频率起伏或相位噪声对雷达系统性能的影响，或者说根据给定的雷达系统性能来确定对频率源频率稳定度的要求。

（3）现代雷达频率稳定度的测试方法。

（4）如何提高现代雷达频率源的频率稳定度。

本节主要阐述前两个问题，后两个问题将在后续章节中阐述。

频率源（振荡器或频率合成器）的频率稳定度分为长期频率稳定度和短期频率稳定度。所谓长期频率稳定度，就是在一定时间范围内或一定温度、湿度及电源电压等的变化范围内频率的变化量，时间单位可以是小时、日或月。

长期稳定度一般有两种表示方法，一种是最大偏差，另一种是方均根偏差，一般后者更合理。

最大偏差表示为

$$\frac{\Delta f}{f_0} = \frac{(\Delta f)_{\max}}{f_0} \tag{3.54}$$

式中，$(\Delta f)_{\max}$ 表示取 n 个偏差中的最大值。

方均根偏差表示为

$$\frac{\Delta f}{f_0} = \lim_{n \to \infty} \sqrt{\frac{1}{n} \sum_{i=1}^{n} \left[\left(\frac{\Delta f}{f_0} \right)_i - \frac{\overline{\Delta f}}{f_0} \right]^2} \tag{3.55}$$

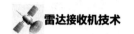

式中，$\overline{\dfrac{\Delta f}{f_0}} = \lim\limits_{n\to\infty}\dfrac{1}{n}\sum\limits_{i=1}^{n}\left(\dfrac{\Delta f}{f_0}\right)_i$。

对于雷达接收系统，短期稳定度（一般在 ms 量级）的影响更直接，因为雷达的多普勒频移处理往往是在雷达周期之间进行的。

3.4.1 频率稳定度的时域表示法

理想的纯正弦波信号在实际应用中都存在不稳定性，即存在幅度、频率或相位的起伏，可表示为

$$v(t) = [V_0 + \varepsilon(t)]\sin[\omega_0 t + \Delta\phi(t)] \tag{3.56}$$

式中，$\varepsilon(t)$ 为脉冲幅度起伏；$\Delta\phi(t)$ 为脉冲相位起伏。

通常，信号源的输出信号都会有 $\varepsilon(t) \ll V_0$，因此式（3.56）可改写为

$$v(t) = V_0\sin[\omega_0 t + \Delta\phi(t)] \tag{3.57}$$

若设 $y(t)$ 为瞬时相对频率变化，即

$$y(t) = \frac{\dot{\phi}(t)}{\omega_0} \tag{3.58}$$

假设在 t_1 时刻测得 $y(t_1)$，在 t_2 时刻测得 $y(t_2)$，则信号源在 t_2-t_1 时间段内的稳定度为

$$y(t_2) - y(t_1) = \frac{\dot{\phi}(t_2)}{\omega_0} - \frac{\dot{\phi}(t_1)}{\omega_0} = \frac{\Delta\omega}{\omega_0} \tag{3.59}$$

实际中测量频率稳定度是用采样的方法（见图 3.17）。假设每次采样的时间是 τ，采样间隔为 T，在 t_1 至 $t_1+\tau$ 内测得 $y(t)$ 的平均值为 y_1，在 t_2 至 $t_2+\tau$ 内测得 $y(t)$ 的平均值为 y_2，则在 $t_2-t_1=T$ 时间段内的稳定度为

$$\overline{y}_2 - \overline{y}_1 = \frac{\overline{\Delta\omega}}{\omega_0}$$

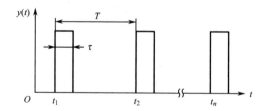

图 3.17 采样测试示意图

$y(t)$ 是均值为零的平稳随机过程，若多次进行上述测试，然后取平均值，就得到采样方式下的频率稳定度，即采样方差，其定义为

$$\sigma_y^2(N,T,\tau) = \left\langle \frac{1}{N-1} \sum_{i=1}^{N} \left(\overline{y}_k - \frac{1}{N} \sum_{i=1}^{N} \overline{y}_k \right)^2 \right\rangle \qquad (3.60)$$

式中，$\sigma_y^2(N, T, \tau)$ 为相对频率起伏 $y(t)$ 的采样方差；N 为采样次数；$< >$ 表示取平均值。

采样方差中，当 $N=2$，$T=\tau$ 时，一个特殊且已被实践证明的最基本的参量 $\sigma_y^2(2, \tau, \tau)$ 定义了两次连续的无间隙的采样方差。此方差是用 D.W.Allan 的名字命名的，称作阿伦方差，其公式为

$$\sigma_y^2(\tau) = \sigma_y^2(2,\tau,\tau) = \frac{1}{2} \left\langle (\overline{y}_{k+1} - \overline{y}_k)^2 \right\rangle \qquad (3.61)$$

为了比较精确地估计 $\sigma_y^2(\tau)$，往往要求连续无间隙地采样 M 个有限数据。由这些数据的平均值就可得到普遍采用的频率稳定度标准测试的阿伦方差

$$\sigma_y^2(M,\tau) = \frac{1}{2(M-1)} \sum_{k=1}^{M} (\overline{y}_{k+1} - \overline{y}_k)^2 \qquad (3.62)$$

3.4.2　频率稳定度的频域表示法

对于理想的无噪声微波频率源，设载频为 f_0，其对应的频谱是一根纯净的谱线，但在实际中，输出的信号总存在噪声，这些噪声将对频率和振幅进行调制，因此实际的频谱总有一定的宽度，如图 3.18 所示。

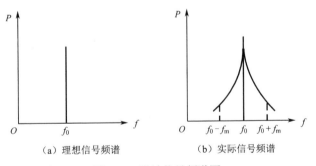

（a）理想信号频谱　　　　　　（b）实际信号频谱

图 3.18　微波信号频谱图

观察频率源输出信号，最简单也最有效的方法是使用频谱分析仪。如果频谱分析仪的噪声底部比被测源的相位噪声电平低得多，而且动态范围和选择性足以分辨所要测量的相位噪声，则在频谱仪上观察到的信号相位噪声曲线以载波频率 f_0 对称，是双边带的，如图 3.19（a）所示。为了研究简便，只取一个边带，如图 3.19（b）所示，由此给出单边带（SSB）相位噪声的定义。

美国国家标准把 $L(f_m)$ 称为单边带相位噪声，其定义为在偏离载波频率 f_m（单

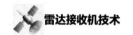

位：Hz）1Hz 带宽内，一个相位调制边带的功率 P_{SSB} 与总的信号功率 P_{S} 之比，即

$$L\left(f_{\text{m}}\right) = \frac{P_{\text{SSB}}}{P_{\text{S}}} = \frac{\text{功率密度(一个相位调制边带,1Hz)}}{\text{总的载波功率}} \tag{3.63}$$

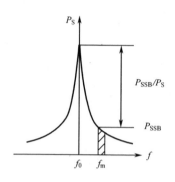
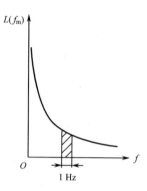

（a）相位噪声曲线 　　　　　　　　　（b）单边带相位噪声

图 3.19　相位噪声示意图

$L(f_{\text{m}})$通常用相对于载波 1Hz 带宽的对数值表示，即 dBc/Hz。$L(f_{\text{m}})$是相对噪声常用的表示形式。

通过理论分析可知

$$L\left(f_{\text{m}}\right) = \frac{P_{\text{SSB}}}{P_{\text{S}}}\bigg|_{1\text{Hz}} = \frac{1}{2}\Delta\phi_{\text{rms}}^2$$

其中，$\Delta\phi_{\text{rms}}^2$ 是相位变化的均方值。

如果用 $S_{\Delta\phi}(f_{\text{m}})$ 表示相位噪声功率谱密度，则有

$$S_{\Delta\phi}\left(f_{\text{m}}\right) = \Delta\phi_{\text{rms}}^2 = 2L\left(f_{\text{m}}\right)$$

其对数表示形式为

$$S_{\Delta\phi}\left(f_{\text{m}}\right)\big|_{\text{dB}} = 10\lg L\left(f_{\text{m}}\right) + 3\text{dB} \tag{3.64}$$

相位噪声功率谱密度和频率起伏谱密度之间的关系为

$$S_{\Delta\phi}\left(f_{\text{m}}\right) = f_{\text{m}}^2 S_{\Delta\phi}\left(f_{\text{m}}\right) = 2f_{\text{m}}^2 L\left(f_{\text{m}}\right) \tag{3.65}$$

3.4.3　相位起伏谱密度的幂律谱表示

相位噪声功率谱密度又称相位起伏谱密度，它的幂律谱模型为

$$S_{\Delta\phi}\left(f_{\text{m}}\right) = f_0^2\left(h_{-2}f_{\text{m}}^{-4} + h_{-1}f_{\text{m}}^{-3} + h_0 f_{\text{m}}^{-2} + h_1 f_{\text{m}}^{-1} + h_2 f_{\text{m}}^0\right) \tag{3.66}$$

式中，f_{m} 为偏离载波的频率；h 为谱密度斜率。

相对频率起伏功率谱密度 $S_y(f_{\text{m}})$ 的幂律谱模型为

$$S_y\left(f_{\text{m}}\right) = h_{-2}f_{\text{m}}^{-2} + h_{-1}f_{\text{m}}^{-1} + h_0 f_{\text{m}}^0 + h_1 f_{\text{m}}^1 + h_2 f_{\text{m}}^2 \tag{3.67}$$

3.4.4　频率稳定度与雷达改善因子的关系

对于现代雷达，人们常常对雷达脉冲重复周期的频率稳定度感兴趣。很明显，用 $\sigma_y^2(2, T, \tau)$ 表示频率稳定度是合适的。

雷达的改善因子 I 与相邻周期回波相位变化的均方值 $\Delta\phi_{\text{rms}}^2$ 有如下直接关系：

$$I = \frac{k}{\Delta\phi_{\text{rms}}^2} \tag{3.68}$$

式中，k 值与信号处理的方式有关。

根据 $\sigma_y^2(2, T, t) = \frac{1}{2}(\bar{y}_1 - \bar{y}_2)^2 = \frac{1}{2}\left(\frac{\Delta\bar{\omega}_0}{\omega_0}\right)^2$ 和 $\Delta\phi_{\text{rms}} = \Delta\bar{\omega}\tau$ 可得到

$$\Delta\phi_{\text{rms}}^2 = 2\omega_0^2\tau^2\sigma_y^2(2, T, \tau)$$

所以有

$$I = \frac{k}{2\omega_0^2\tau^2\sigma_y^2(2, T, \tau)} \tag{3.69}$$

式（3.69）即采样方差（有间隙的阿伦方差）与雷达改善因子的关系。

采样方差与相对频率起伏功率谱密度 $S_y(f_{\text{m}})$ 之间的关系为

$$\sigma_y^2(2, T, \tau) = \frac{2}{\pi^2\tau^2}\int_0^\infty S_y(f_{\text{m}})\frac{\sin^2(\pi\tau f_{\text{m}})\sin^2(\pi T f_{\text{m}})}{f_{\text{m}}^2}\mathrm{d}f_{\text{m}} \tag{3.70}$$

式中，$S_y(f_{\text{m}}) = \frac{1}{f_0^2}S_{\Delta f}(f_{\text{m}}) = \frac{f_{\text{m}}^2}{f_0^2}S_{\Delta\phi}(f_{\text{m}})$。

最后，求得雷达改善因子与相位起伏谱密度的关系为

$$I = \frac{k}{16\int_0^\infty S_{\Delta\phi}(f_{\text{m}})\sin^2(\pi\tau f_{\text{m}})\sin^2(\pi T f_{\text{m}})\mathrm{d}f_{\text{m}}} \tag{3.71}$$

如果雷达改善因子 I 的要求已定，则频率源的频率稳定度可用下式计算：

$$\frac{\Delta\bar{\omega}}{\omega_0} = \frac{1}{\omega_0\tau}\sqrt{\frac{k}{I}} \tag{3.72}$$

需要说明的是，$S_{\Delta f}(f_{\text{m}}) = f_{\text{m}}^2 S_{\Delta\phi}(f_{\text{m}}) = 2f_{\text{m}}^2 L(f_{\text{m}})$ 中的 f_{m} 表示相位噪声对载频的调制频率，在后文的论述中经常会用 $S_{\Delta f}(f)$、$S_{\Delta\phi}(f)$ 和 $L(f)$ 表示 $S_{\Delta f}(f_{\text{m}})$、$S_{\Delta\phi}(f_{\text{m}})$ 和 $L(f_{\text{m}})$，其含义是一样的。

第 4 章
雷达接收系统设计

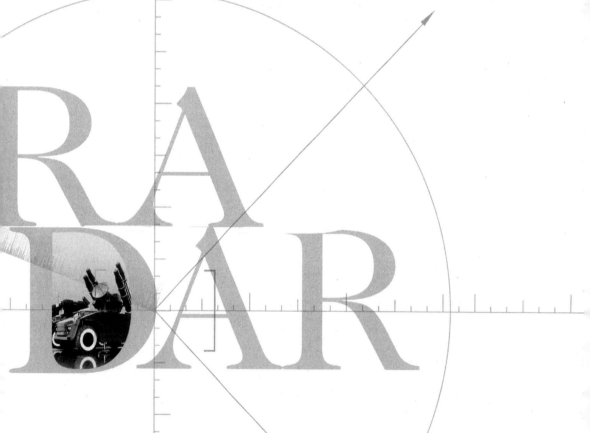

　　提要：本章在简述雷达接收系统的组成之后，重点阐述雷达接收系统主要技术性能的设计方法，包括低噪声设计、交调和互调设计、大动态设计、滤波和接收机带宽设计、调制与解调设计等。

4.1　雷达接收系统的组成

　　第 1 章中详细介绍了雷达接收机的基本工作原理和基本组成，可以看出，不同用途、不同体制的雷达接收机组成各有不同，接收机的物理形态由单通道向着多通道发展。但是，从雷达接收机系统设计的角度，无论何种用途和体制的雷达接收系统都可以用图 4.1 所示框图来表示。雷达接收系统按功能和电路特点可分为五大部分，即射频接收、数字接收、频率合成器（包括本振、相干振荡器和全机时钟等）、发射前端和波形产生。

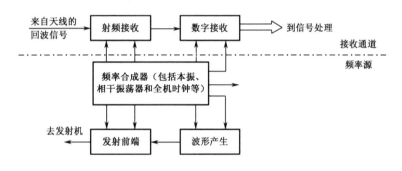

图 4.1　雷达接收系统框图

　　射频接收主要包括限幅器、低噪声放大器、下变频及滤波等，对回波信号进行射频放大和变频处理；数字接收主要包括对中频信号数字采集和数据预处理，将数字信号送至信号处理部件；频率合成器提供系统所需的系统时钟、本振及采样时钟等，它是通过直接合成或间接合成（锁相）等方式实现的；波形产生主要根据雷达的总体要求产生各种调制形式的中频脉冲信号，包括线性调频、非线性调频、编码信号等，具有中频信号调制和解调功能；发射前端一般包括上变频滤波和功率放大等，有时还包括射频测试校正信号的产生，由于发射前端基本属于小功率线性系统，所以雷达系统把这部分功能包含在接收系统范围之内。

　　随着相控阵雷达技术的发展，特别是数字波束形成技术的发展，接收系统由单通道接收机发展到多通道接收机，出现了子阵式多通道接收机和全数字通道接收机等。现代相控阵雷达接收机主要以图 4.2 所示雷达超外差射频接收机的原理工作，经过适当放大的微弱回波与本振混频变成中频，然后经过 A/D 变换产生数字信号。在混频过程中，一般不能有严重的镜像频率和寄生频率问题，达到最终的中频可能需要一次以上的变换。中频放大不仅比微波频率放大成本低、稳定性好，而且有用回波占有较宽的带宽百分比，使滤波工作得到简化。另外，超外差接收机的本振频率可随着发射机频率的改变而变化，同时并不影响中频滤波。

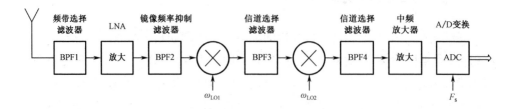

图 4.2　雷达超外差射频接收机原理框图

雷达超外差射频接收机包括低噪声放大器、混频器、滤波器、中频放大器及A/D 变换器等。图 4.2 所示雷达超外差射频接收机使用两级下变频，因此被称为双中频。第 3 章中介绍过，在一个级联的增益级中，噪声系数在前端是最关键的，而线性度在后端是最关键的。因此，优化的设计可以根据每级之前的总增益把该级的噪声系数和 IP3 扩大。

子阵级数字阵列雷达将大型天线阵面分割成若干子阵，对每个子阵都设置一个通道接收机。就子阵级数字阵列而言，传统的模拟波束形成器管线和 T/R 组件都是在子阵中使用的，而数字波束形成是在整个子阵阵列中完成的。

全数字阵列雷达在每个天线单元后都接一路通道接收机，从而使射频接收组件与通道接收机合二为一。在单元级数字阵列中，微波前端得到进一步简化，因为不再需要模拟控制功能（移相器和可变衰减器）和管线。单元级数字阵列的相位和幅度加权都通过数字化操控来实施，波束形成通过整个阵列数字求和来完成，提高了波束形成的灵活性。

4.2　低噪声设计

正如第 3 章所述，如果没有噪声，那么不管信号如何微弱，只要充分地加以放大，信号总是可以被检测出来的。但是，实际中不可避免地会有噪声，它会与微弱信号一起被放大或衰减，妨碍对信号的检测。噪声是限制接收机灵敏度的主要因素，因此接收机的低噪声设计十分重要。

4.2.1　接收系统的噪声系数与灵敏度

由第 3 章内容可知接收机的噪声系数为

$$F = \frac{S_i / N_i}{S_o / N_o} \tag{4.1}$$

接收机的噪声温度为

$$T_e = T_0(F-1), \quad T_0 = 290\text{K} \tag{4.2}$$

传输线的噪声温度为

$$T_r = T_0(L_r - 1) \tag{4.3}$$

接收系统的级联噪声系数为

$$F_s = F_1 + \frac{F_2 - 1}{G_1} + \frac{F_3 - 1}{G_1 G_2} + \cdots + \frac{F_n - 1}{G_1 G_2 \cdots G_{n-1}} \tag{4.4}$$

接收系统的有效输入噪声温度为

$$T_e = T_1 + \frac{T_2}{G_1} + \frac{T_3}{G_1 G_2} + \cdots + \frac{T_n}{G_1 G_2 \cdots G_{n-1}} \tag{4.5}$$

需要说明的是，在应用式（4.3）求传输线噪声温度时，T_0 实际是指传输线的热噪声温度，有时用 T_{tr} 表示，一般有 $T_{tr} = 290\text{K}$。

下面分几种情况具体计算接收系统的噪声系数。

1. 接收机没有低噪声射频放大器时

如图 4.3 所示，此时接收系统的噪声系数为

$$F_s = F_M + \frac{F_{IF} - 1}{G_M} + \frac{F_F - 1}{G_M G_{IF}} \tag{4.6}$$

式中，F_s 为接收系统噪声系数；F_M 为混频器的噪声系数，一般情况下，$F_M = L_M t_e$，L_M 为混频器的变频损耗，$G_M = 1/L_M$；F_{IF} 为中频放大器的噪声系数；G_{IF} 为中频放大器的增益；F_F 为滤波器的噪声系数，$F_F = L_F t_e$，L_F 为滤波器的插入损耗，t_e 为有效噪声温度与标准噪声温度之比，称为噪声温度比。

图 4.3　直接混频超外差接收机原理框图

所以有

$$\begin{aligned}
F_s &= L_M t_e + \frac{F_{IF} - 1}{1/L_M} + \frac{(F_F - 1)L_M}{G_{IF}} \\
&= L_M \left(t_e + F_{IF} - 1 + \frac{F_F - 1}{G_{IF}} \right)
\end{aligned} \tag{4.7}$$

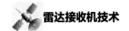

一般情况下，$t_e \approx 1$，$G_{IF} \gg F_F(F_F = L_F)$，此时

$$F_s = L_M F_{IF}$$

$$F_s = 10\lg L_M + 10\lg F_{IF} \tag{4.8}$$

由式（4.8）可知，如果混频器的变频损耗为 7dB，前置中放的噪声系数为 2dB，则接收系统的噪声系数约为 9dB。

2. 接收机具有低噪声射频放大器时

如图 4.4 所示，此时接收系统的噪声系数为

$$
\begin{aligned}
F_s &= F_1 + \frac{F_2 - 1}{G_1} + \frac{F_3 - 1}{G_1 G_2} + \frac{F_4 - 1}{G_1 G_2 G_3} \\
&= L_1 + (F_A - 1)L_1 + \frac{(L_M - 1)L_1}{G_A} + \frac{(F_{IF} - 1)L_1 L_M}{G_A} \\
&= L_1 F_A + \frac{1}{G_A}[(L_M - 1)L_1 + (F_{IF} - 1)L_1 L_M] \\
&= L_1 F_A + \frac{(L_M F_{IF} - 1)L_1}{G_A}
\end{aligned}
\tag{4.9}
$$

式（4.9）说明，具有 0.3dB 损耗的限幅器和具有 2dB 噪声系数、30dB 增益的低噪声放大器，可以看成一个具有 2.3dB 噪声系数、29.7dB 增益的限幅低噪声模块。同样，具有 8dB 变频损耗和 2dB 噪声系数、20dB 增益的滤波前置中放，可看成一个具有 10dB 噪声系数、12dB 增益的混频前置中放模块。对于有射频衰减器和传输线损耗的接收系统，都可以这样考虑，这大大简化了接收系统噪声系数的计算。

图 4.4　具有低噪声射频放大器的接收机原理框图

求出接收机各参量对数值对应的倍数，即

$$L_1 = 1.0715, \quad F_A = 1.59, \quad G_A = 1000, \quad L_M = 6.31, \quad F_{IF} = 1.59$$

可得

$$F_s = 1.0715 \times 1.59 + \frac{(6.31 \times 1.59 - 1) \times 1.0715}{1000}$$

$$\approx 1.7037 + 0.0097$$

$$= 1.7134$$

$$F_s = 10\lg 1.7134 = 2.3386\text{dB}$$

显然，混频器对系统噪声的影响只有 0.0386dB。这说明具有低噪声射频放大

器的接收系统噪声系数主要取决于低噪声放大器，因此低噪声放大器前的无源电路的插入损耗应尽可能减小。

3. 子阵级多通道接收机

噪声系数可根据合成网络的信号和噪声叠加模型进行计算，再扣除合成信噪比增益，折算成等效单通道噪声系数。

子阵级多通道接收机的实际噪声系数模型比较复杂，取决于各单元电路的增益（插损）、噪声系数、多通道之间的幅相一致性和系统频率响应等多个因素。为了简化分析，将子阵级多通道接收机近似为图 4.5 所示模型，用 N 个相同的 LNA 表示 $N{:}1$ 合成器之前的前端接收通道，$N{:}1$ 合成器为理想的功率器（其固有插损折合到前/后级电路中），$N{:}1$ 合成器的后级电路用一个放大器来等效。

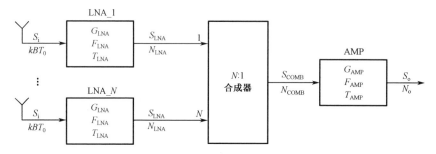

图 4.5　子阵级多通道接收机近似等效模型

每路 LNA 输出的信号功率和噪声功率分别为

$$S_{\text{LNA}} = G_{\text{LNA}} S_{\text{i}} \tag{4.10}$$

$$N_{\text{LNA}} = G_{\text{LNA}} kT_0 + G_{\text{LNA}} kT_0 (F_{\text{LNA}} - 1) = kT_0 F_{\text{LNA}} G_{\text{LNA}} \tag{4.11}$$

理想合成器将 N 路相同的输入信号进行电压合成，对 N 路输入噪声进行功率合成（假设各路噪声非相干，输入噪声远大于合成器自身热噪声），合成器输出的信号功率和噪声功率分别为

$$S_{\text{COMB}} = N^2 S_{\text{LNA}} / N = N G_{\text{LNA}} S_{\text{i}} \tag{4.12}$$

$$N_{\text{COMB}} = N \cdot N_{\text{LNA}} / N = kT_0 F_{\text{LNA}} G_{\text{LNA}} \tag{4.13}$$

后端放大器输出的信号功率和噪声功率分别为

$$S_{\text{o}} = G_{\text{AMP}} S_{\text{COMB}} = N G_{\text{LNA}} G_{\text{AMP}} S_{\text{i}} \tag{4.14}$$

$$N_{\text{o}} = G_{\text{AMP}} N_{\text{COMB}} + G_{\text{AMP}} kT_0 (F_{\text{AMP}} - 1) = kT_0 F_{\text{LNA}} G_{\text{LNA}} G_{\text{AMP}} + G_{\text{AMP}} kT_0 (F_{\text{AMP}} - 1) \tag{4.15}$$

基于信噪比恶化的噪声系数定义公式，可得子阵级多通道接收机的系统噪声

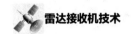

系数

$$F_{\mathrm{SYS}} = \frac{S_{\mathrm{i}} / N_{\mathrm{i}}}{S_{\mathrm{o}} / N_{\mathrm{o}}}$$

$$= \frac{S_{\mathrm{i}} / kT_0}{\left(NG_{\mathrm{LNA}}G_{\mathrm{AMP}}S_{\mathrm{i}}\right) / \left(kT_0 F_{\mathrm{LNA}}G_{\mathrm{LNA}}G_{\mathrm{AMP}} + G_{\mathrm{AMP}}kT_0(F_{\mathrm{AMP}}-1)\right)} \quad (4.16)$$

$$= \frac{1}{N}\left(F_{\mathrm{LNA}} + \frac{F_{\mathrm{AMP}}-1}{G_{\mathrm{LNA}}}\right)$$

从式（4.16）可以看出，当合成通道数 N 大于 $\left(F_{\mathrm{LNA}} + \dfrac{F_{\mathrm{AMP}}-1}{G_{\mathrm{LNA}}}\right)$ 时，$F_{\mathrm{SYS}} < 1$，系统输出信噪比大于系统输入信噪比，信噪比增益来源于多通道相干合成。

将系统噪声系数折算成等效单通道噪声系数，可得

$$F_{\mathrm{equ}} = NF_{\mathrm{SYS}} = F_{\mathrm{LNA}} + \frac{F_{\mathrm{AMP}}-1}{G_{\mathrm{LNA}}} \quad (4.17)$$

子阵级多通道接收机的等效单通道噪声系数与合成器虚拟旁路后的单通道级联噪声系数近似，从而简化了系统指标计算和评估。值得注意的是，链路增益核算时需要考虑合成器的合成增益，以防止接收链路饱和。

4. 全数字多通道数字接收机

数字阵列雷达收发系统的重要指标是噪声系数或噪声温度。数字阵列雷达是多通道接收系统，为了便于按常规雷达接收系统来计算噪声系数或噪声温度，可以先将多通道接收系统变换等效为单通道系统。图 4.6（a）所示为典型数字阵列雷达接收系统，由于采用数字波束形成，信号和噪声均在数字域进行合成，对于均匀加权的情况，通过系统对数字接收通道的幅相校正，最终输入合成器前的每个通道增益均相等，数字合成可以看作一个增益为 1 的无损合成网络。将各通道噪声非相关相加，信号同相相加的 S/N 增益可以用等效天线增益来替代。此时的多通道系统可以等效为图 4.6（b）所示单通道接收系统来计算噪声系数。以下按单通道数字接收机来进行噪声设计。

数字阵列雷达中的单通道数字接收机是一个多级传输网络，含射频前端和数字接收机，任何一级都会产生噪声。定义 T_{e} 为接收机内部噪声折算到接收机输入端的噪声温度，则接收机内部噪声折算到输入端的有效噪声功率为

$$P_{\mathrm{r}} = kT_{\mathrm{e}}B_{\mathrm{r}} \quad (4.18)$$

式中，k 为玻尔兹曼常数；B_{r} 为接收机带宽。

线性两端口网络具有确定的输入端和输出端，且输入端源阻抗温度为 290K 时，网络输入端信噪比与输出端信噪比的比值定义为该网络的噪声系数。其物理

意义是，网络的噪声系数是网络输出信噪比对输入信噪比恶化的程度。用 S_i/N_i 表示接收机输入信噪比，S_o/N_o 表示输出信噪比，噪声系数 NF 定义为

$$NF = \frac{S_i/N_i}{S_o/N_o} = \frac{N_o}{GN_i} = \frac{N_{ao} + N_{ro}}{GN_i} = \frac{GN_i + GN_{ri}}{GN_i} = \frac{N_i + N_r}{N_i} = 1 + \frac{T_e}{T_0} \quad (4.19)$$

式中，G 为接收机增益；N_i 为天线噪声输入噪声功率，$N_i = kT_0B$；N_r 为接收机输出噪声功率，即折算到输入端的噪声功率，$N_r = kT_eB$。因此，噪声系数大小与信号功率无关，只取决于输入、输出噪声功率的比值。

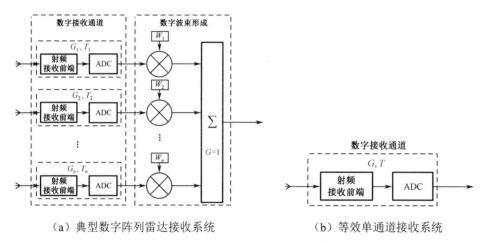

（a）典型数字阵列雷达接收系统　　　（b）等效单通道接收系统

图 4.6　全数字多通道接收系统原理框图

接收机一般由多级放大器、混频器和滤波器等组成，级联电路的噪声系数或噪声温度表示为

$$NF_e = NF_1 + \frac{NF_2 - 1}{G_1} + \frac{NF_3 - 1}{G_1 G_2} + \cdots + \frac{NF_n - 1}{G_1 G_2 \cdots G_n} \quad (4.20)$$

$$T_e = T_1 + \frac{T_2}{G_1} + \frac{T_3}{G_1 G_2} + \cdots + \frac{T_n}{G_1 G_2 \cdots G_n} \quad (4.21)$$

式中，G 为放大器增益或变频/滤波器损耗的倒数。

数字阵列雷达接收机一般采用数字化技术实现，因此数字接收机的噪声系数计算必须考虑 ADC 及后续数字信号处理噪声或噪声系数的影响，其原理框图如图 4.7 所示。

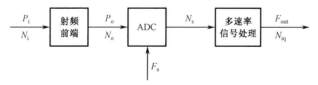

图 4.7　数字接收机噪声分析原理框图

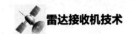

设 ADC 等效输出噪声功率为 N_{ADC}，噪声为带限噪声，且 ADC 前的抗混叠滤波器能够保证无采样折叠噪声进入 ADC，则 ADC 输出噪声功率为

$$N_s = N_o + N_{ADC} \tag{4.22}$$

系统噪声系数为

$$NF_s = \frac{N_s}{GN_i} = \frac{N_o + N_{ADC}}{GN_i} = NF + \frac{N_{ADC}}{GN_i} \tag{4.23}$$

令 $M = N_o + N_{ADC}$，代入式（4.23）有

$$NF_s = NF\left(\frac{1+M}{M}\right) = NF + 10\lg(1+M) - \lg M \tag{4.24}$$

则 ADC 对噪声系数的恶化量为

$$\Delta NF = 10\lg(1+M) - \lg M \tag{4.25}$$

根据噪声系数的定义，ADC 的噪声系数可以表示为

$$NF_{ADC} = P_{FS}(\text{dBm}) - SNR(\text{dBFS}) - 10\lg(F_s/2) - kT(\text{dBm}/\text{Hz}) \tag{4.26}$$

因此，ADC 的噪声系数不是一个固定值，它与采样频率，输入信号幅度、频率和后续数字滤波器带宽等都有关，具体设计在第 8 章详细说明。

要增大雷达的最大作用距离，对接收机而言，就要提高灵敏度，即减小最小可分辨信号功率 S_{min}。

我们知道，在噪声中检测信号的能力取决于信噪比 S/N，而噪声的随机特性使得发现"有信号"这一事件成概率分布。最小信噪比 $(S/N)_{min}$ 的值决定了检测设备的发现概率和虚警概率（通常发现概率取 50% 或 90%，虚警概率为 10^{-10}～10^{-6}），所要求的最小信噪比 $(S/N)_{min}$ 有时称为识别因子，并记为 M。

为了保证正常接收，接收机输入端的信噪比必须满足 $S_i/N_i \geqslant M$。通常，最小可分辨信号功率为

$$S_{min} = MN_i \tag{4.27}$$

输入端的噪声功率 N_i 包括两部分，即外部噪声功率 N_A 和内部噪声功率 N_R，它们分别为

$$N_A = kT_A B_n \tag{4.28}$$

$$N_R = (F_s - 1)kT_0 B_n \tag{4.29}$$

式中，k 为玻尔兹曼常数，$k = 1.38 \times 10^{-23} \text{J}/\text{K}$；$B_n$ 为接收机的噪声带宽；F_s 为接收机的噪声系数；$T_0 = 290\text{K}$；T_A 为天线的噪声温度。

因此有

$$N_i = N_A + N_R = kT_0 B_n\left(F_s - 1 + \frac{T_A}{T_0}\right)$$

则
$$S_{\min} = kT_0 B_{\mathrm{n}} \left(F_{\mathrm{s}} - 1 + \frac{T_{\mathrm{A}}}{T_0} \right) M \tag{4.30}$$

由于接收机的等效噪声温度为 $T_{\mathrm{s}} = (F_{\mathrm{s}} - 1)T_0$，雷达系统的噪声温度为 $T = T_{\mathrm{s}} + T_{\mathrm{A}}$，所以有

$$S_{\min} = kTB_{\mathrm{n}}M \tag{4.31}$$

从式（4.31）可以看出，为了提高雷达系统的灵敏度，即减小最小可分辨信号功率 $S_{\min}$，需要：①尽可能减小接收机的噪声系数或噪声温度；②尽可能减小天线噪声温度；③接收机选用最佳带宽 B_{opt}；④在满足系统性能要求的前提下，尽可能减小识别因子 M，在雷达系统中，经常通过脉冲积累的方式减小识别因子 M。

由上述可知，雷达系统的灵敏度不仅与接收机有关，还与雷达其他分系统及雷达的工作体制和用途有关。

对接收机本身来说，灵敏度主要取决于线性部分（检波器或 ADC 之前的部分），检波器和视频放大器一般影响不大。ADC 必须精心设计，使其等效噪声功率远小于接收机输出到 ADC 输入端的噪声功率，详细内容将在后文介绍。

为了比较不同接收机对灵敏度的影响，令 $M = 1$，并取 $T_{\mathrm{A}} = T_0$，可得

$$S_{\min} = kT_0 B_{\mathrm{n}} F_{\mathrm{s}} = kTB_{\mathrm{n}} \tag{4.32}$$

此时的 $S_{\min}$ 称为临界灵敏度，它是衡量接收机性能的主要参数。临界灵敏度主要与接收机的匹配带宽 B_{n} 和噪声性能（噪声系数 F_{s} 或噪声温度 T_{s}）有关。关于匹配带宽的内容将在 4.5 节详细介绍。

通常，接收机的灵敏度用功率来表示，并常以相对于 1mW 的分贝数表示，即

$$S_{\min} = 10 \lg \frac{S_{\min}}{10^{-3}} = -114 + 10 \lg B_{\mathrm{n}} + F_{\mathrm{s}} \tag{4.33}$$

式中，第一个等号右边 $S_{\min}$ 的单位为 W；B_{n} 的单位为 MHz；F_{s} 的单位为 dB。

4.2.2　高频低噪声放大器的种类与特点

当前，微波砷化镓场效应管低噪声放大器（简称 GaAsFETA）已广泛应用于各种雷达接收机的前端。GaAsFETA 以其较低的噪声、较大的动态范围和较好的稳定性基本解决了雷达接收机高频低噪声放大这一难题。在 GaAsFETA 问世以前，人们曾用很大精力致力于高频低噪声放大器的研究。本节首先简要回顾各种射频低噪声放大器的特点，然后重点介绍 GaAsFETA 及其进一步发展而成的 HEMT 放大器（高电子迁移率场效应管放大器）或称 HFET 放大器（异质结场效应管放大器）。场效应管低噪声放大器及其所对应的 MMIC（微波单片集成电路）已得到日益广泛的应用。

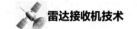

1. 真空管高频放大器和行波管高频放大器

真空管高频放大器的工作频率一般在 1000MHz 以内，当频率低于 500MHz 时，通常采用指形或橡实形超高频真空管作为放大器件，并采用集总参数的谐振电路元件。当频率为 500～1000MHz 时，一般改用塔形三极管，以及分布参数的同轴线谐振电路。由于真空管高频放大器具有噪声大、动态范围小、体积大等缺点，目前除了少数老雷达还在使用，已很难看到。

一般真空管由于有电子渡越时间效应，不能用于微波波段，但行波管正是利用这种渡越时间效应，使电子在渡越时间内与信号电磁波相互作用而使信号得到放大，因而可用于微波波段。与一般真空管高频放大器相比，行波管高频放大器没有栅极感应噪声，因而噪声系数较小，而且具有工作稳定性高、抗饱和能力强等优点；缺点是体积大，需要较大的聚焦线包。目前，行波管高频放大器应用很少，俄罗斯的静电放大器就是利用行波的原理制成的，它的最大特点是具有很强的耐功率能力（千瓦量级），可同时具备收发开关和低噪声放大的作用。

2. 隧道二极管放大器和参量放大器

隧道二极管由于隧道效应，其伏安特性有一个负阻区，工作在负阻区时，负阻提供能源，能放大微波信号。隧道二极管放大器的主要优点是体积小、重量轻、耗电少、结构简单，缺点是抗烧毁能力差，稳定性也较差，目前在雷达中很少应用。

参量放大器利用非线性电抗（一般为变容二极管）的参量变化使电抗呈现负阻特性，从而使高频信号得到放大，信号放大的能量是由称为"泵浦"的微波或毫米波振荡器提供的。由于它没有电流控制中所呈现的散弹噪声，因此噪声系数很低。在微波场效应管放大器问世以前，它曾广泛使用于雷达接收机。其缺点是工作稳定性差、动态范围不大、调试比较复杂。制冷参量放大器虽然可得到极低的噪声，但制冷器（78K 液氮或 4.2K 液氮）进一步提高了放大器的复杂性，目前只应用于射电天文领域，雷达上很少应用。

3. 晶体管高频放大器和场效应管低噪声放大器

晶体管高频放大器一般指微波双极性晶体管放大器，由于体积小、重量轻、耗电省，以及具有较好的噪声增益性能曾被广泛使用，但它的特征频率 f_T 有限，在 3GHz 以上时，性能下降很快。

微波砷化镓场效应管（GaAsFET）自 1971 年问世后，很快被广泛使用，主要用于卫星通信和微波中继等领域。在针对脉冲尖峰能量击穿和峰功率烧毁问题采用保护措施（如前置开关、限幅器）及改进工艺，提高了抗烧毁能力等后，GaAsFET 被广泛应用于雷达接收机，代替了以前大量使用的参量放大器。GaAsFET 为两端口器件，在测得其 [S] 参数后，即可按成熟的网络理论进行匹配网络设计，实现在 20% 相对带宽范围内稳定工作已不是难点；采用微波 CAD 技术以后，在倍频程、多倍频程带宽内已可获得优良的性能。又因 FET 特别适用于在 GaAs 衬底上实现微波单片集成电路（MMIC），所以目前得到了广泛的应用，且性能在不断提高。20 世纪 80 年代，出现了 GaAsFET 的改进型产品——高电子迁移频率场效应管（HEMT）或称异质结构效应管（HFET），其噪声系数更低，增益和工作频率更高，且同样可与 MMIC 兼容，通过改进工艺和不断提高性能，已逐步主宰了微波和毫米波段的低噪声放大器。可以说，现代雷达接收机的低噪声问题由于 GaAsFET 和 HEMT 的出现已基本解决。

分别由中国电子科技集团有限公司第十三研究所和第五十五研究所研制的 GaAsFET MMIC 和 PHEMT MMIC，其器件水平已与国外同类器件水平相当。表 4.1 和表 4.2 给出了其中部分低噪声放大器产品的性能参数。

表 4.1　GaAsFET 微波低噪声放大器系列产品性能参数

型　　号	频率范围/ GHz	增益/ dB	噪声系数/ dB	VSWR 输入/输出	P_{-1}/ dBm
NC10275C-102	DC～2	22	1.5	2：1/1.5：1	+22
NC10106C-103	1～3	15	1.5	1.7：1/1.5：1	+13
NC1033C-206B	2～6	25	1.5	1.5：1/1.5：1	+16
NC10260C-518	5～18	20	1.4	2：1/1.6：1	+11
NC10284C-618	6～18	18	1.5	1.8：1/1.8：1	+9
NC10149C-812	8～12	27	1.3	1.5：1/1.3：1	+2
NC10164C-1016	10～17	28	1.5	1.3：1/1.5：1	+2
NC10175C-1219	12～19	26	1.5	1.5：1/1.5：1	+3
NC10166C-1825	18～25	25	1.8	1.5：1/1.5：1	-1
NC10172C-1925	19～25	26	1.8	1.5：1/1.5：1	+12
NC10173C-2232	22～32	21	2	1.8：1/1.5：1	+1
NC10229C-2640	26～40	16	2.5	1.8：1/2：1	+4
NC10193C-2833	28～33	13	3.5	1.5：1/1.5：1	+2
NC10264C-3240	32～40	21	2.3	1.6：1/1.6：1	+4
NC10211C-3337	33～37	22	2.3	2：1/2：1	+10
NC10214C-4046	40～46	17	2.5	2：1/2：1	+0
NC10213C-5765	57～65	23	4	2.5：1/2：1	+3
NC10245C-9096	90～96	17	3.8	2.5：1/2.5：1	+6

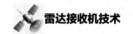

表 4.2　PHEMT 微波低噪声放大器系列产品性能参数

型　　号	频率范围/ GHz	增益/ dB	噪声系数/ dB	VSWR 输入/输出	P_{-1}/ dBm
WFD007016-L15	0.7～1.6	24	1.5	2.2：1/2.2：1	+13
WFD010022-L15	1～2.2	24	1.6	2：1/2：1	+12
WFD020060-L25B	2～6	17	2.5	2.2：1/2.2：1	+10
WFD040070-L15	4～7	22	1.6	1.7：1/2：1	+11
WFD070110-L11	7～11	23	1.1	1.8：1/1.8：1	+9
WFD080120-L13	8～12	22	1.3	2：1/2：1	+6.5
WFD0108	2～18	18	2.0	1.3：1/1.5：1	+16
WFD0090	6～18	23.5	1.7	1.8：1/2：1	+10
WFD120180-L15	12～18	17	1.5	2：1/2：1	+5
WFD020200-L30	2～20	18	2.5	1.3：1/1.5：1	+17.5
WFD0079	10～22	20	2.8	2：1/2.5：1	+13
WFD180230-L22	18～23	27	2.2	1.6：1/1.6：1	+4
WFD290310-L18	29～31	27	1.8	1.5：1/1.5：1	+0
WFD260330-L20	26～33	19	2.0	1.5：1/1.5：1	+0
WFD260370-L20	26～37	17	2.0	2：1/2：1	+10
WFD320370-L25	32～37	17	2.2	2：1/2：1	+11
WFD260400-L15	26～40	17	2.5	2：1/2：1	+8

4.2.3　接收系统低噪声实现方法

对于接收系统，最主要的是设计或选择合适的低噪声放大器，因为低噪声放大器是决定系统级联噪声的最关键因素。为了减小后置级的影响，低噪声放大器应在满足系统动态范围要求的前提下，增益尽可能高一些。另外，低噪声放大器前的馈线损耗、开关、限幅器、滤波器及耦合器等电路的插入损耗也应尽可能减小。这需要设计或选择良好的器件，且器件所放置的位置也相当重要，需要根据雷达整机和接收系统的技术指标综合考虑。此外，还要设计具有优良性能的 ADC，保证 ADC 本身的等效噪声功率远小于接收机输出到 ADC 输入端的噪声功率，以保证 ADC 本身的噪声对系统噪声系数的影响达到可忽略不计的程度。

1. 超外差雷达接收机低噪声实现方法

对于单脉冲接收机和子阵式接收机，需要将多通道接收进行合成后进行变频和数字化处理。多通道合成的噪声系数可按多频网络与单频网络的级联进行分析，最终等效为图 4.8 所示的常用超外差雷达接收机原理框图。对于不同工作频段和工作体制的雷达，接收机的框图将有所不同。超外差雷达接收机的噪声系数可根据 4.2.1 节中级联网络的噪声特性进行分析。

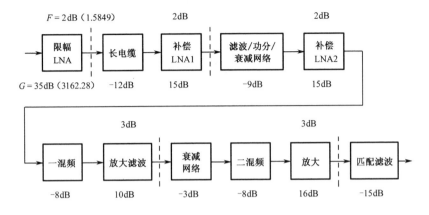

图 4.8　常用超外差雷达接收机原理框图

图 4.8 中，LNA 表示低噪声放大器。系统噪声系数可以通过下式计算：

$$F_s = F_1 + \frac{F_2 - 1}{G_1} + \frac{F_3 - 1}{G_1 G_2} + \frac{F_4 - 1}{G_1 G_2 G_3} + \cdots$$

$$= 1.5849 + \frac{25.119 - 1}{3162.28} + \frac{12.589 - 1}{3162.28 \times 2} + \frac{12.589 - 1}{3162.28 \times 2 \times 3.98}$$

$$\approx 1.5849 + 0.00763 + 0.00183 + 0.00046$$

$$= 1.59482$$

$$F_s = 10 \lg 1.59482 = 2.027 \text{dB}$$

在上面的计算中，长电缆和补偿 LNA1 被视为噪声系数为 14dB、增益为 3dB 的网络；滤波/功分/衰减网络和补偿 LNA2 被视为噪声系数为 11dB、增益为 6dB 的网络；一混频和放大滤波被视为噪声系数为 11dB、增益为 2dB 的网络。

从上面的计算可以看出，接收机系统的噪声系数主要取决于前级低噪声放大器的噪声系数。长电缆前面的 LNA 表示低噪声放大器一定要放置在紧靠天线的位置，长电缆将 LNA 的输出信号送到天线下面的方舱或机柜，补偿 LNA1 用来减少长电缆插损对系统噪声系数的影响。滤波/功分/衰减网络兼有预选器、故障检测和射频 STC 等功能。

2. DBF 通道接收机低噪声实现方法

图 4.9 所示是常用多通道 DBF 接收机原理框图。本接收机为多通道系统，按相控阵雷达接收系统噪声系数计算方法，它应等效为一个单通道接收系统来进行计算。由于系统的波束形成是在数字域完成的，合成损失对系统噪声系数的影响很小，因此系统噪声系数主要取决于单路接收机的噪声系数。在具体设计系统噪

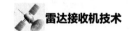

声系数时，应结合动态范围等指标综合考虑。

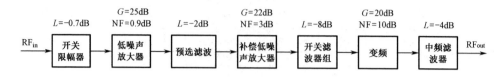

图 4.9 常用 DBF 接收机原理框图

根据系统级联噪声系数计算公式

$$F_s = F_1 + \frac{F_2 - 1}{G_1} + \frac{F_3 - 1}{G_1 G_2} + \cdots \tag{4.34}$$

接收机从开关限幅器及低噪声放大器向后看的噪声系数为

$$NF = 10 \lg F = 1.63 dB \tag{4.35}$$

从结果可知，接收系统的噪声系数主要取决于开关限幅器的损耗和低噪声放大器的噪声系数及增益等。

4.3 变频分析和交调抑制

4.3.1 混频器的变频分析

在超外差雷达接收机中，应用混频器使输入回波信号和本振信号进行差拍处理，产生中频信号。把高频信号变频为中频信号再进行处理，这是超外差接收机的特点，也是其显著优点。经过变频（变频分上变频和下变频，下变频一般叫作混频，这里所说的变频指下变频）后，一是信号频率变低，二是将一个具有宽频率范围的回波信号经过相应的宽频带本振（本振是本机振荡器的缩写，一般由具有较高稳定度的振荡器或频率合成器来实现）变成仅具有信号带宽的中频固定信号，大大降低了变频后回波信号的处理难度。

混频器将小功率的回波信号与较大功率（一般为 mW 量级）的本振信号在非线性器件中混频后，在产生有用的中频信号的同时，还产生了许多跟信号频率和本振信号频率及它们的谐波频率有关的和差频率成分。其变频过程可表示为

$$I = f(V) = a_0 + a_1 V + a_2 V^2 + a_3 V^3 + \cdots + a_n V^n \tag{4.36}$$

式中，I 和 V 分别表示器件的电流和电压。

对混频器来说，所加的电压由射频信号 $V_R \sin \omega_R t$ 和本振信号 $V_L \sin \omega_L t$ 组成，即

$$V(t) = V_R \sin \omega_R t + V_L \sin \omega_L t \tag{4.37}$$

式中，ω_R 和 ω_L 分别为射频信号和本振信号的角频率。

这样便得到一个混合式泰勒级数，其表达式为

$$I = a_0 + a_1(V_R \sin \omega_R t + V_L \sin \omega_L t) + a_2(V_R \sin \omega_R t + V_L \sin \omega_L t)^2 + \cdots + a_n(V_R \sin \omega_R t + V_L \sin \omega_L t)^n \tag{4.38}$$

其中，

$$a_2 V^2 = a_2 V_R^2 \sin^2(\omega_R t) + a_2 V_L^2 \sin^2(\omega_L t) + a_2 V_R V_L \cos(\omega_R - \omega_L)t - a_2 V_R V_L \cos(\omega_R + \omega_L)t \tag{4.39}$$

式中，$\omega_R - \omega_L$ 是所需要的频率（也可以是 $\omega_L - \omega_R$，这要视本振信号频率与回波信号频率的高低而定）。

虽然混频器是一个非线性器件，但对于输入、输出信号，混频过程常被认为是线性过程，输入信号所包含的信息（如波形中所包含的频谱分量及相位等）未变，只是发生了载频的频移（由射频 ω_{RF} 移到中频 $\omega_{IF} = \omega_R - \omega_L$），如图 4.10 所示。

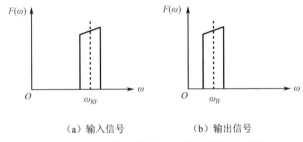

（a）输入信号　　　　　　　　　（b）输出信号

图 4.10　混频器的输入、输出频谱示意图

在接收机中，混频器可以当作一个放大器来处理，不过其增益通常小于 1（用负分贝或损耗来表示），但某些三极管混频器和 GaAs 单片混频器的增益也可能是正值。通常，混频器的噪声系数等于其损耗，除非制造厂商有特殊的说明。

从式（4.38）可以看出，混频器除所需要的频率外，还有许多其他的频率组合分量，一般表示为 $m\omega_R \pm n\omega_L$（m、n 为正整数）。这些频率一般都称为虚假信号或寄生信号。图 4.11 所示为混频器的寄生信号图。

图 4.11 中，差频 H-L 为所需要的频率，H 表示信号或本振是高频，L 表示本振或信号是低频，除了 H-L，其他所有线都表示寄生信号输出。图中所示的最高阶寄生信号用 6H 和 6L 表示。一般的规律是寄生信号的阶数越高，其输出的寄生信号幅度越小。图 4.11 中标有 "A" 的方框表示没有寄生信号的区域，在混频器中，这些区域正是所需要的；"B" 表示所有交叠线的空白区域，存在寄生互调。

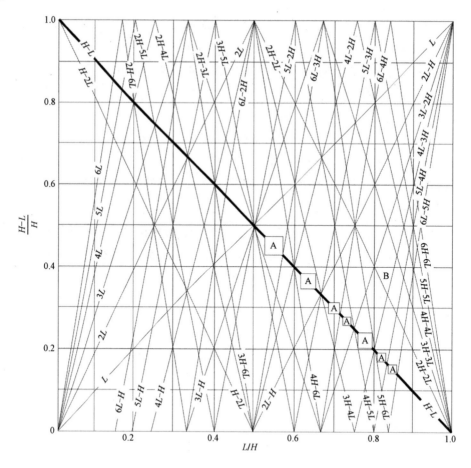

图 4.11　混频器的寄生信号图

4.3.2　混频器的种类和特点

虽然混频器的种类较多，但混频器内必须有射频、本振和中频信号与非线性器件（如肖特基二极管）的耦合装置，实现耦合的方式有很多种，各有特点，目的都是为每个信号提供三个独立且相互隔离的端口。此外，所有不需要的响应都应用滤波、移相或抑制的方法在输出端除去。常用混频器的比较见表 4.3。

表 4.3　常用混频器的比较

性能参数	混频器类型				
	单端	平衡	镜像频率抑制	双平衡	镜像频率回收
变频衰耗/dB	较好 8～10	较好 8～10	好 8～10	很好 6～7	极好 5

性能参数	混频器类型				
	单端	平衡	镜像频率抑制	双平衡	镜像频率回收
电压驻波比	较高	较高	高	较低	高
隔离度/dB	12～18	>23	18～23	>25	>23
本振功率/dBm	+13	+5	+7	+10	+7
寄生抑制	差	较好	较好	好	较好

1. 单端混频器

较早的二极管混频器是一个单端装置，如图 4.12 所示。

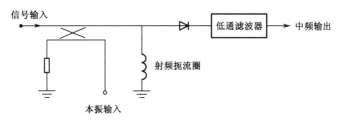

图 4.12　单端混频器原理图

二极管混频器一般采用肖特基势垒二极管。二极管接在传输线中，本振通过定向耦合器加入，输入端的电压驻波比与信号传输线和二极管的匹配及耦入的本振功率有关。为了加强信号和本振支路的隔离，单端混频器中的定向耦合器大多采用小于−10dB 的耦合，中频信号通过低通滤波器输出。二极管射频端需要高通滤波器来阻止这个方向中频能量的损失。此外，中频端的滤波器要防止直流及谐波互调分量的出现。

2. 平衡混频器

平衡混频器克服了单端混频器的许多缺点，其优点是减少了寄生效应，抵消了中频输出的直流分量，加强了本振和信号的隔离，能较有效抑制本振引入的调幅噪声，从而改善混频器的噪声系数。此外，它还能更合理地使用本振功率，只需要较小的功率就能正常工作。

图 4.13 所示为平衡混频器原理图，下面分析其工作原理。

本振功率从本振端口输入，由两个共轭端口输出。两个本振输出电压大小相等、相位相差 90°。射频信号从信号端口输入，也由两个共轭端口输出。这两个输出电压也大小相等、相位相差 90°。二极管 VD_1 所在支路中的信号为

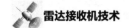

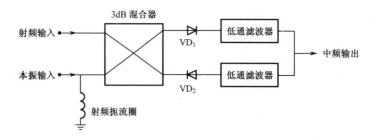

图 4.13　平衡混频器原理图

$$V_1 = V_R \cos \omega_R t + V_L \cos(\omega_L t - 90°) \tag{4.40}$$

VD_1 上的中频信号为

$$I_1 = a_2 V_R V_L \cos[\omega_R t - (\omega_L t - 90°)] = a_2 V_R V_L \cos(\omega_{IF} t + 90°) \tag{4.41}$$

二极管 VD_2 所在支路中的信号为

$$V_2 = V_R \cos(\omega_R t - 90°) + V_L \cos \omega_L t \tag{4.42}$$

VD_2 上的中频信号为

$$I_2 = a_2 V_R V_L \cos[\omega_R t - 90° - \omega_L t] = a_2 V_R V_L \cos(\omega_{IF} t - 90°) \tag{4.43}$$

可以看出，两个中频信号的相位相差 180°。

对于给定中频 ω_I，高于或低于本振的信号（信号频率等于 $\omega_L + \omega_I$ 或 $\omega_L - \omega_I$）都能产生中频输出。如果其中之一被认为是所要求的信号频率，则另一个通常被称为镜像频率。在雷达接收机中，一般都需要从信号响应中消除镜像频率的影响，如果中频足够高，而射频带宽又相对较窄，会导致信号和镜像频率频谱带宽不重叠（雷达接收中用二次变频来提高中频频率就是为了使信号和镜像频率的频谱带宽不重叠）。此时，镜像频率响应可用适当的滤波方法来滤除。对于倍频程的带宽，不能用滤波的方法来抑制中频。对于 10%～20%带宽的微波信号，如果接收机采用一次变频（如中频为 30MHz 或 60MHz），则镜像频率也和信号频率混叠，因此不能用滤波的方法来抑制镜像频率响应。采用移相技术抑制镜像频率响应是一种较好的方法。

3. 镜像抑制混频器

图 4.14 所示为镜像抑制混频器原理图。这种混频器包括 2 个平衡混频器、1 个射频正交耦合器、1 个同相功分器和 1 个 3dB 中频正交耦合器。

当射频电压 V_R 由信号输入端口馈入 3dB 正交耦合器后，将分别在平衡混频器 I、II 的输入端口 1 和 2 上产生两个大小相等、相位相差 90° 的电压 V_{R1} 和 V_{R2}，该电压与本振端口来的经同相功分器平分的本振电压 V_{L1} 和 V_{L2} 分别作用于混频器 I 和 II，而在两个混频器的中频输出端口 5 和 6 上产生大小相近、相互正交的两个中频电压。这两个中频电压再经过 3dB 中频正交耦合器，形成中频输出。

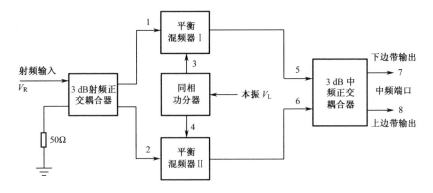

图 4.14　镜像抑制混频器原理图

加在混频器 I 上的电压为

$$V_1 = V_R \cos\omega_R t + V_L \cos\omega_L t \tag{4.44}$$

混频器 I 得到的中频电流为

$$I_{IF1} = a_2 V_R V_L \cos(\omega_R - \omega_L)t \tag{4.45}$$

加在混频器 II 上的电压为

$$V_2 = V_R \cos(\omega_R t - 90°) + V_L \cos\omega_L t \tag{4.46}$$

混频器相应的中频电流为

$$I_{IF2} = a_2 V_R V_L \cos\left[(\omega_R - \omega_L)t - 90°\right] \tag{4.47}$$

I_{IF1} 和 I_{IF2} 分别加到 3dB 中频正交耦合器的输入端口 5 和 6，结果在端口 7 的输出为零，在端口 8 输出为

$$\begin{aligned}
I_{IF8} &= \frac{1}{\sqrt{2}} I_{IF1}(-90°) + \frac{1}{\sqrt{2}} I_{IF2} \\
&= \sqrt{2} a_2 V_R V_L \cos\left[(\omega_R - \omega_L)t - 90°\right]
\end{aligned} \tag{4.48}$$

当 $\omega_L > \omega_R$ 时，有

$$I_{IF1} = a_2 V_R V_L \cos(\omega_L - \omega_R)t \tag{4.49}$$

$$I_{IF2} = a_2 V_R V_L \cos\left[(\omega_L - \omega_R)t - 90°\right] \tag{4.50}$$

此时，端口 8 上的输出为零，端口 7 上的输出为

$$I_{IF7} = \sqrt{2} a_2 V_R V_L \cos(\omega_L - \omega_R)t \tag{4.51}$$

从以上分析可知，只需根据 $\omega_R < \omega_L$ 或 $\omega_R > \omega_L$，适当选择端口 7 或 8，就可收到所需信号边带，而抑制无用的镜像边带。此时，只要在无用的中频输出的端口上接一个匹配负载，就可吸收掉无用的镜像干扰。

镜像抑制混频器除一般混频器的技术指标（如变频损耗、各端口的隔离度及对寄生信号的抑制度等）外，还有一个重要的技术指标就是镜像抑制度。表 4.4 给出了镜像抑制度与幅度、相位不平衡的关系。

表 4.4　镜像抑制度与幅度、相位不平衡的关系

镜像抑制度/dB	20	30	40
幅度不平衡的相对值	0.22	0.0664	0.0202
相位不平衡量	11°28′	3°36′	1°

镜像抑制混频器是在混频器的镜像端口接匹配负载的，这样做的结果是变频损耗较大。当镜像终端接纯电抗负载时（开路或短路），在一定的相位条件下就能将混频器的变频损耗降低，这种状态一般属于窄带应用。对镜像频率形成电抗性终端，使被反射的镜像频率功率重新返回二极管参与混频，利用这种多次变频效应，并适当控制其反射波的相位，就能达到增强中频输出、降低变频损耗的目的。这就是镜像回收混频器。由于现代雷达接收机中大都有低噪声放大器，使混频器变频损耗得到了一定的改善，对接收系统的噪声系数影响很小，所以镜像回收混频器在现代雷达接收机中已很少应用。

4. 双平衡混频器

前面所述的单端、平衡和镜像抑制混频器均属于窄带混频器，它们的电路中采用了与频率有关的功率混合电路和对频率敏感的高、低频旁路短截线，即使降低混频器的一些性能，也难得到倍频程以上的工作带宽。而集成的双平衡混频器的工作带宽可达数个倍频程以上，且有适中的噪声系数，是当前使用最广泛的一种混频器。

双平衡混频器工作原理图如图 4.15 所示，其中频输出的等效电路如图 4.16 所示。

双平衡混频器使用了一个二极管电桥（管堆）和两个平衡-不平衡变换器（又称巴伦）。这种电路结构能保证射频信号与本振端口的良好隔离，同时二极管桥又为二极管提供了高、低频直流通路，因此带宽可达多个倍频程。

在双平衡混频器电路中，本振的作用相当于开关，它交替地在正、负半周内使信号经过不同的两个二极管与输出电路接通，相当于两个交替工作的单平衡混频器。如果 4 只混频二极管的特性一致，且两边的平衡变换器也相当平衡，则平衡电桥的输入和输出端完全隔离，信号和本振端口也完全隔离。因此，这两个条件是使信号和本振端口具有高隔离度的关键。

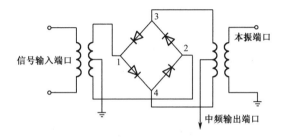

图 4.15　双平衡混频器工作原理图

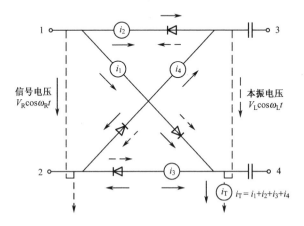

图 4.16　双平衡混频器中频输出的等效电路

用图 4.16 可以分析平衡混频器的变频特性。图中的信号电压为 $V_R \cos \omega_R t$，本振电压为 $V_L \cos \omega_L t$，如果只考虑混频器的二次方项，则有

$$i_1 = a_2 V_R V_L \cos(\omega_R - \omega_L)t \tag{4.52}$$

$$i_2 = -a_2 V_R V_L \cos\left[(\omega_R t + \pi) - \omega_L t\right] = a_2 V_R V_L \cos(\omega_R - \omega_L)t \tag{4.53}$$

$$i_3 = -a_2 V_R V_L \cos\left[(\omega_R t + \pi) - \omega_L t\right] = a_2 V_R V_L \cos(\omega_R - \omega_L)t \tag{4.54}$$

$$i_4 = -a_2 V_R V_L \cos\left[(\omega_R t + \pi)t - (\omega_L + \pi)t\right] = a_2 V_R V_L \cos(\omega_R - \omega_L)t \tag{4.55}$$

故总电流为

$$i_T = i_1 + i_2 + i_3 + i_4 = 4a_2 V_R V_L \cos(\omega_R - \omega_L)t \tag{4.56}$$

以上是对混频器基波分量的分析。如果考虑谐波分量，可用类似的分析方法得出混频器的输出仅含有奇次谐波的和差分量，偶次谐波分量均被抵消，因此输出频谱比较纯净。显然，中频输出电路中接上低通滤波器，就能取出有用的中频信号，双平衡混频器是个镜像匹配混频器，尽管它没有抑制和回收镜像频率功率的功能，但还是得到最广泛的应用。

中国电子科技集团有限公司第十三研究所是我国生产集成双平衡混频器的主要厂家，其部分产品的性能参数见表 4.5。

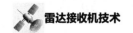

表 4.5　部分双平衡混频器产品的性能参数

| 型号 | 频率范围/GHz | | 变频损耗/dB | 隔离度/dB | | 本振电平/dBm |
	RF/LO	IF		LO-RF	LO-IF	
NC17120C-0412	0.4～1.2	DC～0.5	10	≥48	≥41	+13
NC1702C-1537	1～4	DC～1	10	≥40	≥27	+13
NC1705C-265	2～6.5	DC～2.5	9	≥37	≥25	+13
NC17197C-222	2～22	DC～4	9.5	≥40	≥20	+15
NC17202C-310	3～10	DC～4	8	≥50	≥55	+17
NC1743C-618A	6～18	DC～6	9.5	≥35	≥25	+13
NC1710C-812	8～12	2～4	8.5	≥32	≥35	+15
NC1717C-1020	10～20	DC～8	9.5	≥26	≥16	+13
NC17107C-1434	14～34	DC～10	10.8	≥35	≥30	+13
NC1718C-1850	18～50	DC～16	11	≥25	≥23	+15
NC17003C-2440	24～40	DC～8	10	≥24	≥32	+13
NC17151C-5266	52～66	DC～8	9	≥32	≥20	+12

4.3.3　交调分析与抑制

由混频器的变频分析可知，混频器除产生所需要的中频信号外，还要产生本振和信号频率高次谐波分量及其产生的和差分量，一般表示为 $m\omega_R \pm n\omega_L$。图 4.11 中标有"A"的方框表示没有寄生信号的区域。在实际的交调分析中，可以用寄生信号图来确定信号频率、本振频率及中频频率。在具有较宽的信号频率和本振频率范围，以及一定带宽的中频频率时，可以先用寄生信号图粗略地进行频率选择，再通过计算公式进一步确定所需要的各种频率。

在二次变频雷达接收机中，既要考虑本振和信号通道寄生频率的影响，还要考虑一本振和二本振交调在信号通道内产生的交调干扰。第一中频要根据雷达射频的工作带宽及其对应的预选滤波器的带宽选取，第二中频除要求镜像频率容易滤除外，还要考虑中频带宽及中频处理的方式（如对数放大器及 I/Q 正交鉴相器的工作频率等）。

雷达接收机信号和本振通道寄生频率的影响，以及一本振和二本振交调的影响可以通过下列公式计算：

$$\frac{K}{L}f_{L1} \pm \frac{K}{L}f_1 - \frac{B}{2L} \leqslant f_t \leqslant \frac{K}{L}f_{L1} \pm \frac{K}{L}f_1 + \frac{B}{2L} \tag{4.57}$$

$$f_I - \frac{B}{2} \leqslant \pm Nf_{L1} \pm Mf_{L2} \leqslant f_1 + \frac{B}{2} \tag{4.58}$$

$$f_{II} - \frac{B}{2} \leqslant \pm Nf_{L1} \pm Mf_{L2} \leqslant f_{II} + \frac{B}{2} \tag{4.59}$$

式中，K、L、M、$N=1$，2，3，…；f_{I} 为一中频频率；f_{II} 为二中频频率；f_t 为雷达预选滤波器（混频器之前可在低噪声放大器之前或之后）通带内出现的寄生通道频率；f_{L1} 为一本振频率；f_{L2} 为二本振频率；B 为接收机匹配滤波器的带宽。

下面用一个具体实例来说明。

假设一 C 波段雷达接收机的工作频率为 5310～5490MHz，一本振频率为 4850～5030MHz，二本振频率为 400MHz，步进为 20MHz，第一中频为 460MHz，第二中频为 60MHz。

以信号频率 5310MHz 为例计算。一本振频率为 4850MHz。

① $K=1$，$L=1$ 时，$f_{\text{I}}=460$ MHz。

$$5310\text{MHz}-\frac{B}{2}\leqslant f_t\leqslant 5310\text{MHz}+\frac{B}{2}\quad\text{——实际接收通道频率（}f_{\text{L1}}+f_{\text{I}}\text{）}$$

$$4390\text{MHz}-\frac{B}{2}\leqslant f_t\leqslant 4390\text{MHz}+\frac{B}{2}\quad\text{——接收机一次镜像（}f_{\text{L1}}-f_{\text{I}}\text{）}$$

② $K=1$，$L=1$ 时，$f_{\text{I}}=340$ MHz（因为 340MHz 与二本振频率 400MHz 混频也能得到 60MHz 中频信号）。

$$5190\text{MHz}-\frac{B}{2}\leqslant f_t\leqslant 5190\text{MHz}+\frac{B}{2}\quad\text{——接收机二次镜像（}f_{\text{L1}}+f_{\text{I}}\text{）}$$

$$4510\text{MHz}-\frac{B}{2}\leqslant f_t\leqslant 4510\text{MHz}+\frac{B}{2}\quad\text{——接收机二次镜像（}f_{\text{L1}}-f_{\text{I}}\text{）}$$

③ $K=8$，$L=7$ 时（对于低本振，取 $K>L$；对于高本振，取 $L>K$）。

$$5477.14\text{MHz}-\frac{B}{14}\leqslant f_t\leqslant 5477.14\text{MHz}+\frac{B}{14}$$

由混频器的混频特性可知，混合交调电平基本按每阶程序 10dB 衰减，对于 $K=8$，$L=7$ 时产生的寄生通道，当输入干扰信号电平与有用信号电平相当时，其输出电平与有用信号输出电平相差约 130dB，且可看出随着 K 和 L 的增大，寄生频率的带宽越来越窄。

从以上分析可知，在选择合适的信号频率和本振频率以后，主要设计或选取性能良好的预选滤波器和一中频滤波器，以有效抑制镜像频率干扰，二中频滤波器要根据信号波形的形式设计或选取与其匹配的滤波器。

对于一本振和二本振产生的交调，采取的抑制措施首先是提高本振的频谱纯度。然而，即使十分纯净的频谱经过混频也会产生高次谐波。为了有效抑制本振交调，一方面，要对混频器电路进行良好匹配，同时在满足接收动态范围及噪声系数要求的前提下，本振功率尽可能小；另一方面，接收机通道要进行良好的电磁兼容设计和匹配设计，以防止两个本振信号通过空间或电源产生串扰。

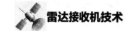

4.4 大动态范围设计

相参雷达无一例外地要求接收机工作于线性状态。接收机动态范围有多种定义，这里的定义为：电路在线性工作状态时允许的信号强度变化范围称为线性动态范围，简称动态范围。接收通道的动态范围是相控阵雷达接收机除噪声系数外的另一个重要性能指标。这里需要对动态范围的定义进行如下说明。

（1）动态范围的上限：当信号输入电平超过电路的线性工作范围时，会引起信号波形的非线性失真，同时在频域将产生谐波、杂散，当有多个信号输入时还会产生互调。如果这些成分落入接收机通频带内，则会造成虚假信号输出。需要特别注意的是，上述虚假信号尽管落在通道带宽之外，但只要其幅度超过 ADC 的一个量化单位，在 ADC 采样之后，就可能通过频谱折叠到通道带宽之内，因此在采样之前必须加抗混叠滤波器，进一步对信号带宽以外的虚假信号或杂散频谱进行滤除。

（2）动态范围的下限：接收机灵敏度是接收机动态范围的下限。从接收机极限灵敏度出发，动态范围的下限一般是噪声电平。正如本章前文所述，接收机内部存在各种原因产生的噪声，它限制了雷达对小目标的检测能力。接收机内部噪声取决于接收机的噪声系数。此外，信号进入时，还会带入发射信号（经目标反射后进入接收机）固有相位噪声，特别是在发射信号谱线附近的相位噪声。相位噪声使接收机内部噪声增大，从而抬高了动态范围的下限，使特定情况下的动态范围减小。接收机的输出动态范围（有时称为接收机的瞬时动态范围）还取决于 ADC 的动态范围——量化位数，这将在第 6 章进行专门叙述。对于相参雷达，更为严重的是非线性会使杂波谱线展宽，从而遮挡住邻近的感兴趣的小目标，因此还要具体问题具体分析。

接收通道的动态范围应与接收机输入的信号动态范围相匹配。一般情况下，如果保持接收机输入端的信号动态范围不变，则经过接收机各级放大电路后，基于电路对大信号输出能力的限制，接收机后面各级的输出可能超出电路的线性范围，特别是在混频级和接收机输出端。因此，必须对接收机的增益进行适当控制，使接收机输出端信号的变化范围控制在输出电路的线性动态范围之内。这就产生了接收机输入端和输出端动态范围的区别。显然，接收机输入信号的动态范围必须小于或等于接收机增益控制范围加接收机输出动态范围。但有时最小信号有可能在接收机噪声电平之下（如采用线性、非线性调频信号或相位编码信号时），则信号的动态范围可能大于接收机动态范围，或者说可以降低脉冲压缩前电路的动态范围要求。而接收机各级的增益设计和分配必须与本级的信号动态范围相适应，特别是对于大信号。

4.4.1 接收机动态范围的两种表征方法

接收机动态范围的表示方法有多种，常用的有 1dB 增益压缩点动态范围和无失真信号动态范围。

1. 1dB 增益压缩点动态范围

1dB 增益压缩点动态范围是指，当接收机的输出功率大到产生 1dB 增益压缩时，输入信号的功率与可检测的最小信号或等噪声功率之比，即

$$DR_{-1} = \frac{P_{i-1}}{P_{imin}} \tag{4.60}$$

显然有

$$DR_{-1} = \frac{P_{o-1}}{P_{imin}G} \tag{4.61}$$

式中，P_{i-1} 为产生 1dB 压缩时接收机输入端的信号功率；P_{o-1} 为产生 1dB 压缩时接收机输出端的信号功率。

由接收机灵敏度的计算公式可知

$$P_{imin} = S_{min} = kT_0 F B_n M$$

式中，k 为波尔兹曼常数，$k = 1.38 \times 10^{-23}$ J/K；T_0 为绝对温度，一般取 $T_0 = 290$K；F 为接收机的噪声系数；B_n 为接收机的带宽；M 为识别因子，一般取 $M = 1$。

最后求得

$$DR_{-1} = P_{o-1} + 114 - NF - 10\lg \Delta f - G \tag{4.62}$$

或

$$DR_{-1} = P_{i-1} + 114 - NF - 10\lg \Delta f$$

式中，P_{o-1} 的单位为 dBm；$NF = 10\lg F$，单位为 dB；$\Delta f = B_n$，单位为 MHz；G 的单位为 dB。

2. 无失真信号动态范围

无失真信号动态范围又称无虚假信号动态范围或无杂散动态范围，是指接收机的三阶交调等于最小可检测信号时，接收机输入（或输出）最大信号功率与三阶交调信号功率之比，即

$$DR_{sf} = \frac{P_{isf}}{P_{imin}} \tag{4.63}$$

或
$$\mathrm{DR}_{sf} = \frac{P_{osf}}{P_{i\min}G} \qquad (4.64)$$

图 4.17 所示为三阶交调的虚假信号分量。图 4.18 所示为无失真信号动态范围图解法。基波频率信号的输出与输入关系曲线是一条斜率为 1 的直线，那么三阶互调产物与输入信号的关系曲线的斜率为 3，三阶互调截交点就是这两条曲线的交点。

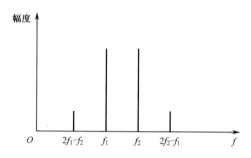

图 4.17　三阶交调的虚假信号分量

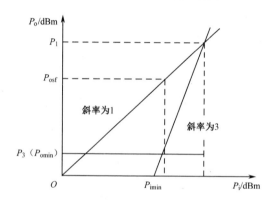

图 4.18　无失真信号动态范围图解法

由图 4.18 中的几何关系可求得
$$\mathrm{DR}_{sf} = \frac{2}{3}(P_1 - P_{o\min}) = \frac{2}{3}(P_1 - P_{i\min}G) \qquad (4.65)$$

$$P_{osf} = P_{o\min} + \mathrm{DR}_{sf} \qquad (4.66)$$

式中，P_1 为接收机系统的三阶截获点功率。

若忽略高阶分量和非线性所产生的相位失真到幅度失真的转换，那么有
$$P_1 = P_{o-1} + 10.65 \,(\mathrm{dBm}) \qquad (4.67)$$

所以

$$\begin{aligned}
\mathrm{DR}_{sf} &= \frac{2}{3}(P_{o-1} - P_{i\min} - G + 10.65) \\
&= \frac{2}{3}(P_{o-1} + 114 - \mathrm{NF} - 10\lg\Delta f - G + 10.65)(\mathrm{dB}) \qquad (4.68) \\
&= \frac{2}{3}(\mathrm{DR}_{-1} + 10.65)(\mathrm{dB})
\end{aligned}$$

由式（4.68）可知，当 1dB 增益压缩点的动态范围为 80dB 时，无失真信号动态范围为 60dB 左右。

4.4.2　增益、噪声系数和动态范围

雷达接收机系统的增益是由接收机的灵敏度、动态范围及接收机输出信号的处理方式决定的。在现代雷达接收机中，接收机输出的中频信号或基带信号（基带信号是指零中频的输出信号，其信号载波为零，但信号中包含了回波信号的幅度信息和相位信息）大多要通过 A/D 变换器变换成数字信号再进行信号处理。当接收机根据动态范围和噪声系数的需要选择了适当的 A/D 变换器后，接收机的系统增益就确定了。接收机系统增益确定以后，就要对增益进行分配，这首先要考虑接收机系统的噪声系数。一般来说，高频低噪声放大器的增益应比较高，以减小放大器后的混频器和中频放大器噪声对系统噪声系数的影响。但是，这个增益也不能太高，否则一方面会影响放大器的工作稳定性，另一方面会影响接收机的动态范围。可见，增益、噪声系数和动态范围是三个互相关联又互相制约的参数。

在接收机的噪声温度和动态范围之间必须采取折中的办法。为了使混频器本身的噪声影响减小，可在混频器前采用一个高频放大器，这就必然会增大混频器级的系统噪声电平。即使高频放大器本身有足够大的动态范围，也仍要综合考虑混频器的动态范围。

3.1 节中用简单方式对接收机的噪声参数进行了定义。动态范围表示接收机能按预期进行工作的信号强度范围，较难定义。这里需要确定以下 3 个方面。

（1）要求的最小信号：要求的最小信号通常定义为在接收机输出端产生信噪比为 1 的输入信号，有时也定义为最小可检测信号。

（2）预期特性的允许误差：最大信号是一种可产生对预期特性有某些偏差的信号。线性接收机通常规定增量信号（输入-输出曲线的斜率）下降 1dB。对限幅接收机或对数接收机，则必须确定其输出的允许误差。对增益受控的接收机，必须区别瞬时动态范围和部分由可编程控制的增益变化获得的动态范围。

（3）信号形式：确定动态范围要求时，一般有 3 种信号形式——分布目标、

点目标和宽带噪声干扰。如果雷达采用相位编码信号，译码器前的接收机部分将不像对分布地物干扰那样严格地限制点目标的动态范围。编码脉冲的带宽时间乘积表示译码器从点目标得到的附加动态范围。如果雷达装有带宽特别大的高频放大器，则宽带噪声干扰的动态范围可能被严格限制。

当低噪声放大器（LNA）放到天线中时，在形成接收波束之前所达到的副瓣电平取决于所有 LNA 的增益和相位特性相似的程度。因为与非线性特性匹配是不实际的，所以在这种接法中动态范围就更重要了。如果通过副瓣进入接收机的强干扰信号（杂乱回波、其他雷达脉冲、电子干扰）超出了低噪声接收机的动态范围，因副瓣变差，其影响将大大增加。低噪声放大器是一种宽频带装置，易受整个雷达工作频段范围内及该频段外的干扰。虽然外来干扰在接收机后的各级中被滤除，但强干扰信号在低噪声接收机中仍会使杂乱回波失真，从而降低多普勒滤波器的有效性，造成虚警，因为许多干扰源的非重复性使得这种现象难以查找原因。

为了避免噪声温度或动态范围的意外损失，必须对接收机的所有部分进行精确计算。动态范围不当，会使雷达接收机易受干扰影响，引起饱和或过载，遮蔽或淹没了有用的回波。使用一种数值表（典型值见表 4.6）能迅速找出那些影响噪声或限制动态范围的部件。

表 4.6　影响噪声或限制动态范围的典型值　　　　　　　单位：dB

高频部分噪声与混频器噪声之比	6	10	13.3
混频器动态范围的损失	7	10.4	13.5
混频器噪声引起的系统噪声温度变坏	1	0.4	0.2

使用表 4.6 时需要注意，各部分的动态范围是比较了各部分输出端的最大信号和系统噪声电平后计算的。这种方法本身的假定条件是，该部分所有的滤波（缩小带宽和译码）应在饱和之前完成。把接收机提供重要滤波的那些级当作独立的单元是重要的，如果把多级集总到单个滤波器中，则使用这个假定条件会有很大误差。

1. 超外差雷达接收机动态范围实现方法

这里以一个 S 波段的雷达接收机为例来说明增益、噪声系数和动态范围三者的关系，它是一种具体的增益分配方式。

接收机的噪声系数 $F_s = 2.0\text{dB}$，线性动态范围为 60dB，A/D 变换器采用 14 位

ADC AD9240，最大输入信号电平为$2V_{\text{p-p}}$（50Ω负载），信号匹配带宽为3.3MHz。

接收机的临界灵敏度为

$$S_{\text{min}} = -114 + \text{NF} + 10\lg \Delta f \, (\text{dBm}) \approx -107\text{dBm} \qquad (4.69)$$

接收机输入端的最大信号（1dB 增益压缩点输入信号）功率电平为

$$P_{\text{i-1}} = S_{\text{min}} + \text{DR}_{-1} = -47\text{dBm} \qquad (4.70)$$

接收机最大输出信号的功率电平为

$$P_{\text{o-1}} = \frac{1}{50}\left(\frac{V_{\text{p-p}}}{2\sqrt{2}}\right)^2 = 10\text{dBm} \qquad (4.71)$$

接收机的系统增益为57dB。

接收机中各功能模块的增益和动态范围的分配如图4.19所示。其中，各功能模块上方的 dBm 值为最大信号，下方的 dBm 值为最小信号，二者的差值为动态范围。

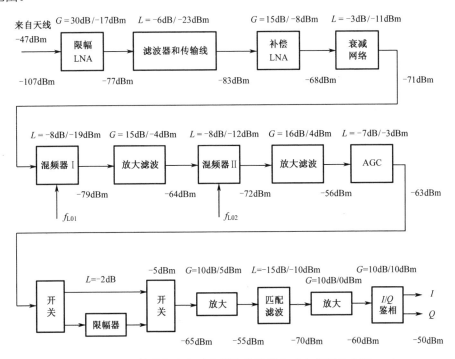

图 4.19 接收机中各功能模块的增益和动态范围的分配

2. DBF 通道接收机动态范围实现方法

这里以一个 P 波段的 DBF 通道接收机为例来说明模拟通道增益、瞬时动态和 ADC 接口设计之间的关系。

ADC 是影响接收机性能的因素之一。ADC 的有效分辨率制约着接收机的动

态范围，量化噪声影响接收机的灵敏度。按现有器件水平，选择 14 位 ADC，最大采样频率为 125MHz，典型满量程输入信号电平为 $2.0V_{p-p}$（50Ω阻抗）。

通道的增益按 60dB 的接收瞬时动态和 10MHz 带宽中频滤波器设计，对于 1MHz 带宽信号，由数字滤波器实现滤波会带来动态扩展的得益。

对应 10MHz 带宽中频滤波器和 60dB 的通道瞬时动态，接收通道总增益设计为 52dB。

在模拟通道和 ADC 接口设计中，通常将 ADC 看成一个附加噪声源，通过计算接收机与 ADC 的组合噪声系数，根据组合噪声系数的变化来衡量 ADC 量化噪声对灵敏度的影响。通过计算分析，通道噪声系数由 1.73dB 恶化到 1.74dB 时，系统指标基本不受影响。

通过以上设计和分析，接收通道的指标如下：

通道增益：52dB；

噪声系数：$\leqslant$ 2.0dB；

瞬时动态：$\geqslant$ 60dB。

3. 数字相控阵和模拟相控阵系统的动态范围

基于信号合成基本理论，具有多个接收通道的相控阵系统具有更大的等效天线口径，从而降低了对单通道接收机灵敏度的要求。数字和模拟相控阵系统模型如图 4.20 所示，数字相控阵系统对多个接收通道分别进行数字化后再在数字域进行信号合成，而模拟相控阵系统则先在模拟域对信号进行合成再数字化。

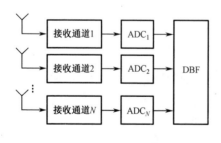
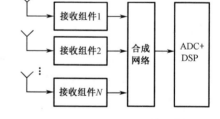

（a）数字相控阵系统模型　　　　　　　　　（b）模拟相控阵系统模型

图 4.20　数字和模拟相控阵系统模型

1）数字相控阵

假定单通道瞬时动态范围为 DR_s，单通道增益为 G_s，单通道输入信号的灵敏度为 kT_0F_s（识别因子定为 1），则每个 ADC 入口处的有效信号功率范围为 $[kT_0G_sF_s, kT_0DR_sG_sF_s]$，噪声功率为 $kT_0G_sF_s$。

假定接收通道数量为 N，数字域的信号合成等效为电压合成，则合成后的最大信号功率为 $kBT_0\mathrm{DR_s}G_sF_sN^2$。通常认为各通道的噪声信号不相关，等效为功率合成，则合成后的噪声功率为 $kBT_0G_sF_sN$。数字合成后，系统可检测的信号功率范围为 $[\,kBT_0G_sF_sN\,,\,kBT_0\mathrm{DR_s}G_sF_sN^2\,]$。折算到天线处的可检测的信号功率范围为 $[\,kBT_0F_s/N\,,\,kBT_0\mathrm{DR_s}F_s\,]$，瞬时动态范围变为 $N\mathrm{DR_s}$，相比单通带接收机扩展了 N 倍（主要是降低了可接收信号的功率下限）。

2）模拟相控阵

先假设系统为单通道，没有合成网络，单通道瞬时动态范围为 $\mathrm{DR_s}$，单通道增益为 G_s，单通道输入信号的灵敏度为 kBT_0F_s（识别因子定为 1），则 ADC 入口处的有效信号的最大功率为 $kBT_0\mathrm{DR_s}G_sF_s$，噪声功率为 $kBT_0G_sF_s$。

当接收通道数量为 N 时，合成网络每个入口处的最大有效信号功率为 $kBT_0\mathrm{DR_s}G_sF_s/N$，最小有效信号功率为 $kBT_0G_sF_s/N$。合成网络每个入口处的噪声功率为 $kBT_0G_sF_s$，单个接收组件的增益应保持为 G_s。故折算到天线处可检测的信号功率范围为 $[\,kBT_0F_s/N\,,\,kBT_0\mathrm{DR_s}F_s/N\,]$。由此可见，多通道模拟相控阵系统的瞬时动态范围相比单通道没有提升，仍为 $\mathrm{DR_s}$，但可接收信号的功率下限只有原来的 $1/N$，最大输入信号功率也只有原来的 $1/N$。

4.4.3 系统大动态范围的实现方法

系统大动态范围的实现方法可分为实现系统大线性动态（有时也称瞬时动态）范围的方法和扩大接收机总动态范围的方法。

1. 系统大线性动态范围的实现方法

系统大线性动态范围的实现方法，一是合理分配增益，从图 4.19 中可以看出，混频器 Ⅱ 的最大输入电平为 –4dBm，这是很容易实现的。如果接收机系统的线性动态范围要求 80dB，则混频器 Ⅱ 的最大输入电平变为 16dBm，这对混频器来说是非常困难的；但是，如果把两种 LNA 的增益各减小 5dB，使混频器的最大输入电平变为 6dBm，这就变得可以实现了。当然，增益减小后还要兼顾其对系统噪声系数的影响。除合理分配增益外，更重要的是设计或选用动态范围大的器件。从图 4.19 中也可以看出，为了扩大动态范围到 80dB，中频放大器的增益 1dB 压缩点可能从 +5dBm 增加到 +15dBm。另外，为了与 A/D 变换器的接口匹配，最大输出信号仍应保持在 10dBm，那么最小信号可能达到 –70dBm，接收机的噪声只能在 A/D 变换器中占 1 位（A/D 变换器的 1 位对应于动态范围约为 6dB，AD9240 为 14 位），这就大大增加了 A/D 变换器的设计难度。为解决这一问题，一种方法是

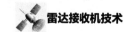

进一步增加 A/D 变换器的位数及提高最大输入电平；另一种方法是在射频接收链路中加入灵敏度时间控制电路、自动增益控制电路，或将中频信号接入对数放大器，经过对回波信号的动态范围进行压缩或中频信号的对数压缩后，再进行 A/D 变换，这就大大地减轻了 A/D 变换器的压力。

2. 扩大接收机总动态范围的方法

现代雷达往往要求接收机的动态范围达到 100dB 甚至更高，这就要求设计师在扩大线性动态范围的同时，用灵敏度时间控制（STC）电路和自动增益控制（AGC）电路来进一步扩大接收机的动态范围。

灵敏度时间控制电路又称近程增益控制电路，是用来防止近程杂波干扰使接收机饱和的控制电路。雷达在实际工作中不可避免地会遇到近程地面或海面杂波分布物体反射的干扰。例如，舰船上的雷达会遇到海浪反射的杂波干扰，地面雷达会遇到丛林等地物反射的杂波干扰。这些分布物体反射的干扰功率通常随着雷达的作用距离的增加而减小。在有杂波干扰时，如果把接收机增益设计得足够高，以观察远距离目标，则在杂波干扰中的近距离目标会使接收机发生过载（饱和）。如果为了杂波干扰中的近距离目标不过载而把接收机的增益设计得太低，则接收机的灵敏度将大大降低（增益过低影响了接收机的噪声系数，进而影响接收机的灵敏度）。为了解决这一矛盾，可采用灵敏度时间增益控制电路，使接收机增益按一定的控制电压的波形来变化，这个控制电压与接收机的灵敏度随时间（或相对应的距离）而变化，即近距离时增益低，远距离时增益高，从而扩大接收机的动态范围。

自动增益控制有多种用途，其中一种叫作瞬时自动增益控制（IAGC）或称自动杂消衰减（ACA），它要求控制电压随干扰或杂波强度的变化而瞬时变化，目的是使接收机在受到干扰时增益降低，而在无干扰区探测信号目标时，增益尽可能保持不变。接收机中 AGC 的作用可归纳为以下四个方面。

（1）防止强信号引起接收机过载。

我们知道，雷达观测的目标（包括杂波和干扰信号）有大、有小，有远、有近，因此反射信号的强弱程度可能变化很大。当大目标处于近距离时，其反射信号很强，这就可能使接收机发生过载而无法正常工作。为了防止强信号使接收机过载，就要求接收机和增益可进行调节，使接收机在信号强时工作于低增益状态，信号弱时工作于高增益状态。

（2）补偿接收机增益的不稳定。

电源电压的不稳定、环境温度的变化、电路工作参数的变化等，都可能引起接收机增益的不稳定，用 AGC 可以补偿这种不稳定。

（3）在跟踪雷达中用来保证角误差信号的归一化。

跟踪雷达要求角误差信号要归一化，是指跟踪雷达控制天线转动的误差控制信号只与目标对天线轴线的偏离角有关，而与回波信号的强弱无关。但实际雷达接收机的信号随目标的远近及反射面的大小变化而不同。假如接收机中没有自动增益控制，那么这个要求是达不到的，因为在实际工作中，即使天线波束的轴线与目标位置方向的夹角不变（此时要求角误差信号不变），接收机回波信号的强度也会随着目标距离（和目标反射面积）的变化而变化。在跟踪雷达中，要求接收机输出的角误差信号强度与目标的远近和强弱无关，因此接收机的增益必须是能够调整的，当输入信号弱时，接收机增益应高；当输入信号强时，接收机增益应低。这种增益控制必须采用惯性较小的自动增益控制，使其输出信号的强度基本保持为一个常数，成为归一化的角误差信号。

（4）在多波束三坐标雷达中用来保证多通道接收机的增益平衡。

多波束三坐标雷达有时也称堆积多波束三坐标雷达，它采用仰角方向的多个波束来测高。回波（目标）落入仰角某一高度的对应波束是由多路接收机输出回波的大小来确定的，这就要求多通道接收机的增益要相对一致。增益的变化对应着测高误差的变化，因此多通道接收机的增益平衡是非常重要的。这种多通道增益的平衡（有时也称 AGB）就是由 AGC 来完成的。

用 STC 扩展接收机动态范围是一种常用的方法。STC 可以设置在中频（IFSTC）或射频（RFSTC）。设置在射频比设置在中频更容易使接收机动态范围有较大的扩展。因为设置在中频时，中频以前的射频接收机必须保证其动态范围为线性动态范围与中频扩展的动态范围之和。RFSTC 也有不同的设置位置，设置在低噪声放大器和限幅器之前时，可降低对低噪声放大器饱和电平的要求，但 RFSTC 的插入损耗会影响接收机的噪声系数；设置在低噪声放大器和限幅器之后时，可大大减小 RFSTC 插入损耗对接收机噪声系数的影响，但是接收机动态范围扩展的程度受到低噪声放大器饱和电平的限制。比较起来，虽然 RFSTC 更容易使接收机的动态范围扩大，但往往要求高频宽带工作（保证雷达的工作频率带宽），而 IFSTC 往往工作在近乎点频，所以要保证工作频带内 STC 的平坦度，RFSTC 就比 IFSTC 更难一些。另外，在 STC 工作时，IFSTC 不会像 RFSTC 那样影响接收机的噪声系数，从而导致 RFSTC 输出的信噪比比 IFSTC 差。综上所述，STC 设置在什么位置，必须根据接收机对总动态范围的要求及接收机可能实现的线性动态范围综合考虑。

近程分布目标的杂波干扰很强，当控制电压太强时，可能使接收机的增益变为零而停止工作。为避免出现这种情况，前端应有一个"平台"，相当于一个时延自动增益控制电路。其控制电压可利用 RC 电路的放电得到。图 4.21 所示就是一种 STC 电路框图。

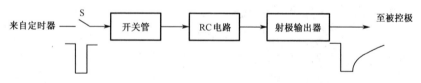

图 4.21　一种 STC 电路框图

在图 4.21 中，当 S 闭合时，来自定时器的触发脉冲（与发射脉冲同步）被加到开关管（二极管）上，在触发脉冲作用期间，RC 电路中的电容器被充电，调节 RC 电路中的电位器，可使电压波形的指数变化规律与杂波干扰的变化规律近似匹配。"平台"的高度在射极输出器的射极电阻上取得。在没有杂波干扰时，S 断开，使送到受控放大器的控制电压为零或某固定值，以保证接收机的灵敏度不因增益太低而降低。

在现代雷达中，STC 往往用数控衰减器来完成。数控衰减器有两个优点，一是控制灵活，控制信号可以根据雷达周围的杂波环境来确定；二是 STC 可以设置在中频、射频，甚至可以放置在接收机输入端的馈线里，这样接收机的抗饱和性（动态范围）可大大提高。图 4.22 所示为一种射频 STC 电路框图，它由一个射频衰减器及其 STC 信号产生器组成。射频衰减器是由 PIN 管衰减器组成的。我们知道，PIN 管在正向导通时，其导通电阻的大小是随偏置电流的大小而变化的，因此可以把它用作高频可变电阻，使通过它的高频信号得到可控的衰减量。STC 信号产生器用于产生一个随时延变化的偏置电流。它由距离计数器、1 个 EPROM（电可编程只读存储器）、1 个 D/A 变换器和 1 个电流驱动器（有的射频衰减器里包含电流驱动器）组成。首先，距离计数器由导前脉冲清零，然后对输入时钟信号计数，一个时钟脉冲表示一个距离单元（1μs 对应 150m）。同时，距离计数器的输出作为地址码对 EPROM 寻址。EPROM 的每个存储单元中的 12 位数据都是预先编程的，这些数据是随时延（距离）的增大而逐渐减小的，它们按时间先后顺序，通过一个数据寄存器 LS 374 输入 D/A 变换器，由此变换成模拟信号。最后，这些模拟信号通过电流驱动器转换成具有阶梯形状的偏置电流。当这种偏置电流提供给射频衰减器时，通过衰减器的高频信号将按偏置电流大小成比例地衰减。

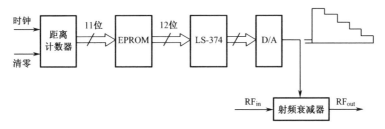

图 4.22　一种射频 STC 电路框图

4.4.4　对数放大器

使用对数放大器是一种常用的扩展接收机动态范围的方法。对于线性接收机（由线性放大器组成的接收机），其动态范围达到 60dB 以上就比较困难，而对数接收机（由线性放大器和对数放大器组成的接收机）的动态范围达到 80dB 甚至 90dB 已成为现实。

对数放大器的振幅特性如图 4.23 所示。

实际对数放大器的振幅特性一般可以表示如下。

（1）线性段：

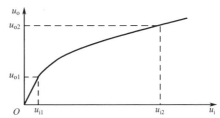

$$u_o = ku_i \quad (u_i \leqslant u_{i1}) \quad (4.72)$$

图 4.23　对数放大器的振幅特性

（2）对数段：

$$u_o = u_{o1} \ln \frac{u_i}{u_{i1}} + u_{o1} \quad (u_i \geqslant u_{i1}) \tag{4.73}$$

在图 4.23 中，u_{i1} 为对数放大器输入电压的起点，对应的输出电压为 u_{o1}；u_{i2} 为对数放大器输入电压的终点，对应的输出电压为 u_{o2}。

对数放大器的输入电压动态范围为

$$DR_i = \frac{u_{i2}}{u_{i1}} \tag{4.74}$$

对数放大器的输出电压动态范围为

$$DR_o = \frac{u_{o2}}{u_{o1}} \tag{4.75}$$

对数放大器的压缩系数为

$$C = \frac{DR_i}{DR_o} \tag{4.76}$$

对数放大器的动态范围一般指输入电压的动态范围，用对数表示时为

$$DR_i' = 20 \lg DR_i \, (dB) \tag{4.77}$$

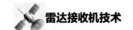

对数放大器的实际特性总与理想特性有一定的偏差。输入电压值不同时，会有不同的偏差值。当输入电压为某值时，其偏差为

$$\delta = \frac{u_{oe} - u_{ot}}{u_{ot}} \tag{4.78}$$

式中，u_{oe} 表示实际对数特性范围上与该输入电压对应的输出电压；u_{ot} 表示理想对数特性范围上与该输入电压对应的输出电压。

一般用对数特性曲线上的最大偏差值 δ_{max} 来表示对数特性的精确度。

对数放大器有多种形式，常用的有连续检波式对数放大器和双增益对数放大器。前者输出视频信号；后者输出中频信号，有时被称为真对数放大器。

1. 连续检波式对数放大器

连续检波式对数放大器由几级特性相同的限幅放大器级联而成，各级的输出分别进行检波并送到加法器，如图 4.24 所示。几路检波输出的视频脉冲相加后的总输出电压为 u_o，它与第一级输入电压 u_i 近似呈对数特性。

连续检波式对数放大器的对数振幅特性是用电压连续相加法得到的，其单级振幅特性如图 4.25 所示。当输入电压较小时，放大器工作于线性区，其增益为 K；当输入电压较大时，放大器工作于限幅区，其限幅电平为 u_L。可以证明，利用这种电压连续相加法，得到的振幅特性只能是近似对数特性，如图 4.26 所示。

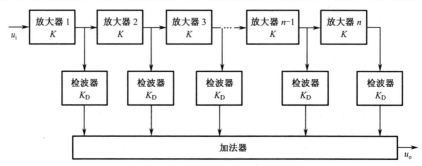

图 4.24　连续检波式对数放大器原理框图

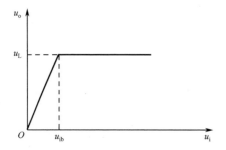

图 4.25　对数放大器单级振幅特性

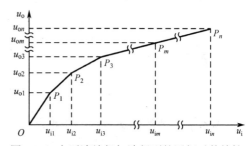

图 4.26　电压连续相加法得到的近似对数特性

当放大器的输入电压 u_i 逐渐增大时，最初各级均未进入限幅状态，输出电压处于图 4.26 中的 OP_1 段，其表达式为

$$u_o = K_D(Ku_i + K^2 u_i + \cdots + K^{n-1} u_i + K^n u_i) \tag{4.79}$$

式中，K_D 为检波器的电压传输系数。

当输入电压增大到 u_{i1} 时，末级正好达到限幅电平 u_L，图 4.26 中点 P_1 的坐标值为

$$\begin{cases} u_{i1} = \dfrac{u_L}{K^n} \\ u_{o1} = K_D u_L + K_D u_L \left(\dfrac{1}{K^{n-1}} + \dfrac{1}{K^{n-2}} + \cdots + \dfrac{1}{K^2} + \dfrac{1}{K} \right) \end{cases} \tag{4.80}$$

当输入电压增大到 u_{i2} 时，末级正好达到限幅电平 u_L，图 4.26 中点 P_2 的坐标值为

$$\begin{cases} u_{i2} = \dfrac{u_L}{K^{n-1}} \\ u_{o2} = 2K_D u_L + K_D u_L \left(\dfrac{1}{K^{n-2}} + \cdots + \dfrac{1}{K^2} + \dfrac{1}{K} \right) \end{cases} \tag{4.81}$$

依次类推，当第 m 级正好达到限幅电平 u_L 时，图 4.26 中点 P_m 的坐标值为

$$\begin{cases} u_{im} = \dfrac{u_L}{K^{n-m+1}} \\ u_{om} = mK_D u_L + K_D u_L \left(\dfrac{1}{K^{n-m}} + \cdots + \dfrac{1}{K^2} + \dfrac{1}{K} \right) \end{cases} \tag{4.82}$$

当输入电压增大到 u_{in} 时，第 1 级正好达到限幅电平 u_L，图 4.26 中点 P_n 的坐标值为

$$\begin{cases} u_{in} = \dfrac{u_L}{K} \\ u_{on} = nK_D u_L \end{cases} \tag{4.83}$$

由式（4.82）解得

$$m = \frac{1}{\ln K} \ln \left(\frac{u_{im} K^{n+1}}{u_L} \right) \tag{4.84}$$

将式（4.83）代入，得

$$u_{om} = \frac{K_D u_L}{\ln K} \ln \left(\frac{u_{im} K^{n+1}}{u_L} \right) + K_D u_L \left(\frac{1}{K^{n-m}} + \cdots + \frac{1}{K^2} + \frac{1}{K} \right) \tag{4.85}$$

式（4.85）表示图 4.26 中各折线交点处输出电压与输入电压的关系。等式右边的第一项为对数项，第二项为非对数项。当 n 足够大，且单级增益 K 选得不太大时，对数特性偏差不大。

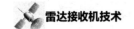

连续检波式对数放大器的输入动态范围为

$$D_i = \frac{u_{in}}{u_{i1}} = \frac{u_L / K}{u_L / K^n} = K^{n-1} \qquad (4.86)$$

连续检波式对数放大器是雷达接收机常用的一种对数放大器。当用晶体管多级限幅放大器级联构成时，要实现大动态范围和高精度是比较困难的，随着大规模集成电路的发展，这一难题已经解决。ADI 公司生产的 AD640 的动态范围可达 50dB，双级级联时对数动态范围可达 90dB；而对于 AD8307 或 AD8308，一块芯片就可达 80dB。

2. 双增益对数放大器

双增益对数放大器由多个相同的双增益放大器级联而成，每个双增益级都由两个增益不同的放大器并联而成，其中一个为高增益放大器 A，增益为 K_1；另一个为低增益放大器 B，增益为 1。其原理框图如图 4.27 所示。

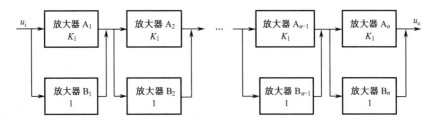

图 4.27　双增益对数放大器原理框图

在图 4.27 中，每一级都包括两个放大器，其中，放大器 $A_1 \sim A_n$ 是普通的放大器，在输入小信号时，它们的放大量很大，输入信号增大到一定程度，放大器就会饱和；放大器 B 是增益为 1 的放大器，它的作用是把前一级放大器的输出电压无变化地传送到本级的负载上，对于每一级放大器，它的放大特性为

$$u_o = \begin{cases} (K_1 + 1)u_i, & u_i < u_{ib} \\ K_1 u_{ib} + u_i, & u_i \geqslant u_{ib} \end{cases} \qquad (4.87)$$

式中，u_{ib} 是输入电压的饱和值。

该放大器共有 n 级，当输入较小，第 n 级都没有饱和时，其输出为

$$u_o(n) = (K_1 + 1)^n u_i \qquad (4.88)$$

显然，这时 $u_o(n) < K_1 u_{ib}$。当输入电压增大，使第 n 级输入达到 u_{ib} 时，第 n 级输出电压 $u_o(n) = K_1 u_{ib} + u_{ib} = (K_1 + 1)u_{ib}$，则第 $n-1$ 级的输出电压为

$$u_o(n-1) = (K_1 + 1)^{n-1} u_{i1} = u_{ib} \qquad (4.89)$$

式中，u_{i1} 为第 n 级开始饱和时第 1 级的输入电压。

当输入电压 u_i 继续增大，达到 u_{i2} 时，第 $n-1$ 级开始饱和，则有

$$u_o(n-2) = (K_1+1)^{n-2} u_{i2} = u_{ib} \tag{4.90}$$

这时第 n 级的输出电压为

$$\begin{aligned}
u_o(n) &= K_1 u_{ib} + u_o(n-1) \\
&= K_1 u_{ib} + K_1 u_{ib} + u_{ib} \\
&= (2K_1+1) u_{ib}
\end{aligned} \tag{4.91}$$

比较式（4.89）、式（4.90）可知 $u_{i2} = (K_1+1)u_{i1}$。可见，第 n 级开始饱和后，第 1 级的输入电压要增大到 K_1+1 倍，第 $n-1$ 级才饱和，而这时的输出电压只在原来的 $(K_1+1)u_{ib}$ 的基础上，增大到 $(2K_1+1)u_{ib}$。依次类推，当第 m 级饱和时，输入电压 $u_{im} = (K_1+1)^{m-1}u_{i1}$，输出电压则为 $(mK_1+1)u_{ib}$。可见，这类放大器是服从对数律的，即输入按几何律增大时，输出按对数律增大。

双增益对数放大器主要应用在输入和输出均要求为中频的情况下。四川固体器件研究所生产的 SBM023、SBM027 均为双增益对数放大器，其动态范围可达 80dB。

3. 对数接收机的恒虚警特性

具有对数放大器的超外差接收机常常称为对数接收机。对数接收机不仅具有良好的大动态范围，而且由于其杂波输出的均方值是一个不变的量，所以具有良好的恒虚警特性。

杂波的概率密度可以近似地用瑞利分布表示，即

$$p(x)dx = \frac{x}{\sigma^2} e^{-x^2/(2\sigma^2)}dx, \quad x \geq 1 \tag{4.92}$$

式中，σ 为杂波的方均根值。令

$$y = \frac{x^2}{2\sigma^2}, \quad dy = \frac{x}{\sigma^2}dx$$

则式（4.92）可写成

$$p(y)dy = e^{-y}dy \tag{4.93}$$

式（4.93）称为归一化瑞利分布，它与 σ 无关。

设 x 为加在对数接收机输入端的杂波电压，Z 为输出，则理想的对数接收机应满足

$$Z = a\ln(bx) \tag{4.94}$$

式中，a、b 是对数接收机的参数。式（4.94）可改写为

$$Z = \frac{a}{2}\ln(bx)^2 \tag{4.95}$$

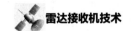

将 x 用 y 代替，得

$$Z = \frac{a}{2}\ln(b^2 2\sigma^2 y) = \frac{a}{2}\left[\ln(2b^2\sigma^2) + \ln y\right] \qquad (4.96)$$

y 的概率密度可用式（4.93）表示，因此 Z 容易算出。Z 的平均值为

$$
\begin{aligned}
\bar{Z} &= \int_0^\infty \frac{a}{2}\left[\ln(2b^2\sigma^2) + \ln y\right] p(y)\mathrm{d}y \\
&= \int_0^\infty \frac{a}{2}\left[\ln(2b^2\sigma^2) + \ln y\right] \mathrm{e}^{-y}\mathrm{d}y \\
&= \frac{a}{2}\left[\ln(2b^2\sigma^2) - r\right]
\end{aligned} \qquad (4.97)
$$

式中，r 为欧拉常数。

Z 的均方值为

$$
\begin{aligned}
\overline{Z^2} &= \int_0^\infty \frac{a^2}{4}\left[\ln(2b^2\sigma^2) + \ln y\right] \mathrm{e}^{-y}\mathrm{d}y \\
&= \frac{a^2}{4}\left[\ln(2b^2\sigma^2) - r\right]^2 + \frac{\pi^2 a^2}{24}
\end{aligned} \qquad (4.98)
$$

所以 Z 的方差为

$$\sigma_2^2 = \overline{Z^2} - (\bar{Z})^2 = \frac{\pi^2 a^2}{24} \qquad (4.99)$$

式（4.99）中，a 为对数接收机的参数，是已知量。

由此可知，对于瑞利分布的杂波，它的输出是常量，与输入的杂波强度无关。如果滤去平均值，则输出的均方值是一个不变的量，此即对数接收机的恒虚警特性。

4.5　滤波和接收机带宽设计

雷达接收机在接收有用回波的同时，不可避免地会遇到噪声，还会受到干扰（如由分布物体产生的杂波干扰、干扰机施放的噪声调频干扰等）。为了选择有用回波，同时抑制各种噪声和干扰，就需要通过滤波进行频率选择。滤波器是完成这一任务的重要器件。滤波器的频带宽度和频率特性影响着滤波作用的好坏，直接关系到雷达接收机的灵敏度、波形失真等重要指标。对应于不同的输入信号和噪声、干扰，为使输出端的信噪比最大或波形失真最小，滤波器有一个最佳的频带宽度和频率特性，以实现最佳滤波。

4.5.1　接收系统滤波

在超外差二次变频接收机中，至少要有 3 种滤波器：①预选滤波器，一般放置在接收机的输入端，在综合考虑对接收机外部干扰的抑制特性和接收机本身的灵敏度后，可放置在低噪声前置放大器之前或之后。②第一中频滤波器，放置在一混频之后、二混频之前，主要抑制混频器产生的各种不需要的变频频率分量。③第二混频滤波器，放置在二混频之后，除抑制二混频产生的各种不需要的频率分量外，往往还具有对信号进行匹配滤波的功能。

1. 预选滤波器

预选滤波器有时也称预选器，它放置在接收机的输入端，主要是为了抑制外部干扰和噪声，带宽一般与接收机的射频工作带宽一致。预选滤波器还特别要求其带外抑制特性要对一混频的镜像具有良好的抑制作用。

图 4.28 所示为接收机镜像特性示意图。其中，f_s 为信号工作频率（载频）；f_{L1}、f_{L2} 分别为一本振频率和二本振频率；f_{I1}、f_{I2} 分别为一中频频率和二中频频率；f_{i1}、f_{i2} 分别为第一镜像频率和第二镜像频率；L_A 为变频损耗，为负值，纵坐标方向为变频损耗减小的方向。

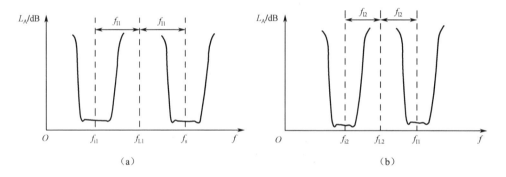

图 4.28　接收机镜像特性示意图

从对混频器的分析可知，当一本振频率为 f_{L1} 时，混频器输出中频中包括两个频率，即 $f_s - f_{L1}$（或 $f_{L1} - f_s$）和 $2f_{L1} - f_s$。其中，$f_s - f_{L1}$（或 $f_{L1} - f_s$）为所需要的中频，$2f_{L1} - f_s$ 为镜像频率。如果没有预选器，即使没有外界干扰，噪声也会从两个通道同时进入混频器中频。若接收机信号工作频率具有一定带宽（如 10%），则此时第一中频滤波器是无能为力的，只有提高第一中频的频率，使镜像频率远离信号频率，才便于滤波。如果中频太低，信号频率就可能和镜像频率发生混叠，此时只有采用相位相消的镜像抑制混频器才能达到抑制镜像的目的。这也是现代雷达接收机大多要采用二次变频的原因。对于没有镜像抑制的接收机，在相同噪声系数情况下，其灵敏度将损失接近 3dB。

预选滤波器的工作频率为接收机的射频工作频率，它采用的滤波器大多属于微波滤波器，如带状线交指型带通滤波器和梳状线滤波器、微带线平行耦合式带

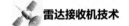

通滤波器、螺旋线滤波器等。近年来，集总参数滤波器和陶瓷滤波器技术发展很快，如K&L公司生产的这两种形式的滤波器，其工作频率可覆盖10～3000MHz频率范围，在10%带宽左右，插入损耗为1dB左右，其尺寸只有0.8in×0.75in，非常适合雷达接收机的微电子化。另外，声表面波滤波器在P波段雷达中也有较广泛的应用。它的主要特点是带宽可以做得较窄，且带外抑制度也较高，较小的尺寸也特别适合集成为开关滤波器组。

2. 第一中频滤波器

第一中频滤波器在抑制混频器产生的各种不需要的变频频率分量的同时，也有抑制镜像频率的作用。第一中频对于第二混频，也相当于射频，除产生信号频率 $f_{I1} - f_{L2}$（或 $f_{L2} - f_{I1}$）外，还产生镜像频率 $2f_{L2} - f_{I1}$。但是，由于一本振和接收机回波工作频率同步变化，一中频和二中频一般都工作在近乎点频的工作频带内，所以第一中频镜像频率的抑制一般来说是比较容易的。

第一中频滤波器早期多选用螺旋滤波器，近年来随着滤波器的发展，已很少使用，取而代之的是陶瓷滤波器、集总参数滤波器和声表面波滤波器。

3. 第二中频滤波器

第二中频滤波器主要抑制第二混频器产生的各种不需要的变频频率分量。与此同时，为了获得最大的信噪比，第二中频滤波器往往设计成高斯形，以获得与信号的最佳匹配。在现代雷达接收机中，信号波形常常设计成线性调频、非线性调频或编码形式的大带宽时间积信号，然后在接收机或信号处理中用脉冲压缩滤波器的方式使信号实现最佳匹配。此时，第二混频后的滤波器也可设计成比信号带宽宽一些的矩形响应滤波器。为了防止信号失真，滤波器必须具有良好的线性特性。

第二中频滤波器一般采用集总参数滤波器和声表面波滤波器。

对接收机系统滤波而言，除接收机要有良好的滤波能力外，对频率源（如一本振、二本振、相干振荡器等）也要有良好的滤波能力，这将在第5章介绍。

4.5.2 匹配滤波器的相关概念

4.2节中已介绍了减小接收机噪声的方法。雷达系统为了获得大的信噪比，一要尽量减小接收机内部的噪声，二要增大发射功率。随着GaAsFET低噪声放大器的普遍使用，减小接收机内部噪声的空间已很小，而增大发射机功率也受到许多条件的限制。除以上两种方法外，在接收机中采用匹配滤波器，也是一种提高信噪比的常用方法。下面介绍匹配滤波器的一些基本概念。

设输入信号 $S(t)$ 的频谱为 $S(\omega)$，接收机的传递函数为 $H(\omega)$，按照线性系统的特性，输出信号 $g(t)$ 的频谱 $G(\omega)$ 是 $S(\omega)$ 与 $H(\omega)$ 的乘积，即

$$G(\omega) = S(\omega)H(\omega) \tag{4.100}$$

则输出信号为

$$g(t) = \frac{1}{2\pi}\int_{-\infty}^{+\infty}S(\omega)H(\omega)\mathrm{e}^{\mathrm{j}\omega t}\mathrm{d}\omega \tag{4.101}$$

设 $t = t_0$ 时，输出信号 $g(t)$ 的振幅达到最大值 A，即

$$A = \left|g(t_0)\right| = \left|\frac{1}{2\pi}\int_{-\infty}^{+\infty}S(\omega)H(\omega)\mathrm{e}^{\mathrm{j}\omega t_0}\mathrm{d}\omega\right| \tag{4.102}$$

接收机除输出信号外，还输出噪声。设加在输入端的噪声功率谱密度为 N，则接收机输出的噪声功率为

$$\sigma^2 = \frac{N}{2\pi}\int_{-\infty}^{+\infty}\left|H(\omega)\right|^2\mathrm{d}\omega \tag{4.103}$$

接收机输出的信号噪声功率比为

$$\frac{S_\mathrm{o}}{N_\mathrm{o}} = \frac{A^2}{\sigma^2} \tag{4.104}$$

于是有

$$\frac{S_\mathrm{o}}{N_\mathrm{o}} = \frac{\left|\dfrac{1}{2\pi}\displaystyle\int_{-\infty}^{+\infty}S(\omega)H(\omega)\mathrm{e}^{\mathrm{j}\omega t_0}\mathrm{d}\omega\right|^2}{\dfrac{N}{2\pi}\displaystyle\int_{-\infty}^{+\infty}\left|H(\omega)\right|^2\mathrm{d}\omega} \tag{4.105}$$

在信号给定的情况下，频谱 $S(\omega)$ 是已知的，现在的问题是如何设计传递函数 $H(\omega)$，使信噪比最大。这里用施瓦兹不等式来解决这个问题。

设有两个函数 $\mu(x)$ 和 $v(x)$，它们在区间 (a, b) 上满足不等式

$$\left|\int_a^b\mu(x)v(x)\mathrm{d}x\right|^2 \leqslant \int_a^b\left|\mu(x)\right|^2\mathrm{d}x\int_a^b\left|v(x)\right|^2\mathrm{d}x \tag{4.106}$$

式（4.106）就是施瓦兹不等式，只有当 $\mu(x) = Kv^*(x)$ 时才取等号，其中，K 为任意常数；$*$ 表示共轭。

现在，令 $\mu(x) = H(\omega)$，$v(x) = S(\omega)\mathrm{e}^{\mathrm{j}\omega t}$。按照施瓦兹不等式，式（4.105）变为

$$\frac{S_\mathrm{o}}{N_\mathrm{o}} \leqslant \frac{\dfrac{1}{2\pi}\displaystyle\int_{-\infty}^{+\infty}\left|H(\omega)\right|^2\mathrm{d}\omega \cdot \dfrac{1}{2\pi}\displaystyle\int_{-\infty}^{+\infty}\left|S(\omega)\right|^2\mathrm{d}\omega}{\dfrac{N}{2\pi}\displaystyle\int_{-\infty}^{+\infty}\left|H(\omega)\right|^2\mathrm{d}\omega} \tag{4.107}$$

消去分子和分母中的相同因子，可得

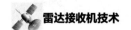

$$\frac{S_o}{N_o} \leqslant \frac{1}{2\pi N} \int_{-\infty}^{+\infty} |S(\omega)|^2 \, d\omega \tag{4.108}$$

用 E 表示输入信号的能量，则

$$E = \frac{1}{2\pi} \int_{-\infty}^{\infty} |S(\omega)|^2 \, d\omega \tag{4.109}$$

于是得到

$$\frac{S_o}{N_o} \leqslant \frac{E}{N} \tag{4.110}$$

如果接收机的传递函数 $H(\omega)$ 满足

$$H(\omega) = KS^*(\omega)e^{-j\omega t_0} \tag{4.111}$$

则式（4.110）取等号，这时输出信噪比最大，即

$$\left(\frac{S_o}{N_o}\right)_{\max} = \frac{E}{N} \tag{4.112}$$

式（4.112）说明，当一个线性系统的传递函数为信号函数的共轭时，其信噪比最大，这个线性系统叫作匹配滤波器。这里的匹配是指系统的频率特性要与信号的频谱成共轭关系。

以上是频域分析所得的结论。这一结论可转换到时域，得到匹配滤波器应具有的冲激响应 $h(t)$。根据 $H(\omega)$ 和 $h(t)$ 的关系，有

$$h(t) = \frac{1}{2\pi} \int_{-\infty}^{+\infty} H(\omega) e^{j\omega t} \, d\omega \tag{4.113}$$

将式（4.111）代入，可得

$$h(t) = \frac{K}{2\pi} \int_{-\infty}^{+\infty} S^*(\omega) e^{-j\omega(t_0-t)} \, d\omega \tag{4.114}$$

式中，$S^*(\omega)$ 是信号 $s(t)$ 的频谱共轭值。

通常，$s(t)$ 是实函数，因此有

$$S^*(\omega) = \int_{-\infty}^{+\infty} s(t_1) e^{j\omega t_1} \, dt_1 \tag{4.115}$$

于是得到

$$\begin{aligned} h(t) &= \frac{K}{2\pi} \int_{-\infty}^{+\infty} \int_{-\infty}^{+\infty} s(t_1) e^{j\omega t_1} \, dt_1 e^{-j\omega(t_0-t)} \, d\omega \\ &= \frac{K}{2\pi} \int_{-\infty}^{+\infty} \int_{-\infty}^{+\infty} e^{j\omega(t_1-t_0+t)} \, d\omega \, s(t_1) dt_1 \end{aligned}$$

冲激函数 $\delta(t)$ 可写成

$$\delta(t) = \frac{1}{2\pi} \int_{-\infty}^{+\infty} e^{j\omega t} \, d\omega$$

因此有

$$h(t) = K\int_{-\infty}^{+\infty} s(t_1)\,\delta(t_1 - t_0 + t)\mathrm{d}t_1 = Ks(t_0 - t) \tag{4.116}$$

式（4.116）就是匹配滤波器的冲激响应和给定信号之间的关系，冲激响应 $h(t)$ 必须是输入信号 $S(t)$ 的映像 $s(-t)$ 在时间上位移了 t_0 且幅度乘以系数 K。

现在以信号波形是矩形脉冲为例，计算匹配滤波器的响应。设该脉冲宽度为 τ，幅度为 A，则

$$s(t) = \begin{cases} A, & -\dfrac{\tau}{2} < t < \dfrac{\tau}{2} \\ 0, & \text{其他} \end{cases} \tag{4.117}$$

矩形脉冲的频谱为

$$S(\omega) = A\tau\,\frac{\sin\dfrac{\omega\tau}{2}}{\dfrac{\omega\tau}{2}} \tag{4.118}$$

所以匹配滤波器的频率响应为

$$H(\omega) = KA\tau\,\frac{\sin\dfrac{\omega\tau}{2}}{\dfrac{\omega\tau}{2}}\mathrm{e}^{-\mathrm{j}\omega t_0} \tag{4.119}$$

矩形脉冲匹配滤波器的频率响应如图 4.29 所示。

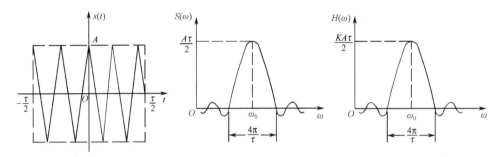

图 4.29　矩形脉冲匹配滤波器的频率响应

4.5.3　接收机带宽与滤波器的实现方法

本小节所述的接收机带宽是指接收机信号的准匹配带宽。雷达的波形和工作体制不同，滤波器的实现方法也有所不同。理想匹配滤波器的带宽一般是比较难实现的，因此需要考虑它的近似实现，从而得到准匹配滤波器。

准匹配滤波器输出的最大信噪比与理想滤波器输出的最大信噪比的比值定义为失配损失 ρ。各种不同脉冲信号和准匹配滤波器特性的失配损耗见表 4.7。

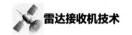

表 4.7　不同脉冲信号和准匹配滤波器相关性能指标

脉冲信号	准匹配滤波器特性	最佳带宽时间积		信噪比损耗/ dB
		6dB	3dB	
高　斯	高斯带通	0.88	0.44	0
	矩形带通	1.05	0.74	0.51
矩　形	高斯带通	1.05	0.74	0.51
	5 个同步调谐级	0.97	0.67	0.51
	2 个同步调谐级	0.95	0.61	0.56
	单极点滤波器	0.70	0.40	0.88
	矩形带通	1.37	1.37	0.85
二相调制	高斯	1.05	0.74	0.51
四相调制	高斯	1.01	0.53	0.09

由表 4.7 可以看出，矩形脉冲通过矩形带通滤波器后，当接收机带宽 $B \approx 1.37/\tau$ 时，其信噪比损耗为 0.85dB，但如果采用高斯带通滤波器，则其信噪比损耗只有 0.51dB。

目标速度会引起多普勒频移，接收机滤波器本身的响应也会有误差，这些都会使回波频谱与滤波器通带产生偏差，因此雷达接收机的带宽一般都稍微超过最佳值。这样虽然会使雷达容易受到偏频窄带干扰的影响，但减小了信号的波形失真，可以缩短从脉冲干扰中恢复工作所需要的时间。

鉴别高斯白噪声和有用回波最有效的滤波器是匹配滤波器，设计依据的最优准则是输出信噪比达到最大。在这一准则下，接收信号在判决时刻的输出信噪比最大，能最佳判断信号的出现，使系统的检测性能提高，从而实现对信号的最佳接收。为了简化设备或获得更优的对其他形式干扰的滤波能力，通常采用近似的匹配滤波器。

由于目标速度和接收机调谐误差会引起偏差，有时雷达接收机的带宽要大于最佳值。增大滤波器带宽使雷达易受带外干扰的影响（见图 4.30），但它也缩短了从脉冲干扰中恢复工作所需要的时间（见图 4.31）。为更好地抑制窄带干扰和脉冲干扰，滤波器带通特性曲线的形状比其带宽更为重要。

对于不同体制的雷达，接收机带宽的选择大不相同。以一般脉冲雷达接收机为例，接收机带宽会影响接收机输出信噪比和波形失真，选用最佳带宽时，灵敏度最高，但这时波形失真较大，会影响测距精度。因此，接收机带宽度的选择应根据雷达的不同用途而定，如警戒雷达和跟踪雷达确定带宽的原则就有所不同。

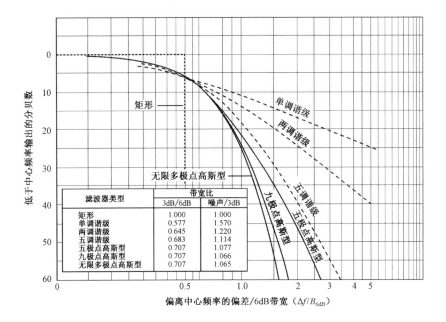

图 4.30　各种滤波器的带通特性曲线

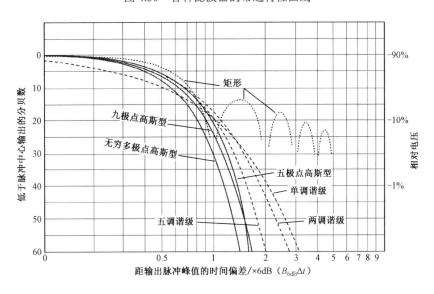

图 4.31　各种滤波器的冲激响应

1. 警戒雷达（含引导雷达）

这类雷达主要要求接收机灵敏度要高，而对波形失真的要求不严格，因此要求接收机输出的信噪比最大，此时接收机高频和中频部分的总通频带 B_{RI} 应取为最佳带宽 B_{opt}。但考虑到回波信号频率及本振频率的漂移，需要加宽 Δf_x，所以有

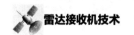

$$B_{RI} = B_{opt} + \Delta f_x \qquad (4.120)$$

其中，对有自动频率控制的接收机，Δf_x 通常取剩余失谐的 2 倍，一般值为 0.1～0.5MHz。

接收机视频噪声的影响很小，因此视频部分（含检波器）的带宽 B_v 一般选等于或稍大于 $B_{opt}/2$ 就能满足要求。另外需要注意，混频器之前的电路滤波器要能抑制镜频干扰，这在前文已阐述过。

2. 跟踪雷达（含精确测距雷达）

这类雷达根据目标回波前沿位置来精确测距，主要要求波形失真小，其次才要求接收机灵敏度高，因此要求接收机的总带宽 B_0（含视频部分带宽 B_v）大于最佳带宽，一般取为

$$B_0 = \frac{2 \sim 5}{\tau} \qquad (4.121)$$

式中，τ 为发射信号脉冲宽度。

脉冲的上升时间 t_r 与谐振系统的通频带 B 有如下关系：

$$B = \frac{0.7 \sim 0.9}{t_r} \qquad (4.122)$$

如果已知接收机高频和中频部分的上升时间为 t_{rRI}，则高、中频部分的最终带宽为

$$B_{RI} = \frac{0.7 \sim 0.9}{t_{rRI}} \qquad (4.123)$$

视频带宽可近似看作中频带宽的一半，因此如果已知视频部分的上升时间为 t_{rv}，则视频部分相应的带宽为

$$B_v \approx \frac{0.35 \sim 0.45}{t_{rv}} \qquad (4.124)$$

接收机脉冲信号的总上升时间由跟踪雷达的测距精度决定。例如，测距精度为 1.5m，则对应的最大时间误差为 0.01μs。

一般测距精度以时间表示，取为

$$\Delta t = \left(\frac{1}{10} \sim \frac{1}{20} \right) t_{r0} \qquad (4.125)$$

式中，$t_{r0} = \sqrt{t_{rRI}^2 + t_{rv}^2}$，一般取 $t_{rRI} = 0.91 t_{r0}$，$t_{rv} = 0.44 t_{r0}$。

若考虑频率偏离量 Δf_x，则接收机中频输出的带宽应为

$$B_{RI} = \frac{0.78 \sim 1}{t_{r0}} + \Delta f_x \qquad (4.126)$$

对应的视频带宽为

$$B \approx \frac{0.8\sim1}{t_{r0}} \tag{4.127}$$

4.6 系统调制与解调设计

4.6.1 模拟正交调制

模拟正交调制是将零中频的模拟基带信号与相干振荡器的正交本振进行混频，直接变频到射频，由于输入信号的中心频率为零频，故也称零中频调制。模拟正交调制具有链路简洁、成本低、功耗低、带宽大，以及支持多频段等诸多优点，因而得到了广泛的应用。图 4.32 所示为模拟正交调制的原理框图。

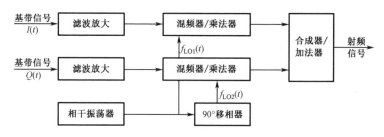

图 4.32　模拟正交调制的原理框图

假设 $a(t)$ 和 $\phi(t)$ 分别为基带信号的幅度和相位调制函数，则基带复信号为 $u(t)=a(t)\mathrm{e}^{\mathrm{j}\phi(t)}$。基带复信号的实部和虚部分别为

$$I(t)=\mathrm{Re}\{u(t)\}=a(t)\cos[\phi(t)] \tag{4.128}$$

$$Q(t)=\mathrm{Im}\{u(t)\}=a(t)\sin[\phi(t)] \tag{4.129}$$

式中，$\mathrm{Re}\{\}$ 和 $\mathrm{Im}\{\}$ 分别表示取实部和取虚部。

再假设相干振荡器的输出频率为 ω_i，则送至混频器（乘法器）的两路本振信号为

$$f_{\mathrm{LO1}}(t)=\cos[\omega_i(t)] \tag{4.130}$$

$$f_{\mathrm{LO2}}(t)=-\sin[\omega_i(t)] \tag{4.131}$$

两路正交本振信号分别与基带信号的实部和虚部混频，再将混频结果相加，得到合成器（乘法器）输出的射频信号

$$\begin{aligned}
\mathrm{RF}(t)&=I(t)f_{\mathrm{LO1}}(t)+Q(t)f_{\mathrm{LO2}}(t)\\
&=a(t)\cos[\phi(t)]\cos[\omega_i(t)]-a(t)\sin[\phi(t)]\sin[\omega_i(t)]\\
&=a(t)\cos[\omega_i(t)+\phi(t)]
\end{aligned} \tag{4.132}$$

式（4.132）即实现了基带复信号到射频的模拟正交调制，射频信号的幅度和相位调制部分分别对应基带信号的幅度和相位信息。模拟正交调制的频谱示意图如图 4.33 所示，位于零频处的基带复信号经正交调制后变为以中心频率为本振频率的射频实信号。

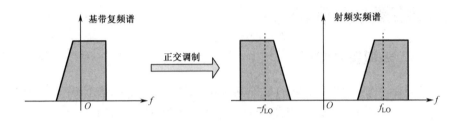

图 4.33　模拟正交调制的频谱示意图

4.6.2　模拟正交解调

模拟正交解调又称零中频解调。所谓"零中频"，是指相干振荡器的频率与中频信号的中心频率相等（不考虑多普勒频移），其差频为零。零中频处理既保持了中频处理时的全部信息，因而得到了广泛的应用。图 4.34 所示为模拟正交解调的原理框图。其中，相位检波器可以是乘法器，也可以是混频器。

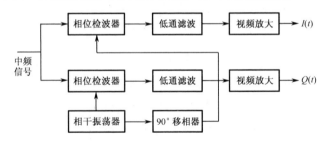

图 4.34　模拟正交解调的原理框图

任意中频实信号 $s(t)$ 都可以表示为

$$s(t) = a(t)\cos\left[\omega_1 t + \phi(t)\right] \tag{4.133}$$

式中，$a(t)$ 和 $\phi(t)$ 分别为信号的幅度和相位调制函数。

在雷达接收机中，比起 ω_1，$a(t)$ 和 $\phi(t)$ 均是时间的慢变函数。信号可以表示为

$$s(t) = \frac{1}{2}\left[a(t)\mathrm{e}^{\mathrm{j}\phi(t)}\mathrm{e}^{\mathrm{j}\omega_1 t} + a(t)\mathrm{e}^{-\mathrm{j}\phi(t)}\mathrm{e}^{-\mathrm{j}\omega_1 t}\right] = \frac{1}{2}\left[\mu(t)\mathrm{e}^{\mathrm{j}\omega_1 t} + \mu(t)\mathrm{e}^{-\mathrm{j}\omega_1 t}\right] \tag{4.134}$$

式中，$\mu(t)$ 为复调制函数，$\mu(t) = a(t)\mathrm{e}^{\mathrm{j}\phi(t)}$，包含了信号 $s(t)$ 的全部信息。

以 $\phi(t) = \omega_\mathrm{d} t$ 为例（在雷达中，通常中频信号和相干信号的频差即为多普勒频移），复函数 $\mu(t) = a(t)\mathrm{e}^{\mathrm{j}\omega_\mathrm{d} t}$ 表示中频附加的多普勒频移。由复函数的实部和虚部的

关系，可判断频率的正、负值。

在正常的单路相干检波中，将中频信号 $s(t)$ 和相干基准信号 $\cos\omega_{\mathrm{I}}t$ 相乘后取出其低频分量。两者相乘得

$$s(t)\cos\omega_{\mathrm{I}}t = \frac{1}{4}\left[\mu(t)+\mu^*(t)\right] + \frac{1}{4}\left[\mu(t)\mathrm{e}^{\mathrm{j}2\omega_{\mathrm{I}}t} + \mu^*(t)\mathrm{e}^{-\mathrm{j}2\omega_{\mathrm{I}}t}\right] \quad (4.135)$$

通过低通滤波后，取出低频分量

$$\frac{1}{4}\left[\mu(t)+\mu^*(t)\right] = \frac{1}{2}a(t)\cos\omega_{\mathrm{d}}t \quad (4.136)$$

式（4.136）中按多普勒频移变化的信号已不能区分频率的正、负值。如果 $a(t)$ 为常数，则取样点正碰上 $\cos\omega_{\mathrm{d}}t$ 的过零点，就会产生检测时的盲相。

单路相干检波后的信号之所以损失了判断调制函数的能力，是因为取出的包络项是 $\mu(t)+\mu^*(t)$，产生了频谱折叠。为了防止频谱折叠而保持中频信号中的全部信息，应能保证把复函数 $\mu(t)$ 单独取出。具体实现方法是将信号 $s(t)$ 与复函数 $\mathrm{e}^{-\mathrm{j}\omega_{\mathrm{I}}t}$ 相乘，即

$$s(t)\mathrm{e}^{\mathrm{j}\omega_{\mathrm{I}}t} = \frac{1}{2}\left[\mu(t)\mathrm{e}^{\mathrm{j}\omega_{\mathrm{I}}t} + \mu^*(t)\mathrm{e}^{-\mathrm{j}\omega_{\mathrm{I}}t}\right]\mathrm{e}^{-\mathrm{j}\omega_{\mathrm{I}}t} = \frac{1}{2}\mu(t) + \frac{1}{2}\mu^*(t)\mathrm{e}^{-\mathrm{j}2\omega_{\mathrm{I}}t} \quad (4.137)$$

再通过低通滤波，取出其复函数 $\mu(t)$ 而滤去高次项 $\mu^*(t)\mathrm{e}^{-\mathrm{j}2\omega_{\mathrm{I}}t}$，即

$$\mu(t) = a(t)\mathrm{e}^{\mathrm{j}\phi(t)} = a(t)\cos\phi(t) + \mathrm{j}a(t)\sin\phi(t) \quad (4.138)$$

这就需要进行正交双通路处理，一路和基准电压 $\cos\omega_{\mathrm{I}}t$ 进行相干检波，称为同相支路信号 I；另一路和基准 $\sin\omega_{\mathrm{I}}t$ 进行相干检波，称为正交支路信号 Q。$\sin\omega_{\mathrm{I}}t$ 由 $\cos\omega_{\mathrm{I}}t$ 移相 $90°$ 得来。两路输出值分别为 $a(t)\cos\phi(t)$ 和 $a(t)\sin\phi(t)$，如果要取振幅函数 $a(t)$，则为 $\sqrt{I^2+Q^2}$。如果要判断相位调制函数的正负（多普勒频移 f_{d} 的正负），则需通过比较 I、Q 两支路信号的相对值来判断。正交支路的输出也可以恢复为中频信号。

模拟正交解调的频谱示意图如图 4.35 所示，中心频率为本振频率的射频实信号经正交解调后变为零频基带复信号。

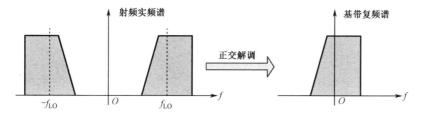

图 4.35　模拟正交解调的频谱示意图

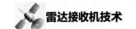

4.6.3 模拟调制解调关键指标

与数字调制解调技术相比，模拟调制解调技术在系统可实现带宽、多频段接收、尺寸、成本和功耗等方面都具有显著优势，在低成本或要求较低的民用通信系统中应用非常普及。模拟调制解调系统主要存在镜像频谱、直流偏置、本振泄漏、非线性谐波失真等技术问题，具体设计时必须仔细考虑这些因素，采用合适的优化方法，使其不影响系统的正常工作。

1. 镜像频谱

模拟正交调制器的 I/Q 支路幅相不平衡及正交本振幅相不平衡会产生射频镜像频谱。该镜像频谱的频点与有用信号频点关于本振频点对称，镜像频谱相对于有用信号频谱的幅度取决于幅相不平衡的程度。同理，模拟正交解调器的正交本振幅相不平衡及 I/Q 支路幅相不平衡会产生基带镜像频谱。该镜像频谱的频点与有用信号频点关于零频对称，幅度取决于幅相不平衡的程度。

幅相不平衡对调制解调器的镜像分量影响基本相同。下面以模拟正交解调器为例，定量分析幅相不平衡对信号镜像的影响。不失一般性地，将正交本振幅相不平衡折算到 I/Q 支路幅相不平衡中，再将幅相误差均归入 Q 支路。假定幅度误差为 α，相位误差为 β，则有

$$
\begin{aligned}
s(t) &= \cos(2\pi f_i t) + \mathrm{j}\alpha\sin(2\pi f_i t + \beta) \\
&= \frac{1}{2}\left[\mathrm{e}^{\mathrm{j}2\pi f_i t} + \mathrm{e}^{-\mathrm{j}2\pi f_i t}\right] + \frac{\alpha}{2}\left[\mathrm{e}^{\mathrm{j}(2\pi f_i t + \beta)} + \mathrm{e}^{-\mathrm{j}(2\pi f_i t + \beta)}\right] \\
&= \frac{1}{2}\left[\mathrm{e}^{\mathrm{j}2\pi f_i t}(1 + \alpha\mathrm{e}^{\mathrm{j}\beta})\right] + \frac{1}{2}\left[\mathrm{e}^{-\mathrm{j}2\pi f_i t}(1 - \alpha\mathrm{e}^{\mathrm{j}\beta})\right]
\end{aligned}
\tag{4.139}
$$

真实信号 $1 + \alpha\mathrm{e}^{\mathrm{j}\beta}$ 和镜像信号 $1 - \alpha\mathrm{e}^{\mathrm{j}\beta}$ 的模值分别为

$$
A_{\mathrm{d}} = \left|1 + \alpha\mathrm{e}^{\mathrm{j}\beta}\right| = \left|1 + \alpha\cos\beta + \mathrm{j}\alpha\sin\beta\right| = \sqrt{1 + 2\alpha\cos\beta + \alpha^2}
\tag{4.140}
$$

$$
A_{\mathrm{i}} = \sqrt{1 - 2\alpha\cos\beta + \alpha^2}
\tag{4.141}
$$

所需信号的镜像信号的相对值，即镜像抑制度为

$$
\mathrm{IR} = 10\lg\left(\frac{A_{\mathrm{i}}}{A_{\mathrm{d}}}\right)^2 = 10\lg\frac{1 - 2\alpha\cos\beta + \alpha^2}{1 + 2\alpha\cos\beta + \alpha^2}
\tag{4.142}
$$

当 α 和 β 较小时，式（4.142）抑制度近似为

$$
\mathrm{IR} = 10\lg\left(\frac{\alpha^2 + \beta^2}{4}\right) - 4.3\alpha
\tag{4.143}
$$

由此可以得出，幅相误差与镜像抑制度的关系如表 4.8 所示。

表 4.8　幅相误差与镜像抑制度的关系

α	$\beta/°$	IR/dB
1.0001	0.00573	−83
1.0005	0.0286	−69
1.001	0.057	−63
1.005	0.287	−49.3
1.006	0.344	−47.46
1.007	0.401	−46.12
1.008	0.458	−44.97
1.009	0.516	−43.94
1.01	0.573	−43.02
1.02	1.15	−37.02
1.03	1.72	−33.53
1.04	2.29	−31.06
1.05	2.87	−29.13
1.06	3.44	−27.57
1.07	4.01	−26.25
1.08	4.58	−25.12
1.09	5.16	−24.11
1.10	5.73	−23.21
1.12	6.875	−21.67
1.19	10.886	−17.80

注：1. 假设 $|Q(t)|>|I(t)|$ 。

2. α 为幅度误差，β 为相位误差。

对于接收链路，镜像频谱的存在减小了接收机输出端的无杂散动态范围，镜像抑制即为模拟解调器对系统动态范围或改善因子的限制，对多目标、多载波系统的影响尤为严重，一般需要控制镜像频谱分量处于最小可检测信号电平以下。对于发射链路，镜像频谱的存在增加了输出杂散波，可能会造成系统电磁兼容问题。为了抑制接收和发射链路的镜像频谱，可以采用校正手段来改善 I/Q 不平衡，一方面在模拟环节上增加幅相检测和微调整功能；另一方面数字域实现 I/Q 失配校正和预失真，以最小化 I/Q 链路失配。

2. 直流偏置

模拟正交解调器的直流偏置主要来源于两个方面：一方面是混频器本振和射频的有限隔离度引起的自混频会产生直流分量，另一方面是基带放大/滤波链路中的运算放大器会带来额外的直流偏置。对模拟正交解调器而言，直流偏置位于基带零频，属于带内信号，难以通过简单的滤波消除。直流偏置过大会减小 ADC 的动态范围，并且在相控阵系统中，多通道直流偏置会相干合成，使影响进一步增大，降低脉冲压缩后的信噪比。

直流偏置的大小通常可以用电压来衡量，也可以与后端 ADC 的采样码值相对应。直流偏置的电特性可以等效为静态分量和动态分量的叠加。静态分量是指模拟正交解调器的固定直流电压失调，受环境温度、湿度及射频输入的影响较小，可以简单地通过模拟或数字电平调整而减小或消除。动态分量是指直流偏置中的时变分量，受环境温度、湿度及射频输入的影响较大，一般具有慢时变特性。动态分量的处理相对比较复杂，一般需要采用模拟或数字检测和跟踪电路来动态地实现直流对消，将直流偏置持续地维持在一个较低的电平上。

3. 本振泄漏

模拟正交调制器的本振泄漏主要来源于两个方面，一方面是混频器本振和射频的有限隔离度引起的本振到射频端口的泄漏，另一方面是基带滤波/放大链路中的运算放大器的直流偏置会被调制到本振频率点上。对模拟正交调制器而言，本振泄漏位于射频信号带内，难以通过简单的滤波消除。本振泄漏过大会使功放的有效输出功率降低，产生巨大的无用杂散发射，造成系统电磁兼容问题，降低接收信号的信噪比，同时提高了雷达自身被截获的概率。

本振泄漏的大小可以用绝对值或相对值来衡量。绝对值是指本振泄漏的绝对功率，单位为 dBm；相对值是指本振泄漏功率相对于射频信号功率的大小，一般用 dBc 来表示。类似于模拟正交解调器的直流偏置，本振泄漏的电特性也可以等效为静态分量和动态分量的叠加。静态分量是指模拟正交调制器的固定泄漏部分，受环境温度、湿度及射频输入的影响较小，可以简单地通过模拟或数字电平调整来减小或消除。动态分量是指本振泄漏中的时变分量，受环境温度、湿度及本振电平的影响较大，一般具有慢时变特性。动态分量的处理相对比较复杂，一般需要实时地对本振泄漏信号进行动态监测，再进行数字或模拟闭环本振泄漏补偿，将本振泄漏抑制到系统可用电平之下。

4. 非线性谐波失真

模拟正交调制解调器的非线性失真主要由正交混频器的非线性失真和基带链路中放大器的非线性失真组成。针对正交混频器的非线性失真，可以通过规划合适的频率窗口使高阶交调分量落到信号带外，再通过高抑制滤波器进行杂谱滤除，从而大幅度减小其影响。基带链路中放大器的非线性失真会产生高次谐波，这些谐波会有相当一部分落在基带信号带内，很难通过常规滤波器去除。非线性失真一方面会增加带内杂散分量，降低有用信号的信噪比；另一方面会扩展频谱，产生带外杂散，对自身或其他设备造成干扰。为了减小基带链路中放大器的非线性失真，需要综合考虑链路增益设计、差分电路架构设计、最佳偏置点设置及反馈补偿等，条件允许的话，还可以采用数字域非线性校正算法来抑制非线性谐波分量。

4.6.4 数字信号的调制解调

在数字接收机中，数字信号的调制解调一般采用正交数字上下变频来实现。对于数字信号的调制，基带 I/Q 信号先进行内插和数字滤波，再与高精度数控振荡器（NCO）的正交本振进行数字混频，输出数字中频（射频）信号；对于数字信号的解调，数字中频（射频）信号先与高精度数控振荡器（NCO）的正交本振进行数字混频，再对同相和正交支路进行数字滤波和抽取，输出 I/Q 信号去后端信号处理。详细内容将在 6.3 节介绍。

第 5 章
雷达频率源

提要：本章在简述雷达接收机对频率源的要求以后，重点阐述现代雷达接收机频率源的实现方法——直接频率合成器、锁相频率合成器及直接数字频率合成器，并介绍基于模数混合的高集成合成方式，以及分布式非相参系统的相参合成方式等研究热点。

5.1 雷达接收机对频率源的要求

本节主要阐述现代雷达接收机中本振、时钟信号用微波振荡器及频率合成器的技术要求。频率源是现代雷达的关键部分之一，它向雷达提供本振、相参时钟等各种相参信号。在雷达应用中，为了提高雷达的改善因子和抗干扰能力，往往要求频率源输出的时钟信号或本振信号有极低的相位噪声和杂散抑制度，且有很强的频率捷变能力。

5.1.1 本振信号的技术要求

在本振信号产生设计中，对合成器的成本、尺寸、质量及功耗起决定性作用的九大技术指标是：①工作频率范围；②输出功率；③频率步进；④频率稳定度；⑤杂散抑制度；⑥相位噪声；⑦频率切换时间；⑧电源要求；⑨工作温度范围。若叠加上新的要求或者现有要求变得更加严格，则系统的复杂度呈快速提高的趋势。

（1）工作频率范围：指满足各项技术要求的输出调谐频率范围，一般由雷达接收机工作的频率带宽所决定，单位为 MHz 或 GHz。

（2）输出功率：指给定条件下合成器的输出功率，也可以指振荡器经放大器后的输出功率，一般以 mW 或 dBm（毫瓦的分贝数）来表示。若考虑功率电平随频率或随温度的变化，常以 dB 表示。

（3）频率步进：合成频率源的输出频率不是连续的，是一个频率点一个频率点合成的，相邻两个频率点的频率间隔定义为最小频率步进，起始频率到终止频率的范围叫作最大频率步进。工程上的常规模拟手段可以实现大于 1MHz 的频率步进。对于特殊小步进需求，采用锁相方式或 DDS 方式可以实现 μHz 量级的微小频率步进的合成。

（4）频率稳定度：分为长期稳定度和短期稳定度，长期稳定度是指元器件参数慢变化及环境条件（如温度、压力、电源电压等）改变所引起的频率的慢变化（一般以时、日、月、年计），常用一定时间内频率的相对变化 $\Delta f/f$ 来表示；短期稳定度包括振荡器调相、调幅、调频噪声引起的频率的抖动，一般以 ms 量级的 $\Delta f/f$ 来表示。短期稳定度在频域中常用单边带相位噪声谱密度来表征，以 dBc/Hz

（1kHz 处、10kHz 处或 1MHz 处等）为单位；在时域中用阿伦方差来表征，以 μs 或 ms 为单位。在雷达系统中，短期频率稳定度（简称短稳）比长期频率稳定度（简称长稳）更为重要，因为它直接影响了雷达的动目标改善因子。

（5）杂散抑制度：杂散信号是指输出频率中任何不需要的信号或信号成分，这类信号存在于工作带宽中的单个频率内，或者以幅度或频率调制的形式存在。它们可能由外部辐射进入电路产生，或者由内部合成过程中的各种频率成分的信号产生，或者由内部多个单元电路互相辐射产生。为了输出纯净的本振信号，需要进行杂散抑制，用 dBc 表示。

（6）相位噪声：信号通过电子电路时，其噪声频谱会被修改。相位噪声是短期频率稳定度的一种表征方式，单位为 rad²/Hz，是输出频率双边带傅氏频率的函数，定义为偏离某频率 1Hz 带宽内噪声功率谱密度与输出信号功率之比，记为 −dBc/Hz。相位噪声的大小与输出频率有关，每倍频程恶化 6dB。

（7）频率切换时间：指频率合成器的输出频率从某一频率变换到另一频率所需要的时间，主要由频率控制软件响应时间、开关切换时间和滤波器的时延综合决定。常规的直接合成器，高速模拟开关（GaAS 模拟开关或 PIN 模拟开关）的软件响应时间和开关切换时间都小于 100ns，锁相合成和直接数字合成的软件响应时间通常小于 1μs。另外，滤波器的响应时间也是一个重要的因素。

（8）电源要求：指外部输入的直流工作电压（单位：±V）、电流（单位：mA）及电源纹波幅度（单位：μV 或 mV）。

（9）工作温度范围：指满足技术指标的最低工作温度至最高工作温度的区间，如 −10～+55℃ 或 −40～+60℃ 等。

另外，短期稳定度经常用单边带相位噪声谱密度来量度。有时系统设计者常提出改善因子的要求，相位噪声和改善因子的关系为

$$I = \frac{3}{16\int_0^F S_{\Delta\phi}(f_m)\sin^2(\pi\tau f_m)\sin^2(\pi T f_m)\mathrm{d}f_m} \tag{5.1}$$

式中，I 为二次对消时的改善因子；F 为雷达接收机中频带宽的一半；$S_{\Delta\phi}(f_m)$ 为频率合成器相位噪声谱密度；τ 为到达目标的双程时间；T 为雷达脉冲重复频率的倒数。

当 I 为一次对消时的改善因子时，式（5.1）变为

$$I = \frac{1}{8\int_0^F S_{\Delta\phi}(f_m)\sin^2(\pi\tau f_m)\sin^2(\pi T f_m)\mathrm{d}f} \tag{5.2}$$

5.1.2　时钟信号的技术要求

随着雷达系统复杂度的提高，各种时钟信号的产生方式逐渐升级。在高速系统中，时钟的时序误差会限制数字 I/O 接口的最大速率，还会提高接收链路的误码率，甚至限制 A/D 变换器的动态范围。因此，时钟信号的设计除要关注与本振相同的相干合成方式外，还需要关注频率精度要求、多时钟相位同步要求及时钟抖动要求等。

（1）频率精度：在频率源中，基准通常为恒温晶振或经过驯服的恒温晶振，其精度表示其输出频率与标称频率的差值，常规值为 $\pm 5 \times 10^{-7}$。在雷达等自相关系统中，由于整个系统相参，频率精度的要求相比于非相关系统有较大的设计余量。

（2）多时钟相位同步：指接收系统的波形产生时钟、采集时钟、校正时钟、外部控制处理单元时钟等多个设备不同时钟的相位关系相对稳定，以保证系统中各用频设备工作时的相对时刻始终保持一致。

（3）时钟抖动：当时钟的前沿或后沿偏离了理想位置时，就发生了时钟的抖动。N 个时钟周期的累计抖动一般用 N 个周期偏离平均值的方均根值（RMS）来描述。抖动是一个时域的概念，是对信号时域变化的测量结果，它从本质上描述了信号周期偏离其理想值的误差。

5.2　直接频率合成器

第 3 章中已介绍了直接频率合成器的基本实现方法，一种是所谓非相参合成方法，另一种是所谓全相参合成方法。这两种合成方法的主要区别是所使用的参考频率源（稳定晶振）的数目不同，前者使用多个晶振参考频率源，所需的各种频率信号由这些参考源通过倍频或混频的方法产生；后者则只使用一个晶振参考频率源，所需的各种频率信号都由它经过分频、混频和倍频后得到。很显然，非相参直接频率合成器中的各个频点是不相关的，而全相参频率合成器中的各个频点是完全相关的。

这里需要说明的是，使用非相参直接频率合成器的雷达系统很可能是一个相参系统。例如，具有放大链发射机的雷达系统，可以用全相参频率合成器作频率源，也可以用非相参频率合成器作频率源，当采用非相参频率合成器时，这个系统仍然是相参的。因为对雷达系统而言，虽然本振不同的频点不相关，但是对某一频率点而言，雷达的发射机和接收机的相位是完全相关的，发射激励和接收机的信号均是由该频率及其相关频率构成的。从这个意义上讲，该系统的性能与全

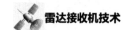

相参系统没有明显的差异，为了把这种系统与非相参雷达系统（发射机为自激振荡式）进行区别，把这种系统的频率合成器称为准相参直接频率合成器。

5.2.1　准相参直接频率合成器

准相参直接频率合成器由多个晶振参考频率源经过开关切换，然后通过倍频和放大滤波，最后产生所需要的一组频率。图 5.1 所示为这种频率合成器的原理框图。

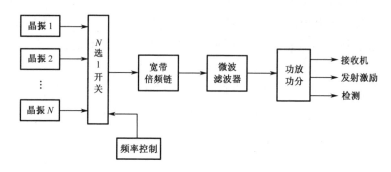

图 5.1　准相参直接频率合成器原理框图

图 5.1 中晶振是晶体振荡器的简称。石英晶体的品质因数很高（$Q \geq 10000$），利用它的基模或谐波模式（又称泛音）构成晶体振荡器，其长稳高达 10^{-9}/日，而相位噪声谱密度可低到–170dBc/Hz（1kHz 处）。N 选 1 开关的作用是根据雷达的要求，在某一瞬间选取所需要的某一晶振信号，它通常由硅或砷化镓模拟开关组成。宽带倍频链是这种频率合成器的关键部分，它采用了多次放大和倍频，使输出信号的相位噪声以 $20\lg n$（n 为倍频次数）的量级恶化。倍频导致出现大量寄生信号（晶振基波与各次谐波及其组合频率），因此倍频后必须插入频率特性非常好的滤波器。滤波器后的功放和功分使频率合成器能够提供足够数量和功率的电平信号用于接收机和发射激励。

本小节将重点介绍倍频器的实现方法。

1. 倍频器的基本特性

倍频器的基本工作模型如图 5.2 所示。设倍频器输入端和输出端的相位噪声分别为 $L_1(f_m)$ 和 $L_2(nf_m)$，从图 5.2 可知，倍频器使频率合成器的相位噪声变坏的理论值为

$$\frac{L_2\left(nf_m\right)}{L_1\left(f_m\right)} = 20\lg n \tag{5.3}$$

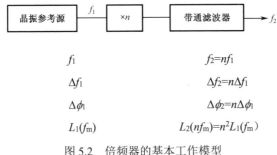

图 5.2　倍频器的基本工作模型

倍频器利用谐波工作，根据其工作原理，可以分为两种类型：一种是非线性电抗（电容）型，如变容二极管和阶跃二极管倍频器，通常有较高的频率；另一种是非线性电导型，如肖特基势垒二极管、晶体管和 FET 倍频器等，一般用于较低频率。

另外，倍频器的倍频方法也可分为两种，一种是一次高次倍频到所需要的频率；另一种是两次两次地倍频，并在适当的频率处加窄带晶体滤波器。一般后者的相位噪声较低。

2. 变容二极管倍频器

变容二极管倍频器是经常采用的一种高频倍频器。它是利用变容二极管的电容在反向偏压下连续变化进行倍频的。其基本电路如图 5.3 所示。输入电路的电感 L_1 和变容二极管电容 C_{D1} 组成串联谐振。电感 L_1 还有防止输出信号 nf_i 的能量反馈到输入电路的功能。串联谐振电路 L_2C 用于短路不需要的输出谐波。当然，这种用途的专门电路也可放在输入、输出匹配网络中。电阻 R_b 产生自给偏置电压。C_{D2} 为变容二极管电容。

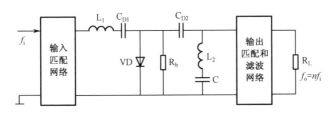

图 5.3　变容二极管倍频器基本电路

变容二极管倍频器主要应用于低阶高效（80%～90%）和宽带倍频。现在，同样性能的倍频器也可用双极性晶体管或 FET 来实现。晶体管倍频对于低谐波时还具有功率增益。随着宽带单片放大器的广泛使用，晶体管倍频器的应用越来越普遍。更高频率的倍频器可使用阶跃恢复二极管倍频器。

3. 阶跃恢复二极管（SRD）倍频器

SRD 是一个理想的非线性器件，正向储存电荷时阻抗很低（接近短路），而反向储存电荷时则阻抗很高（接近开路）。也就是说，它是一个很好的双态阻抗电子开关器件。谐波产生的原理就是基于阻抗变化作为时间的函数，在适当的正弦波激励下，每个周期都能产生很窄的脉冲，因而谐波丰富且效率高。

典型的 SRD 特性为，在反射偏置电压下电容基本保持不变，而在正向偏置电压下电容很大。对应于两个状态的等效电路就是反向偏置（高阻）时为电容，正向导通时短路。SRD 倍频器基本电路如图 5.4 所示。

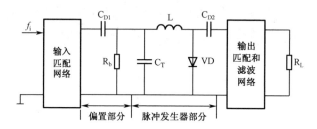

图 5.4　SRD 倍频器基本电路

SRD 倍频器电路的主要部分是脉冲发生器部分，通常包含 SRD、激励电感 L 和调谐脉冲发生器输入电纳的电容 C_T。电容 C_T 的作用是使脉冲发生器的输入阻抗为纯电阻（R_i），它还对输出频率起低阻抗的短路作用。

L 和 C_T 的近似计算公式为

$$L \approx \frac{1}{\omega_o^2 C_r} \tag{5.4}$$

$$C_T \approx \frac{1}{2\omega_i^2 L} \tag{5.5}$$

$$R_i \approx \omega_o L = \frac{1}{n\omega_i C_r} \tag{5.6}$$

式中，C_r 为阶跃恢复二极管反向偏置时的电容；ω_i 和 ω_o 分别为输入频率和输出频率；n 为倍频次数，$n = \omega_o / \omega_i$。

SRD 的偏置和变容二极管倍频器一样，也采用固定偏置或自偏置，大多使用自偏置。偏置电阻 R_b 的近似计算公式为

$$R_b \approx \frac{2\tau}{n^2 \pi C_r} \tag{5.7}$$

式中，τ 为少数载波子寿命，一般情况下 $\tau \gg 1/f_i$，多数情况下取 $\omega_i \tau > 10$。

图 5.4 中，去耦电容 C_{D1} 和 C_{D2} 是隔直流电容，用于保证正常的自偏置电压。

当然，在可能的情况下，这些电容可作为输入、输出匹配网络的一部分。滤波网络用于选频，根据要求，可以是简单的低耗 LC 窄带滤波器，也可以是具有良好矩形系数的宽带滤波器。

最后需要强调一下 SRD 倍频器的相位噪声。基于 SRD 中少数载流子的储存效应，其对激励电平相当敏感，应根据具体器件（不同型号）设计最佳激励电平。随着激励电平的提高，相位噪声会提高，尤其要防止脉冲幅度达到二极管的击穿电压；相反，随着激励电平的降低，谱线幅度减小，相位噪声随之降低。

准相参频率合成器使用多个晶振参考频率源，提供所需的各种频率。它的缺点在于制作具有相当频率稳定度和精度的多个晶振参考源具有较大的难度和复杂性。这种频率合成器在某些体制的雷达接收机中应用具有它的优点：一是频点较少，二是所需要的多个频率不具备一般的运算关系（较简单的分频、倍频和混频）。例如，某航管雷达接收机，需要的一本振频率为 2160 MHz、2162 MHz、2180 MHz 和 2182MHz，为了产生这 4 个频率，只要晶振参考源分别工作在 108 MHz、108.1 MHz、109 MHz、109.1MHz，然后通过 20 倍频即可获得。再如，某频扫雷达接收机，需要的一本振频率为 2223 MHz、2244 MHz、2265 MHz、2286 MHz、2290.5 MHz、2292 MHz、2359 MHz、2380 MHz、2401 MHz、2422 MHz、2426.5 MHz、2428MHz，要获得这些频率，多晶振倍频的准相参合成器具有一定的优势。

5.2.2　全相参直接频率合成器

全相参直接频率合成器以一个高稳定的晶振作为参考频率源，所需的各种频率信号都由参考源经过分频、混频和倍频后得到，因而合成器输出频率的稳定度与参考源一致。图 5.5 所示为一种全相参直接频率合成器的工作原理图。其中，谐波发生器可用阶跃恢复二极管倍频器实现，分频器一般用数字分频器（或称脉冲计数器）实现。

1. 全相参直接频率合成器性能分析

频率合成器的性能主要表现在相位噪声、杂散抑制度、捷变频时间、输出功率、可靠性及重量、体积等方面。

1）相位噪声分析

全相参直接频率合成器中常用的器件有高稳定参考源振荡器（有时也称基准振荡器）、倍频器、分频器、混频器、滤波器、放大器和电子开关等。倍（分）频器、混频器在进行频率变换的同时，相位噪声也变换。下面着重分析全相参直接频率合成器的基本环节（倍频、分频、混频、滤波和放大）对信号相位噪声的影响。

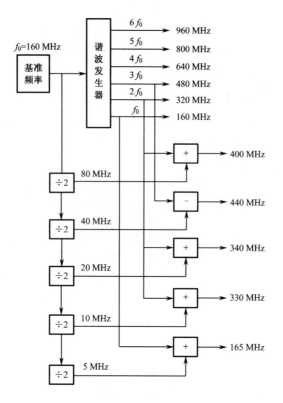

图 5.5 一种全相参直接频率合成器的工作原理图

信号 $E_1(t)=V_1\cos\left[\omega_1 t+\phi_1(t)\right]$ 经过倍频或分频后的输出信号为

$$E_m(t)=V_m\cos\left[m\omega_1 t+m\phi_1(t)\right] \tag{5.8}$$

式中，m 为倍频次数，分频时 m 为分数。

则相应的相位噪声谱密度为

$$S_{\phi m}(f)=m^2 S_{\phi 1}(f) \tag{5.9}$$

式中，$S_{\phi 1}(f)$、$S_{\phi m}(f)$ 分别表示倍（分）频前后的相位噪声功率谱密度。从式（5.9）可明显看出，经过 m 次倍（分）频后，输出信号的相位噪声功率谱密度按 $20\lg m$(dB 值)增加（减小）。

信号 $E_1(t)=V_1\cos\left[\omega_1 t+\phi_1(t)\right]$ 和 $E_2(t)=V_2\cos\left[\omega_2 t+\phi_2(t)\right]$ 进行混频后的输出信号为

$$E_o(t)=V_o\cos\left[\left(\omega_1\pm\omega_2\right)t+\phi_1(t)\pm\phi_2(t)\right] \tag{5.10}$$

混频器可看作准线性器件，则相应的相位噪声谱密度为

$$S_{\phi o}(f)=S_{\phi 1}(f)+S_{\phi 2}(f) \tag{5.11}$$

式中，$S_{\phi 1}(f)$、$S_{\phi m}(f)$、$S_{\phi o}(f)$ 分别为混频器的两个输入信号和输出信号的相位噪声谱密度。当混频器的两个输入信号相互独立时，其输出信号的相位噪声谱密度为两个信号相位噪声谱密度之和。对全相参直接频率合成器而言，$E_1(t)$ 和 $E_2(t)$ 往往是相关的，此时就要考虑其相关系数。

信号 $E_1(t)$ 通过滤波器后的相位噪声谱密度为

$$S_{\phi}(t)=\left|H(\omega)\right|^2 S_{\phi 1}(f) \tag{5.12}$$

式中，$H(\omega)$ 为滤波器的传输函数。

从式（5.12）可以看出，滤波器对信号不引入噪声，对于带通滤波器，带宽越窄，带外抑制越好，对信号相位噪声的改善越有利。但在实际情况中，考虑到其他因素（如温度影响、插入损耗、实现方法等），滤波器的带宽也不能做得太窄。

放大器引入的相位噪声一般都低于输入信号的相位噪声，所以往往忽略。当然，放大器如果有寄生振荡，则另当别论。

一般的全相参直接频率合成器电路模型如图 5.6 所示。

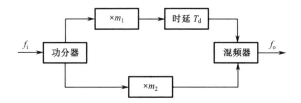

图 5.6 一般的全相参直接频率合成器电路模型

在图 5.6 中，参考信号 f_i 经功分、倍（分）频后加入混频器的输入端，混频器输出的相位噪声谱密度为

$$S_{\phi}(f)=\left[m_1^2+m_2^2+2m_1 m_2 R(T_d)\right]S_{\phi i}(t) \tag{5.13}$$

式中，$S_{\phi i}(f)$ 和 $S_{\phi}(f)$ 分别为输入信号和输出信号的相位噪声谱密度；m_1 和 m_2 为倍（分）频次数；T_d 为 f_i 经过倍（分）频器后产生的相对时延；$R(T_d)$ 为混频器输入端两个信号的相关系数。

由式（5.13）可知，随着 T_d 的变化，相关系数 $R(T_d)$ 在 0～1 之间变化，当 $R(T_d)=1$ 时，输出信号的相位噪声最大，即

$$S_{\phi}(f)=(m_1+m_2)^2 S_{\phi i}(f) \tag{5.14}$$

此时，输出信号的相位噪声相当于输入信号经过 m_1+m_2 次倍（分）频后的相位噪声。式（5.14）也说明，全相参直接频率合成器输出信号的相位噪声总是优于参考源直接倍（分）频到同样频率的输出信号的相位噪声。当然，上述考虑都基于理想情况，实际上，考虑到各种信号的电平及变频损耗等因素的影响，式（5.13）

中要加入加权系数。

2）杂波分析

杂波干扰是全相参直接频率合成器的主要干扰，它是由于信号的非线性产生的。这类干扰大致分为两种，一种是输出频率的谐波，称为谐波杂波干扰（简称谐波干扰）；另一种不是输出频率的谐波，称为非谐波杂波干扰（简称杂波干扰）。无论哪种干扰，都是夹杂在合成器输出信号中的干扰。

由于直接式频率合成器要用许多不同的频率进行倍频、分频和混频，所以对杂波（包括谐波）的滤波抑制要求很高，否则是无法达到预期的指标的。这也是全相参直接频率合成器的难点之一。一般要求谐波干扰信号的输出电平比载波电平至少要低 40～60dB，而非谐波干扰信号的输出电平比载波电平至少要低 60～100dB。

3）捷变频时间分析

全相参直接频率合成器的捷变频时间是由跳频控制电路和高速模拟开关共同决定的。当然，开关后使用频率带宽非常窄的器件（如窄带滤波器）也会影响频率捷变时间，这点在设计时应尽量避免。一般说来，跳频控制电路的时延可以做得很小，而高速模拟开关（GaAsFET 模拟开关或 PIN 模拟开关）的开关时间在 ns 量级。因此，全相参直接频率合成器的捷变频时间可做到 1μs 左右，这与电路的设计有密切关系。

4）可靠性分析

全相参直接频率合成器电路中使用的器件是比较多的，因此早先合成器的体积都比较大，大量器件的使用也影响了合成器的可靠性。随着微波微电子技术的迅速发展，全相参直接频率合成器的体积越来越小，集成度越来越高，主要使用的器件有倍频器、分频器、滤波器、功分器、混频器、放大器和高速模拟开关等。一般分频器和高速模拟开关是集成电路，只要正确使用，是非常可靠的。滤波器、功分器和混频器一般都是无源器件，可靠性也比较高，需要注意的是滤波器在设计过程中要考虑其温度特性。在倍频器和放大器设计时要注意与其他电路匹配，使之不产生自激现象。这里要强调的是，电路中尽量不使用宽带倍频器，以避免其温度不稳定性的影响。总之，只要将经验设计变为规范设计，充分利用 CAD 技术，对各种电路进行优化设计，全相参直接频率合成器的可靠性可以做得相当高。

2. 全相参直接频率合成器的设计

对全相参直接频率合成器而言，设计的难点是杂散抑制和滤波技术。本节以一个具体例子来说明全相参直接频率合成器的设计技术。

1）一种全相参直接频率合成器的技术要求和实现方法

图 5.7 所示为一种 S 波段全相参直接频率合成器的原理框图。

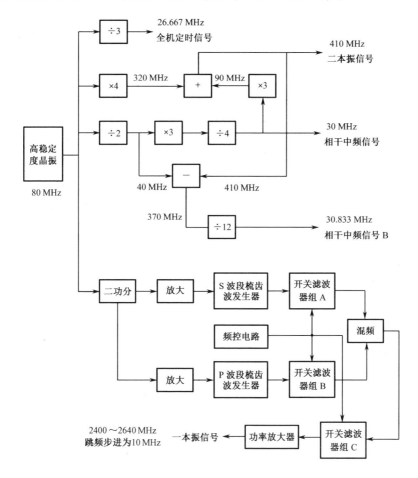

图 5.7 一种 S 波段全相参直接频率合成器的原理框图

该频率合成器的主要技术要求如下。

- 一本振频率：2400～2640MHz，跳频步进：10MHz；
- 相位噪声：–120dBc/Hz（1kHz 处），–128dBc/Hz（10kHz 处）；
- 输出功率：≥16dBm，带内起伏：≤±1.5dB；
- 杂散抑制度：≥70dB（±5MHz 范围内），≥60dB（整个频段内）；
- 谐波抑制度：≥40dB；
- 跳频时间：≤1μs，跳频步进：10MHz；
- 二本振频率：410MHz；

- 输出功率：≥16dBm；
- 相干中频信号：30MHz，30.833MHz；
- 输出功率：≥7dBm；
- 全机定时信号：26.677MHz，TTL 电平或正弦波工作。

在图 5.7 中，一本振信号的产生过程是，高稳定度晶振参考源的信号一分为二，一路经放大去 S 波段梳齿波发生器，经过四选一开关滤波器组 A，选出频率为 2400MHz、2480MHz、2560MHz、2640MHz 之一的信号；另一路经放大去 P 波段梳齿波发生器，经八选一开关滤波器组 B，选出频率范围为 270～340MHz、跳频步进为 10MHz 的八个频率信号之一。上述 S、P 波段选出的频率信号分别经放大后经混频去开关滤波器组 C，选出所需要的一本振信号，频率范围是 2400～2640MHz，跳频步进为 10MHz。

2）全相参直接频率合成器的设计技术

（1）方案设计技术。

根据前面的分析，倍频器对频率合成器的相位噪声影响最大，因此频率合成器应尽量避免使用高次倍频（尤其是高次宽带倍频），而增加混频和分频的次数。这样不仅对频率合成器的输出信号的相位噪声有好处，而且可使其杂散抑制也有改善。高次倍频的滤波比低次倍频的难，而宽带倍频又比窄带倍频难，分频器的滤波比较容易。对混频器而言，只要选择合适的频率窗口，就能使输出寄生信号电平降至最低。经过对混频窗口的分析和优化，混频器引起的杂波功率电平比主波低 65dB 以上，这是通过方案设计来抑制合成器杂波的关键技术之一。总而言之，在不影响技术指标的情况下，方案设计越简单，越能提高全相参直接频率合成器性能。以往全相参直接频率合成器的设计比较复杂，这样不但体积大、可靠性不高，而且杂波也难以控制。因此，对合成器设计方案进行反复的计算优化是十分重要的。

影响相位噪声性能的两个最重要的因素是高稳定度晶振（简称基准晶振）和所采用的倍频因子。倍频对合成器相位噪声的影响前面已经分析。根据雷达对频率的要求，可选用 80MHz 或 160MHz 基准晶振。在晶振相位噪声相同的情况下，选择 160MHz 晶振对合成器输出信号的相位噪声有利。一般来说，晶振的相位噪声为 5～125MHz 较好，超过 125MHz 时需要七次泛音晶体，其 Q 值比五次泛音晶体低。因此，这里选用 80MHz 低相位噪声晶振。选择高频晶振也是抑制合成器输出信号杂波的途径之一。过去，全相参直接频率合成器的基准晶振的频率往往选择得较低，为了产生输出信号频率，必须引入多次倍频和混频，过渡频率也较多，使得输出信号的杂波很难抑制。

（2）杂散抑制和捷变频技术。

全相参直接频率合成器的设计难点就是杂散抑制。单片砷化镓模拟开关是一种比较理想的器件，它具有隔离度高、开关时间短、体积小、控制方便等特点。这种开关在 S 波段具有 50dB 的隔离度，但这还不能满足合成器对杂散抑制的要求。因为通过开关的信号可能通过倍频、分频、混频和放大才合成出最终的输出信号，每个环节都对杂波有一定的影响。为了进一步保证输出信号的杂散抑制程度，将开关与放大器滤波器等结合在一起使用，使开关导通时电路正常工作，开关闭合时电路无法工作，从而大大改善开关的隔离度，使开关在工作频段的隔离度提高到 80dB 以上。在实现同样开关隔离度的情况下，这种技术不仅能节省器件，提高可靠性，而且不会影响开关时间，真正做到利用普通器件实现高指标要求。提高开关隔离度是抑制杂波的主要途径，除此之外，与杂散抑制有关的方案选择还有滤波技术和电磁兼容技术（包括空间干扰、电源干扰和地干扰的抑制等）。

频率合成器的跳频时间为控制电路的时延、模拟开关的开关时间及滤波器时延之和。模拟开关的开关时间直接影响跳频时间，砷化镓模拟开关的开关时间为 3～5ns；控制电路现在一般采用 FPGA（现场可编程逻辑器件），其时延用计算机模拟时为 140ns。全相参直接频率合成器的跳频时间一般为 1μs 左右。

（3）滤波技术。

全相参直接频率合成器的滤波器有集总参数微型滤波器、声表面波滤波器和微波交指滤波器等。选择合适的滤波器对频率合成器技术指标的改善至关重要。合成器在混频器之后，为进一步抑制交调，采用开关滤波器组就是提高杂散抑制度的途径之一。通过 CAD 分析和综合，集总参数微型滤波器和微波交指滤波器都具有十分良好的性能。在 S 波段相对带宽为 10%左右处，微波交指滤波器的插入损耗可小于 1.3dB，带内起伏小于 0.5dB，80dB 带宽与 1.3dB 带宽之比小于 2。要获得良好性能的全相参直接频率合成器，设计和使用高性能的滤波器十分重要。

5.3 锁相频率合成器

锁相频率合成器也称间接频率合成器，它通过锁相环使振荡器的输出频率被高稳定度晶振锁定。这种频率合成器使用的电路比直接式频率合成器简单，但其原理复杂。已有很多专著对这种频率合成器进行了详细的分析，本节首先简要叙述锁相环的工作原理，然后介绍模拟锁相频率合成器和数字锁相频率合成器的设计方法。

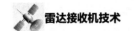

5.3.1 锁相环的工作原理

锁相环的基本原理框图如图 5.8 所示，它包括三个基本部件：鉴相器（PD）、环路滤波器（LPF）和压控振荡器（VCO）。

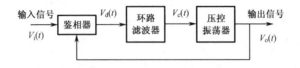

图 5.8　锁相环的基本原理框图

鉴相器是一个相位比较电路。它把输入信号 $V_i(t)$ 和压控振荡器的输出信号 $V_o(t)$ 的相位进行比较，产生对应于两个信号相位差的误差电压 $V_d(t)$。环路滤波器的作用是滤除误差电压 $V_d(t)$ 中的高频成分和噪声，以保证环路所要求的性能，提高系统的稳定性。压控振荡器受控制电压 $V_c(t)$ 的控制，使压控振荡器的频率向输入信号（高稳定参考信号）的频率靠拢，也就是使差拍频率越来越低，直到消除频差而锁定。

锁相环是一个相位误差控制系统。它比较输入信号和压控振荡器输出信号之间的相位差，从而产生误差控制电压来调整压控振荡器的频率，使其与输入信号同频。在环路开始工作时，通常输入信号的频率与压控振荡器未加控制电压时的振荡频率是不同的，两信号之间存在固有频率差，它们之间的相位势必一直变化，导致鉴相器的误差电压在一定的范围内摆动。在这种误差电压控制之下，压控振荡器的频率也就在相应的范围内变化。若压控振荡器的频率能够变化到与输入信号频率相等，便有可能在这个频率上稳定下来（如果压控振荡器的频率除以 N，再加到鉴相器上，则压控振荡器的频率就稳定在输入频率的 N 倍上）。达到稳定之后，输入信号和压控振荡器输出之间的频差为零，相位不再随时间变化，误差电压为一固定值，这时环路就进入"锁定"状态。

1. 环路的基本方程和相位模型

锁相环各部件的模型如图 5.9 所示。

鉴相器的特性为

$$V_d(t) = V_d \sin \phi_e(t) \tag{5.15}$$

$$\phi_e(t) = \phi_i(t) - \phi_o(t) \tag{5.16}$$

环路滤波器的特性为

$$V_c(t) = K_F F(s) V_d(t) \tag{5.17}$$

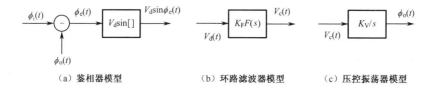

（a）鉴相器模型　　　　　（b）环路滤波器模型　　　　（c）压控振荡器模型

图 5.9　锁相环各部件的模型

压控振荡器的特性为

$$\phi_o(t) = K_V \int_0^t V_c(t)\,\mathrm{d}t = \frac{K_V}{s} V_c(t) \tag{5.18}$$

式（5.18）中的积分运算用倒数来表示。

将以上各部件模型连接，则有

$$
\begin{aligned}
\phi_e(t) &= \phi_i(t) - \phi_o(t) = \phi_i(t) - K_V \int_0^t V_c(t)\,\mathrm{d}t \\
&= \phi_i(t) - K_V K_F F(s) \int_0^t V_d(t)\,\mathrm{d}t \\
&= \phi_i(t) - V_d K_V K_F F(s) \int_0^t \sin\phi_e(t)\,\mathrm{d}t
\end{aligned} \tag{5.19}
$$

令 $K_H = V_d K_V K_F$，并对式（5.19）微分，得

$$\frac{\mathrm{d}\phi_e}{\mathrm{d}t} + K_H F(s)\sin\phi_e(t) = \frac{\mathrm{d}\phi_i(t)}{\mathrm{d}t} \tag{5.20}$$

将式（5.20）改写为算子形式，则有

$$s\phi_e(t) + K_H F(s)\sin\phi_e(t) = s\phi_i(t) \tag{5.21}$$

式（5.20）和式（5.21）就是锁相环的基本方程。

将图 5.9 中三个部件的模型按图 5.8 连接。其中，$\phi_o(t) = K_H F(s)\dfrac{1}{s}\sin\phi_e(t)$，

则可得到锁相环相位模型，如图 5.10 所示。其中，K_H 为环路增益；$F(s)$ 为环路滤波器特性；$1/s$ 是由 VCO 的积分特性所决定的。

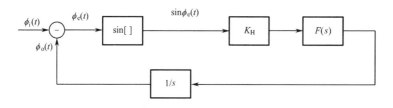

图 5.10　锁相环相位模型

2. 锁相环的线性性能分析

锁相环路是非线性系统，它的状态必须用一个非线性方程来描述，这就是锁

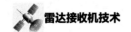

相环的基本方程。如果是一阶锁相环，则其方程为一阶非线性微分方程；如果是二阶锁相环，则必须求解二阶非线性微分方程。为了简化分析，当锁相环中产生的相位差 θ_e 不大时，可近似地把锁相环当作线性系统来分析。

线性化锁相环方程为

$$\phi_e(t) = \phi_i(t) - \phi_o(t) = \phi_i(t) - K_H \frac{F(s)}{s} \phi_e(t) \tag{5.22}$$

其对应的象函数方程为

$$\phi_e(s) = \phi_i(s) - K_H \frac{F(s)}{s} \phi_e(s) \tag{5.23}$$

式中，$\phi_e(s)$ 和 $\phi_i(s)$ 分别为 $\phi_e(t)$ 和 $\phi_i(t)$ 的拉氏变换。

图 5.11 所示为基本锁相环的线性相位模型。

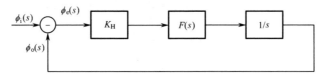

图 5.11　基本锁相环的线性相位模型

锁相环的开环传递函数为

$$H_o(s) = \frac{\phi_o(s)}{\phi_i(s)} = \frac{\phi_o(s)}{\phi_e(s)} = K_H \frac{F(s)}{s} \tag{5.24}$$

闭环传递函数为

$$H(s) = \frac{\phi_o(s)}{\phi_i(s)} = \frac{\phi_o(s)}{\phi_e(s) + \phi_o(s)} = \frac{H_o(s)}{1 + H_o(s)} = \frac{K_H F(s)}{s + K_H F(s)} \tag{5.25}$$

误差传递函数为

$$H_e(s) = \frac{\phi_e(s)}{\phi_i(s)} = \frac{\phi_i(s) - \phi_o(s)}{\phi_i(s)} = 1 - H(s) = \frac{s}{s + K_H F(s)} \tag{5.26}$$

下面分析锁相环的相位噪声模型。在研究锁相环输出的相位噪声时，必须考虑参考晶振源、压控振荡器（VCO）和鉴相器（PD）引入的相位噪声。在忽略其他对相位噪声影响不大的电路附加噪声时，锁相环相位噪声模型如图 5.12 所示。

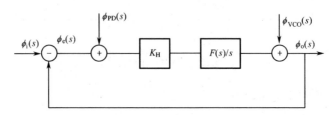

图 5.12　考虑鉴相器和 VCO 相位抖动时的锁相环相位噪声模型

传递函数为

$$[\phi_i(s) - \phi_o(s) + \phi_{PD}(s)]\frac{K_H F(s)}{s} + \phi_{VCO}(s) = \phi_o(s) \tag{5.27}$$

整理后得

$$\phi_o(s) = [s + K_H F(s)] = [\phi_i(s) + \phi_{PD}(s)]K_H F(s) + \phi_{VCO}(s)s \tag{5.28}$$

$$\phi_o(s) = \frac{K_H F(s)}{s + K_H F(s)}[\phi_i(s) + \phi_{PD}(s)] + \frac{s\phi_{VCO}(s)}{s + K_H F(s)} \tag{5.29}$$

由式（5.25）和式（5.26）可得

$$\phi_o(s) = [\phi_i(s) + \phi_{PD}(s)]H(s) + \phi_{VCO}(s)[1 - H(s)] \tag{5.30}$$

式（5.30）为相位噪声的基本表达式，其对应的相位噪声单边带功率谱密度为

$$S_{\phi o} = [S_{\phi i} + S_{\phi PD}]|H(j\omega)|^2 + S_{\phi VCO}|1 - H(j\omega)|^2 \tag{5.31}$$

根据锁相环传递函数的低通特性，可以得出近似式

$$\begin{cases} H(j\omega) \approx 1, & \omega \ll \omega_n \\ H(j\omega) \ll 1, & \omega \gg \omega_n \end{cases} \tag{5.32}$$

式中，ω_n 是环路的自然谐振频率。

对于较小的偏离载波频率，或者说在锁相环带宽之内，有

$$S_{\phi o}(\omega) \approx S_{\phi i}(\omega), \quad \omega \ll \omega_n \tag{5.33}$$

对于较大的偏离载波频率，或者说在锁相环带宽之外，则有

$$S_{\phi o}(\omega) \approx S_{\phi VCO}(\omega), \quad \omega > \omega_n \tag{5.34}$$

从式（5.33）和式（5.34）可以看出，锁相环对于晶振和鉴相器相当于低通滤波器，对于 VCO 相当于高通滤波器，因此晶振的近端噪声和 VCO 的远端噪声是影响锁相环输出噪声的主要因素，设计时要特别注意。

5.3.2　模拟锁相频率合成器

为了得到微波锁相频率合成器，往往要将 VCO 的微波工作频率变换到鉴相器的工作频率（几兆赫至几十兆赫）上以完成锁相。模拟锁相和数字锁相频率合成器的主要区别有两点：一是鉴相器，模拟锁相为模拟鉴相器，数字锁相为数字鉴相器；二是变频方式不同，模拟锁相一般是通过产生多种频标（通过直接合成的方法产生多种频率信号），采用混频的方法将 VCO 的微波信号变换成鉴相器工作的中频信号，而数字锁相往往是用数字分频器来实现这一功能的。

图 5.13 所示为一种 S 波段模拟锁相频率合成器的原理框图。频率合成器的基准源采用 5MHz 高稳定度晶振，它的频率精度和频率稳定度（主要是长期稳定度）直接影响所有被组合频率的精度和稳定度。

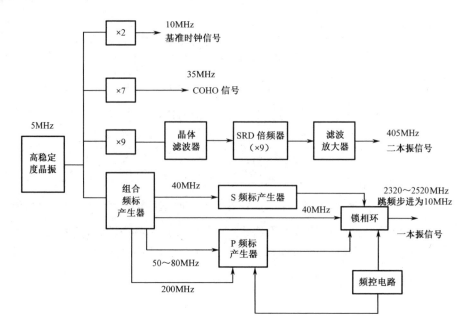

图 5.13　一种 S 波段模拟锁相频率合成器的原理图

在频率合成器中，基准时钟信号、相干本振（COHO）信号和二本振信号都是由晶振倍频产生的，合成器的核心部分是锁相频率合成器。它主要由组合频标产生器、S 频标产生器、P 频标产生器和锁相环组成。

如图 5.14 所示，组合频标产生器以 10MHz 输入信号为基准，产生 40MHz、50MHz、60MHz、70MHz、80MHz 和 200MHz 的 6 个频标信号。S 频标产生器以 40MHz 输入信号为基准，产生 2000～2280MHz、跳频步进为 40MHz 的 8 个频标信号。P 频标产生器用 50MHz、60MHz、70MHz、80MHz 和 200MHz 的 5 种频标信号产生 10MHz 跳频步进的 4 个频标信号，其频率分别为 250MHz、260MHz、270MHz、280MHz。

一本振锁相环主要由压控振荡器（VCO）、相位检波器和混频器组成，如图 5.15 所示。

压控振荡器（VCO）是构成锁相环的最重要的部件。在频率码（频控器）的控制下，它能在 S 波段产生带宽为 300MHz 的全部一本振信号。但这样产生的信号，其频率稳定度和精度都不能满足要求。因此，这些频率信号（f_{VCO}）必须变频到 40MHz 左右，然后与一个稳定的 40MHz 基准信号进行相位比较，即用锁相的方法迫使 VCO 最后工作在一个频率稳定度和精度都很高的所需频率上。

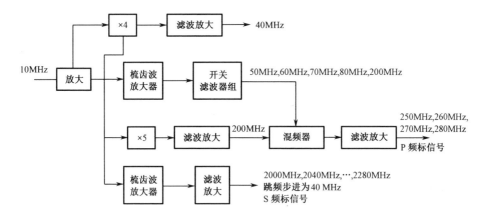

图 5.14　S、P 频标产生器原理框图

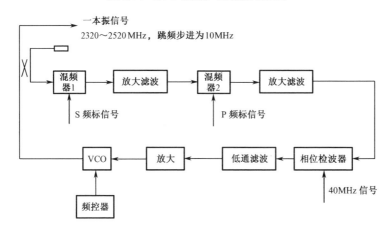

图 5.15　一本振锁相环原理框图

混频器 1 使 f_{VCO} 和 S 频标信号 f_{r1}（2000～2280MHz，每隔 40MHz 一个频点）混频，有

$$f_1 = f_{VCO} - f_{r1} \tag{5.35}$$

在混频器 2 中，f_1 与 P 频标信号 f_{r2}（250MHz、260MHz、270MHz、280MHz）混频，有

$$f_2 = f_1 - f_{r2} = f_{VCO} - f_{r1} - f_{r2} \tag{5.36}$$

此时，f_2 已接近 40MHz。

混频器 2 的输出信号经过滤波放大，滤去远离 40MHz 的频率分量，经限幅放大加到鉴相器的输入端，与加到鉴相器另一端的 40MHz 基准信号进行相位比较。当加在鉴相器输入端的两个信号的频率接近时，鉴相器输出一个慢变化的电压。该电压经环路滤波器和直流放大器后加到 VCO 变容二极管上，控制 VCO 的振荡

频率，迫使 VCO 锁相。在相位锁定的情况下，鉴相器输出稳定的直流电压，VCO
的振荡频率不再变化，最后得到 f_{VCO} 为

$$f_{VCO} = f_{r1} + f_{r2} + 40\text{MHz} \tag{5.37}$$

例如，当需要一本振频率为 2400MHz 时，应先选择一个合适的频率码（5 位
二进制数）控制 VCO 直接产生一个接近 2400MHz 的信号，再选择 f_{r1}=2080，
f_{r2}=280MHz，则当相位锁定时，VCO 输出的稳定频率则为

$$f_{VCO} = 2080\text{MHz} + 280\text{MHz} + 40\text{MHz} = 2400\text{MHz}$$

锁相频率合成器所得到的设计结果如下。

- 工作频率：2320～2520MHz，跳频步进：10MHz；
- 输出功率：≥+10dBm；
- 带内功率波动：≤±1dB；
- 杂散电平（对应于杂散抑制度）：≤−60dB；
- 谐波抑制度：≥40dBc；
- 单边带相位噪声：−110dBc/Hz（1kHz 处），−125dBc/Hz（100kHz 处）；
- 频率转换时间（捷变频时间）：≤30μs。

从上面的性能参数可以看出，锁相频率合成器与直接频率合成器相比，主要
是频率转换时间较长，这主要是因为锁相需要一定的时间，对于一般要求的捷变
频雷达，这一转换时间是足够的。

5.3.3 数字锁相频率合成器

从 5.3.2 节可以看出，模拟锁相频率合成器，可获得与直接频率合成器相当的
技术性能，由于锁相环本身具有窄带滤波的作用，所以它没有直接频率合成器那
么多开关滤波器。模拟锁相的最大缺点，是环路在环境变化时，由于参数的变化
可能失锁，这也是锁相频率合成器在工程应用中存在的主要问题。

数字锁相采用数字鉴相器，其环路的稳定性比模拟锁相大大提高。另外，由
于数字锁相频率合成器具有大范围的数字分频功能，可代替模拟锁相的频标产生
及混频功能，因此具有更高的集成度。

20 世纪 70 年代末以来，随着数字集成电路和微电子技术的发展，频率合成
器逐渐向数字化、全集成化方向发展。当前数字锁相环主要有两种形式，一种是
全数字锁相环，另一种是具有中间模拟信号的数字锁相环。全数字锁相环具有可
靠性高、性能较好、适于集成化等优点，但受数字电路的反应速度所限，目前还
不能工作在微波频段。具有中间模拟信号的数字锁相环，与模拟锁相环相比较，
主要是把鉴相器数字化并增加了数字分频器，其环路跟踪性能仍可用分析模拟锁

相环的方法来进行分析。由于雷达频率源中的数字锁相频率合成器主要使用后一种，所以本节将讨论这种数字锁相环。

1. 一种常用的数字锁相频率合成器

图 5.16 所示为一种常用数字锁相频率合成器的原理框图。

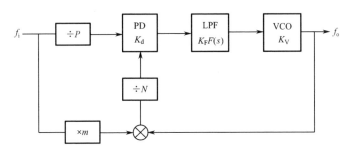

图 5.16　一种常用数字锁相频率合成器的原理框图

在现代雷达中，雷达的工作频带都比较宽，如 S 波段带宽一般为 200～400MHz，跳频步进为 5～20MHz。在数字锁相频率合成器中，如果采用前置分频式数字锁相环，则环路的分频比较大。在反馈支路进行频率下移，即移频反馈，可有效减小环路分频比，有利于改善系统的相位噪声。

环路锁定时，有

$$\frac{f_\mathrm{o} - mf_\mathrm{i}}{N} = \frac{f_\mathrm{i}}{P}$$

则

$$f_\mathrm{o} = \left(m + \frac{N}{P}\right)f_\mathrm{i} \tag{5.38}$$

跳频步进为 $\Delta f = \dfrac{1}{P}f_\mathrm{i}$。

下面讨论锁相环输出的相位噪声。在考虑参考晶振源、鉴相器（PD）和压控振荡器（VCO）引入的相位抖动时，数字锁相环的相位噪声模型如图 5.17 所示。

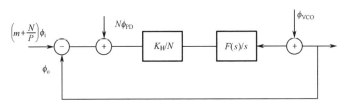

图 5.17　数字锁相环的相位噪声模型

传递函数为

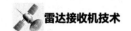

$$\phi_{\text{o}} = \left[\left(m + \frac{N}{P} \right) \phi_{\text{i}} + N\phi_{\text{PD}} \right] H(s) + \phi_{\text{VCO}}[1 - H(s)] \tag{5.39}$$

式中，$H(s)$ 为环路闭环传递函数，$H(s) = \dfrac{K_{\text{H}} F(s)/N}{s + K_{\text{H}} F(s)/N}$，$K_{\text{H}} = K_{\text{d}} K_{\text{F}} K_{\text{V}}$。

用相位噪声谱密度表示为

$$S_{\phi\text{o}} = |H(\text{j}\omega)|^2 \left[\left(m + \frac{N}{P} \right)^2 S_{\phi\text{i}} + N^2 S_{\phi\text{PD}} \right] + |1 - H(\text{j}\omega)|^2 S_{\phi\text{VCO}} \tag{5.40}$$

在实际工程应用中，晶振参考源的相位噪声基底很低，参考源经 P 分频后，受分频器噪声基底的影响，噪声基底可能近似不变，此时式（5.40）就演变为

$$S_{\phi\text{o}} = |H(\text{j}\omega)|^2 \left[(m + N)^2 S_{\phi\text{i}} + N^2 S_{\phi\text{PD}} \right] + |1 - H(\text{j}\omega)|^2 S_{\phi\text{VCO}} \tag{5.41}$$

从前面的分析可知

$$\begin{cases} H(\text{j}\omega) \approx 1, & \omega \ll \omega_{\text{n}} \\ H(\text{j}\omega) \ll 1, & \omega \gg \omega_{\text{n}} \end{cases}$$

其中，ω_{n} 为环路自然谐振频率。

此时，式（5.40）等效为

$$\begin{cases} S_{\phi\text{o}} = \left(m + \dfrac{N}{P} \right)^2 S_{\phi\text{i}} + N^2 S_{\phi\text{PD}}, & \omega \ll \omega_{\text{n}} \\ S_{\phi\text{o}} = S_{\phi\text{VCO}}, & \omega \gg \omega_{\text{n}} \end{cases} \tag{5.42}$$

对于直接合成频率源，其输出信号的相位噪声谱密度近似为

$$S_{\phi\text{o}} = \left(m + \frac{N}{P} \right)^2 S_{\phi\text{i}} \tag{5.43}$$

在工程上，为了减小合成器输出相位噪声，参考源一般采用较高频率的晶振。由前文的公式可以看出，对于常规移频式数字锁相频率合成器，由于大部分频点 N 较大，其相位噪声在近区（$\omega<\omega_{\text{n}}$）明显高于直接合成器相位噪声。基于 VCO 噪声性能的限制及捷变频时间对锁相环带宽的要求，自然频率 ω_{n} 一般较大。因此，常规数字锁相频率合成器的主要缺点是中近区相位噪声较直接频率合成器高。尽管如此，数字锁相频率合成器由于体积小、成本低，且具有较好的相位噪声特性，仍然得到广泛的应用。

用上述设计方案实现的一种 S 波段数字锁相频率合成器已用于多种雷达，其主要性能如下。

- 工作频率：S 波段；
- 带宽：300MHz；
- 跳频步进：10MHz；

- 单边带相位噪声：–110dBc/Hz（1kHz 处），–125dBc/Hz（100kHz 处）。

2. 改进的数字锁相频率合成器

1）高频标置于环外的数字锁相频率合成器

在实际工程应用中，对于 C 波段及以上的数字锁相频率合成器，可以利用置高频标于环外的方案，获得较低的相位噪声。当然，这种方案只适用于相对带宽不大（如 300MHz 左右）的合成器，因为其锁相环本身可能工作在 P 波段。

图 5.18 所示为这种合成器的原理框图。在同时考虑分频器对晶振相位噪声基底的影响时，常规数字锁相频率合成器相位噪声谱密度为

$$\begin{cases} S_{\phi o} = (m+N)^2 S_{\phi i} + N^2 S_{\phi PD}, & \omega \ll \omega_n \\ S_{\phi o} = S_{\phi VCO}, & \omega \gg \omega_n \end{cases} \tag{5.44}$$

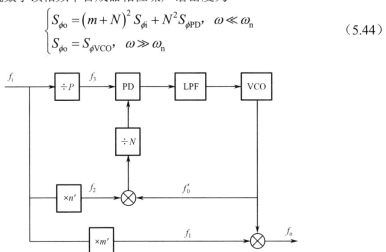

图 5.18　高频标置于环外的数字锁相频率合成器原理框图

高频标置于环外的数字锁相频率合成器相位噪声谱密度为

$$\begin{cases} S_{\phi o} = (n'+N)^2 S_{\phi i} + N^2 S_{\phi PD} + m'^2 S_{\phi i}, & \omega \ll \omega_n \\ S_{\phi o} = S_{\phi VCO} + m'^2 S_{\phi i}, & \omega \gg \omega_n \end{cases} \tag{5.45}$$

图 5.19 所示为这种锁相频率合成器的相位噪声模型。

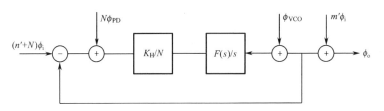

图 5.19　高频标置于环外的数字锁相频率合成器的相位噪声模型

如果与前述数字锁相频率合成器的输入、输出频率相同，则可得到

$$m = m' + n' \tag{5.46}$$

$$(m + N)^2 > (n' + N)^2 + m'^2 \tag{5.47}$$

可见，式（5.45）给出的相位噪声谱密度优于式（5.44）给出的相位噪声谱密度。另外，在实际工程中，高次倍频链在 $20\lg N$ 的基础上，电路可能有较高的附加噪声，因此高频标置于环外可得到较低的相位噪声。

图 5.20 所示为一种 C 波段低相位噪声数字锁相频率合成器原理框图，其数字锁相环采用 ADI 公司的 HMC698LP5，环路滤波器采用有源比例积分滤波器。

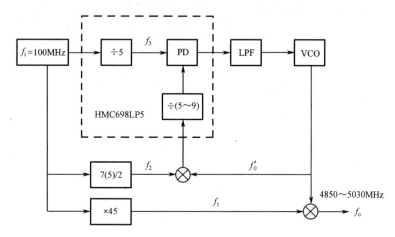

图 5.20　一种 C 波段低相位噪声数字锁相频率合成器原理框图

图 5.20 中，f_o=4850～5030MHz，频率间隔为 20MHz；f_i=100MHz；f_1=4500MHz；f_o'=350～530MHz；f_2=250MHz（f_o' 在 350～430MHz 范围内），f_2=350MHz（f_o' 在 450～530MHz 范围内）；f_3=20MHz。

鉴相器工作在 20MHz。通过对环路滤波器的合理设计，可获得较满意的相位噪声，主要性能如下。

相位噪声：–108dBc/Hz（1kHz 处），–118dBc/Hz（100kHz 处）；

杂散抑制度：优于 62dB；

谐波抑制度：优于 40dB；

输出功率：14dBm±1dB。

2）双反馈数字锁相频率合成器

数字锁相频率合成器在应用于宽带捷变频雷达接收机一本振时，由于在频带内数字分频比的变化较大，导致高频端和低频端的相位噪声有比较明显的差异，从而影响了合成器的整体性能。双反馈锁相环可较好地解决这一问题。

在双反馈锁相频率合成器中，新增一个反馈支路的信号，取代了常规锁相频率合成器中的基准源。其相位噪声模型如图 5.21 所示。该合成器采用上、下两个频标，一个高于合成器频率，另一个低于合成器频率（$m_1 f_i > f_o$，$m_2 f_i < f_o$），改变 N_1 和 N_2 即可实现频率捷变。

锁相环方程为

$$\left[\left(\frac{m_1\phi_i - \phi_o}{N_1} - \frac{\phi_o - m_2\phi_i}{N_2}\right) + \phi_{PD}\right]\frac{K_H F(s)}{s} + \phi_{VCO} = \phi_o \tag{5.48}$$

对于雷达频率合成器，m_1 和 m_2 相差不大，其高、低频标倍频引入的相位噪声可以认为近似相等，即 $m_1\phi_i \approx m_2\phi_i = m\phi_i$。因此，式（5.48）可等效为

$$\left[\frac{N_1 + N_2}{N_1 N_2}\left(m_1\phi_i - \phi_o\right) + \phi_{PD}\right]\frac{K_H F(s)}{s} + \phi_{VCO} = \phi_o \tag{5.49}$$

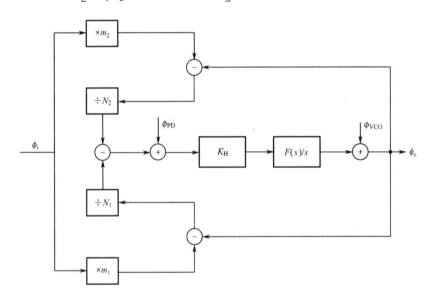

图 5.21　双反馈锁相频率合成器相位噪声模型

令

$$\frac{N_1 + N_2}{N_1 N_2} \cdot \frac{K_H F(s)}{s} = \frac{KF(s)}{s}$$

则有

$$H(s) = \frac{KF(s)}{s + KF(s)}$$

即

$$1 - H(s) = \frac{s}{s + KF(s)}$$

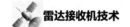

与式（5.27）和式（5.30）比较，可得到

$$\phi_{o}=\left[m\,\phi_{i}+\frac{N_1 N_2}{N_1+N_2}\phi_{PD}\right]H(s)+\left[1-H(s)\right]\phi_{VCO} \quad (5.50)$$

用相位噪声谱密度表示式（5.50），有

$$S_{\phi o}=\left[m^2 S_{\phi i}+\left(\frac{N_1 N_2}{N_1+N_2}\right)^2 S_{\phi PD}\right]|H(j\omega)|^2+|1-H(j\omega)|^2 S_{\phi VCO} \quad (5.51)$$

同时有

$$S_{\phi o}=\begin{cases} m^2 S_{\phi i}+\left(\dfrac{N_1 N_2}{N_1+N_2}\right)^2 S_{\phi PD}, & \omega\ll\omega_n \\ S_{\phi VCO}, & \omega\gg\omega_n \end{cases} \quad (5.52)$$

当 N_1、N_2 取正整数时，必然存在

$$\frac{N_1 N_2}{N_1+N_2}\leqslant\frac{1}{4}(N_1+N_2)$$

双反馈锁相频率合成器在锁定情况下，存在

$$N_1\Delta f+N_2\Delta f=\Delta F$$

即

$$N_1+N_2=\frac{\Delta F}{\Delta f} \quad (5.53)$$

式中，ΔF 为雷达的工作频率带宽；Δf 为频率步进间隔。

式（5.53）表明，如果用常规锁相环和双反馈锁相环分别实现同一带宽 ΔF 和频率间隔为 Δf 的频率合成器，前者的分频系数在 N_1+N_2 范围内变化，而后者在 $(N_1+N_2)/4$ 范围内变化。两者相比，双反馈锁相环分频系数对相位噪声的影响只有常规锁相环的 1/4。从式（5.52）可看出，在偏离载波的中近区，相位噪声一致性得到了明显的改善。

3. 分数分频锁相频率合成器

分数分频锁相频率合成器是由整数分频锁相频率合成器发展而来的，唯一的区别是分数分频器代替了整数分频器。由于整数分频锁相频率合成器的最小频率分辨率与环路的鉴相频率相等，因此为了获得高分辨率，必须降低环路的鉴相频率，增长环路的等效分频比。由于锁相频率合成器的相位噪声主要由环路的近载频噪声（参考源、鉴相器的等效噪声）和 VCO 的远载频噪声两部分组成，环路分频比越大，环路近载频噪声越高，相应的环路带宽越窄。而分数分频锁相环对 VCO 的反馈信号具有分数分频的作用，其最小频率分辨率可以是分数倍的。因此，分数分频锁相环可使锁相环采用较高的鉴相频率和较小的分频比，以改善系统的相位噪声、频率捷变时间和杂散抑制，并实现高分辨率。

分数分频锁相频率合成器（简称 FNPLL 合成器）的基本组成包括鉴相器（PD）、环路滤波器（LPF）、压控振荡器（VCO）和分数分频器。其原理框图如图 5.22 所示。其中，分数分频器是通过双模分频器 $m/(m+1)$ 和两个计数器（A 和 $A+B$）来实现分频的。

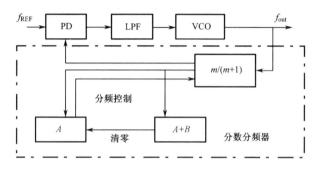

图 5.22　FNPLL 合成器原理框图

设在每个基周期内除以 m 有 A 次，除以 $m+1$ 有 B 次，则

$$N.F = \frac{mA + (m+1)B}{A+B} \tag{5.54}$$

式中，N 表示分频器的整数部分；F 表示分频器的小数部分，有

$$F = \frac{\text{每个基周期内除以} m+1 \text{的次数}}{\text{每个基周期内分别除以} m \text{和} m+1 \text{的次数}}$$

例如，$f_{out} = 99.8\text{MHz}$，$f_{REF} = 1\text{MHz}$，则有

$$N.F = 99.8, \qquad F = \frac{8}{10} = \frac{4}{5}$$

即每个基周期内除以 99 有 1 次，除以 100 有 4 次。

可以看出，对于不同的 $N.F$，其基周期和 $m/(m+1)$ 是变化的。对于实际的 FNPLL，$m/(m+1)$ 的组合是有限的，FNPLL 的分数分辨率不是任意的，是由其内部结构和位长决定的。

环路锁定时，有

$$f_{out} = (N.F) f_{REF} \tag{5.55}$$

其相位噪声谱密度为

$$S_{\phi out} = \begin{cases} (N.F)^2 S_{\phi REF} + (N.F)^2 S_{\phi PD}, & \omega \ll \omega_n \\ S_{\phi VCO}, & \omega \gg \omega_n \end{cases} \tag{5.56}$$

式中，$S_{\phi out}$、$S_{\phi REF}$、$S_{\phi PD}$、$S_{\phi VCO}$ 分别为合成器、参考源、鉴相器及 VCO 的相位噪声谱密度。

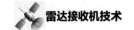

5.3.4 取样锁相频率合成器

除结构简单、便于实现小型化外，取样锁相频率合成器最突出的优点是可以灵活地扩展带宽。例如，一个宽带取样鉴相器（0～12GHz）可以用 100 MHz 脉冲作为参考信号，对 1GHz、2GHz、3GHz、4GHz、8GHz 和 11GHz 等频段的压控振荡器直接进行取样鉴相和锁相。

取样锁相频率合成器的原理框图如图 5.23 所示。

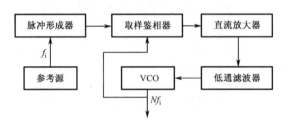

图 5.23　取样锁相频率合成器的原理框图

图 5.23 中，参考源输出信号为晶振产生的高稳定度正弦信号，该信号经放大后，去激励阶跃恢复二极管，转换成毫微秒量级的取样脉冲。该脉冲的重复频率和晶振频率完全一致，直接送到取样鉴相器的门开关电路，周期性地接通"开关"。当"开关"接通时，来自 VCO 的正弦信号电压被送到取样鉴相器保持电路（叫作取样），一直保持到"开关"再次接通，如此循环，形成误差电压。这样，如果 VCO 的频率 ω_o 恰好是参考频率 ω_i 的整数倍，则误差电压为直流电压，否则为交流电压。从误差电压来看，取样鉴相器和正弦鉴相器很相似。有了误差电压就可以对 VCO 进行锁相了。

图 5.24 所示为一种 S 波段取样锁相频率合成器的原理框图。

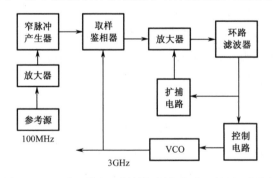

图 5.24　一种 S 波段取样锁相频率合成器的原理框图

图 5.24 中，100MHz 参考源和放大器为取样锁相环路提供 300mW（信号振幅大于 6V）的高稳定度参考信号。100MHz 窄脉冲产生器由阶跃恢复二极管 WY4221

构成，能够产生脉冲底宽在毫微秒量级、幅度约为 3V、重复频率为 100 MHz、极性相反的一对取样脉冲。取样鉴相器由 4 个二极管（ZH2A）组成平衡电桥，作为取样开关，另外还有取样保持电路。放大器和环路滤波器对取样保持电路的输出进行差分放大和滤波，环路滤波器为比例积分滤波器。扩捕电路可产生低频（30～50Hz）振荡，通过环路滤波器加在 VCO 上，使 VCO 在较宽频率范围内搜索，一旦捕获，则快速锁定。

该 S 波段取样锁相频率合成器的性能指标如下。

- 工作频率：3000MHz；
- 跳频步进：100MHz；
- 输出功率：40mW；
- 短期频率稳定度：5×10^{-10}/ms；
- 相位噪声：−127dBc/Hz（1kHz 处）。

5.3.5　集成压控振荡器锁相频率合成器

传统上，锁相环将压控振荡器（VCO）的输出频率分频，将其与一个参考信号进行比较，然后微调 VCO 控制电压以微调其输出频率。PLL（锁相环）和 VCO 是两块独立的芯片，这就是分立解决方案。VCO 产生实际输出信号；PLL 监控输出信号并调谐 VCO，以将其相对于一个已知参考信号锁定。

分立解决方案有以下优点。

（1）可分别设计各独立芯片以提供尽可能好的性能。

（2）PLL 和 VCO 之间的物理距离抑制了交叉耦合效应，使输出端的干扰杂散信号最小化。

（3）如果环路中的一块芯片损坏，只需更换较少的器件。

分立解决方案虽然长期处于优势地位，但也有缺点。一个主要问题是，为了容纳两块芯片及其所有配套元器件，需要大量印制电路板空间，这导致终端产品尺寸较大且成本较高。

分立解决方案的另一个主要问题是传统 VCO 的输出频率范围较窄，典型值为 500~~1000MHz，虽然可以扩展频段，但这需要基于运算放大器的有源滤波器。对任何希望实现更大频率范围的设计来说，这都是一个重大挑战。为了实现频率范围更大的合成器，需要多个 PLL、VCO、配套元器件、多级滤波器、开关和稳压电源，这会使印制电路板空间和成本呈指数级增加。分立解决方案不仅会影响设计，而且涉及大量额外工作，包括为每种元器件进行质量评定、开发软件等。

在 2008 年前后，基于 PLL 的频率合成器有了一次突破，第一代集成式 PLL

和 VCO（PLL/VCO）开始出现。这意味着电路板可以更小，成本可以更低，额外工作可以大幅减少。集成解决方案还意味着 VCO 架构可以改变，利用一个器件便能实现宽带频率合成器。高性能频率合成器由此诞生。

传统 VCO 是很简单的器件，电压施加于 VCO 的调谐引脚，随即输出某一频率信号。电压提高，输出频率也提高；电压降低，输出频率也降低。

集成 PLL/VCO 解决方案采用的 VCO 架构虽然基于传统架构，但有很大的不同。集成 PLL/VCO 将多个传统 VCO 集成在一起，产生一个带宽非常宽的 VCO。各个 VCO 通过接入和断开电容创建频段。PLL 和 VCO 集成在一块芯片中，可实现多频段架构。当希望锁定一个新频率时，器件就会启动 VCO 校准过程，芯片快速遍历 VCO 频段，选择一个最适合所需输出频率的频段。一旦选定 VCO 频段，PLL 就会锁定环路，使输出保持在所需频率。

第一代 PLL/VCO 芯片就有超过 4GHz 的带宽。相比之下，分立解决方案只有100～300MHz 的带宽。而且，4GHz 带宽是由一块微小芯片实现的，不似以前需要多个 PLL、VCO、滤波器和开关。第一代基频 VCO 输出范围为 2200～4400MHz。VCO 输出之后有一组分频器，不过仍在芯片内部，可将信号分频至最低 35MHz。超过 4GHz 的带宽就是这样得到的，全部来自单个 5mm×5mm 封装。

这一突破性技术虽然大大扩大了频率范围，减少了印制电路板空间、成本和额外工作，但仍有缺点，使得集成解决方案不能完全取代分立解决方案。许多应用的最重要性能（除了频率范围）是相位噪声性能。第一代 PLL/VCO 的相位噪声性能还不够好，不适合许多应用；除相位噪声性能外，与很多需要分立 PLL 和 VCO的应用相比，频率范围也相当小。

第二代集成 PLL/VCO 在 2015 年左右出现，其性能如下。

（1）输出频率大于 4.4GHz。

（2）相位噪声性能可与分立解决方案相比拟。

（3）在单个小封装中集成 PLL 和 VCO。

（4）成本低于分立解决方案。

例如，ADI 公司的 ADF4355 系列产品性能如下。

• 输出频率：50～13.6GHz（一个端口≤6.8GHz，另一个端口≥6.8GHz）。

• 相位噪声：传统分立 VCO 在 10GHz 时为 110dBc/Hz（100kHz 偏移）和−135dBc/Hz（1MHz 偏移）。ADF4355 系列产品在 10GHz 时为−106.5dBc/Hz（100kHz 偏移）和−130dBc/Hz（1MHz 偏移）。

• 5mm×5mm LFCSP 封装。

• 价格随产品而异，但成本低于分立解决方案。

对于第一代集成 PLL/VCO，PLL 模块的最大鉴频鉴相器（PFD）频率为 32MHz

左右，小数 N 分频器的分辨率在 12 位左右。这种组合意味着典型通道分辨率为数十千赫。第二代集成 PLL/VCO 的最大 PFD 频率大于 100MHz，小数 N 分频器的分辨率为 25 位，甚至高达 49 位。它主要有两个优点，PFD 频率越高，PLL 相位噪声就越低（PFD 频率每提高一倍，N 分频器便可减半，N 分频器噪声分布相应地降低 3dB）；25 位甚至更高的分辨率支持精密频率生成和亚赫兹频率步进（频率分辨率）。

集成 PLL/VCO 芯片之间的物理隔离抑制了 PLL 与 VCO 之间的交叉耦合，从而降低了干扰杂散信号的功率。第二代集成 PLL/VCO 具有令人吃惊的良好杂散性能，如 HMC830。其他集成 PLL/VCO 需要采取一些额外措施来改善杂散性能，以便支持某些高性能产品。

集成 PLL/VCO 可以改变鉴相频率以消除整数边界杂散信号。其中一种技术是利用频率规划算法改变 PLL 的鉴相频率。这样可以将 PFD 模块引起的杂散信号转移到不会造成较大影响的区域，从而在事实上消除杂散信号。

集成 VCO/PLL 将低相位噪声、高级功能及超小尺寸结合在一起，随着先进工艺的进步，目前其频段已经覆盖至 35GHz 毫米波，正在成为锁相频率合成的重要方向。

5.4　直接数字频率合成器

1971 年，J. Tierney 等人在 A Digital Frequency Synthesizer 一文中发布了新型数字频率合成器的研究成果，第一次提出了具有工程实现可能和实际应用价值的直接数字频率合成器（DDS）的概念。随着数字集成电路和微电子技术的发展，DDS 逐渐体现出其具有相对带宽宽、频率转换时间短、频率分辨率高、输出相位连续、可编程及全数字化结构等优点。因此，自 20 世纪 80 年代以来，DDS 得到了迅速的发展和越来越广泛的应用。

5.4.1　DDS 的工作原理和概况

DDS 的基本工作原理是根据正弦函数特性，通过不同的相位给出不同的电压幅度，最后经滤波输出需要的频率信号，如图 5.25 所示。

参考频率源又称参考时钟源，是一个稳定的晶振，用来对合成器各组成部分进行同步。相位累加器类似于计数器，由多个级联的加法器和寄存器组成，在每个参考时钟脉冲输入时，它的输出都增加一个步长的相位增量（二进制码），通过把频率控制字 K（有时也称频率建立字，简称 FSW）的数字变换成相位抽样来确定

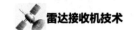

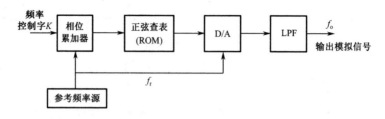

图 5.25　DDS 的基本工作原理框图

输出合成频率的大小。相位增量的大小随外指令频率控制字 K 的不同而不同，一旦给定了相位增量，也就确定了输出频率。当用这样的数据寻址时，正弦查表（或称正弦变换）就把存储在相位累加器中的抽样数字值转换成近似于正弦波幅度的数字量函数。D/A 变换器把数字量变换成模拟量。低通滤波器（LPF）进一步平滑近似于正弦波的锯齿阶梯，并衰减不需要的抽样分量和其他带外杂散信号，最后输出所需要频率的模拟信号。在图 5.25 中，除了 LPF，全用数字集成电路实现，其中最关键的问题是如何使相位增量与参考源精确同步。

当频率合成器正常工作时，在参考频率源的控制下（频率控制字 K 决定了相位增量），相位累加器不断地对该相位增量进行累加，当达到预定值时，就会产生一次溢出，完成一个周期的动作。这个动作周期就是 DDS 合成信号的频率周期。于是，输出信号频率及频率分辨率可分别表示为

$$f_{\text{o}} = \frac{\omega}{2\pi} = \frac{2\pi K f_{\text{r}}}{2\pi \cdot 2^N} = \frac{K f_{\text{r}}}{2^N} \tag{5.57}$$

$$\Delta f = \frac{f_{\text{r}}}{2^N} \tag{5.58}$$

式中，f_{o} 为输出信号频率；Δf 为输出信号频率分辨率；K 为频率控制字；N 为相位累加器的字长；f_{r} 为参考频率源的工作频率。

由式（5.57）和式（5.58）可知，DDS 输出信号频率主要取决于频率控制字 K，相位累加器的字长决定了 DDS 的频率分辨率。当 K 增大时，f_{o} 可以不断地提高，但是由 Nyquist 采样定理可知，最高输出频率不得大于 $f_{\text{r}}/2$。当工作频率达到 $40\% f_{\text{r}}$ 时，输出波形的相位抖动就很大，因此 DDS 的输出频率以小于 $f_{\text{r}}/3$ 为宜。N 增大时，DDS 的频率分辨率会更高。

从理论上讲，DDS 输出信号的相位噪声对参考源的相位噪声有 $20\lg(f_{\text{r}}/f_{\text{o}})\text{dB}$ 的改善。但是 DDS 的数字化处理也带来了不利因素。DDS 的杂散主要来源于如下三个方面。

（1）D/A 变换器引入误差：D/A 变换器的非理想特性包括微分非线性、积分非线性、D/A 转换过程中的尖峰电流，以及转换速率的限制等，这些都会导致产

生杂散信号。

（2）幅度量化引入误差：ROM 存储数据的有限字长，会使幅度量化过程中产生量化误差。

（3）相位舍位引入的误差：在 DDS 中，一般累加器的位数远大于 ROM 的寻址位数，因此累加器的输出寻址 ROM 时，其低位被舍去，这就不可避免地会产生相位误差，通常称为相位截断误差。这种误差是 DDS 输出杂散的主要原因。

DDS 输出杂散是十分重要的问题，所以如何降低杂散就成为 DDS 的主要研究课题之一。选择性能优良的 D/A 变换器、抑制调幅噪声和调频噪声都是降低杂散的方法。DDS 和 PLL 结合构成组合式频率合成器，也是降低 DDS 杂散较好的方案，同时可以解决锁相频率合成器的频率分辨率不高和频率转换时间较长的问题。当然，DDS 和 PLL 结合也是解决 DDS 工作频率不高问题的有效手段。

近年来，有人提出将相位信息融入非线性 DAC，不使用 ROM，即以所谓的 ROM-Less 方式合成频率，极大地降低了电路功耗，这是 DDS 技术中最前沿的内容。DDS 合成频率相位准确，频率分辨率高，频率转换速度快，而且体积小，易于单片集成，很容易将各种调制技术融入 DDS 而方便地产生各种调制信号，且具有相位连续的性能。这些优越性能使 DDS 在军事和民用领域广泛应用，如捷变频雷达、跳频通信、电子干扰与反干扰、任意波形发生器、各种仪器仪表的信号源等。目前能生产 DDS 芯片的公司主要有 ADI、Digitial RF Solutions、Fairchild Data、Harris、Plessy、Qualcomm 及 Euvis 等。其中，Euvis 公司的 DS8××系列、ADI 公司的 AD985×系列、Qualcomm 公司的 Q2368、Stanford 公司的 STEL-2375A 等产品都是性能不错的芯片。常用的 DDS 芯片 AD9858 的最高参考时钟频率为 1GHz；在 1MHz 范围内 SFDR 优于−80dBc，在 15MHz 范围内 SFDR 可优于 −70dBc；相位噪声可达−142dBc/Hz@10kHz；频率转换时间在 10ns 量级。Euvis 公司的 DS856 的工作时钟频率和速度都比以往的芯片高很多倍，非常适合无线基础设施，以及军事、航天和雷达领域的应用。DS856 内部具有宽度为 32 位的相位累加器、相位分辨率为 13 位的 ROM，相位截断位数为 19，片内集成 DAC 的宽度为 11bit。DS856 支持的最高工作时钟频率为 3.2GHz，故理论上产生的正弦波频率最高可达 1.6GHz，这一性能和 ADI 公司的系列 DDS 芯片相比是一个巨大的突破；时钟频率为 3.2GHz 时，最小 SFDR>45dBc；输出频率可快速跳变，频率更新速度最快为 8 个时钟周期。

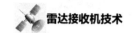

5.4.2　基于 DDS 的频率合成技术

DDS 是一种近几年来迅速发展的新型频率合成技术，具有极短的捷变频时间（ns 量级）、相当高的频率分辨率（MHz 量级）、优良的相位噪声性能，并可方便地实现各种调制，是一种全数字化、高集成度、可编程系统。然而，DDS 也有其明显的不足，一是目前工作频率还比较低，二是杂散还比较严重。从前面的分析可知，DDS 的工作频率一般在参考时钟的三分之一左右。从其输出的频谱可以看出，距离输出频率最近的虚假信号频率为 f_r-f_o。其中，f_r 为参考时钟，f_o 为输出频率。显然，当 $f_o=f_r/2$ 时，虚假信号无法被抑制。因此，基于 DDS 的频率合成器要工作在微波频段，就必须由锁相合成器或直接合成器对其频率进行搬移。DDS 和 PLL 相结合的频率合成器，其锁相环路窄带跟踪特性可以克服 DDS 杂散多和输出频率低的缺点，也同时解决了锁相频率合成器分辨率不高的问题；但由于 PLL 频率捷变时间的限制，掩盖了 DDS 变频时间极短的优点。DDS 直接频率合成器，在提高了 DDS 的工作频率的同时，保持了它们变频时间极短的优点。当然，这种合成器需要多组滤波器来抑制合成器的杂波。

1. DDS+PLL 的频率合成器

DDS+PLL 的原理框图如图 5.26 所示。从图中可以看出

$$f_o = Mf_r = MKf_c / 2^N \qquad (5.59)$$

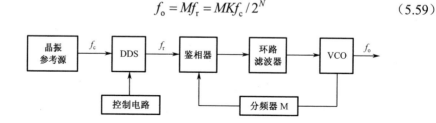

图 5.26　DDS+PLL 的原理框图

由式（5.59）可知，该合成器的分辨率取决于 DDS 的分辨率，输出带宽是 DDS 输出带宽的 M 倍。这种合成器提高了工作频率和分辨率，但频率变换时间较长，相位噪声较高。尤其是对输出频率要求较高时，分频比 M 相应增大，这个缺点将更加突出。为了改善相位噪声性能，合成器方案可以改进，在较低频段进行锁相，再用上变频的方式把信号搬移到所需频段。例如，L 波段 VCO 的相位噪声较低，在偏离载波 10kHz 处，相位噪声可达−100dBc/Hz，且环路分频比较小，因此 L 波段合成器的相位噪声性能可以做得很好，然后通过倍频器和上变频器（混频器）使工作频率到达 S～X 波段。图 5.27 所示为这种方案的原理框图。

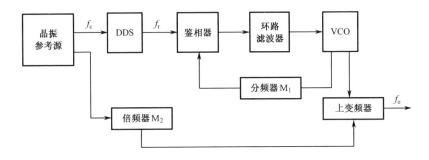

图 5.27　改进的 DDS+PLL 的原理框图

2. DDS 直接频率合成器

随着数字电路技术和微波微电子技术的发展，DDS 与模拟直接频率合成技术相结合，使实现高频率分辨率的微波直接频率合成器成为可能。这里所说的模拟直接频率合成器是相对于 DDS 而言的。通常所说的直接频率合成器就是指模拟直接频率合成器，DDS 直接频率合成器指的是二者的结合，其原理框图如图 5.28 所示。

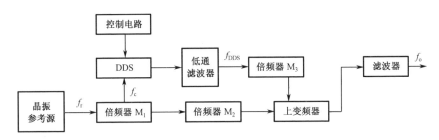

图 5.28　DDS 直接频率合成器的原理框图

随着 DDS 器件的发展，其芯片的时钟可达 1GHz 左右，杂波性能也越来越好（杂波电平可达−70dBc），因此图 5.28 中晶振参考源的频率 f_r 可通过倍频到 f_c 再通过 DDS 进行合成。合成器的输出信号频率可表示为

$$f_o = f_c M_2 + M_3 K f_c / 2^N = f_r M_1 (M_2 + M_3 K / 2^N) \tag{5.60}$$

由式（5.60）可以看出，改变倍频器 M_2 和 M_3 的倍频次数、DDS 的频率控制字 K 及晶振参考源的频率，可改变合成器的输出频率。低相噪晶振参考源频率一般为 120MHz 左右，倍频器 M_1 的倍频次数应根据 DDS 的参考时钟确定。考虑到 DDS 的输出信号杂波和相位噪声，M_3 一般不宜取得太大。

下面介绍一种 S 波段 DDS 直接频率合成器，其原理框图如图 5.29 所示。

图 5.29 中，晶振参考源输出两路 118MHz 信号，一路送给 DDS 作为参考时

钟，另一路送给倍频器产生 2832MHz 点频信号。DDS 选用高性能比的 AD9850 芯片，参考时钟可达 125MHz，输出频率为 5～35MHz，杂散小于−60dBc。DDS 输出端加椭圆函数低通滤波器，可有效抑制带外杂波，经 3 倍频后获得 15～105MHz 的信号，该信号与 2832MHz 点频信号经上变频后，再经放大滤波器输出 2847～2937MHz 合成信号。为了有效抑制杂散信号，滤波器 I 采用微带交指滤波器，滤波器 II 采用空气介质带状线梳齿滤波器。频率合成器性能如下。

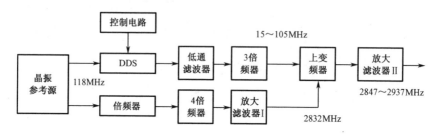

图 5.29　某 S 波段 DDS 直接合成器原理框图

- 工作频率：2847～2937MHz，跳频步进：50kHz；
- 输出功率：10dBm，杂散抑制度：60dB；
- 跳频时间：1μs；
- 相位噪声：−105dBc/Hz（1kHz 处），−125dBc/Hz（10kHz 处）。

该频率合成器采用一体化设计（体积为 210mm×100mm×40mm），方案简洁，容易实现，具有手动和自动变频及自动检测功能，改变晶振频率或单点倍频链的倍频次数，即可改变输出频率；通过 DDS 的控制软件可输出扫频信号、调频或调相信号。

5.5　现代雷达系统的频率合成方式

现代雷达对频率合成器的主要技术指标有工作带宽、输出信号的频谱纯度、跳频时间、信号功率、电路结构、体积、功耗等。在脉冲多普勒雷达中，为了提高在强杂波背景下的动目标检测性能，要求全相参频率合成器具有极低的相位噪声、杂散和很高的稳定性。现代频率合成通常使用直接合成方案、锁相合成方案、直接数字合成方案组合完成设计。

受益于 DAC 基础性能的提升，软件化、智能化是 DDS 频率合成技术升级的重要基础与热门前沿。结合数字振荡源（Numerically Controlled Oscillator，NCO）的技术融合，可编程 NCO 并行振荡是基于典型 DDS 架构的"修订版"，即采用所谓的 ROM-Less 方式合成频率。采用高速 NCO 并行振荡结合宽带一次变频技术，可以实现高性能频率合成的软件化、智能化，同时可减小传统 DDS 频率产生造成的相位阶跃误差，使相位控制更加灵活，更可以在公共端叠加多模式调制信号以满足干扰、通信等复杂系统的调制需求。

下面介绍一种通用宽带雷达频率合成器的研制成果。该成果基于 ADI 公司 16 位高端 DAC AD9164 攻克了相位记忆、高线性恢复、极低噪声残留等传统难题，将 DDS 的使用扩展到新的频率合成应用。虽然可编程模数技术的功能是改变累加器的模数，但实际操作比较复杂。复杂设计是指角度振幅转换器将整个 p 位输入范围（0～2^p）映射为 0～2π 的弧度范围。角度振幅转换器之所以能高效工作，正是基于这种基数为 2 的映射方法。将累加器模数任意变更为 2 的幂以外的其他值必然会违反角度振幅转换器的映射方法。可编程模数架构利用辅助累加器使主累加器看起来改变了模数，实际仍然保持了基本的幂数映射。FPGA 可编程模式可以实现相位连续、相位相干和相位记忆。相位连续是指如果相位是时间的连续函数，则即使在频率变化的情况下，也没有任何跳跃，即在相干脉冲切换时，相位保持连续。

相位相干是指多个相干信号共享相同的参考源，其基于任意时间的观察函数保持相关的函数特性。相位记忆是指合成器从一个频率切换到另一个频率，然后回到前一个频率，在一个状态结束时，就好像合成器从来没有离开过原始频率。通过多 NCO 的切换可以实现若干个同时计数的振荡器连续工作。

一组 32 个 32 位 NCO 并行工作，每个 NCO 都有自己的相位累加器，通过快速跳跃模式的组合，完成相位相干快速跳频（FFH）。该模式可以实现传统 DDS 无法实现的相位相干与记忆功能。图 5.30 给出了三种典型的相位曲线。在基带数据产生模式下，高模拟带宽性能和大动态范围相结合，同时支持 2 倍内插滤波器的 FIR85 的实现，使得转换效率进一步提升，降低了整体功耗并简化了滤波要求，同时保持了很大的动态范围。

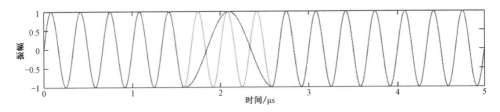

（a）相位记忆且连续

图 5.30　三种典型的相位曲线

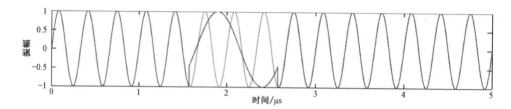

（b）相位记忆但非连续

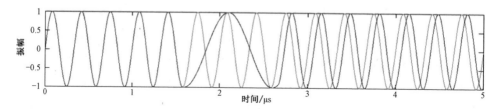

（c）相位非记忆但连续

图 5.30　三种典型的相位曲线（续）

在设计过程中，提前预置频点，通过相参脉冲实现频点切换；将直接数字合成的信号与变频体系相结合，并与线性相位的上变频搬移结合，可以实现频带的理想扩展，以及通用的频率合成的智能覆盖，其功能框图如图 5.31 所示。

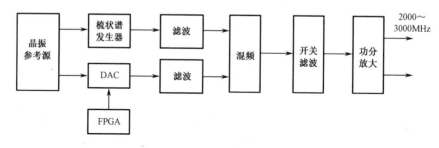

图 5.31　功能框图

该频率合成器具有较大频率范围，如某防空雷达实现了 2000～3000MHz 的频带覆盖。

- 频率范围：2000～3000MHz，跳频步进：10MHz；
- 跳频时间：≤2μs；
- 谐波抑制度：≥30dB；
- 信噪比：≥60dB；
- 单边带相位噪声：≤−130dBc/Hz（1kHz 处），≤−135dBc/Hz（10kHz 处）；
- 功率：35dBm±1.5dB。

该频率合成器采用一体化设计（体积为 130mm×100mm×15mm），方案简洁，容易实现，具有手动和自动变频及自动检测功能，可以实现简便电路结构的倍频层覆盖信号源。

5.6　分布孔径雷达系统的频率合成方式

分布孔径雷达是指按一定的基线准则进行阵列布局，调配各波束指向相同区域进行收发相参工作的雷达系统。就系统的实现而言，相比于单基地雷达，分布式全相参雷达首当其冲的技术难点是各单元雷达时间、空间和相位的同步，因此解决时间和相位的同步问题是该体制雷达的核心技术之一。

优化分布式相参发射与接收时间、频率同步原理及其网络化结构，以及时频同步精度提升方法，可实现雷达单元信号时间和相位相参性的高精度实时检测、估计与控制，因此高稳定的传输补偿网络是频率合成的难点。

分布式频率合成包括多种方法，其中，基于光纤的时频同步方法精度高、成本低、抗干扰能力强。目前，主要的光纤频率同步技术包括光频稳相传输，基于光程控制的微波稳相传输、基于相位控制的微波稳相传输，以及基于同步以太网的"白兔"系统。

1. 光频稳相传输

光频稳相传输即利用相位补偿的方法进行光频段的频率同步。光频稳相传输进行频率同步的稳定度较高。例如，美国 JILA 与 NIST 之间通过该方法实现了 Sr 光钟与 Ca 光钟的比对，相对不确定度达到 10^{-16} 量级。但是，光频稳相传输一般需要窄线宽激光器、光频梳等设备，系统结构较为复杂，操作较烦琐，成本较高，这限制了该方法的应用。

2. 基于光程控制的微波稳相传输

微波稳相传输即传输微波信号并通过相位补偿的方法进行频率同步。通过光程控制进行相位补偿的方法以法国国家计量与测试实验室-时空参考系统（LNE-SYRTE）的工作为代表。微波信号经过功率分配器，一部分留在本地，用于相位补偿；另一部分调制到激光上，经过功率放大和扰偏器后输送到光纤链路中。误差信号被送入 PLL，PLL 通过控制两段预置光纤的光程实现 $\phi_c = \phi_f$，进而使接收端收到的信号相位锁定在参考相位上，实现高精度频率同步，稳定度达到 $1.3 \times 10^{-15}/s$。

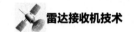

该技术的优点是，由于通过光程进行补偿，因此对任意频率的信号都有效，可以实现一条光纤链路中多路信号的同时传输，且传输稳定度较高；其缺点是，由于预置光纤的长度有限，相位补偿范围也有限，因此在环境扰动剧烈的情况下无法实现完全补偿。

3. 基于相位控制的微波稳相传输

该技术传输微波段的参考频率信号，以光载射频的方式经过光端机波分复用后在光纤中传输，通过相位补偿的方式实现频率同步，补偿思路与光频相位补偿类似。在发射端，参考频率源输出的待传输频率信号经过锁相介质振荡器（PDRO）变频为高频微波信号，其相位相应成倍变化。该信号被调制到激光上，输入光纤链路传输至接收端。为了消除光纤链路给光载射频信号引入的相位噪声，在接收端，一部分光沿原路折返回发射端，利用信号正向与反向通过光纤时被引入的相位噪声的一致性，将折回频率提升 1 倍，使得 2 倍路程的误差函数与单程的误差函数相同，之后通过一系列混频和锁相操作，在发射端主动对消补偿这部分噪声，可以使接收端收到的信号相位稳定锁定于参考信号相位，实现频率同步。基于相位控制的微波稳相传输具有传输稳定度高的特点。SKA 的频率同步系统在 80km 城市商用光纤链路上实现了约 7×10^{-15}/s 的传输稳定度。

4. 基于同步以太网的"白兔"系统

"白兔"系统是近年来发展较快的时频同步系统。通常来说，以太网的同步精度远逊于模拟同步。近年来，欧洲核子研究委员会（CERN）推出了一项基于以太网的技术（代号为"白兔"），旨在满足高速精确计时的需要。这是一种基于光纤以太网的高精度分布式授时技术（简称 WR 技术），能够在宽广的空间距离（<10km）内实现上万个节点间的亚纳秒级时间同步。起初，由位于西班牙格拉纳达的 Seven Solutions 公司协助设计"白兔"产品。它采用了基于并兼容标准的机制，如 PTPv2（IEEE—1588v2）和同步以太网，对其修正后可以实现亚毫微秒级精度。"白兔"系统本身可在远程链接中进行自我校正，并可将时间分配至大量设备中，且不会对设备产生很大的影响。它在 80km 城市商用光纤链路上实现了约 3.0×10^{-13}/s 的传输稳定度。

5.7 发射激励和测试信号

现代雷达系统大多采用全相参体制，发射机采用放大链形式。发射信号一般由波形产生、上变频和小功率放大器几部分组成，雷达系统设计师往往把这些组成部分划入接收子系统。另外，雷达接收机的测试信号有时甚至是雷达整个射频子系统（包括接收、发射及天线等）的测试信号，都可以用与发射激励信号相同的方式产生，因此本节在介绍发射激励信号产生方法的同时，也介绍测试信号的产生方法。

5.7.1 发射激励和测试信号的产生方法

发射激励和测试信号产生的原理框图如图 5.32 所示。

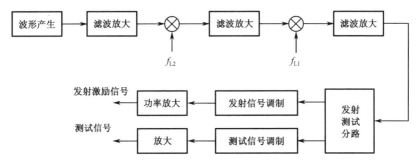

图 5.32 发射激励和测试信号产生的原理框图

波形产生通过时分调制的方法得到中频发射信号和测试信号；然后通过两次上变频，将信号频率从中频搬移到射频，最后通过分路和调制，以及放大，分别获得发射激励信号和测试信号。

在设计发射激励通道时，应注意如下三个方面。一是应保证通道在信号频带内具有良好的幅相特性，即带内增益起伏要小，相位线性度要好，可通过放大器和滤波器的优化设计实现；二是必须设计好信号的接口电平，使发射信号频谱的杂散达到最低限度，其中，混频器和本振信号的电平尤为重要；三是本振频率和信号频率的选择，应尽量减少工作频带内交调信号的影响。

下面通过一个实例来说明。

某 S 波段雷达的工作频率为 2715～2895MHz，中频信号频率为 75MHz，一本振频率为 3140～3320MHz，二本振频率为 350MHz，发射激励和测试信号产生系统的组成框图如图 5.33 所示。

由于该雷达需要对目标多普勒信息的探测性能进行定量的标定，所以用 DDS 模拟产生一个有一定带宽和步进的测试信号。DDS 选用 AD9854，时钟为 300MHz，产生 75MHz+f_{d} 的信号，f_{d} 为模拟多普勒信号，经上变频产生 $f_{发射}$+f_{d} 的测试信号，采用集成度高、通用性强、控制灵活的 EPLD 作为 DDS 的控制器件。发射激励信号也可同时用 DDS 通过时分的方式产生，但由于该雷达对波形的要求比较简单，为了保证发射信号有较纯净的频谱和较低的相位噪声，发射信号直接由 100MHz

高稳定晶振产生，采用中频和射频两次调制，可保证信号有足够高的调制度，以防止连续波信号对接收机的干扰，发射激励信号和测试信号的不同调制保证了两种信号的隔离度。由耦合器耦合出的测试信号经饱和放大等限幅技术产生幅度恒定的信号源。大动态高精度数控衰减器产生标定测试信号。标定测试信号处于复杂的电磁环境中，需要充分考虑电磁兼容设计。衰减器和限幅放大器的宽温一致性是标定测试精度的关键技术。

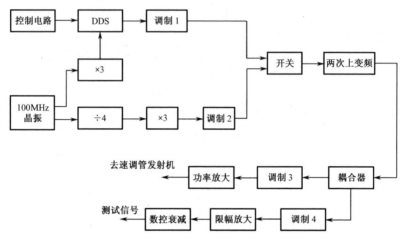

图 5.33　某 S 波段雷达发射激励和测试信号产生系统的组成框图

发射激励的两次上变频一般用双平衡混频器来实现。混频器的非线性将产生寄生干扰，从而影响发射频谱纯度，以致影响雷达的探测性能。前一级上变频采用近似点频工作，变频后采用窄带带通滤波器，即可较好地抑制交调，工程实现比较简单。后一级上变频采用宽带工作，因此需要对其交调进行分析。二次变频后输出的信号通带为 $f_R \pm \Delta f/2$，其中，f_R 为发射中心频率，Δf 为发射信号的工作频率带宽。上变频产生的交调为

$$f_R - \frac{\Delta f}{2} \leqslant \pm Mf_{L1} \pm Nf_I \leqslant f_R + \frac{\Delta f}{2} \tag{5.61}$$

式中，M、N=0，1，2，3，…；f_I 为一中频频率，等于发射波形频率与二本振频率之和。发射激励的频率关系如图 5.34 所示。

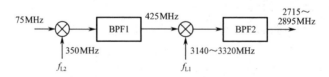

图 5.34　发射激励的频率关系

当 f_{L1}=3140MHz 时，其严重交调如下：

M=2，N=7，$Mf_{L1}-Nf_i$=3305MHz；

M=2，N=8，$Mf_{L1}-Nf_i$=2880MHz；

M=0，N=6，$Mf_{L1}+Nf_i$=2550MHz；

M=0，N=7，$Mf_{L1}+Nf_i$=2950MHz。

当 f_{L1}=3320MHz 时，其严重交调如下：

M=2，N=9，$Mf_{L1}-Nf_i$=2815MHz；

M=0，N=6，$Mf_{L1}+Nf_i$=2550MHz；

M=0，N=7，$Mf_{L1}+Nf_i$=2975MHz。

根据以上计算，再查看双平衡混频器的混频特性可知，其交调抑制度都大于 60dB。

5.7.2 测试信号在接收系统中的应用

现代雷达对接收机的性能和复杂性的要求越来越高，测试信号在接收系统中的作用也越来越重要，归纳起来，其应用主要包括如下几个方面。

（1）测试信号作为雷达接收机乃至雷达系统多普勒滤波性能的标定信号。这在 5.7.1 节已经叙述。

（2）测试信号作为接收机增益和灵敏度的检测信号。当将一个电平高于雷达接收机输入噪声电平几分贝（如 6dB）的测试信号馈入接收机输入端时，其输出端测试信号的电平及信噪比就表征了接收机的增益和灵敏度。

（3）多通道接收机（如堆积多波束三坐标雷达多通道接收机及单脉冲雷达三通道接收机）通过测试信号测得接收机的增益或增益平衡情况，并通过 AGC 随时自动调整，以保证雷达的测高精度和测角精度。

（4）在 DBF（数字波束形成）多通道接收机中，测试信号在接收机输出端所测得的幅度和相位反映了接收机幅度和相位的稳定性，是 DBF 接收机进行幅度和相位校正的依据。测试信号的稳定性也直接影响波束形成的精度和波束副瓣电平。

（5）接收机的 BITE 需要通过测试信号的输出电平进行故障诊断。如果在接收机中分别馈入射频测试信号和中频测试信号，通过分析两种测试信号时分的输出波形，即可判断接收机的故障在高频接收机，还是在中频接收机。

（6）在相控阵雷达系统阵列天线中，发射、接收都需要测试信号进行幅度、相位校正和故障诊断。特别对于成百上千的 T/R 组件，一方面需要判断其工作状态是否正常，另一方面要通过监测获得每个组件的幅相特性，然后通过 T/R 组件的控制电路对其初始状态进行适当的校正。图 5.35 和图 5.36 分别给出了 T/R 组件发射通道和接收通道监测电路原理框图。在被测信号的处理方法上,可以用幅相测试仪比较输入信号和输出信号的幅相特性,也可以用一个通道的接收机进行幅相分析,因为接收机的正交鉴相器可以获得每个 T/R 组件的幅度和相位信息,然后经过信号处理和数据处理,反馈到 T/R 组件的控制电路进行幅相调整。

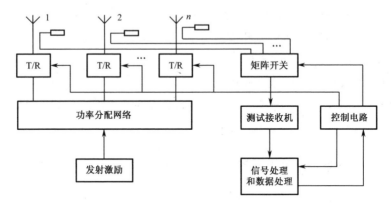

图 5.35　T/R 组件发射通道监测电路原理框图

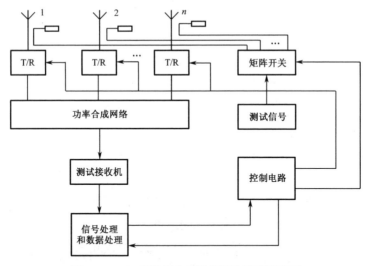

图 5.36　T/R 组件接收通道监测电路原理框图

5.8　波形设计

5.8.1　雷达系统对波形设计的要求

雷达的信号设计通常是指调制波形的设计。早期的雷达只有两种波形,即连续波和脉冲波。脉冲波雷达是应用最广泛的雷达形式。20 世纪 50 年代,出现了宽脉冲线性调频信号，此后又出现多种编码信号形式。雷达的信号波形一般应满足如下要求。

（1）具有足够的能量，以保证发现目标和准确地测量目标的参数。

（2）具有足够高的目标分辨率。

（3）对不需要的回波有良好的抑制能力。

例如，宽脉冲线性调频信号的脉冲宽度比普通脉冲雷达的信号脉冲宽度要宽，因此具有较高的能量，便于精确测量目标的径向速度。由于在脉冲之内，载波频率被线性调制，所以工作频率是变化的，信号具有较宽的频带，为精确测量距离提供了条件。接收时，利用匹配滤波器对回波进行处理，把宽脉冲压缩为窄脉冲。宽脉冲线性调频信号的出现，大大提高了雷达的检测性能。此后，又出现了非线性调频及多种编码信号形式，已在不同的雷达中应用。

雷达的用途各种各样，目前还没有找到一种波形，可以适用于所有用途的雷达，因此信号形式的设计要按照雷达的实际用途和具体要求来决定。多用途雷达常常备有好几种可用的信号形式，以根据工作的需要随时变换波形，达到最好的工作效果。因此，在现代电子战中，雷达的波形捷变成为对雷达性能的重要要求之一。

雷达信号设计的理论基础是由伍德沃德（Woodward）奠定的。1950 年，他提出用模糊函数来统一描述雷达信号形式与雷达测量功能之间的关系。模糊函数一般分为距离模糊函数和速度模糊函数。

1．距离模糊函数

假设有两个固定的目标，一个离开雷达的距离所对应的时延为 t_R，另一个则为 $t_R+\tau$，两个目标的距离之差，体现在 τ 值上。首先考虑的是固定目标，不存在多普勒频移的问题，因此两个目标的回波信号可分别写成 $\psi(t-t_R)$ 和 $\psi(t-t_R-\tau)$。

为了在距离上区别两个目标，一方面要看它们的距离差，另一方面要看信号形式。距离差越大，τ 值越大，显然越容易在距离上分辨目标；反之，τ 值越小，则越难分辨。当 τ 为常数时，信号形式对目标的距离分辨也存在影响。直观地看，一个很窄且边缘陡直的脉冲波，显然容易在距离上把两个目标分开；而一个很宽且边缘变化缓慢的信号，就不容易分辨两个距离接近的目标，从而产生测距的模糊。

为了抓住问题的实质进行讨论，可以忽略一些次要的因素，只考虑两个目标的距离差。因此，可以把两个回波信号 $\psi(t-t_R)$ 和 $\psi(t-t_R-\tau)$ 分别简写成 $\psi(t)$ 和 $\psi(t-\tau)$，并把在距离上分辨两个目标的难易程度定义为

$$\varepsilon_R^2 = \int \left| \psi(t) - \psi(t-\tau) \right|^2 \mathrm{d}t \tag{5.62}$$

ε_R^2 的大小表明了两个回波信号差别的大小，因而也表明了在距离上分辨两者的难易。从信号设计的角度来说，就是要寻找适当的信号形式，使 ε_R^2 尽可能大，以达到最高的距离分辨率。

将式（5.62）展开，得

$$\varepsilon_R^2 = \int |\psi(t)|^2 \mathrm{d}t + \int |\psi(t-\tau)|^2 \mathrm{d}t - \int [\psi(t)\psi^*(t-\tau) + \psi^*(t)\psi(t-\tau)]\mathrm{d}t \qquad (5.63)$$

式中，$\psi^*(t)$ 是 $\psi(t)$ 的共轭函数。

令 $\psi(t) = u(t)\mathrm{e}^{\mathrm{j}2\pi f_0 t}$，则有 $|\psi(t)| = |u(t)|$，于是式（5.63）可写为

$$\varepsilon_R^2 = 2\int |u(t)|^2 \mathrm{d}t - 2\mathrm{Re}[\mathrm{e}^{-\mathrm{j}2\pi f_0^\tau}\int u^*(t)u(t-\tau)\mathrm{d}t] \qquad (5.64)$$

经分析，距离分辨率主要决定于第二项的积分部分，即

$$x(\tau) = \int_{-\infty}^{\infty} u^*(t)u(t-\tau)\mathrm{d}t \qquad (5.65)$$

式（5.65）叫作距离模糊函数。目标的距离分辨率将用 $|x(\tau)|^2$ 来度量。比较理想的情况是：当 $\tau = 0$ 时，$|x(0)|$ 是一个很高的类峰；当 $\tau \neq 0$ 时，$|x(\tau)|$ 的值很小。显然，这样的信号在距离上最容易分辨目标。

2. 速度模糊函数

当目标的径向运动速度为 V_r 时，回波信号将存在多普勒频移 f_d，有

$$f_d = \frac{2f_0 V_r}{c} \qquad (5.66)$$

式中，f_0 是发射信号的载波频率；c 是电磁波的传播速度。

设雷达接收到的回波信号为 $\psi(t)$ 时，它的傅里叶变换为 $\psi(f)$。在只考虑两个目标的径向速度差别时，可以令一个目标的回波频谱为 $\psi(f)$，另一个则为 $\psi(f-f_d)$。仿照距离分辨率的分析方法，可用

$$\varepsilon_f^2 = \int |\psi(t) - \psi(f-f_d)|^2 \mathrm{d}f \qquad (5.67)$$

来表明分辨目标径向速度的难易程度。式（5.67）同样可写成

$$\varepsilon_f^2 = 2\int |\psi(t)|^2 \mathrm{d}t - 2\mathrm{Re}\left[\int \psi^*(f) - \psi(f-f_d)\mathrm{d}f\right] \qquad (5.68)$$

ε_f^2 越大，说明径向速度的分辨率越高。从式（5.68）中可以看出，径向速度的分辨率主要取决于第二项。使 ε_f^2 最大，也就是使 $2\mathrm{Re}\left[\int \psi^*(f)\psi(f-f_d)\mathrm{d}f\right]$ 最小，就是信号设计的任务。

从前文可知，$\psi(f)$ 的复振幅是 $u(t)$，它的傅里叶变换 $U(f)$ 和 $\psi(f)$ 的差别仅仅在于中心频率的不同，它们之间的关系为

$$\psi(f) = U(f-f_0) \qquad (5.69)$$

因此有

$$\int \psi *(f) - \psi(f - f_d) df = \int U *(f - f_0) U(f - f_0 - f_d) df \tag{5.70}$$
$$= \int U *(f) U(f - f_d) df$$

令
$$x(f_d) = \int U *(f) U(f - f_d) df \tag{5.71}$$

当 $x(f_d)$ 取极小值时，可以使得 ε_f^2 最大。$x(f_d)$ 叫作速度模糊函数。

3. 同时考虑距离和速度分辨率时的信号模糊函数

当接收信号既有因目标的距离所形成的时延，也有因目标径向速度所形成的多普勒频移时，两个目标的回波信号可分别写成

$$\psi_1(t) = u(t) e^{j2\pi f_0 t} \tag{5.72}$$
$$\psi_2(t) = u(t - \tau) e^{j2\pi(f_0 - f_d)(t - \tau)} \tag{5.73}$$

此时，模糊函数可写成

$$x(t, f_d) = \int_{-\infty}^{\infty} u(t) u *(t - \tau) e^{j2\pi f_d t} dt \tag{5.74}$$

或者用频谱表示为

$$x(t, f_d) = \int_{-\infty}^{\infty} u *(f) U(f - f_d) e^{j\pi f_d t} df \tag{5.75}$$

通过对模糊函数的分析可知，无论什么样的信号形式，只要它们的能量相同，则它们的模糊函数所包含的体积是一样的。但是，不同信号的模糊函数在 $\tau - f_d$ 平面上的分布不相同。雷达信号设计的任务，就是在 $\tau - f_d$ 平面上改变 $|x(\tau, f_d)|^2$ 的分布，找出合适的信号形式，以满足实际工作的需要。目前，还做不到先根据环境和使用要求给定模糊函数，然后求出满足要求的信号形式。对于这个问题，目前在理论上还没找到求解方法。目前能够做到的是，根据要求在大体上选择一种信号形式，找出它的模糊函数，把它与实际要求相比较，如果能够满足，就予以采用；如不满足，则改变信号形式，计算它的模糊函数，再和实际要求比较。这样，经过若干次反复，可以逐渐接近实际的要求，找到合适的信号形式。

目前，常常使用的信号形式有线性调频（LFM）信号、非线性调频（NLFL）信号及相位编码（PSK）信号等。

线性调频信号是使用最广泛的，一方面，其波形容易产生；另一方面，脉冲压缩的形状和信噪比对多普勒频移不敏感。其主要缺点是具有较强的距离多普勒相互耦合，即多普勒频移会引起距离的视在变化；另外，为了将压缩脉冲的时间旁瓣降至允许的电平，通常需要加权，而时间或频率加权将引起 $1 \sim 2dB$ 的信噪比损失。

非线性调频信号的最大优点是波形的调频可提供需要的幅度频谱，故对距离旁瓣抑制而言，不需要时间或频率加权。匹配滤波接收和低旁瓣在设计中是一致

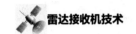

的，因此可以消除采用失配技术加权所产生的信噪比损失。其主要缺点是系统比较复杂，为了达到所需要的旁瓣电平，对每个幅度频谱需要分别进行调频设计。

相位编码信号波形不同于调频信号波形，它将宽脉冲分为许多短的子脉冲。这些子脉冲宽度相等，各自以不同的相位被发射，每个脉冲的相位依照相位编码来选择。最广泛应用的相位编码类型是二进制编码。二进制编码由 1 和 0，或+1和−1 的序列组成。波形信号的相位在 0°～180° 之间交替变化，其规律是依照相位编码的次序（1 和 0，或+1 和−1）变化。有一种特殊的二进制编码，通常称作巴克码，其特性如表 5.1 所示。二进制码通常由于发射频率不是子脉冲宽度的倒数的整数倍，故倒相点是不连续的。由 J.W.Tarylor 提出的一种雷达相位编码波形，以子脉冲具有半余弦形状，以及相邻子脉冲间的相位变化限制在+90° 和−90° 为特征，因此叫作四相连续相位编码，通常称作泰勒码。由于泰勒码的幅度恒定（除前、后沿外）、相位连续、分段线性，所以这类信号的性能包括信号频谱宽度和衰减，距离采样损失及接收滤波的失配损失等都优于二相码。编码波形由于具有良好的低截获概率（LPI）特性，在现代雷达中受到重视。

表 5.1　巴克码的特性

码元长度 N	码元	副主峰比−20lg$N$/dB
2	+−，++	−6.0
3	++−	−9.5
4	++−+，+++−	−12.0
5	+++−+	−14.0
7	+++− −+−	−16.9
11	+++− − −+− −+−	−20.8
13	+++++− −++−+−+	−22.3

5.8.2　波形的模拟产生方法

自从全相参雷达脉冲压缩理论提出，雷达波形的产生就备受关注。在模拟脉冲压缩雷达系统中，发射宽脉冲波形的产生和接收的脉冲压缩技术，其关键部件都是匹配滤波器，一个叫作展宽滤波器，另一个叫作压缩滤波器。图 5.37 所示为脉冲压缩线性调频信号收发系统原理框图。

在波形的模拟产生方法中，线性调频信号是应用最多的，其中的声表面波器件是应用最广的一种。本小节首先介绍线性调频信号的有关概念，然后阐述将声表面波延迟线作为线性调频脉冲信号的匹配滤波器的实现方法。

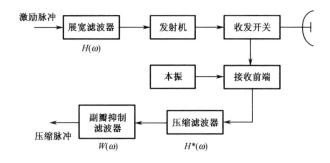

图 5.37 脉冲压缩线性调频信号收发系统原理框图

1. 线性调频信号

在雷达中，有两种线性调频信号，一种是连续波线性调频信号，另一种是宽脉冲线性调频信号。后者是目前雷达应用的主要信号形式，它是根据模糊函数原理设计的信号。它同时具有较大的时宽和频宽，因此具有良好的距离分辨率和径向速度分辨率。

图 5.38 所示为线性调频波形及其脉冲压缩后的波形示意图。雷达波形在时域是一个以矩形脉冲为包络的信号，宽度为 t_p。在脉冲内，载波频率按线性规律变化，开始频率高，然后直线下降（当然也可以相反）。若以 $\omega_0 = 2\pi f_0$ 代表未调制的载波频率，则线性调频信号的频率变化规律为

$$\omega = \omega_0 + \mu t , \quad |t| \leqslant \frac{t_p}{2} \tag{5.76}$$

式中，μ 是频率调制指数。

线性调频信号的理想频谱特性如图 5.38（d）所示。接收机收到线性调频信号以后，要用匹配滤波器进行处理，把调频的宽脉冲压缩为窄脉冲。如果滤波器是理想无损耗的，则波形如图 5.38（b）所示。实际滤波器的延迟是频率的线性函数，在滤波器基本达到匹配时，输出的压缩波形如图 5.38（c）所示。为了得到满意的副瓣（副峰）电平，往往在压缩波形之后还要用副瓣抑制滤波器进行加权，这方面的内容属于信号处理的范畴，这里不多介绍。

线性调频信号的发射脉冲虽然较宽，但测距是在脉冲压缩以后进行的，因此距离分辨率可以很高。由于发射脉冲较宽，发射信号能量较高，保证了雷达的作用距离，用宽脉冲获得大能量，使高频信号的峰值功率相对来说可以较小。这些都是固态发射机和高频传输线所希望的，当然也是宽脉冲线性调频信号的优点。

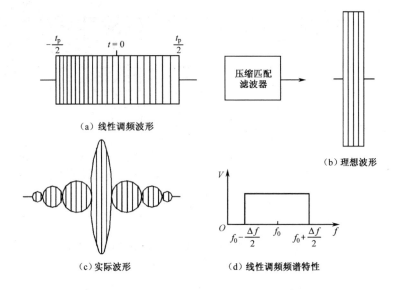

（a）线性调频波形

（b）理想波形

（c）实际波形

（d）线性调频频谱特性

图 5.38　线性调频波形及其脉冲压缩后的波形示意图

2. 线性调频信号的产生

产生线性调频信号有两种基本方法，一种是有源法，利用压控振荡器（VCO）产生调频波，控制电压按所需要的调频规律变化；另一种是无源法，利用脉冲展宽滤波器产生线性调频信号，目前常用的是表面声波器件无源匹配滤波器（简称表声器件）。

设激励脉冲 $s_i(t)$ 的频谱为 $S_i(\omega)$，展宽滤波器的传递函数为 $H(\omega)$，则接收以后压缩滤波器的传递函数为 $H^*(\omega)$，发射机的输出波形为

$$s_o(t) = \frac{1}{2\pi} \int_{-\infty}^{\infty} S_i(\omega) H(\omega) e^{j\omega t} d\omega \qquad (5.77)$$

激励脉冲的选择应当使扩展以后的信号合乎线性调频的要求，比较合适的波形为

$$s_i(t) = \frac{\sin \dfrac{\mu t_p t}{2}}{\dfrac{\mu t_p t}{2}} \cos \omega_0 t \qquad (5.78)$$

接收机中经过压缩的输出信号为

$$
\begin{aligned}
g(t) &= \frac{1}{2\pi} \int_{-\infty}^{\infty} S_i(\omega) H(\omega) H^*(\omega) e^{j\omega t} d\omega \\
&= \frac{1}{2\pi} \int_{-\infty}^{\infty} S_i(\omega) |H(\omega)|^2 e^{j\omega t} d\omega
\end{aligned}
\qquad (5.79)
$$

形如 $\dfrac{\sin X}{X}$ 的激励脉冲可以用一个窄脉冲（频带大于Δf）加到一个带宽为Δf、频率特性呈矩形的滤波器上实现。这个滤波器的相位特性是线性的。

匹配滤波器是产生线性调频信号和压缩回波信号的关键部件，常用的是声表面波器件。

声表面波器件是 20 世纪 60 年代发展起来的一种时延器件，其工作频率一般在 30～300MHz。这种器件体积小、价格便宜，相对带宽较大，理论值约为 1 倍频程。这种器件用金属化的光刻方法制造，紧凑，可靠性高，重复性好。

声表面波器件的工作原理如图 5.39 所示。其中，压电基片是由具有压电效应的材料做成的，最常用的有熔石英和 LiN_6O_3 等。在压电基片上用金属化光刻法做了两个叉指换能器，左边接输入信号，右边输出信号。当交流信号输入叉指换能器时，压电效应使指条之间产生形变，这种周期性的应变形成超声波；当超声波传到右边换能器后，借助压电效应，变换成电信号输出，从而达到时延的目的。

等长度和等间隔的叉指换能器组成的延迟线是非色散的。为了把声表面波器件用作线性调频脉冲信号的匹配滤波器，它必须是色散的。这就需要把叉指换能器做成参差形。适当调节每条叉指的宽度和间隔就可得到所需的频率响应，高频成分在换能器的稠密部分产生或接收，低频成分在稀疏部分产生或接收，输入端和输出端换能器的参差形式互为镜像。带宽由叉指间隔的变化决定。如果适当地设计叉指的长度，还可起到内加权的作用，相当于串联了一个加权滤波器，能够抑制压缩后脉冲的副瓣，使第一副瓣的相对幅度降到-40dB 左右。

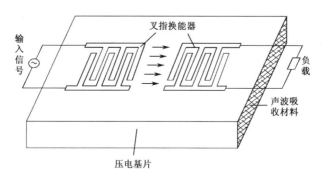

图 5.39　声表面波器件的工作原理

随着器件水平的提高，特别是大规模集成电路 FPGA 和 DAC 的发展，数字波形产生逐渐替代模拟波形产生成为主流，其原理和方法将在第 6 章详述。

第 6 章
数字化收发和波束形成控制

提要：本章详细阐述雷达数字化收发和波束形成控制的基本原理及设计方法，其中包括与雷达数字化收发相关的采样频率变换和多速率滤波的基本原理、DAC 技术和常用雷达数字波形产生技术、ADC 技术、数字解调和数字下变频技术、收发信号数字失真分析与补偿处理、常规 DBF 系统的幅相测量与控制技术、宽带 DBF 系统的时延测量与控制技术，以及宽窄带数字阵列系统的多通道同步技术。由于数字阵列系统的波束形成控制一般在数字化收发部分实现，因此波束形成控制与数字化收发的相关内容都在本章阐述。

6.1　多速率信号处理

多速率信号处理的基础是 Nyquist 采样定理及带通采样的一般理论。多速率信号处理的主要问题是如何设计一个高效的系统，以降低处理系统的计算复杂度、传输速率和数据存储量，从而高效地实现信号的存储、传输和处理。

多速率信号处理的基本内容包括信号的抽取（滤波和降采样）、信号的插值（增采样和滤波）、信号的采样频率变换、高效的滤波设计（高效滤波器、多相滤波、滤波器组等）等。多速率信号处理在雷达数字接收机设计、任意信号产生、数模/模数变换等设计中有着广泛的应用。

6.1.1　采样频率变换

1. 信号的抽取

信号采样频率的降低称为抽取，通过抽取可以使后续处理系统以较低的速率运行。信号抽取主要包括两个阶段：滤波（抗混叠滤波）和降采样。图 6.1 给出了常用整数倍信号抽取的结构框图。

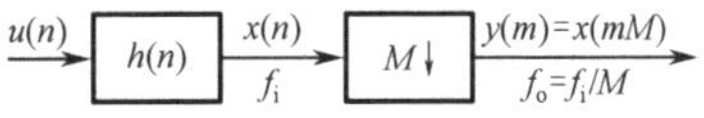

图 6.1　整数倍信号抽取的结构框图

降采样的过程是将输入信号的采样频率 f_i 降低一个整数倍因子（抽取因子），从而获得较低采样频率 f_o，即对输入序列 $x(n)$ 每隔 M 个点抽取一个点，组成新的序列

$$y(m) = x(mM) \tag{6.1}$$

降采样的过程可以分成以下两步来实现。

（1）通过将 $x(n)$ 中序号为 M 非整数倍的样本置零获得序列 $x'(n)$。

（2）去除序列 $x'(n)$ 中的置零样本获得降采样序列 $y(m)$。

第（1）步不改变信号的采样频率，序列 $x'(n)$ 可以通过将 $x(n)$ 与离散采样函数 $c_M(n)$［见式（6.2）］相乘获得。

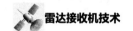

$$c_M(n) = \begin{cases} 1, & n = mM, \quad m = \cdots, -1, 0, 1, \cdots \\ 0, & 其他 \end{cases} \tag{6.2}$$

采样函数 $c_M(n)$ 是周期为 M 的周期函数，其傅里叶级数的表达式为

$$c_M(n) = \frac{1}{M} \sum_{k=0}^{M-1} C(k) e^{\frac{j2\pi kn}{M}} \tag{6.3}$$

式中，$C(k)$ 是复数值的傅里叶级数系数，定义为

$$C(k) = \sum_{n=0}^{M-1} c_M(n) e^{\frac{-j2\pi kn}{M}} \tag{6.4}$$

由式（6.4）可知，对于所有 k 值，$C(k) = 1$，因此采样函数可以表示为

$$c_M(n) = \frac{1}{M} \sum_{k=0}^{M-1} e^{\frac{j2\pi kn}{M}} \tag{6.5}$$

序列 $x'(n)$ 的傅里叶变换为

$$X'(e^{j\omega}) = \sum_{n=-\infty}^{+\infty} x'(n) e^{-j\omega n} = \sum_{n=-\infty}^{+\infty} x(n) c_M(n) e^{-j\omega n} \tag{6.6}$$

将式（6.3）推导的结果代入式（6.6）可以得到

$$X'(e^{j\omega}) = \sum_{n=-\infty}^{+\infty} x(n) \left(\frac{1}{M} \sum_{k=0}^{M-1} e^{\frac{j2\pi kn}{M}} \right) e^{-j\omega n} \tag{6.7}$$

互换求和的顺序，得到

$$X'(e^{j\omega}) = \frac{1}{M} \sum_{k=0}^{M-1} \sum_{n=-\infty}^{+\infty} x(n) e^{-jn\left(\omega - \frac{2\pi k}{M} \right)} \tag{6.8}$$

序列 $x(n)$ 的傅里叶变换（周期谱）为

$$X(e^{j\omega}) = \sum_{n=-\infty}^{+\infty} x(n) e^{-j\omega n} \tag{6.9}$$

根据傅里叶变换的频移特性，有

$$X\left[e^{j\left(\omega - \frac{2\pi k}{M} \right)} \right] = \sum_{n=-\infty}^{+\infty} x(n) e^{-jn\left(\omega - \frac{2\pi k}{M} \right)} \tag{6.10}$$

将式（6.10）与式（6.7）相结合，可以得到序列 $x'(n)$ 的傅里叶变换

$$X'(e^{j\omega}) = \frac{1}{M} \sum_{k=0}^{M-1} X\left[e^{j\left(\omega - \frac{2\pi k}{M} \right)} \right] \tag{6.11}$$

因此，序列 $x'(n)$ 的频谱是输入信号频谱在 $2\pi / M$ 位置处的复制，同时幅度尺度变换为 $1/M$。

第（2）步去除第（1）步置零引入的零值，但不改变 $x'(n)$ 的内容，仅仅引入时间尺度因子 $1/M$［样本 $x'(nM)$ 变成 $y(m)$］。由于时频是互逆的过程，因此频率

尺度因子为 M （扩展 M 倍），频谱 $X'(\mathrm{e}^{j\omega})$ 变成 $Y(\mathrm{e}^{j\omega})$ 。

利用傅里叶变换的定义， $x'(n)$ 的傅里叶变换为

$$X'\left(\mathrm{e}^{\mathrm{j}\frac{\omega}{M}}\right) = \sum_{n=-\infty}^{+\infty} x'(n)\mathrm{e}^{-\mathrm{j}n\frac{\omega}{M}} \tag{6.12}$$

由于 $x'(n)$ 对所有 $n \neq nM$ 的样本均为零，因此有

$$X'\left(\mathrm{e}^{\mathrm{j}\frac{\omega}{M}}\right) = \sum_{m=-\infty}^{+\infty} x'(Mm)\mathrm{e}^{-\mathrm{j}\left(\frac{\omega}{M}\right)Mm} = \sum_{m=-\infty}^{+\infty} x(Mm)\mathrm{e}^{-\mathrm{j}\omega m} \tag{6.13}$$

根据 $y(m) = x(mM)$ 可以得到

$$X'\left(\mathrm{e}^{\mathrm{j}\frac{\omega}{M}}\right) = \sum_{m=-\infty}^{+\infty} y(m)\mathrm{e}^{-\mathrm{j}\omega m} = Y(\mathrm{e}^{j\omega}) \tag{6.14}$$

重写 $y(m)$ 的频谱表达式为

$$Y(\mathrm{e}^{jM\omega}) = X'(\mathrm{e}^{j\omega}) = \frac{1}{M}\sum_{k=0}^{M-1} X\left[\mathrm{e}^{\mathrm{j}\left(\omega - \frac{2\pi k}{M}\right)}\right] \tag{6.15}$$

Z 变换是离散傅里叶变换的推广，有时更便于进行离散系统的分析。对于给定的离散序列 $x(n)$ ，其 Z 变换定义为

$$X(z) = \sum_{n=-\infty}^{+\infty} x(n)z^{-n} \tag{6.16}$$

式中， $z = r\mathrm{e}^{-j\omega}$ ，且 $|z|$ 不限制为 1。当 $r = 1$ 时， Z 变换就变成傅里叶变换，即

$$X(z)\big|_{z=\mathrm{e}^{j\omega}} = X(\mathrm{e}^{j\omega}) = \mathcal{F}[x(n)] \tag{6.17}$$

因此，基于 Z 变换的降采样信号频谱为

$$Y(z^M) = X'(z) = \frac{1}{M}\sum_{k=0}^{M-1} X\left(z\mathrm{e}^{-\mathrm{j}\frac{2\pi k}{M}}\right) = \frac{1}{M}\sum_{k=0}^{M-1} X(zW_M^k) \tag{6.18}$$

式中，

$$W_M^k = \mathrm{e}^{-\mathrm{j}\frac{2\pi k}{M}}, \quad k = 0,\cdots,M-1 \tag{6.19}$$

可以看出，降采样后的信号频谱等于原信号频谱进行了 M 倍扩展，并在 ω 频率轴上以 2π 为周期进行 M 个周期延拓，同时幅度降为原信号的 $1/M$ 。

图 6.2 给出了 $M = 3$ 时抽取信号频谱的变换示意图。

根据 Nyquist 采样定理及带通采样理论，在信号从模拟域采样到数字域的过程中，需要保证信号的频谱限定在其中的某个 Nyquist 带内，则采样的结果 $u(n)$ 不会发生频谱混叠。对于低通采样，频谱需要限定在 $\omega < \pi$ 的范围内；对于带通采样，需要保证 $n\pi < \omega < (n+1)\pi$ 。根据整数倍 M 抽取处理频谱的变换特性，需要保证待抽取信号为带限信号且带宽 $|\omega| < \pi/M$ ，以保证抽取后信号不发生混叠。

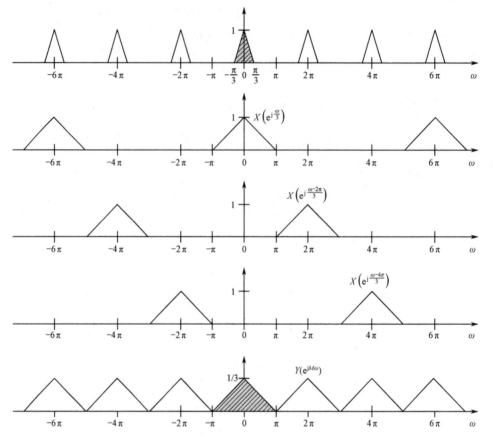

图 6.2 $M=3$ 时抽取信号频谱的变换示意图

实际采样系统的信号频谱很复杂，很难保证实现上述条件，因此需要在抽取前进行滤波处理，压缩信号频带以保证抽取后不发生频谱混叠。另外，抽取处理根据实际信号频带的情况，有时与混频处理（频谱搬移）相结合。滤波器既可以是低通滤波器，也可以是带通滤波器。

抽取处理具有几个有用的等效关系：①线性加权求和再降采样等效于降采样后再线性加权求和；②M 个单位时延再 M 倍降采样等效于先 M 倍降采样再 1 个单位时延；③先以 z^M 多项式定义的滤波器进行滤波处理再进行 M 倍降采样，与先 M 倍降采样再以 z^M 多项式定义的滤波器处理等效（称为 Noble Identity）。三个等效关系的示意图如图 6.3 所示。

等效关系②的左侧降采样输入为 $X(z)z^{-M}$，根据式（6.18），有

$$Y(z^M) = \frac{1}{M}\sum_{k=0}^{M-1} X(zW_M^k)(zW_M^k)^{-M} \tag{6.20}$$

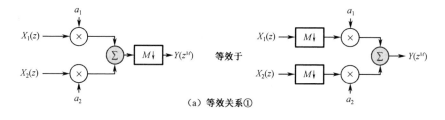

（a）等效关系①

（b）等效关系②

（c）等效关系③

图 6.3　抽取处理的三个等效关系示意图

根据式（6.19）有

$$W_M^{-kM} = 1 \tag{6.21}$$

简化式（6.20）得到

$$Y(z^M) = \frac{1}{M} z^{-M} \sum_{k=0}^{M-1} X(z W_M^k) \tag{6.22}$$

等效关系②的右侧降采样输出（降采样后 z 变成 z^M）为

$$Y(z^M) = (z^M)^{-1} \frac{1}{M} \sum_{k=0}^{M-1} X(z W_M^k) = z^{-M} \frac{1}{M} \sum_{k=0}^{M-1} X(z W_M^k) \tag{6.23}$$

比较式（6.23）和式（6.22）可以看出，等效关系②成立。

等效关系③左侧的结构根据式（6.18）和式（6.21）有

$$Y(z^M) = \frac{1}{M} \sum_{k=0}^{M-1} X(z W_M^k) H(z^M W_M^{kM}) = \frac{1}{M} \sum_{k=0}^{M-1} X(z W_M^k) H(z^M) \tag{6.24}$$

等效关系③右侧的结构根据式（6.18）有

$$Y(z^M) = \left[\frac{1}{M} \sum_{k=0}^{M-1} X(z W_M^k) \right] (H(z^M)) = \frac{1}{M} \sum_{k=0}^{M-1} X(z W_M^k) H(z^M) \tag{6.25}$$

比较式（6.24）和式（6.25）可以看出，等效关系③成立。

2. 信号的插值

提高采样频率的过程称为插值，通过插值可使数字信号频率与后续处理（如数字上变频或滤波处理等）或器件（如 A/D 变换器等）匹配。插值也包括两个

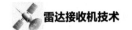

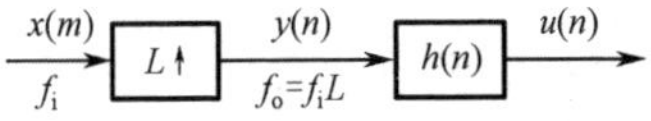

$$x(m) \xrightarrow{\ \ } \boxed{L\uparrow} \xrightarrow[f_o=f_iL]{y(n)} \boxed{h(n)} \xrightarrow{u(n)}$$
$$\ \ f_i$$

图 6.4　整数倍插值的结构框图

阶段：增采样和滤波（镜像抑制滤波）。图 6.4 给出了常用整数倍插值的结构框图。

整数倍 L（插值因子）增采样通过将原始序列 $x(m)$ 每两个样本点之间等间隔地插入 $L-1$ 个零实现，增采样后的信号时域表示为

$$y(n) = \begin{cases} x(n/L), & n = mL, \ m = \cdots, -1, 0, 1, \cdots \\ 0, & \text{其他} \end{cases} \tag{6.26}$$

等间隔插入 $L-1$ 个零不改变输入信号，仅仅引入时间尺度因子 L。

对式（6.26）进行傅里叶变换，有

$$\begin{aligned} Y(\mathrm{e}^{\mathrm{j}\omega}) &= \sum_{n=-\infty}^{+\infty} y(n)\mathrm{e}^{-\mathrm{j}\omega n} = \sum_{n=-\infty}^{+\infty} x\left(\frac{n}{L}\right)\mathrm{e}^{-\mathrm{j}\left(\frac{\omega n L}{L}\right)} \\ &= \sum_{n=-\infty}^{+\infty} x(n/L)\mathrm{e}^{-\mathrm{j}\omega L(n/L)} = X(\mathrm{e}^{\mathrm{j}\omega L}) \end{aligned} \tag{6.27}$$

因此，增采样的输出频谱幅度没有变化，但是频率尺度发生变换（频谱压缩为 $1/L$），同时在 $[0, 2\pi]$ 内产生了 $L-1$ 个原频谱的复制，或称为镜像频谱（复信号在 $[-\pi, \pi]$ 内）。

根据式（6.16）和式（6.27），增采样的 Z 变换输出信号频谱为

$$Y(z) = X(z^L) \tag{6.28}$$

由于增采样处理引入了 $L-1$ 个多余的输入信号频谱复本，因此需要通过镜像抑制滤波器进行滤除，该滤波器可以是低通或带通滤波器，其频域响应就是滤除多余的镜像频谱，时域的效果就是将原先的零值插值样本用相应的内插值替代，因此也称为内插滤波器。

与抽取时的抗混叠滤波器不同，L 倍插值的镜像抑制滤波器需要其有增益 L，以补偿滤波阶段信号幅度的损失。

假定输入离散序列 $x(m)$ 通过对带限信号 $x_c(t)$ 进行 Nyquist 采样获得，与连续信号 $x_c(t)$ 的频谱 $X_c(\mathrm{j}\Omega)$（Ω 是连续频率）相对应的离散信号 $x(m)$ 的频谱为

$$X(\mathrm{e}^{\mathrm{j}\omega}) = \frac{1}{T_s} \sum_{k=-\infty}^{+\infty} X_c\left(\mathrm{j}\frac{\omega}{T_s} - \mathrm{j}\frac{2\pi k}{T_s}\right), \quad \Omega = \frac{\omega}{T_s} \tag{6.29}$$

式中，T_s 为采样周期。图 6.4 中的插值输出信号 $u(n)$ 同样可以认为是基于采样周期 T_s / L 对连续信号采样获得的，其对应的傅里叶变换为

$$\begin{aligned} U(\mathrm{e}^{\mathrm{j}\omega}) &= \frac{1}{T_s / L} \sum_{k=-\infty}^{+\infty} X_c\left(\mathrm{j}\frac{\omega}{T_s / L} - \mathrm{j}\frac{2\pi k}{T_s / L}\right) \\ &= \frac{L}{T_s} \sum_{k=-\infty}^{+\infty} X_c\left(\frac{\mathrm{j}\omega L}{T_s} - \frac{\mathrm{j}2\pi k L}{T_s}\right), \quad \Omega = \frac{\omega}{T_s / L} \end{aligned} \tag{6.30}$$

　　镜像抑制滤波器滤除了所有的镜像频谱，仅保留原始信号频谱（假定为 $k=0$），因此式（6.30）变为

$$U(\mathrm{e}^{\mathrm{j}\omega}) = \frac{L}{T_\mathrm{s}} X_\mathrm{c}\left(\frac{\mathrm{j}\omega L}{T_\mathrm{s}}\right) = LX(\mathrm{e}^{\mathrm{j}\omega L}) \tag{6.31}$$

　　增采样过程中没有增益变换，比较式（6.27）和式（6.30）可见，信号插值输出序列 $u(n)$ 的增益 L 需要通过滤波器进行补偿获得。

　　图 6.5 给出了实带通信号 L 倍插值频谱的变换示意图。

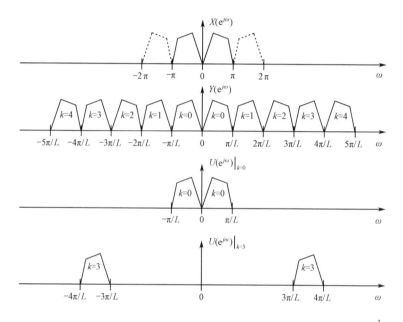

图 6.5　实带通信号 L 倍插值频谱的变换示意图

　　插值处理也有几个类似于抽取处理的等效关系：①线性加权求和再增采样等效于增采样后再线性加权求和；②1 个单位时延再 L 倍增采样等效于先增采样再 L 个单位时延；③先滤波处理再 L 倍增采样，与先 L 倍增采样再滤波处理等效。三个等效关系的示意图如图 6.6 所示。

　　根据式（6.28），等效关系②的左侧输出为

$$Y(z) = X(z^L)(z^L)^{-1} - X(z^L)z^{-L} \tag{6.32}$$

　　等效关系②的右侧输出为

$$Y(z) = X(z^L)z^{-L} \tag{6.33}$$

因此等效关系②成立。

　　等效关系③的左侧输出为

$$Y(z) = X_1(z^L) = X(z^L)H(z^L) \tag{6.34}$$

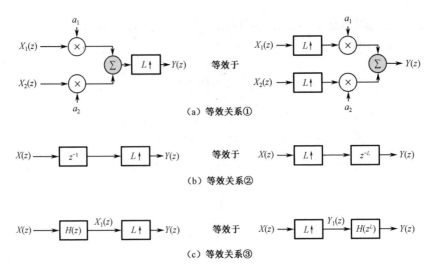

（a）等效关系①

（b）等效关系②

（c）等效关系③

图 6.6　插值处理的三个等效关系示意图

等效关系③的右侧输出为

$$Y(z) = Y_1(z^L)H(z^L) = X(z^L)H(z^L) \quad\quad (6.35)$$

3. 信号的采样频率变换

通过 M 抽取和 L 内插级联可以实现 L/M 倍采样频率变换，图 6.7 给出了两种级联的组合方式，当 M 和 L 互质时，抽取和插值的次序可以交换，次序的交换在实际应用中十分有意义，可以将降采样移到滤波器输入端，增采样移到滤波器输出端，使滤波器以较低速率进行处理（当然，需要满足采样定理的要求，信号频谱不发生混叠，因此信号带宽不发生变化）。

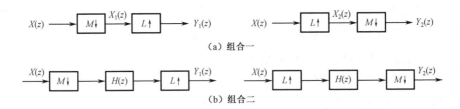

（a）组合一

（b）组合二

图 6.7　插值和抽取级联的结构和次序的交换

根据式（6.18）和式（6.28），图 6.7（a）左侧结构先抽取后插值，输出信号频谱为

$$X_1(z^M) = \frac{1}{M}\sum_{k=0}^{M-1} X(zW_M^k) \quad\quad (6.36)$$

$$X_1(z) = \frac{1}{M} \sum_{k=0}^{M-1} X(z^{1/M} W_M^k) \tag{6.37}$$

$$Y_1(z) = X_1(z^L) = \frac{1}{M} \sum_{k=0}^{M-1} X(z^{L/M} W_M^k) \tag{6.38}$$

图 6.7（b）右侧结构先插值后抽取，输出信号频谱为

$$X_2(z) = X(z^L) \tag{6.39}$$

$$Y_2(z^M) = \frac{1}{M} \sum_{k=0}^{M-1} X_2(z W_M^k) = \frac{1}{M} \sum_{k=0}^{M-1} X(z^L W_M^{kL}) \tag{6.40}$$

$$Y_2(z) = \frac{1}{M} \sum_{k=0}^{M-1} X(z^{L/M} W_M^{kL}) \tag{6.41}$$

能够互换的条件是 $Y_1(z) = Y_2(z)$，比较式（6.38）和式（6.41），互换的条件为

$$W_M^{kL} = W_M^k \tag{6.42}$$

能够满足式（6.42）的条件是 M 和 L 互为质数。

图 6.7 中的滤波器是插值镜像抑制滤波器和抽取抗混叠滤波器的组合，对于低通滤波器，其归一化的阻带截止频率为

$$\omega_s = \min\{\pi/L, \pi/M\} \tag{6.43}$$

该滤波器可以同时滤除插值产生的镜像频率和抽取需要抑制的带外信号的混叠。

6.1.2　多速率滤波器

多速率滤波器的应用范围很广，设计方法多样。目前，雷达接收机数字化收发部分常用的主要是 FIR 多相滤波器、半带滤波器、CIC 滤波器及多种滤波器的级联组合。

1. FIR 多相滤波器

多相滤波器设计在多速率信号处理中有着重要的作用。通过信号的多相分解和处理，可以实现高速信号的并行处理（如 FPGA 中实现 GSpS 以上的数字信号处理）；也可以通过节省硬件资源的高速处理，实现窄带大抽取比下的多速率处理（如串行处理）。多相分解和处理还常应用于各种数字信道化处理、数字分析/综合滤波器组（重构/调制滤波器组）等相关的信号处理和理论推导。

设 FIR 多项滤波器的单位冲激响应为 $h(n)$，其 Z 变换为

$$H(z) = \sum_{n=0}^{N-1} h(n) z^{-n} = h(0) + h(1)z^{-1} + h(2)z^{-2} + \cdots + h(n)z^{-(N-1)} \tag{6.44}$$

用多相形式表示为

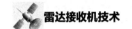

$$H(z) = h(0) + h(M + 0)z^{-M} + h(2M + 0)z^{-2M} + \cdots +$$
$$h(1)z^{-1} + h(M + 1)z^{-(M+1)} + h(2M + 0)z^{-(2M+1)} + \cdots +$$
$$h(2)z^{-1} + h(M + 2)z^{-(M+2)} + h(2M + 0)z^{-(2M+2)} + \cdots + \qquad (6.45)$$
$$h(M - 1)z^{-(M-1)} + h(2M - 1)z^{-(2M-1)} + h(3M - 1)z^{-(3M-1)} + \cdots$$

将式（6.45）第一行标记为 $H_0(z^M)$（以 z^M 为因子展开，步长为 M，从 0 开始），即

$$H_0(z^M) = \sum_{n=0}^{N/M-1} h(nM)z^{-nM} \qquad (6.46)$$

因此，式（6.45）可以表示为

$$H(z) = H_0(z^M) + z^{-1}H_1(z^M) + z^{-2}H_2(z^M) + \cdots + z^{-(M-1)}H_{M-1}(z^M) \qquad (6.47)$$

写成闭式表达式为

$$H(z) = \sum_{r=0}^{M-1} H_r(z^M)z^{-r} = \sum_{r=0}^{M-1} z^{-r} \left[\sum_{n=0}^{N/M-1} h(r + nM)z^{-nM} \right] \qquad (6.48)$$

根据抽取处理的 Noble 等效关系式，可以得到抽取滤波的多相分解结构及其变化形式，如图 6.8 所示。从左图可以看出，各相滤波器在抽取后低速运算，可以实现高速率信号的并行处理；右图的结构可以应用于低速情况下用同一组滤波器通过变换系数并工作在高速率下的处理，可以节省硬件资源。

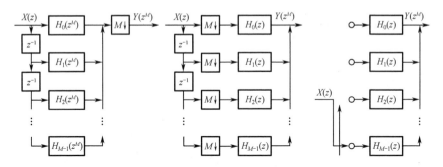

图 6.8　抽取滤波的多相分解结构及其变化形式

根据插值处理的 Noble 等效关系式，可以得到插值滤波的多相分解结构及其变化形式，如图 6.9 所示。同样可以看出，内插滤波可以在低速实现，以满足高速率信号的并行处理，也可以用同一组滤波器通过变换滤波器系数实现高速处理，以节省硬件资源。

2. 半带滤波器

半带滤波器将基带频谱等分为两个子带，线性相位半带滤波器冲激响应在偏离滤波器中心的偶序列上都取零值。

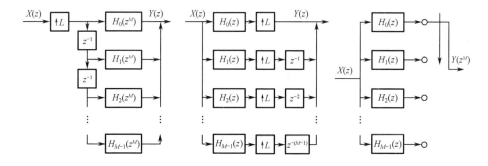

图 6.9　插值滤波的多相分解结构及其变化形式

1）半带低通滤波器

半带低通滤波器的冲激响应可表示为

$$h(n) = \frac{1}{2} \frac{\sin(n\pi/2)}{n\pi/2} \tag{6.49}$$

半带低通滤波器需要满足以下条件。

（1）频率对称条件。

$$f_\text{p}（阻带归一化截止频率）+ f_\text{s}（通带归一化截止频率）= \frac{1}{2} 或 \omega_\text{p} + \omega_\text{s} = \pi \tag{6.50}$$

（2）幅度条件。

$$\delta_1（通带纹波）= \delta_2（阻带纹波）或 a_\text{p} = -20\lg10\left[-1 + 2(1 - 10^{\frac{a_\text{s}}{20}})\right] \tag{6.51}$$

式中，a_p 为通带衰减（dB）；a_s 为阻带衰减（dB）。

（3）滤波器阶数条件：阶数是 f_p、f_s、a_p、a_s 的函数；FIR 半带低通滤波器可以基于加窗或等纹波等算法进行设计，滤波器的长度是奇数 N，可以表示为 $N = 2K + 1$；滤波器的冲激响应为 $h(n)$，$n = 0,1,\cdots,2K$，且满足

$$\begin{cases} h(2K - n) = h(n), & n = 0,1,\cdots,2K \\ h(K) = 0.5, \ h(K \pm 2r) = 0, & r = 0,1,\cdots,K/2 \end{cases} \tag{6.52}$$

2）半带高通滤波器

半带高通滤波器可以通过调制技术将半带低通滤波器频谱中心由 0 搬移到 π 获得，其冲激响应为

$$h_\text{HP}(n) = h_\text{LP}(n)\text{e}^{jn\pi} = \frac{1}{2} \frac{\sin(n\pi/2)}{n\pi/2} \cos n\pi \tag{6.53}$$

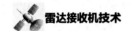

因此，可得到半带低通和高通滤波器响应的关系式

$$\begin{cases} h_{HP}(2n) = h_{LP}(2n) \\ h_{HP}(2n+1) = -h_{LP}(2n+1) \end{cases} \tag{6.54}$$

半带滤波器冲激响应 $h(n)$ 的 Z 变换为

$$H_0(z^2) = \sum_{n=0}^{K} h_{LP}(2n)z^{-2n} \tag{6.55}$$

$$z^{-1}H_1(z^2) = \sum_{n=0}^{K-1} h_{LP}(2n+1)z^{-(2n+1)} \tag{6.56}$$

其中，z^2 表示两个序列样本间隔 2 个单位时延。

因此，对应的低通和高通滤波器的 Z 变换分别为

$$\begin{cases} H_{LP}(z) = H_0(z^2) + z^{-1}H_1(z^2) \\ H_{HP}(z) = H_0(z^2) - z^{-1}H_1(z^2) \end{cases} \tag{6.57}$$

式（6.57）能够分别提供半带滤波器的低通和高通形式，称为正交镜像滤波器（QMF）。

除了 0 序号，偶数序列的系数均为零，$h(0) = 0.5$，因此有

$$H_{HP}(z) + H_{LP}(z) = 2H_0(z^2) = 2h(0) = 1$$

$$H_{HP}(z) = 1 - H_{LP}(z)$$

$$\begin{cases} h_{HP}(n) + h_{LP}(n) = \delta(n), \ -K \leqslant n \leqslant K（非因果滤波器） \\ h_{HP}(n) + h_{LP}(n) = \delta(n-K), \ 0 \leqslant n \leqslant 2K（因果滤波器） \end{cases} \tag{6.58}$$

3）半带 Hilbert 变换带通滤波器

半带 Hilbert 变换带通滤波器可以通过调制技术将半带低通滤波器频谱中心由 0 搬移到 $\pi/2$ 获得，因此其冲激响应为

$$h_{HT}(n) = h_{LP}(n)e^{jn\pi/2} = h_{LP}(n)\left[\cos(n\pi/2) + j\sin(n\pi/2)\right], \ -K \leqslant n \leqslant K \tag{6.59}$$

根据半带滤波器的冲激响应特性，半带 Hilbert 变换带通滤波器的实部仅仅在中心对称点上有一个非零值样本；虚部由于 $\sin(n\pi/2)$ 与 $\mathrm{sinc}(n\pi/2)$ 的交互作用而消除了原半带滤波器冲激响应序列中交替的符号变化。

利用半带滤波器可以高效实现信号的抽取滤波、内插滤波、正交镜像变换滤波、Hilbert 变换滤波、双值半带滤波等处理。图 6.10 给出了多种应用的实现结构，利用半带滤波器系数的特性及实现结构变化可以有效节约硬件资源。图 6.11 给出了 ADI 公司系列 ADC 芯片中使用的一个半带低通滤波器（62 阶）及其对应高通滤波器的仿真结果。

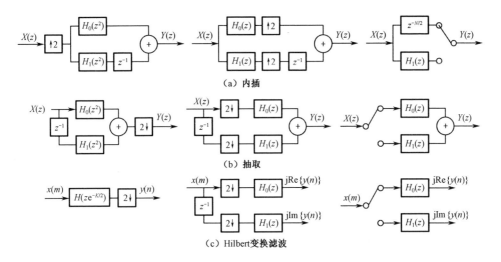

（a）内插

（b）抽取

（c）Hilbert变换滤波

图 6.10　半带滤波器在内插、抽取、Hilbert 变换滤波等应用中的实现结构

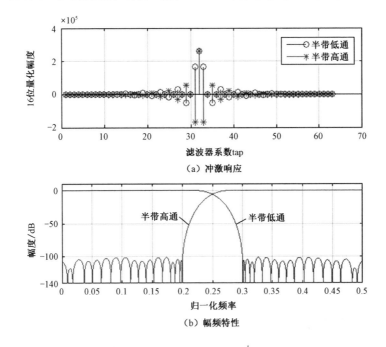

（a）冲激响应

（b）幅频特性

图 6.11　ADI 公司系列 ADC 芯片中一个半带低通滤波器（62 阶）及其
对应高通滤波器的仿真结果

3. CIC 滤波器

一个具有矩形脉冲响应的滤波器称为矩形窗滤波器或滑动平均滤波器，其递归实现形式称为 CIC 滤波器（级联积分梳状滤波器），对应的响应为

$$y(n) = \sum_{k=0}^{M-1} x(n-k) \tag{6.60}$$

$$y(n) = \sum_{k=0}^{M-1} x(n-k) = x(n) - x(n-M) + \sum_{k=0}^{M-1} x(n-1-k) \tag{6.61}$$

$$= \big[x(n) - x(n-M)\big] + y(n-1)$$

对应的 Z 变换为

$$H(z) = \sum_{n=0}^{M-1} z^{-n} \tag{6.62}$$

$$H(z) = \frac{1-z^{-M}}{1-z^{-1}} = \left(1-z^{-M}\right)\frac{1}{1-z^{-1}} \tag{6.63}$$

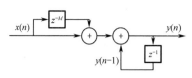

式（6.63）前半部分是梳状滤波器（微分器），后半部分是积分器（递归累加器），CIC 滤波器的结构如图 6.12 所示。

图 6.12　CIC 滤波器的结构

梳状滤波器和积分器的顺序可以互换，因为线性时不变系统满足交换定律。

单级 CIC 滤波器的性能较差，常采用多级级联方式，以提高滤波性能，一般级数为 3～5 级。定义多级 CIC 滤波器的参数分别是级联结构中子滤波器长度 M（一般等于抽取/内插因子）和子滤波器个数 K，传递函数为

$$H(z) = \left(\frac{1-z^{-M}}{1-z^{-1}}\right)^K \tag{6.64}$$

CIC 滤波器可以用于抽取滤波和插值滤波。增采样和降采样与 CIC 滤波器相结合称为 Hogenauer 滤波器，当用于插值时，梳状滤波器位于输入端，当用于抽取时，梳状滤波器位于输出端，即积分器位于高数据率端，微分器位于低数据率端，重采样开关位于中间。

图 6.13 给出了 Hogenauer 滤波器的级联次序和实现结构。

虽然 CIC 滤波器由于存在积分器会溢出的问题，但是只要累加器的位宽足够宽，因为 CIC 滤波器采用二进制补码运算实现，不管溢出是否发生，输出结果都是正确的。累加器的位宽要求是输入信号比特数和实现最大滤波器增益需要的比特数之和

$$\text{bitw}_{\text{accum}} = \text{bitw}_{\text{datain}} + \text{ceil}(K \log_2 M) \tag{6.65}$$

CIC 滤波器及其抽取/插值应用的 Hogenauer 滤波器特点是无乘法器滤波器。另外，由于 CIC 滤波器具有 sinc 滚降特性，该滤波器一般用于窄带高抽取/内插因子的场合，同时与相应的逆 sinc 补偿 FIR 滤波器相结合，可改善通带的平坦度、过渡带和阻带的抑制。

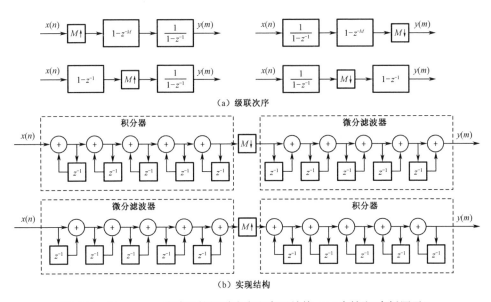

（a）级联次序

（b）实现结构

图 6.13　Hogenauer 滤波器的级联次序和实现结构（M 为抽取/内插因子）

CIC 滤波器与插值/抽取相结合的 Hogenauer 滤波器幅频响应为

$$|H(f)|^2 = \left[\frac{\sin \pi f}{\sin(\pi f / M)}\right]^{2K} \tag{6.66}$$

其中，单位时延等于抽取因子 M ，K 为级数。

图 6.14～图 6.16 分别给出了 Hogenauer 滤波器（K 为级数，单位时延等于抽取/内插因子 M ）通带滚降特性、第一镜像抑制特性、幅频响应特性的仿真结果。

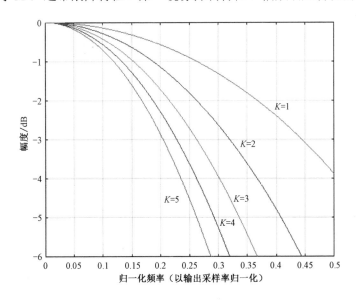

图 6.14　Hogenauer 滤波器的通带滚降特性仿真

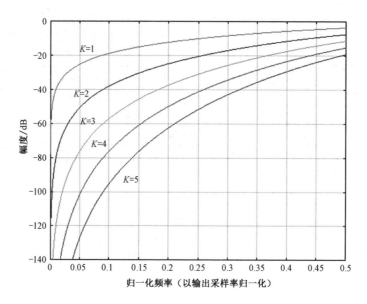

图 6.15　Hogenauer 滤波器的第一镜像抑制特性仿真

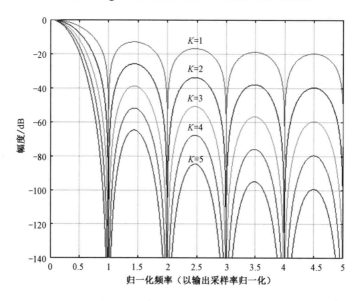

图 6.16　Hogenauer 滤波器的幅频响应特性仿真

6.2　数字波形产生

随着数模变换器件（DAC/TxDAC 等）、高速数字信号处理器件（FPGA/RFSoC 等）的飞速发展，以及相关信号处理技术（DDS/DUC/Σ-Δ 调制/预失真补偿等）的发展，数字信号产生技术已广泛应用于雷达等电子信息系统的高性能时钟/本振信号产生、宽带直接中频/射频任意复杂调制信号产生，并与模拟射频前端的混频/倍频/模拟调制/模拟拼接/光电混合器件等相结合，实现了任意调制方式、工作频段、信号带宽的高性能信号产生。

6.2.1　DAC 技术

1. DAC 的分类

DAC 是数字信号处理系统与模拟信号输出转换的关键器件，其转换速率、精度和带宽等直接制约了系统的性能指标。根据转换速率和输出信号间的关系，可以将 DAC 分为 Nyquist 型 DAC 和过采样型 DAC。

Nyquist 型 DAC 具有高转换速率和中高精度，是当前主流的 DAC 型号和发展方向。该类 DAC 的每个数字输入码都对应一个模拟输出值，对应的结构主要包括电阻型、电容型和电流舵型。

过采样型 DAC 通过提高采样频率及噪声整形和调制技术实现信号带宽内的高信噪比，典型的是基于过采样、多速率处理和 Σ-Δ 调制技术实现 D/A 变换，该技术设计的 DAC 主要应用于窄带低频低功耗高分辨率场合。

下面对适合高速高精度应用的 Nyquist 型 DAC 进行介绍。

1）电阻型 DAC

电阻型 DAC 的基本构成包括一个基准电压源 U_r，一个按照二进制加权的电阻网络、一个受输入二进制码控制的开关系统及一个输出放大器，具体结构如图 6.17 所示。

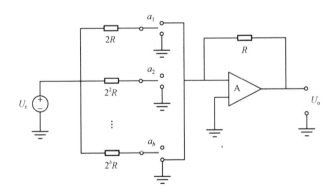

图 6.17　电阻型 DAC 的结构

图 6.17 所示电阻型 DAC 的输出电压为

$$U_o = U_r \left(a_1 2^{-1} + a_2 2^{-2} + \cdots + a_b 2^{-b} \right) \tag{6.67}$$

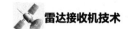

式中，U_r 为参考源电压；$a_1, a_2, \cdots, a_b$ 为 DAC 输入的 b 位二进制码值；$2^{-1}, 2^{-2}, \cdots, 2^{-b}$ 为输入二进制码对应的二进制加权的 b 个模拟量。

式（6.67）可以改写为

$$U_o = R\left(a_1\frac{U_r}{2R} + a_2\frac{U_r}{2^2R} + \cdots + a_b\frac{U_r}{2^bR} \right) \tag{6.68}$$

式（6.68）的括号内为二进制数字对应的加权电路，当输入数字 $a_i(i=1,2,\cdots,b)$ 为 1 时，该位的加权电流存在并进入求和器；为 0 时，该位的加权电流接地。加权电流之和进入电流/电压变换器（带有反馈电阻的运算放大器），最终输出模拟电压 U_o。

电阻型 DAC 的缺点是当 DAC 位数增多时，加权电阻的精度、开关的寄生电阻和电容、运算放大器的输入失调电流等会限制 DAC 的精度，因此只能应用于低速场合。

为了优化电阻数量及提高转换速度和精度，电阻型 DAC 一般采用 $R\text{-}2R$ 电阻网络结构，其基本结构如图 6.18 所示。

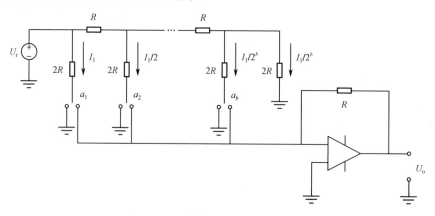

图 6.18　采用 $R\text{-}2R$ 电阻网络结构的 DAC

根据图 6.18，输出电压为

$$\begin{aligned}
U_o &= R\left(a_1I_1 + a_2I_2 + \cdots + a_bI_b \right) \\
&= R\left(a_1\frac{U_r}{2R} + a_2\frac{U_r}{2^2R} + \cdots + a_b\frac{U_r}{2^bR} \right) \\
&= U_r\left(\frac{a_1}{2} + \frac{a_2}{2^2} + \cdots + \frac{a_b}{2^b} \right)
\end{aligned} \tag{6.69}$$

$R\text{-}2R$ 电阻网络结构仅需两种电阻（可基于单一尺寸电阻设计），便于集成工艺制造；同时，无论开关接到什么位置，流过开关和 $2R$ 电阻的电流都不变，开关节点间的电压永远为零，无电阻分布电容充放电问题，开关速度可以加快。因此，

R-2R 结构可用于高速高精度 DAC 设计。

2）电容型 DAC

电容型 DAC 的结构如图 6.19 所示。

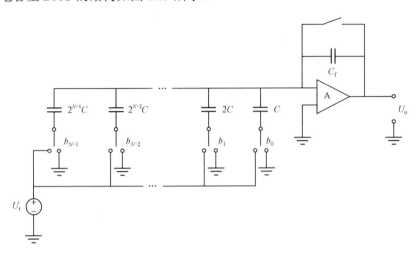

图 6.19　电容型 DAC 的结构

电容型 DAC 也称电荷再分布 DAC，其中最高位电容的电容值是最低位的 2^{N-1} 倍。电容型 DAC 在两相非交叠时钟（Φ_1 和 Φ_2）的控制下控制开关的工作状态，在 Φ_1 状态下，开关闭合，反馈电容 C_f 被短接，输入电容在输入数字码的控制下连接基准电压 U_r 或接地；在 Φ_2 状态下，开关断开，反馈电容 C_f 接入放大器的反向输入端与输出端，所有输入电容接地。根据电荷再分布原则，输出电压与输入数字码值关系可以表示为

$$U_o = (b_0 2^0 + b_1 2^1 + \cdots + b_{N-1} 2^{N-1}) U_r \qquad (6.70)$$

由于使用电容结构，没有静态电流，因此功耗较低，同时 CMOS 工艺使电容匹配精度较高，因此电容型 DAC 的分辨率较高，但是电容的充放电时间限制了转换速率，适用于高精度中高速的应用。

3）电流舵型 DAC

随着电子信息系统的飞速发展，对高速高精度 DAC 的需求越来越高。电流舵型 DAC（Current Steering DAC）由电流源和开关组成，电流源输出电流通过开关切换到外部负载电阻上，以输出对应的电压。由于直接输出电流，具有较大的驱动力。尤其在 CMOS 工艺下，电流舵型 DAC 的结构具有潜在实现高速高精度的能力，因此成为 DAC 发展的主要方向。

电流舵型 DAC 根据开关控制方法及电流源权重（输入译码方式）的不同，主要有三种结构：二进制码结构（Binary Architecture）、温度计码结构（Thermometer

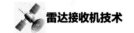

Architecture）及分段结构（Segmented Architecture）。

（1）二进制码结构电流舵型 DAC 的结构如图 6.20 所示。

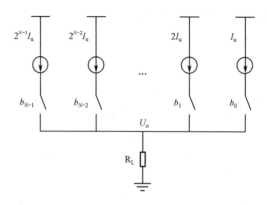

图 6.20　二进制码结构电流舵型 DAC 的结构

每个开关控制一位电流源，每两位相邻电流源的电流值呈二进制关系。输入数字码直接控制开关，不需要数字译码结构，因此二进制码结构电流舵型 DAC 具有芯片面积小的优点。N 位二进制码结构电流舵型 DAC 的输出电压为

$$U_o = R_L I_u \sum_{i=1}^{N-1} a_i 2^{i-1} \tag{6.71}$$

由于高位相对于低位是以二进制加权的形式累加的，较大权重和较小权重电流源间的匹配较差，因此会引入较大的微分非线性。当输出电流在中值附近切换时，由于开关控制信号的时序不同步，最高位电流源的打开和低位电流源的关闭不同步，会使输出产生很大的毛刺，动态性能恶化。因此，这类 DAC 的精度并不高。

（2）温度计码结构电流舵型 DAC 的结构如图 6.21 所示。

温度计码结构电流舵型 DAC 的输出电压为

$$U_o = R_L I_u \sum_{i=1}^{2^{N-1}-1} T_i \tag{6.72}$$

温度计码结构与二进制码结构的不同之处在于，输入数字信号并不直接控制电流源开关，而是先经过译码模块将输入的二进制码转换为温度计码，每位温度计码控制一个单位电流源。温度计码的优点在于它具有很小的微分非线性，并可以引入开关序列来抵消电流源和开关阵列的系统性失配误差。在输出为低频信号时，前后时刻的输入码变化的阶跃小，由于温度计码具有逐渐累加性，因此可以大幅减小开关切换瞬间引入的毛刺。

随着分辨率的提高，电流源和开关阵列的面积呈指数级增加，当分辨率接近或大于 10 位时，面积已很大，并且连线复杂，会造成开关间的时序失配，使动态

性能变差。因此，这类 DAC 的分辨率一般不超过 8 位（255 个电流单元）。

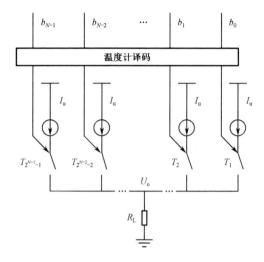

图 6.21　温度计码结构电流舵型 DAC 的结构

（3）分段结构电流舵型 DAC：二进制码结构具有速度快的优点，缺点是微分非线性大、毛刺大。温度计码结构具有毛刺小、微分非线性小的优点，但有面积大、连线复杂等缺点。因此，产生了一种分段结构，它结合了二进制码和温度计码结构，对性能和电路复杂度进行了折中。

分段结构电流舵型 DAC 采用了分段译码的方式，即一部分采用温度计译码，另一部分采用二进制译码，一般高位采用温度计译码，低位采用二进制译码，是一种广泛使用的电流舵型 DAC 结构。图 6.22 给出了分段结构电流舵型 DAC 的结构。

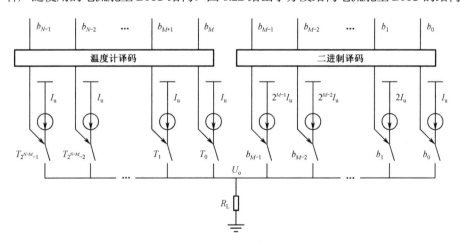

图 6.22　分段结构电流舵型 DAC 的结构

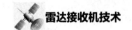

对于分段式电流舵型 DAC，采用何种分段策略是根据不同应用的特点，根据对性能、面积、功耗等的要求综合考虑的，而整个 DAC 的性能通常由高位温度计译码结构子 DAC 特性主导。

2. DAC 的输出响应分析

1）NRZ 模式

DAC 相当于一个理想的采样-保持（重构）电路，其本质是时宽为 T_s（采样频率为 $f_s = 1/T_s$）的理想保持器。在零阶保持（Zero-order-hold）情况下其冲激响应为

$$h_{\text{ZOH}}(t) = \begin{cases} 1, & 0 \leqslant t \leqslant T_s \\ 0, & \text{其他} \end{cases} \quad (6.73)$$

因此，DAC 的输出可以表示为离散数字样本与保持电路重构脉冲 $h_{\text{ZOH}}(t)$［在零阶保持情况下，又称非归零滤波器（Non-return-to-zero，NRZ）］的卷积

$$I_{\text{DAC}} = \sum_{n=-\infty}^{\infty} x(n) h_{\text{ZOH}}(t - nT_s) \quad (6.74)$$

其对应的傅里叶变换为

$$I_{\text{DAC}}(j2\pi f) = X\left(e^{j2\pi f T_s}\right) H_{\text{ZOH}}(j2\pi f) \quad (6.75)$$

数字信号的频谱是其基带频谱以 f_s 为周期的复制，即

$$X\left(e^{j2\pi f T_s}\right) = \frac{1}{T_s} \sum_{n=-\infty}^{\infty} X_{\text{bs}}\left(j2\pi f - \frac{j2\pi n}{T_s}\right) \quad (6.76)$$

NRZ 滤波器的频率响应为

$$H_{\text{NRZ}}(j2\pi f) = \frac{2\sin(2\pi f T_s/2)}{2\pi f} e^{-j2\pi f T_s} = \text{sinc}(f T_s) e^{-j2\pi f T_s/2} \quad (6.77)$$

DAC 输出的频谱为

$$I_{\text{DAC}}(j2\pi f) = \frac{1}{T_s} \sum_{n=-\infty}^{\infty} X_{\text{bs}}\left(j2\pi f - \frac{j2\pi n}{T_s}\right) \text{sinc}(fT) e^{-j2\pi f T_s/2} \quad (6.78)$$

因此，DAC 的输出频谱是其基带频谱以 f_s 为周期的复制，同时受 sinc 包络的调制综合结果。图 6.23 给出了理想 NRZ 模式 DAC 输出频谱特性。

2）RZ 模式

对于希望 DAC 直接输出更高频率的应用，sinc 滚降对输出信号幅度影响较大，为了平滑 sinc 滚降，一种可能的方法是缩短 DAC 输出保持阶段的时间长度。RZ（Return-to-zero）模式就是采用更短的保持脉冲来设计的，通过缩短保持脉冲宽度 T_p 将 sinc 响应的零点推向更高频率，RZ 模式的 DAC 保持脉冲响应为

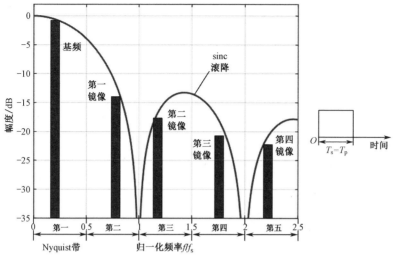

图 6.23 理想 NRZ 模式 DAC 输出频谱特性

$$H_{RZ}(j2\pi f) = \frac{T_p}{T_s}\mathrm{sinc}(fT_p)e^{-j2\pi fT_p/2} \qquad (6.79)$$

更短脉冲只能贡献更小能量，因此 RZ 模式 DAC 输出信号（基频和镜像频率）幅度将衰减，并会影响发射信号性能。图 6.24 给出了理想 RZ 模式 DAC 输出频谱脉冲调制特性。

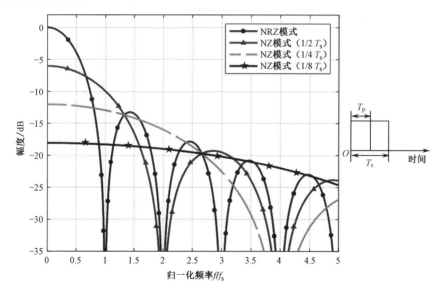

图 6.24 理想 RZ 模式 DAC 输出频谱脉冲调制特性

3）TPH 模式

通过降低基频信号的幅度提高镜像频率信号的幅度，也可以扩展 DAC 的高

频输出应用。TPH 模式或 MIX 模式（50%占空比）DAC 将每个采样周期的信号都分成两个相位阶段，第一阶段将数字样本保持 T_p 时间，第二阶段输出数字样本反相并保持 $T_s - T_p$ 时间，其传递函数为

$$H_{\text{TPH}}(\text{j}2\pi f) = \frac{T_p}{T_s}\text{sinc}(fT_p)\text{e}^{\frac{\text{j}2\pi fT_p}{2}} + \frac{T_s - T_p}{T_s}\text{sinc}\left[f\left(T_s - T_p\right)\right]\text{e}^{-\text{j}2\pi f(T_s - T_p)/2} \quad (6.80)$$

从式（6.80）可见，TPH 模式的频率响应实际上是一个高通滤波器响应，DC 输出为零，同时更多的能量推向了第二和第三 Nyquist 带。通过调整采样频率和保持脉冲宽度可以将 DAC 输出包络以最小的衰减推向不同目标频带，TPH 模式（25%）的保持宽度（占空比）可以在第四和第五 Nyquist 带提供更多的能量，从而可以实现更高频率的输出。

图 6.25 所示为理想 TPH 模式 DAC 输出频谱脉冲调制特性及其与 NRZ、RZ 模式的比较。ADI 公司的 2.5GSps DAC 芯片 AD9739 采用了四开关模式进行设计，可以实现 NRZ、RZ 和 MIX（TPH）等不同模式的信号输出，以满足不同输出频段信号的应用需求。

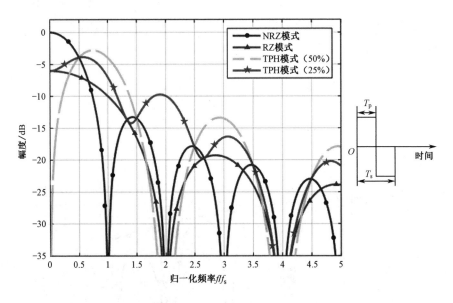

图 6.25　理想 TPH 模式 DAC 输出频谱脉冲调制特性及其与 NRZ、RZ 模式的比较

4）MRZ/MPH 模式

如果 DAC 的保持电路响应在一个采样周期内采用多个 RZ 或多个 TPH 模式，则分别称为 MRZ 或 MPH 模式。当前，一些输出更高频率信号的射频直接数字化 DAC 采用了该模式。RZ 模式在一个采样周期内只有一个宽度为 T_p 的脉冲，MRZ

模式在一个采样周期内可以有多个宽度为 T_p 的脉冲。TPH 模式在一个采用周期内有一对正负脉冲，MPH 模式在一个采样周期内有多对正负脉冲，通过多脉冲处理可以实现更大的 Nyquist 带幅度，优于 RZ 和 TPH 模式。

MRZ 模式的 DAC 输出频谱幅度调制响应为

$$H_{\mathrm{MRZ}}(\mathrm{j}2\pi f) = H_{\mathrm{RZ}}(\mathrm{j}2\pi f)\frac{\sin c(2\pi fNT_{\mathrm{p}})}{\sin c(2\pi fT_{\mathrm{p}})}\mathrm{e}^{-\mathrm{j}\pi f(N-1)T_{\mathrm{p}}} \tag{6.81}$$

式中，N 为 T_{p} 脉冲的数量。

MPH 模式的 DAC 输出频谱幅度调制响应为

$$H_{\mathrm{MPH}}(\mathrm{j}2\pi f) = H_{\mathrm{TPH}}(\mathrm{j}2\pi f)\frac{\sin c(2\pi fNT_{\mathrm{p}})}{\sin c(2\pi fT_{\mathrm{p}})}\mathrm{e}^{-\mathrm{j}\pi f(N-1)T_{\mathrm{p}}} \tag{6.82}$$

式中，N 为 T_{p} 脉冲的数量。

图 6.26 给出了理想 MRZ 模式 DAC 输出频谱脉冲调制特性。可以看出，子脉冲数为 2 时，第四和第五 Nyquist 带的输出幅度较大；子脉冲数为 3 时，第六和第七 Nyquist 带的输出幅度较大。图 6.27 给出了理想 MPH 模式 DAC 输出频谱脉冲调制特性，子脉冲数为 2 和 3 时的幅度特性和 MRZ 模式类似，但其幅度比 MRZ 模式大 6dB。

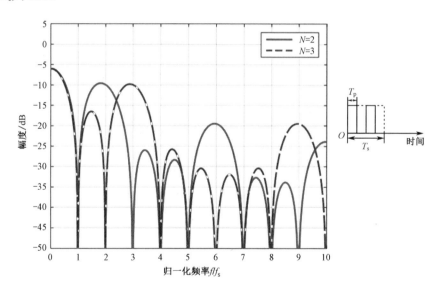

图 6.26　理想 MRZ 模式 DAC 输出频谱脉冲调制特性（N=2 和 N=3）

E2V 公司的系列微波 DAC 芯片就是采用 MRZ 或 MPH 模式设计的，可以产生 DC～26.5GHz 射频直接数字信号，覆盖 X、Ku 和 K 波段；其最新双通道 12GSps DAC 芯片 EV12DD700 采用 THP、MPH 模式设计，并支持多个模式（包括经典

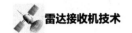

NRZ 模式）的切换，能够产生 DC～21GHz 高性能 K 波段射频直接数字信号。

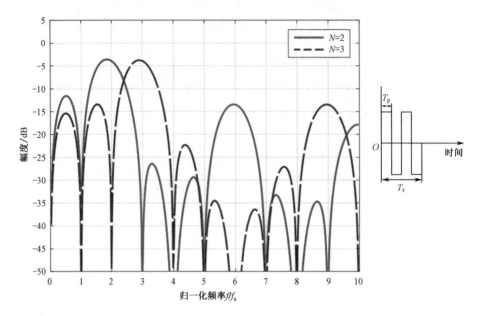

图 6.27　理想 MPH 模式 DAC 输出频谱脉冲调制特性（N=2 和 N=3）

3. DAC 的主要技术指标

通常，DAC 主要存在四个方面的固有限制：①量化或截断误差；②镜像复制；③非线性杂散；④保持失真。这会造成其输出频谱存在一些失真。图 6.28 给出了 DAC 固有限制造成的输出频谱失真情况。

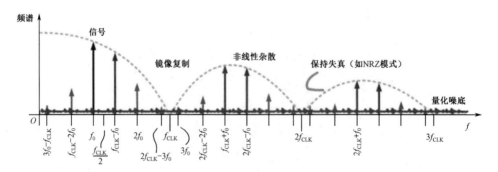

图 6.28　DAC 固有限制造成的输出频谱失真

量化或截断噪声限制了最终输出信号的最小噪声基底。数字信号的频谱周期特性产生了以 $f_s/2$ 为周期的镜像复制，对于基带输出信号为 f_0 的 DAC，同时还产生 $nf_s \pm f_0$ 的镜像输出。另外，输出基频和镜像信号还受到保持电路响应的调制，会造成输出信号幅度的调制失真。DAC 输出的基频和镜像还会产生谐波、互调等非线性失真分量 $mf_s \pm nf_0$。

除了上述四种固有限制造成的 DAC 输出失真，还存在大量与具体物理电路实现相关的非线性失真。这些失真总的来说可以分成两大类：①时序相关误差；②幅度相关误差。这两类误差存在关联性，进一步可以分成静态误差和动态误差。静态误差指的是随机和系统失配导致的时不变误差；动态误差是指码相关、抖动、毛刺、阻抗变化等造成的时变误差。

总的来说，DAC 的性能可以通过一系列静态和动态指标进行刻画，其中静态性能指标主要包括偏置误差、增益误差、单调性、微分非线性、积分非线性；动态性能指标主要包括转换速率、建立时间、信噪比、谐波失真、无杂散动态范围、互调失真、噪声谱密度、单边带相位噪声等。

1）DAC 的主要静态性能指标

（1）偏置误差（Offset Error）：定义为 DAC 在零值输入时的实际输出和理想输出的偏差，是一种固有误差。偏置误差是 DAC 中的运算放大器的输出失调电压造成的，又称失调误差。它与输入二进制码无关，使 DAC 的传输特性有一个垂直位移。

（2）增益误差（Gain Error）：是 DAC 中的基准电压（电流）源的偏移，以及把电流变为电压的运算放大器的增益偏移造成的。增益误差一般不是常数，而是与输入码值成正比，在满量程处时最大。另外，参考源和运放的反馈电阻具有一定的温度系数，因此增益误差会随着温度的变化出现一定的变化。

（3）微分非线性（DNL）和积分非线性（INL）：是反映 DAC 线性度的两个重要参数。DNL 是指 DAC 在两个相邻输入码之间的实际输出步长和理想码距（1LSB）之差的最大值，反映的是 DAC 的输入、输出关系在微观上与理想情况的误差。如果将相邻的输入码记作 i 和 $i-1$，把对应测试的模拟输出电压记作 V_i 和 V_{i-1}，那么 DNL 可以表示为

$$\mathrm{DNL}_i(\mathrm{LSB}) = \frac{V_i - V_{i-1}}{1\mathrm{LSB}} - 1 \tag{6.83}$$

式中，1LSB 定义为分辨率为 N 的 DAC 的单位步进，有

$$1\mathrm{LSB} = \frac{V_{\mathrm{FS}} - V_{\min}}{2^N - 1} \tag{6.84}$$

INL 定义为 DAC 实际传递函数曲线和理想传递函数曲线在各个输入码上差的最大值，反映的是 DAC 输入、输出关系在宏观上与理想情况的最大偏移。INL 可表示为

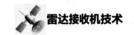

$$\text{INL}_i(\text{LSB}) = \frac{V_i}{1\text{LSB}} - i \qquad (6.85)$$

理想的转换特性是通过原点到满量程的一条直线。实际测量时，传输特性用最小二乘法求出的最佳拟合直线近似，该直线和理想直线的最大偏离值就是 INL。在实际测量中，INL 的测量方法包括端点拟合曲线测量和最佳曲线拟合测量，两种方法的曲线形状一致，只是有一个平移量而已。

对于端点拟合曲线测量，INL_i 和 DNL_i 的关系为

$$\text{INL}_i(\text{LBS}) = \begin{cases} 0, & i = 0 \\ \displaystyle\sum_{k=0}^{2^N-2} \text{DNL}_k, & i = 1, \cdots, 2^B - 1 \end{cases} \qquad (6.86)$$

对于最佳曲线拟合测量，INL_i 和 DNL_i 的关系为

$$\text{INL}_i(\text{LSB}) = \begin{cases} -S, & i = 0 \\ \displaystyle\sum_{k=0}^{2^N-2} \text{DNL}_k - S, & i = 1, \cdots, 2^B - 1 \end{cases} \qquad (6.87)$$

式中，$S = \text{rms}\left[\text{INL}_i(\text{LSB})\right]$。

DAC 的数据手册中提供的是 DNL_i 和 INL_i 的最大值。图 6.29 给出了 AD9164 芯片的 INL 和 DNL 测量结果。

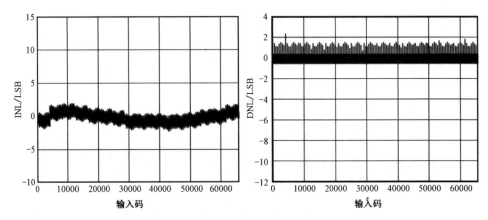

图 6.29　ADI 公司 AD9164 芯片的 INL 和 DNL 测量结果（$I_{\text{outFS}} = 40\text{mA}$）

2）DAC 的主要动态性能指标

（1）信噪比（SNR）：定义为输出信号功率与噪声功率积分比值（不含谐波和直流，整个 Nyquist 带），一般噪声功率包括量化噪声（N_q）、DNL 误差（N_{NDL}）、热噪声（N_{Thermal}）和随机抖动（N_j），SNR 可以表示为

$$\text{SNR(dB)} = 10\lg\frac{P_{\text{Signal}}}{N_q + N_{\text{NDL}} + N_{\text{Thermal}} + N_j} \tag{6.88}$$

（2）谐波失真（HD_n）：定义为输出信号功率与第 n 次谐波功率（P_{HD_n}）的比值，对于单音输出为 f_0；对于转换时钟为 f_s 的 DAC，其谐波分量为 $nf_0 \pm kf_s$，k 为谐波折叠到相应 Nyquist 带的值。谐波失真可以表示为

$$\text{HD}_n\text{(dB)} = 10\lg\frac{P_{\text{Signal}}}{P_{\text{HD}_n}} \tag{6.89}$$

（3）无杂散动态范围（SFDR）：定义为目标频带内信号功率与最高杂散功率（$P_{\text{spur\_max}}$）的比值，该指标决定了 DAC 输出波形的频谱纯度，可表示为

$$\text{SFDR(dBc)} = 10\lg\frac{P_{\text{Signal}}}{P_{\text{spur\_max}}} \tag{6.90}$$

（4）互调失真（IMD）：是指在多音信号输入情况下，多个频率谐波混频互调输出，输出信号功率与 n 阶互调产物 P_{IMD_n} 的比值。两个信号的 f_0 和 f_1 的互调产物为 $|mf_0 \pm nf_1|$。另外，DAC 的转换特性可以将互调产物折叠到多个 Nyquist 带 $\left[|(mf_0 \pm nf_1) + f_s|\right]$，一般带内的三阶互调失真（$\text{IMD}_3$）最大，也是最受关注的指标。互调失真可表示为

$$\text{IMD(dBc)} = 10\lg\frac{P_{\text{Signal}}}{P_{\text{IMD}_n}} \tag{6.91}$$

DAC 主要动态指标频谱示意图如图 6.30 所示。

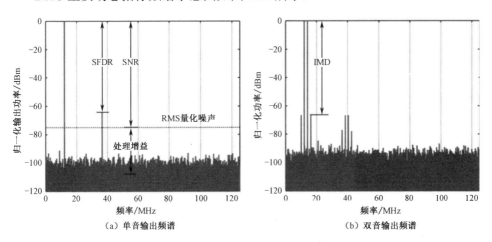

（a）单音输出频谱　　　　　　　　（b）双音输出频谱

图 6.30　DAC 主要动态指标频谱示意图

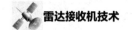

6.2.2 常用雷达数字波形产生技术

1. 基于 DDS/DDFS 技术的信号产生

1）常规 DDS 设计

直接数字合成（Direct Digital Synthesizer，DDS）又称直接数字频率合成（Direct Digital Frequency Synthesizer，DDFS）或数控振荡器（Numerically Controlled Oscillator，NCO），最早是在美国学者 J. Tierney 等人撰写的 A Digital Frequency Synthesizer 一文中提出的，是以全数字技术并从相位的概念出发直接合成所需波形的一种频率合成原理。传统 DDS 的原理框图和信号流图如图 6.31 所示。

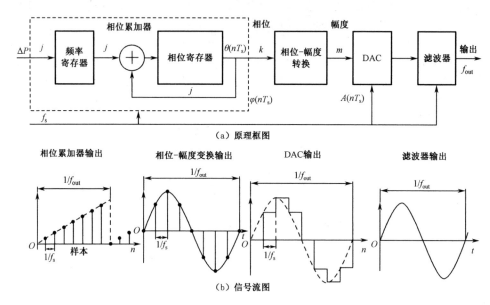

图 6.31　传统 DDS 的原理框图和信号流图

传统 DDS 信号产生包括相位累加器、相位-幅度变换（如基于正弦查找表）、DAC 和滤波器。相位累加器包括 j 比特频率寄存器（用于存储数字相位累加步进）、j 比特全加器和相位寄存器；相位-幅度变换一般是将数字相位变换为一个正弦波形的幅度值；m 比特 DAC 实现数字模拟变换；滤波器实现信号的重构。

图 6.31（a）中的相位累加器输出的瞬时相位二进制数 $\theta(nT_s)$ 是以 ΔP 为步进做模 2^j 运算，以 $T_s = 1/f_s$ 为时钟周期的，即

$$\theta(nT_s) = \theta(nT_s - T_s) + \Delta P \tag{6.92}$$

$\theta(nT_s)$ 对应的瞬时相位值为

$$\varphi(nT_s) = \theta(nT_s)\frac{2\pi}{2^j} \tag{6.93}$$

一个时钟周期 T_s 对应频率控制字 ΔP 引起的相位增量为

$$\Delta\varphi = \Delta P\frac{2\pi}{2^j}(\text{rad}) = \Delta P \mathrm{d}\varphi \tag{6.94}$$

输出的角频率和频率分别为

$$\omega_0 = 2\pi f_0 = \frac{\Delta\varphi}{T_s} = \Delta P\frac{2\pi}{2^j}f_s \tag{6.95}$$

$$f_0 = \Delta P\frac{2\pi}{2^j}f_s = \Delta P \mathrm{d}f \tag{6.96}$$

经过相位-幅度转换后，输出的信号幅度为

$$A(nT_s) = \sin\left[\varphi(nT_s)\right] = \sin\left[\theta(nT_s)\frac{2\pi}{2^j}\right] \tag{6.97}$$

当前 DDS 可以实现各种调制信号的输出，在传统 DDS 结构上进行了扩展，增加了频率、相位、幅度等调制功能，其原理框图如图 6.32 所示。该结构增加了频率累加器（可以用于产生各种频率调制信号，如线性调频等）、相位调制（可以用于产生各种相位调制信号，如 BPSK、QPSK、任意相位调制等）、幅度调制（如产生 ASK 信号），另外通过脉宽控制功能可以产生时域脉冲信号输出。

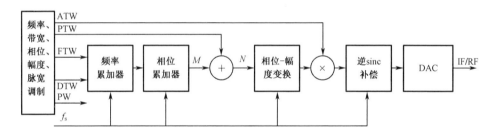

图 6.32　具有复杂调制功能的 DDS 原理框图

DDS 以其接口简单、控制灵活、功耗低、集成度高等特点，已经广泛应用于雷达、通信、电子对抗等领域。目前，雷达工作方式要求信号具有多种波形形式，需要改变信号的频率、脉宽、带宽等调制参数，这就要求雷达的波形形成非常灵活，而 DDS 恰能满足这一要求。DDS 可以对产生波形信号的频率调节字（FTW）、调谐率控制字（DTW）、相位调节字（PTW）和幅度调节字（ATW）、脉宽控制（PW）等一个或多个参数同时进行直接调制，能够产生各种调制方式信号，如点频、LFM、NLFM、xPSK、双斜率 LFM、捷变频信号、步进频信号等。

DDS 通过参数化设计和相应的控制接口可以实现各种调制信号的产生，通过

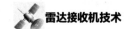

时序设计可以实现各种脉冲信号的产生，以及多通道同步。

DDS 的主要控制参数包括：①频率调节字（Frequency Tuning Word，FTW），M 位，控制点频信号的频率或调频信号的初始频率；②调谐率控制字（Delta Frequency Tuning Word，DTW），M 位，控制调频信号的频率累加步进，与输出信号带宽和脉宽相关；③相位调节字（Phase Tuning Word，PTW），N 位，并与截断后的累加器输出高位对齐，控制输出信号的初始相位；④幅度调节字（Amplitude Tuning Word，ATW），P 位，一般与 DAC 位数一致，控制输出信号的幅度；⑤脉宽控制（Pulse Width，PW），用于控制脉冲信号的脉宽 τ。各参数与输出信号的关系分别为

$$f_{\text{out}} = \frac{\text{FTW}}{2^M} f_{\text{s}} \tag{6.98}$$

$$\text{FTW} = \text{round}\left(2^M \times \frac{f_{\text{out}}}{f_{\text{s}}} \right) \tag{6.99}$$

$$\text{DTW} = \text{round}\left[\frac{BW/(f_{\text{s}}\tau)}{f_{\text{s}}} \times 2^M \right] \tag{6.100}$$

$$\text{DDS 频率分辨率} = \Delta f = \frac{\text{FTW}}{2^N} f_{\text{s}} \tag{6.101}$$

$$\text{DDS 相位调制分辨率} = \Delta\theta = 2\pi \frac{\text{PTW}}{2^N} \text{ 或 } 360° \times \frac{\text{PTW}}{2^N} \tag{6.102}$$

$$\text{DDS 幅度调制分辨率} = \Delta\text{AMP} = \frac{A_{\text{FS}}}{2^P} \text{ 或 } 20\lg\left(\frac{A_{\text{FS}}}{2^P} \right)(\text{dB}) \tag{6.103}$$

对于 DDS 输出基带复信号（I/Q 信号）、输出中频实信号，以及不同的 Nyquist 带，需要考虑频率对应关系，包括 LFM 信号的扫描正、负斜率等，并与 DAC 保持电路的不同响应模式（NRZ、RZ、MIX/TPH 等）相关。

图 6.33 给出了基于查找表的相位-幅度转换的 LFM 信号仿真输出。其中，仿真参数如下：时钟频率，120MHz；输出中频，35MHz；带宽，20MHz；脉宽，500μs。

相位-幅度转换是 DDS 设计的核心。最初，J.Tierney 等人提出基于查找表来实现，但需要较大 ROM 容量且对硬件的工作速度和体积、功耗影响较大。后来，人们不断研究使用较小容量的 ROM 或替代 ROM 的方法，以改善由于相位截断造成的 SFDR 指标恶化，主要方法包括三大类：角度分解（Angular Decomposition）、多项式插值（Polynomial Interpolation）、角度旋转（Angle Rotation）。

（1）角度分解。

角度分解主要是将相位分为粗、细两个或多个相位，再分别放入两个或多个 ROM 中，即用粗调和细调小容量 ROM 来代替原来的一个大容量 ROM，从而实

现减小 ROM 容量的目的。比较典型的有 Hutchinson 结构，将相位 A 分为高相位 C 和低相位 F 两部分，一般高低相位位宽相同，为原相位位宽的二分之一，相位分解表达式为

$$\sin A = \sin(C + F) = \sin C \cos F + \sin F \cos C \approx \sin C + \sin F \cos C \qquad （6.104）$$

$$\cos A = \cos(C + F) = \cos C \cos F - \sin F \sin C \approx \cos C - \sin F \cos C \qquad （6.105）$$

考虑到相位 F 较小，$\cos F \approx 1$，因此输出信号可以用 3 个较小的 ROM 表来代替 1 个较大容量的 ROM 表，同时需要一个乘法器和一个加法/减法器。

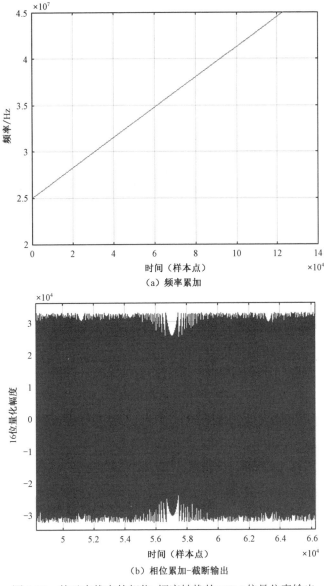

（a）频率累加

（b）相位累加-截断输出

图 6.33　基于查找表的相位-幅度转换的 LFM 信号仿真输出

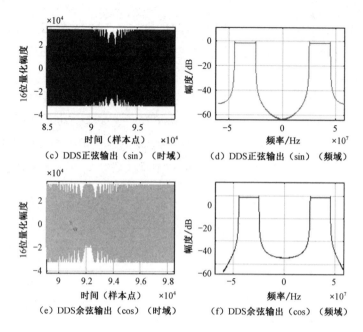

图 6.33　基于查找表的相位-幅度转换的 LFM 信号仿真输出（续）

David A. Sunderland 在 Hutchinson 结构上做改进，进一步分解相位。首先根据三角函数的对称性质，只计算 $[0, \pi/2]$ 范围内的幅度值，再将对应的 N 位寻址相位分成位数为 M（$M=N/3$）的三部分：A、B 和 C，且满足 $A<\pi/2$，$B<2^{-M}\cdot\pi/2$，$C<2^{-M}\cdot\pi/2$（相位 B、C 相对于 A 很小），则表达式为

$$\sin(A+B+C) = \sin(A+B)\cos C + \cos A\cos B\sin C - \sin A\sin B\sin C \quad (6.106)$$

$$\sin(A+B+C) \approx \sin(A+B) + \cos A\sin C \quad (6.107)$$

这可以进一步减小 ROM 容量。

Nicholas 将 Sunderland 的结构进一步改进，通过以数字逼近方式存储以下函数式来实现：

$$f(x) = \sin(\pi x/2) - \pi x/2 \quad (6.108)$$

角度分解压缩 ROM 更为通用的方法是多部表法（Multipartite Table Method，MTM）。该方法可以认为是 Nicholas 方法的通用化，将 LUT 分解为 $R+1$ 个 ROM（1 个初始化表称为 Tiv-table of Initial，加上 R 个偏移表 To-table of offset），通过对其输出进行相加获得需要的函数值。该方法是理想的 DDFS 相位-幅度转换技术，需要最小化的 ROM 表和最小化的算术运算同时保证需要的输出 SFDR 指标。

图 6.34 给出了基于 Nicholas 改进方法的 ROM 查找表 DDS 仿真输出（SFDR=92.6dBc）。

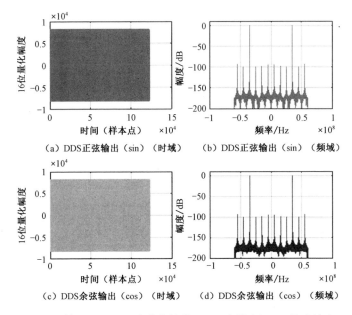

图 6.34　基于 Nicholas 改进方法的 ROM 查找表 DDS 仿真输出

（2）多项式插值。

多项式插值通常是采用多项式插值方法来精确逼近三角函数值，多项式的系数用一个较小的 ROM 或常数表来存储，再通过少量算术运算（加法/乘法）来实现多项式估计。最简单的多项式插值是一阶多项式插值（线性相位插值）。为了进一步减小相位幅度映射误差，可以采用高阶插值多项式估计或分段线性多项式估计等。下面以高阶多项式逼近为例进行分析。

一个余弦函数可以通过一个 8 阶偶次多项式逼近，例如

$$p_8(x) = c_0 + c_1 x^2 + c_2 x^4 + c_3 x^6 + c_4 x^8, \ 0 \leqslant x \leqslant \pi/2 \tag{6.109}$$

该多项式需要 4 个加法器、4 个常系数乘法器、3 个平方处理和 1 个可变输入乘法器，硬件实现比较复杂。通过将可变乘法器进行平方处理可以简化硬件实现，即

$$g(x) = 1 + g_1 x^2 + \left(g_2 x^2 + g_3 x^4 \right)^2, \ 0 \leqslant x \leqslant \pi/2 \tag{6.110}$$

其中，对比式（6.109），有 $c_0 = 1$，$c_1 = g_1$，$c_2 = 2g_2 g_3$，$c_4 = g_3^2$，基于最小均方误差准则可以获得 $g_1 = -0.49997$，$g_2 = 0.203936$，$g_3 = -0.00326045$，有

$$\text{MMSE} = \min_{[g_1, g_2, g_3]} \int_0^{\pi/2} \left[\cos x - g(x) \right]^2 \mathrm{d}x \tag{6.111}$$

通过更多简化和重组可进一步简化硬件电路实现，$g_1 \approx -1/2$，并由 MMSE 得到 $h_1 = 0.204026$，$h_2 = 0.00328646$，则仅需 3 个加法器、2 个常系数乘法器和 3 个

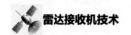

平方处理，即

$$h(x)=1-\frac{1}{2}x^2+\left(h_1x^2-h_2x^4\right)^2, \ 0\leqslant x\leqslant\pi/2 \qquad (6.112)$$

$h(x)$ 的频谱可通过其傅里叶级数展开式表示为

$$h(x)=\sum_{n=1}^{\infty}d_n\cos\left(\frac{n\pi x}{2r}\right), \ 0\leqslant x\leqslant r, \ \ n=1,3,5,7,\cdots \qquad (6.113)$$

对于 $r=\pi/2$，其输出信号频谱系数为

$$d_n=\frac{2}{r}\int_0^r h(x)\cos\left(\frac{n\pi x}{2r}\right)dx \qquad (6.114)$$

DDS 实现将系数 h_1 和 h_2 分别量化为 12 位和 14 位，$\pi/2$ 量化为 13 位，多项式变为

$$h_q(x)=1-\frac{1}{2}x^2+\left(h_{q1}x^2-h_{q2}x^4\right)^2, \ 0\leqslant x\leqslant r_q \qquad (6.115)$$

$$r_q=\frac{\dfrac{2^{13}\pi}{2}}{2^{13}}, \ \ h_{q1}=\frac{2^{12}h_1}{2^{12}}=\frac{835}{2^{12}}, \ \ h_{q2}=\frac{2^{14}h_2}{2^{14}}=\frac{53}{2^{14}} \qquad (6.116)$$

基于高阶多项式逼近的 DDS 实现的仿真输出如图 6.35 所示，SFDR 可达 102.7dBc。

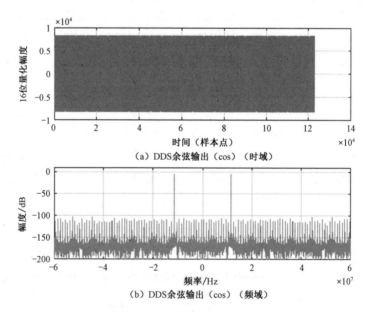

（a）DDS余弦输出（cos）（时域）

（b）DDS余弦输出（cos）（频域）

图 6.35　基于高阶多项式逼近的 DDS 实现的仿真输出

（3）角度旋转。

角度旋转主要是指基于 CORDIC（Coordinate Rotation Digital Computer）算法

及其修订直接计算正弦和余弦函数的幅度。CORDIC 算法通过收敛迭代的过程计算笛卡儿坐标系中矢量的旋转。该算法可以通过简单的算术运算（加法和减法）实现高精度计算完全正交正余弦输出，采用多级流水线硬件结构可以实现高速高精度的相位-幅度计算，但是存在时延并占用逻辑资源，如 FPGA 中的 LUT。

笛卡儿坐标系中的矢量 $(x_0 \ \ y_0)^{\mathrm{T}}$ 经 m 轮迭代旋转角度 θ 后得到 $(x_m \ \ y_m)^{\mathrm{T}}$，可以表示为

$$\begin{pmatrix} x_m \\ y_m \end{pmatrix} = \begin{pmatrix} \cos\theta & -\sin\theta \\ \sin\theta & \cos\theta \end{pmatrix} \begin{pmatrix} x_0 \\ y_0 \end{pmatrix} = \frac{1}{\sqrt{1+\tan^2\theta}} \begin{pmatrix} 1 & -\tan\theta \\ \tan\theta & 1 \end{pmatrix} \begin{pmatrix} x_0 \\ y_0 \end{pmatrix} \quad (6.117)$$

将 θ 分解为一系列更小的角度 $\theta_i(i = 0,1,2,\cdots)$ 且满足 $\theta_i = \arctan(2^{-i})$，有

$$\theta = \sum_{i=0}^{n-1}\sigma_i\theta_i = \sum_{i=0}^{n-1}\sigma_i\arctan(2^{-i}), \quad \sigma_i \in \{-1,1\} \quad (6.118)$$

定义辅助变量 $z_i(z_0 = \theta)$ 表示旋转累加的角度并用于控制 σ_i，差分关系和 σ_i 定义为

$$z_{i+1} = z_i - \sigma_i\arctan(2^{-i}), \quad \sigma_i = \begin{cases} +1, z_i \geq 0 \\ -1, z_i < 0 \end{cases} \quad (6.119)$$

第 i 次坐标旋转后，与前一次坐标关系满足

$$\begin{pmatrix} x_{i+1} \\ y_{i+1} \end{pmatrix} = k_i \begin{pmatrix} 1 & -\sigma_i 2^{-i} \\ \sigma_i 2^{-i} & 1 \end{pmatrix} \begin{pmatrix} x_i \\ y_i \end{pmatrix} \quad (6.120)$$

式中，$k_i = 1/\sqrt{1+2^{-2i}}$。因此，m 轮迭代后的 k 值为

$$k = \prod_{i=0}^{m-1}\frac{1}{\sqrt{1+2^{-2i}}}, \quad \lim_{m\to\infty} k = 0.607253 \quad (6.121)$$

因此，CORDIC 算法的迭代运算过程为

$$\begin{cases} x_{i+1} = x_i - \sigma_i 2^{-i} y_i \\ y_{i+1} = y_i + \sigma_i 2^{-i} x_i \\ z_{i+1} = z_i - \sigma_i\arctan(2^{-i}) \end{cases} \quad (6.122)$$

其中，$\arctan(2^{-i})$ 值用一个较小的 ROM 表存储。

令初始化条件为 $x_0 = k$，$y_0 = 0$，$z_0 = \theta$，经过 $m \to \infty$ 轮迭代后，有

$$\begin{cases} x_n = \cos\theta \\ y_n = \sin\theta \\ z_n = 0 \end{cases} \quad (6.123)$$

$$-\sum_{i=0}^{n-1}\arctan(2^{-i}) \leq \theta \leq \sum_{i=0}^{n-1}\arctan(2^{-i}), \quad n \to \infty 时，\ \theta \approx 1.743286 \quad (6.124)$$

当然，实际迭代次数有限，因此存在误差。

利用 CORDIC 算法计算时，一般将 $[0,2\pi]$ 映射到 $[-\pi/2,\pi/2]$ 或 $[0,\pi/2]$ 范围内。

基于 CORDIC 算法的 DDS 实现的仿真输出如图 6.36 所示。

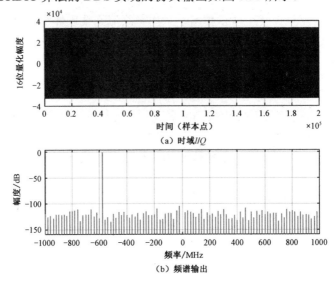

（a）时域 I/Q

（b）频谱输出

图 6.36　基于 CORDIC 算法的 DDS 实现的仿真输出（迭代次数=20，SFDR=105dBc）

2）并行 DDS 设计

随着宽带侦察监视、电子对抗和多功能一体化应用等对信号的瞬时带宽要求越来越高，宽带系统信号瞬时带宽一般都在 GHz 及以上量级，同时目前的商用 DAC 芯片也支持数 GSps 的 D/A 变换。ADI 公司的 AD9176 支持单通道 6.16GSps 实信号或 3.08GSps 复信号输入，E2V 公司的 EV12DD700 的转换速率可达 12GSps。无论是 FPGA 还是 ASIC 内部数字逻辑，都很难实现数 GHz 及以上的直接处理和运算，因此目前对于 GHz 以上的数字处理都采用硬件资源换速度的时间交织并行结构来实现。

并行 DDS 原理框图如图 6.37 所示。

令 $\text{FTW}=f$，$\text{PTW}=p$，$\text{DTW}=r$，则常规 DDS 产生 LFM 信号频率累加器和相位累加器的输出随时间的变化为

$$\begin{cases} t=0,\ F_a=f+0\cdot r, P_a=p+0\cdot f+0\cdot r \\ t=1,\ F_a=f+1\cdot r, P_a=p+1\cdot f+0\cdot r \\ t=2,\ F_a=f+2\cdot r, P_a=p+2\cdot f+1\cdot r \\ \quad\vdots \\ t=n,\ F_a=f+(n+1)r, P_a=p+(n+1)f+\dfrac{n(n+1)}{2}r \end{cases} \quad (6.125)$$

对于并行实现的 DDS 模块，T 时刻同时输出 L 个样本 $(0,1,\cdots,L-1)$ 到时间交织模块，$2T$ 时刻同时输出紧接着的 L 个样本 $(L,L+1,\cdots,2L-1)$ 到时间交织模块，

则 nT 时刻将同时输出 L 个样本 $[(n-1)L,(n-1)L+1,\cdots,nL-1]$ 到时间交织模块。

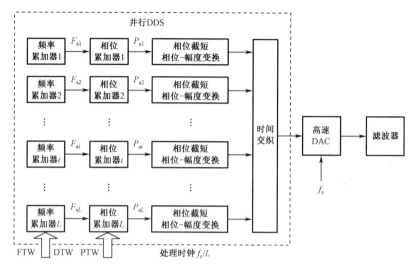

图 6.37　并行 DDS 原理框图

对于有 L 个分支并行实现的 DDS 模块，第 1 个分支将产生第 0、L、$2L$、$\cdots$ 个样本的相位值，其 F_{a1} 和 P_{a1} 随时间的变化为

$$\begin{cases} t=0,\ S=0,\ F_{a1}=f+0\cdot r,\ P_{a1}=p+0\cdot f+0\cdot r \\[2mm] t=1,\ S=L,\ F_{a1}=f+Lr,\ P_{a1}=p+Lf+\dfrac{L(L-1)}{2}r \\[2mm] \vdots \\[2mm] t=n,\ S=nL,\ L_{a1}=f+nLr,\ P_{a1}=p+nLf+\dfrac{nL(nL-1)}{2}r \end{cases} \qquad (6.126)$$

第 2 个分支将产生第 1、$L+1$、$2L+1$、$\cdots$ 个样本的相位值，其 F_{a2} 和 P_{a2} 随时间的变化为

$$\begin{cases} t=0,\ S=1,\ F_{a2}=f+1r,\ P_{a2}=p+0f+1r \\[2mm] t=1,\ S=L+1,\ F_{a2}=f+(L+1)r,\ P_{a2}=p+(L+1)f+\dfrac{L(L+1)}{2}r \\[2mm] \vdots \\[2mm] t=n,\ S=nL+1,\ F_{a2}=f+(nL+1)r,\ P_{a2}=p+(nL+1)f+\dfrac{nL(nL+1)}{2}r \end{cases} \qquad (6.127)$$

第 i 个分支 $(i\leqslant L)$ 在第 nT 时刻的 F_{ai} 和 P_{ai} 为

$$\begin{cases} t=n,\ S=nL+i \\[2mm] F_{ai}=f+(nL+i-1)r \\[2mm] P_{ai}=p+(nl+i-1)f+\dfrac{(nL+i-1)(nL+i-2)}{2}r \end{cases} \qquad (6.128)$$

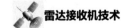

第 i 个分支 $(i{\leqslant}L)$ 在第 $(n+1)T$ 时刻的频率值为

$$\begin{cases} t=n,\ S=(n+1)L+i \\ f(n+1,i,L)=f(n,i,L)+Lr \end{cases} \tag{6.129}$$

第 i 个分支 $(i{\leqslant}L)$ 在第 $(n+1)T$ 时刻的相位值为

$$\begin{cases} t=n,\ \ S=(n+1)L+i \\ p(n+1,i,L)=p(n,i,L)+Lf(n,i,L)+\dfrac{(L-1)Lr}{2} \end{cases} \tag{6.130}$$

第 i 个分支 $(i{\leqslant}L)$ 在第 $(n+1)T$ 时刻的相位值是该分支在前一时刻 (nT) 的相位值加上该分支前一时刻的频率值的 L 倍再加上调频斜率 r 的 $(L-1)L/2$ 倍。

因此，根据前面的递推关系可以得到 L 个分支并行 DDS 的第 i 分支原理框图，如图 6.38 所示。

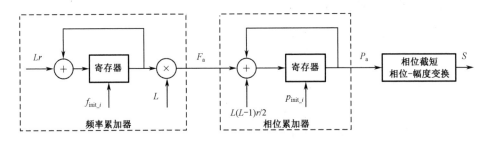

图 6.38　并行 DDS 的第 i 分支原理框图

对应第 i 分支的频率累加器和相位累加器的初始化频率和相位为

$$\begin{cases} f_{\text{init}\_i}=f+(i-1)r \\ p_{\text{init}\_i}=p+(i-1)f+(i-1)(i-2)r/2 \end{cases} \tag{6.131}$$

采用并行结构实现 DDS 算法模块，其控制参数计算（FTW/DTW/PTW 等）与常规 DDS 模块完全相同，因此产生的信号和常规 DDS 结构完全一样，信号性能指标没有变化。同时，只要数字处理芯片（如 FPGA）高速接口数量和速度满足 DAC 接口的需求，使用该结构可以产生与任意速率 DAC 相匹配的数字 DDS 核。

另外，并行 DDS 的相位-幅度转换模块与常规 DDS 完全相同，可以基于查找表结构、插值多项式结构、CORDIC 算法来实现，具体选择可以根据硬件资源、面积和功耗等因素来考虑，如 FPGA 设计中具体项目的 RAM 资源、DSP 资源、LUT 资源的使用情况。

对于基于 FPGA 设计的并行 DDS，并行分支数量的选择需要根据 FPGA 的处理时钟、DAC 的转换速率和接口速率等因素来考虑。

对于宽带复杂调制信号（如非线性调频、对称线性/非对称调频、频率编码、相位编码、组合编码等信号）的并行 DDS，如果需要在并行分支时间间隔内跳变，则需要进一步优化前述并行结构。

图 6.39～图 6.41 给出了基于 FPGA（XC7V690T）的并行 DDS 和 AD9164 DAC 芯片，直接输出 4.8GHz 瞬时带宽 1.5GHz 的中频信号，再通过模拟二倍频后输出 9.6GHz 的 X 波段射频信号的宽带数字化收发系统硬件实物图和测试结果。

图 6.39　基于 FPGA+DAC/ADC 的宽带数字化收发系统硬件实物图

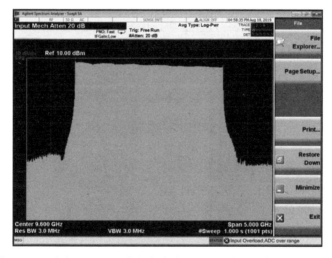

图 6.40　X 波段 9.6GHz（中心频率为 3GHz）瞬时带宽信号测试频谱

2. 基于 DDWS 和 DUC 技术的信号产生

由于基于 DDS 的信号产生结构形式受限，无法接收外部基带样本信号，因此复杂任意信号的产生受限，特别是有些项目要求的各种复杂调制信号（如基于试验记录的回波基带数据、基于仿真模拟产生的基带数据、噪声调制信号、多信道数字合成信号、雷达通信对抗多功能一体化信号等）。另外，基于单纯 DDS 的实现结构不具备预失真补偿能力，特别是对于宽带/超宽带信号产生，需要进行数字预失真处理以补偿宽带射频链路的非线性失真对信号质量的影响。

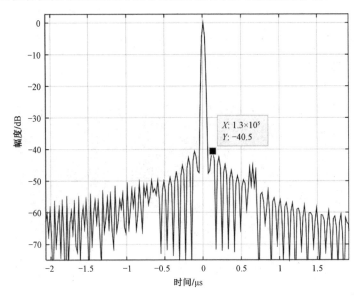

图 6.41　X 波段宽带收发系统闭环采集 3GHz 带宽信号脉冲压缩输出（数字失真补偿后）

　　直接数字波形综合（Direct Digital Waveform Synthesis，DDWS）基于波形存储（基带或数字中频信号）和直接数模变换实现任意信号的产生。该技术按预定的采样频率将所需要生成的一定时宽的波形进行采样，计算出信号波形各个采样点的值，然后量化存储至高速数字存储器。还原波形的时候，高速数字存储器按采样顺序依次读出波形数据，经 D/A 变换后再经低通滤波，即可产生所需的模拟信号波形。该方法可以实现任意复杂信号的产生，但灵活性较差，波形捷变实现困难，且需要大量硬件存储资源。

　　数字上变频（Digital-up Converter，DUC）技术通过对基带数据进行插值、滤波和数字混频的方式产生波形信号，理论上可以产生任意波形信号。由于其结构灵活，波形可任意配置，具备预失真补偿能力，可应用于雷达、通信、电子战等宽带多功能一体化系统设计，实现软件定义的任意信号产生。典型 DUC 原理框图如图 6.42 所示。

　　常规 DUC 处理主要包括多速率信号处理（一级或多级内插滤波）和数字正交调制（数字混频或数字频谱搬移处理）两部分。内插滤波处理可以实现基带低速率信号到 DAC 高速率信号的转换。根据多速率信号处理理论，基带信号增采样处理后会产生信号镜像复制，需要通过相应的内插滤波器进行镜像信号抑制，镜像抑制滤波器可基于 FIR 多相滤波器、半带滤波器、CIC 滤波器等多速率滤波器或其多级级联来设计。

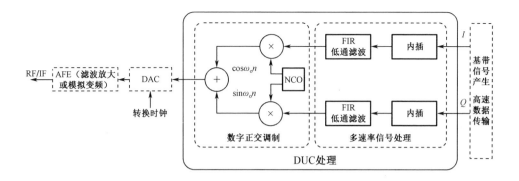

图 6.42 典型 DUC 原理框图

数字正交调制是将内插后的数字基带信号 $x(n) = I(n) + jQ(n)$ 调制到数字载波频率 $\exp(j\omega_c n)$ 上的过程（复乘后取实部或虚部得到带通信号），可表示为

$$x(n)e^{j\omega_c n} = \left[I(n) + jQ(n)\right] \times \left(\cos\omega_c n + j\sin\omega_c n\right)$$
$$= \left[I(n)\cos\omega_c n - Q(n)\sin\omega_c n\right] + j\left[I(n)\cos\omega_c n + Q(n)\sin\omega_c n\right] \quad (6.132)$$

因此，正交调制后的输出为

$$y(n) = I(n)\cos\omega_c n - Q(n)\sin\omega_c n = \mathrm{Re}\left[x(n)e^{j\omega_c n}\right] \quad (6.133)$$

$$y(n) = I(n)\cos\omega_c n + Q(n)\sin\omega_c n = \mathrm{Im}\left[x(n)e^{j\omega_c n}\right] \quad (6.134)$$

对于输出线性调频信号的发射信号，其不同斜率将影响接收的脉冲压缩匹配滤波处理，因此发射链路需要明确输出信号的最终射频信号斜率。影响最终输出信号斜率的因素包括如下几种。

（1）基带信号产生影响：如基于 DDS 方式产生时，需要明确基带信号扫描起始是从正频率开始（负斜率），还是从负频率开始（正斜率）。

（2）数字 DUC 处理：取实部时输出斜率不变，取虚部时输出斜率翻转。

（3）DAC 输出模式或信号频带选择：选择奇数 Nyquist 带时斜率不变，选择偶数 Nyquist 带时斜率翻转（Nyquist 带从第 1 个开始）。

（4）模拟变频或倍频处理：模拟倍频时不改变斜率，模拟变频时高本振信号输出斜率翻转，低本振信号斜率不变。

LFM 输出信号斜率的测试验证方法是控制 LFM 信号的 DTW 参数为零、FTW 参数保持不变，看输出信号的脉冲点频信号的频谱是位于射频中心频率的上方还是下方，位于下方是正斜率扫描，位于上方是负斜率扫描。

常规 DUC 处理的信号流为增采样→内插滤波→数字正交调制。基于多速率滤波采用多相结构可以实现 L 倍内插滤波的高效实现结构或降速处理结构，内插滤波后通过数字正交调制将基带信号搬移到中频频率。根据多速率信号处理理论，

L 倍增采样后的基带信号将在基带采样频率的整数倍处产生基带频谱的复制,当期望输出信号的中频频率与输入采样频率的整数倍一致时,内插的过程就实现了频谱的搬移。这时通过一个带通滤波器就可以直接输出需要的中频频谱,同时实现了内插滤波和频谱搬移。

带通滤波器 [冲激响应为 $g(n)$] 可以看作低通滤波器 $h(n)$ 上变频的结果(假定输出中心频率为输出采样频率的 k/L),则带通滤波器冲激响应和低通/带通滤波器的 Z 变换为

$$g(n,k) = h(n)\exp\left(j\frac{2\pi}{L}kn\right) \tag{6.135}$$

$$H_{\text{LPF}}(z) = \sum_{n=0}^{N-1} h(z)z^{-n} \tag{6.136}$$

$$G_{\text{BPF}}(z) = \sum_{n=0}^{N-1} h(z)\exp\left(j\frac{2\pi}{L}kn\right)z^{-n} \tag{6.137}$$

低通/带通滤波器的 Z 变换多相实现形式为

$$H_{\text{LPF}}(z) = \sum_{r=0}^{L-1} z^{-r} \sum_{n=0}^{\frac{N}{L}-1} h(r+nL)z^{-nL} \tag{6.138}$$

$$\begin{aligned} G_{\text{BPF}}(z) &= \sum_{r=0}^{L-1} z^{-r}\exp\left(j\frac{2\pi}{L}kr\right) \sum_{n=0}^{\frac{N}{L}-1} h(r+nL)\exp\left(j\frac{2\pi}{L}kn\right)z^{-nL} \\ &= \sum_{r=0}^{L-1} z^{-r}\exp\left(j\frac{2\pi}{L}kr\right) \sum_{n=0}^{\frac{N}{L}-1} h(r+nL)z^{-nL} \end{aligned} \tag{6.139}$$

对第 k 个 Nyquist 带实现同步内插滤波和上变频处理的原理框图如图 6.43 所示。

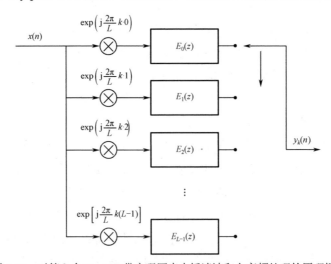

图 6.43　对第 k 个 Nyquist 带实现同步内插滤波和上变频处理的原理框图

根据傅里叶变换的时频对应关系，时域的相位旋转对应频域的频谱搬移，相位旋转确定了滤波器输出频谱的位置。图 6.43 所示的结构实际上是一种 DUC 处理的混频前置结构，混频处理、滤波处理都在低速率上进行。此处的滤波器实际上是复数滤波器，输入信号也是基带复信号，理论上需要 4 次卷积处理，但是 DUC 处理只需要取数字混频的实数序列或虚数序列，因此该结构仅仅需要 2 次卷积处理，与常规 DUC 处理一样。

图 6.44 和图 6.45 给出了基于混频前置+带通内插滤波的仿真结果。仿真的条件是基带信号采样频率为 250MHz，基带 LFM 信号带宽为 200MHz，内插因子 $L=8$，内插后采样频率为 2GHz，内插后信号中频为 1.5GHz（或 500MHz）。

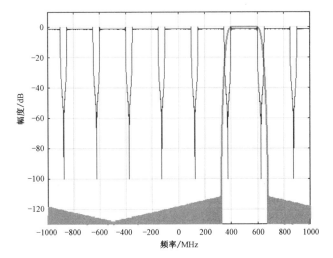

图 6.44 内插后 LFM 信号频谱及带通滤波器频率响应仿真结果

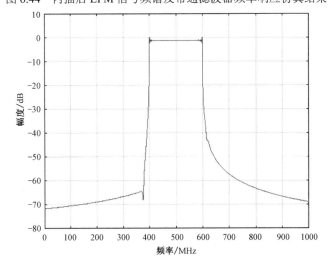

图 6.45 基于混频前置+带通内插滤波的最终输出数字中频信号频谱

在雷达系统应用中，DUC 的输出中频大多按照满足最佳采样定理的条件进行设计（中频频率位于 Nyquist 带的中心）。在该频率窗口下，可以进一步简化图 6.43 所示的 DUC 处理结构，以减少硬件资源，对 DAC 的模拟镜像抑制滤波器来说，过渡带也最优。

3. 基于 DDS+DUC 的复杂雷达波形设计与实现

当前实际雷达信号都是基于 DDS+DUC 的方式产生的，具体硬件实现方式都是基于 FPGA+DDS/DAC/TxDAC 芯片的。

对基于 FPGA+DDS 芯片的实现，FPGA 实现 DDS 的 ASIC 芯片参数配置和时序控制，DDS 芯片实现信号的直接数字综合。对基于 FPGA+DAC/TxDAC 芯片的实现，一般在 FPGA 内部实现基带或中频数字信号的直接综合，DAC 仅实现 D/A 变换，TxDAC 除实现 D/A 变换外，还实现数字上变频处理（内插滤波+数字正交调制）。

为了满足复杂调制信号的灵活产生、支持任意信号产生（如相位噪声调制等）、发射预失真补偿处理、发射高精度时延控制等的需求，具体信号产生基于 DDS+DUC 的方式来设计和实现。图 6.46 给出了基于 DDS+DUC 的任意信号产生实现原理框图。其中的各功能模块可以在不同芯片、不同板块甚至分机中实现。

下面对几种典型调制信号的产生进行分析。

1) 非线性调频（NLFM）信号的产生与实现

雷达中常用的线性调频（Linear Frequency Modulation，LFM）信号匹配滤波输出时会产生距离（时延）旁瓣。在许多系统中，过高的距离旁瓣是无法接受的，因为强目标的旁瓣会遮蔽较小的目标检测。目前，一般的处理方法是对匹配滤波器的频率响应进行整形–加窗处理以降低滤波器的旁瓣电平，但是该方法会造成主瓣展宽分辨率下降，以及主瓣峰值增益降低，信噪比下降（匹配函数是失配的）。另一种方法是对发射波形频谱进行整形，考虑到发射饱和放大时域波形恒包络的要求，一般采用以脉冲边沿高扫描速率降低脉冲边沿信号能量的方法实现，即非线性调频（Nonlinear Frequency Modulation，NLFM）。NLFM 信号可分为对称 NLFM 信号和非对称 NLFM 信号，对称 NLFM 信号的特点是在脉冲的前半部分频率随时间递增（或递减），在脉冲的后半部分频率随时间递减（或递增）。相较于 LFM 信号，NLFM 信号的缺点是其模糊函数具有多普勒敏感特性，因此一般需要进行多通道匹配滤波处理，以获得需要的距离旁瓣水平。另外，NLFM 信号比较适用于距离/多普勒频移大概确定的跟踪系统。

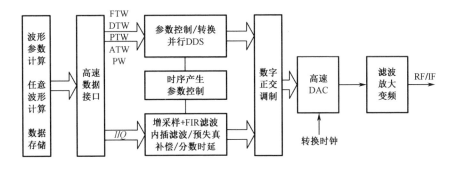

图 6.46　基于 DDS+DUC 的任意信号产生实现原理框图

NLFM 信号的设计常采用驻相点法。下面以驻相点法为例进行 DDS 设计分析。令 NLFM 信号的时域和频谱分别为 $u(t)$ 和 $U(f)$，即

$$u(t) = g(t)\exp\left[\mathrm{j}\phi(t)\right] \tag{6.140}$$

$$U(f) = |U(f)|\exp\left[\mathrm{j}\varPhi(f)\right] = \int_{-\infty}^{\infty} g(t)\exp\left[\mathrm{j}\left(-2\pi ft + \phi(t)\right)\right]\mathrm{d}t \tag{6.141}$$

t_k 时刻的瞬时频率为其相位对时间的导数

$$f_k = \frac{1}{2\pi}\phi'(t_k) \tag{6.142}$$

根据稳态相位理论，NLFM 信号的谱密度与频率变化速率的关系可表示为

$$\left|U(f_k)\right|^2 \approx 2\pi\frac{g^2(t_k)}{\phi''(t_k)} \tag{6.143}$$

即频率变化速率与对应频率的能量成反比。NLFM 信号的设计就是保持 $g(t_k)$ 恒定（恒包络），通过频率变化速率的调整来整形输出信号频谱。

令输出频谱 $U(f)$ 的目标形状为 $v(f)$ [独立于 $g(t)$]，则目标信号相位二阶导数为

$$\varPhi''(f) = 2\pi\frac{v^2(f)}{g^2(t)},\ -B/2 \leqslant f \leqslant B/2 \tag{6.144}$$

相位的一阶导数为

$$\varPhi'(f) = \int_{-B/2}^{f}\varPhi''(x)\mathrm{d}x \tag{6.145}$$

NLFM 信号的群时延为

$$T(f) = -\frac{1}{2\pi}\varPhi'(f) \tag{6.146}$$

瞬时频率是 $T(f)$ 的反函数（可基于数值分析计算获得），即

$$f(t) = T^{-1}(f) \tag{6.147}$$

因此，设计的 NLFM 信号相位为

$$\phi(t) = 2\pi \int_0^t f(x)\mathrm{d}x \tag{6.148}$$

$U(f)$ 的选择一般可以是常见的汉明窗、泰勒窗等窗函数，或者是平方根升余弦函数，或者是根据经验得出的频率函数。图 6.47 给出了基于汉明窗设计的 NLFM 信号各函数的关系图形。其中，带宽 B=100MHz，脉宽为 10μs，DDS 时钟频率为 2.4GHz。

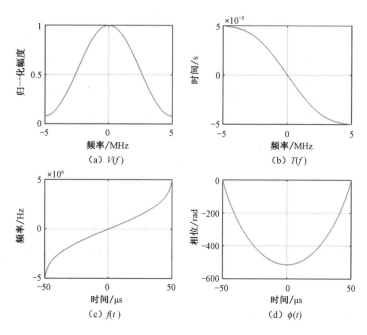

图 6.47　基于汉明窗设计的 NLFM 信号各函数的关系图形

DDS 实现时需要控制的参数为 FTW 和 DTW。对于 LFM 信号，FTW 为起始频率，DTW 为调谐率（常数）。对于 NLFM 信号，FTW 与 LFM 一致，但是 DTW 随时间的变化不是常数，即 DDS 实现框图中的频率累加器 DTW 随时间变化。频率累加器的输出可以表示为

$$P(n) = 2\pi\left(n\mathrm{FTW} + \sum_{k=1}^{n}\sum_{i=1}^{k}\mathrm{DTW}_i\right) \tag{6.149}$$

当式（6.149）中的 DTW_i 为常数时输出 LFM 信号。在脉宽为 10μs、时钟频率为 2.4GHz 的情况下，DTW_i 的数量为 24000，如此大量的控制参数需要较多的硬件存储资源和传输时间，因此 NLFM 设计一般用分段折线来拟合原始的 $f(t)$ 曲线，具体折线数量可以根据副瓣电平的误差迭代算法来进行优化，同时还可以优化不同分段的时间长度等。

因此，基于 DDS+DUC 的 NLFM 信号产生设计与 LFM 的区别是需要一系

列 DTW_i 控制字，以及每段 DTW 保持的时间参数。对于前述参数（B=100MHz，PW=10μs），DDS 时钟为 2.4GHz（DAC 速率为该值，对于窄带信号，实际 DDS 处理速率也可以降低，再通过内插滤波到 DAC 速率上）时，采用 100 段折线进行拟合和 DDS 实现，信号的输出频谱如图 6.48 所示，时域和脉冲压缩输出如图 6.49 所示。

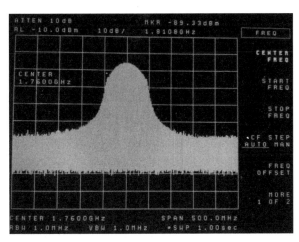

图 6.48　基于 FPGA+DAC 的 NLFM 信号输出频谱（B=100MHz，PW=10μs）

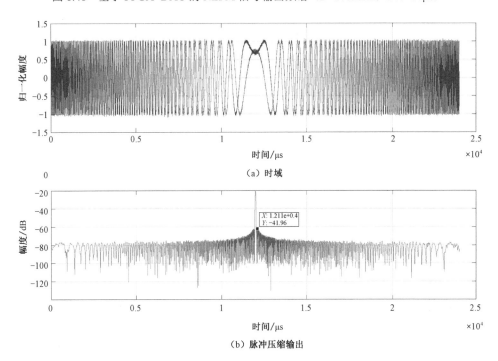

（a）时域

（b）脉冲压缩输出

图 6.49　基于 FPGA+DAC 的 NLFM 信号时域和脉冲压缩输出

2）相位编码 PSK 信号的产生与实现

相位编码信号的复包络可以表示为

$$u(t) = \frac{1}{\sqrt{T}} \sum_{k=1}^{M} c_k \text{rect}\left[\frac{t-(k-1)\tau_c}{\tau_c}\right], \quad c_k = \exp(\text{j}\phi_k) \tag{6.150}$$

式中，T 为脉冲宽度；M 为码元/相位个数；τ_c 为子脉冲宽度（码元/相位宽度），$\tau_c = T/M$；$\phi_k \in \{\phi_1, \phi_2, \cdots, \phi_M\}$ 为编码对应的相位。二相码 $\phi_k = \{0, \pi\}$，$c_k = \exp(\text{j}\phi_k) = \{1, -1\}$；四相码 $\phi_k = \left\{0, \frac{\pi}{2}, \pi, \frac{3\pi}{2}\right\}$，$c_k = \exp(\text{j}\phi_k) = \{1, \text{j}, -1, -\text{j}\}$；多相编码允许对相位 ϕ_k 进行任意编码。

典型的常用二相码有以下几种。

（1）巴克（Barker）码：码长最大为 13（[1 1 1 1 1 -1 -1 1 1 -1 1 -1 1]），码长有限，多普勒容限差。

（2）最小峰值旁瓣比（Minimum Peak Side-lobe，MPS）码：通过计算机搜索获得，是增益和副瓣最优二相码。

（3）伪随机噪声（Pseudorandom Noise，PRN）序列：又称最大长度线性反馈序列、m 序列，长度限制为 $M = 2^n - 1$，基于伽罗华域 $\text{GF}(2^n)$ 上的不可约多项式计算产生，硬件实现可以基于线性反馈移位寄存器（Linear Feedback Shift Register，LFSR）实现。m 序列是渐近完美码，数量为 $N = \dfrac{M}{n} \prod\left(1 - \dfrac{1}{p_i}\right)$，$p_i$ 为素数因子。

由于 m 序列长度有限，当脉冲应用码元长度不满足脉宽设计要求时需截断，会因非周期编码造成脉冲压缩副瓣抬高。

（4）L 序列（Legendre 序列或平方余数序列）：相比于 m 序列，它的优势是码长有更大的选择余地，L 序列满足两个随机性，即码长为 N 的序列自相关函数峰值为 N，副瓣电平均为-1，码元 1 的数目与码元 0 的数目近似相等；如果码长 $N = 4t - 1$，则存在长度为 N 的平方余数序列，其中，N 为素数，t 为任意整数。若 i 是 N 的平方余数，则码元 $c_i = 1(i = 0, 1, \cdots, N-1)$；否则 $c_i = -1$。

（5）补码：又称 Welti 码，由长度 N 相等的两组序列构成，其自相关函数副瓣幅度相等，符号相反，和的峰值为 $2N$，副瓣为 0，N 为偶数且是两个平方数的和，使用时一般要求两个码在时、频域或极化上能够分开。

二相码基于 DDS+DUC 实现时相对较简单，码元设计按照 0/1 对应 0/π 来存储和传输。DDS 的 PTW 根据输入是 0/1 对应 0/π 来计算。DDS 实现主要的限制是信号带宽（或码元宽度）的最大值为 DDS 的转换时钟频率以及最大能整数倍整除的信号带宽（码元宽度）。图 6.50 给出了码长为 2039，带宽为 100MHz，4 倍过采样率的 L 序列输出频谱和脉冲压缩结果。

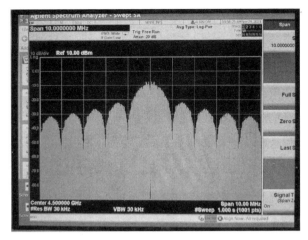

（a）频谱

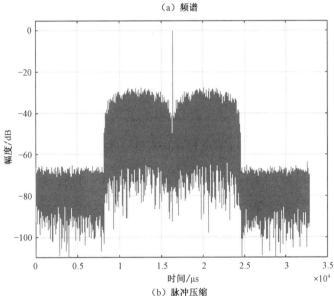

（b）脉冲压缩

图 6.50　基于 L 序列设计的二相码输出频谱和脉冲压缩结果

二相码的多普勒容限较小，且信号频谱展宽严重，会因为接收机的带通滤波特性造成信号失配，进而降低匹配滤波后的信噪比增益及主瓣的展宽。多相码允许对码片进行任意相位编码，具有较低的旁瓣电平和较大的多普勒容限。

常用的多相码主要有以下几种。

（1）多相 Barker 码：副瓣电平接近$1/N_c$，N_c为码长。无系统构建的方法，一般通过数值优化技术获得。多相 Barker 码长度目前已扩展到$N_c = 63$，最新报道的偶次多相 Barker 码最大长度可达 100。

（2）类 LFM 信号多相码：包括 Frank 码、P1、P2、P3、P4、P(n,k) 码，是通过对 LFM 或 NLFM 的近似发展起来的。Frank 码是采用 M 个步进频率且对每个步进 M 个点对的 LFM 信号进行阶梯近似得到的，码长为 $N_c = M^2$。Frank 码相位可表示为

$$\phi_{n,k} = \frac{2\pi(n-1)(k-1)}{M}, \ 1 \leq k \leq M, \ 1 \leq n \leq M \tag{6.151}$$

式中，k 为步进数；n 为采样点。

P1 码相位可以表示为

$$\phi_{n,k} = \frac{-\pi}{M}[M-(2k-1)][(k-1)M+(n-1)], \ 1 \leq k \leq M, \ 1 \leq n \leq M \tag{6.152}$$

式中，k 为步进数；n 为采样点。此时，$N_c = M^2$。

P2 码相位可以表示为

$$\phi_{n,k} = \frac{-\pi}{M}[2k-1-M)][2n-1-M], \ 1 \leq k \leq M, \ 1 \leq n \leq M \tag{6.153}$$

式中，k 为步进数；n 为采样点；M 为偶数。此时，$N_c = M^2$。

P3 码相位可以表示为

$$\phi_m = \frac{2\pi}{M}\frac{(m-1)^2}{2}, \ 1 \leq m \leq M \tag{6.154}$$

式中，M 为任意数；最小相位斜率在波形开始处。

P4 码相位可以表示为

$$\phi_m = \frac{2\pi}{M}(m-1)\frac{(m-1-M)}{2}, \ 1 \leq m \leq M \tag{6.155}$$

式中，M 为任意数。此时，最小相位斜率在波形中间。

P(n,k) 码基于 NLFM 信号的步进近似产生，其对应的 NLFM 信号能量密度函数为

$$W(f) = \begin{cases} k+(1+k)\cos^n\dfrac{\pi f}{B}, & |f| \leq B \\ 0, & |f| > B \end{cases} \tag{6.156}$$

（3）四相码：可以通过二相码到四相码的特别映射（Biphase-to-Quadriphase，BTQ）产生，也可以通过用两倍带宽的半余弦码片取代矩形子脉冲码片获得。变换的相位为

$$\phi(k\tau_c) = \begin{cases} 0, & k = 0 \\ \dfrac{s(k-1)\pi}{2}+\theta_k, & k = 1,2,\cdots,M \\ 0, & k = M+1 \end{cases} \tag{6.157}$$

式中，θ_k 为二相码。

基于 DDS 设计的多相码需要给出各相位对应的 PTW 及单个相位保持的时间（量化到最高处理时钟周期），因此需要存储的控制参数及传输的数据量远大于二相码。四相码可以通过两位二进制数表示一个相位，存储和传输的数据量较小，易于硬件实现。

3）Costas 频率编码 FSK 信号的产生与实现

Costas 频率编码是一种具有相位编码和频率步进的脉冲串波形的脉冲压缩波形，在脉冲内以 Δf 间隔对子脉冲进行 N 次步进，步进是非线性的，并基于有限域本原多项式的根（Costas 序列）。Costas 频率编码信号的模糊函数呈图钉状，具有良好的距离和多普勒分辨率。

Costas 频率编码信号可表示为

$$u(t) = \frac{1}{\sqrt{N\tau_c}} \sum_{m=1}^{M} u_m\left[t - (m-1)\tau_c\right] \tag{6.158}$$

$$u_m(t) = \begin{cases} e^{j2\pi f_m t}, & 0 \leqslant t \leqslant \tau_c \\ 0, & \text{其他} \end{cases} \tag{6.159}$$

式中，$f_m = a_m/\tau_c$；a 为 Costas 序列，$a = (a_1, a_2, \cdots, a_M)$。

Costas 频率序列的构造需要满足

$$f_{k+i} - f_k \neq f_{j+i} - f_j, \ 1 \leqslant k < i < i+j \leqslant M \tag{6.160}$$

Costas 序列的构造大多基于有限域本原多项式的根特性。Costas 序列的 Welch 构造首先选择一个奇素数 p，Costas 序列的频率数和时隙为 $M = \phi(p) = p-1$，其中，$\phi(p)$ 为欧拉函数；其次选择一个模为 p 的本原根 g，如果 g 是模 p 的本原根，那么 g 就是一个属于欧拉函数 $\phi(p)$ 的模为 p 的整数，$g, g^2, \cdots, g^{\phi(p)}$ 是相异的，形成一个既约剩余 p 的置换序列。Welch 表明这个既约剩余集就是 Costas 序列。

基于 DDS+DUC 设计 Costas 频率编码信号时，需要产生 Costas 序列及其对应的 FTW 值，以及单个 FTW 对应的时间宽度参数。

4）调制噪声信号的产生与实现

调制噪声信号主要包括标准高斯分布调制噪声信号、随机相位调制噪声信号、随机频率调制噪声信号、二相编码随机噪声信号等。

由于输出信号为非恒包络信号，因此标准高斯分布调制噪声信号难以在目前饱和放大体制的雷达中获得应用。随机相位调制和随机频率调制噪声信号具有恒包络特性，在目前的低截获（Low Probability of Intercept，LPI）雷达中获得了应用。

调制噪声信号的特点是信号带宽大、距离分辨率高，同时模糊函数图像呈图钉形，脉冲压缩性能好，具有随机性和 LPI 特性，但是一般多普勒容限小。

　　除了二相编码随机噪声信号硬件实现较简单，其余噪声调制信号的硬件实现基本都以基带 *I/Q* 信号存储和回放的方式来实现，因此信号的存储量大，同时对数据接口要求高，特别是宽带随机噪声信号；窄带随机噪声信号对信号的存储和传输要求稍低，可以在信号产生时结合 DUC 处理来实现。

　　5）复合调制信号的产生与实现

　　不同的单一调制信号有各自的优点，但每种信号都有其不足之处，LFM 信号容易获得大的带宽且多普勒不敏感，但存在距离-多普勒耦合问题；BPSK 信号实现简单，相关性好，但存在多普勒敏感，频谱展宽严重；Costas 频率编码信号距离向脉冲压缩副瓣差，但频率具备随机性和 LPI 特性，模糊函数图像呈图钉状。

　　通过将单一调制信号进行组合，可以形成复合调制信号，包括脉内复合调制信号和脉间复合调制信号。复合调制信号可以同时对信号的频率、相位等进行调制，可克服单一调制信号的一些不足，并发挥其优点。合理组合的复合调制信号可以综合不同单一调制信号的优点，弥补不足，调制结构复杂，强化了信号的随机性，提供了侦察接收机的失配系数，可以大大降低信号被截获的概率，更能适应目前日益复杂的电磁对抗环境。

　　基于 DDS+DUC 的信号产生支持 FTW、PTW、DTW、ATW、PW 等各个控制参数的分时和同时调制，并支持 DDS 与 DUC 结合，可以实现任意信号的产生和调制。

　　图 6.51 和图 6.52 给出了 LFM+Costas 频率编码复合调制信号仿真输出结果。

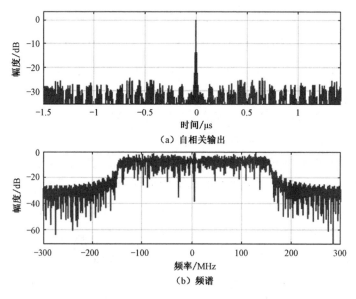

图 6.51　LFM+Costas 频率编码复合调制信号仿真输出

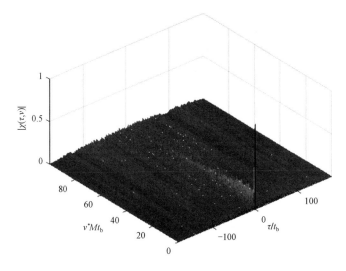

图 6.52　LFM+Costas 频率编码复合调制信号仿真输出的模糊函数

6.3　数字化接收

当前电子信息系统接收机设计采用的技术体制主要包括超外差体制、直接变频体制和直接数字化体制。超外差体制采用一次或多次模拟变频、中频数字化技术，技术成熟，但是链路复杂；直接变频体制基于模拟正交解调、基带数字化，结构简洁，支持的带宽大且 SWaP（Size Weight and Power）最优，但是存在镜像、谐波、低频噪声等问题且需要复杂算法进行补偿处理才能改善指标；直接数字化体制无模拟混频环节，结构简洁，是软件无线电的理想实现架构，但是对 ADC 指标要求较高，随着半导体技术的飞速发展和数字化的需求，该体制是未来宽带多功能一体化信息系统的主要发展方向。

有源相控阵雷达目前的架构包括模拟有源相控阵、子阵数字化有源相控阵和单元级全数字阵列架构。全数字阵列雷达由于具有最强灵活性、最强波束形成能力（阵面数字可重构、波束可重构）和高可靠性（天然冗余设计）等，是未来的主要发展方向，但也面临着多通道同步、SWaP 成本高、大容量数据传输、高频段宽带实现难度大等问题。其中 ADC 的性能将决定系统的各项指标，随着 ADC 芯片/RFSoC 芯片/高性能处理芯片（如 FPGA）的飞速发展，子阵数字化甚至全数字化高频段宽带有源相控阵将逐渐普遍。

数字化接收包括模数变换和数字信号预处理（数字解调和多速率信号处理）。其中，ADC 芯片实现模拟中频/射频信号的数字化，数字解调实现中频实信号到数字基带信号的变换。另外，为了最小化处理资源，需要对不同带宽的信号进行采

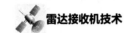
样频率变换处理。同时，为了补偿不同体制模拟接收通道的失真，需要进行相应的失真补偿和数字均衡处理，以及数字阵列 DBF 相关的幅相、时延数字化控制功能。具体可以基于 ADC 芯片+FPGA 芯片、多功能 ASIC 芯片或 SoC 芯片等实现。

6.3.1　ADC **技术**

模数变换器（Analog to Digital Converter，ADC）是将模拟信号转换成数字信号的一种混合信号集成电路，是数字世界和模拟世界的桥梁和纽带，是现代雷达、通信、测控和电子对抗等电子信息系统的关键器件之一，是当前国际数模混合集成电路的前沿技术和关键难点。

ADC 的基本功能组成包括采样/保持、量化和编码，电路的模拟部分包括放大器、缓冲器、基准源、恒流源、高速开关、时钟/PLL、模拟信号处理、模拟线性化电路等，数字部分包括锁存器、编码器、数字滤波器、处理器、数字下变频、多速率滤波、自适应信号处理、数字辅助模拟校正算法等。ADC 的核心指标是精度和速率这两个互相制约的指标。

根据 ADC 的输入信号带宽和采样频率间的关系，可以将 ADC 分为奈奎斯特（Nyquist）采样 ADC 和过采样 ADC 两大类。过采样 ADC 的实际采样频率远高于芯片最终输出采样频率的 Nyquist 频率，通过过采样和多速率滤波处理可以提高 ADC 的输出精度。这类器件实际是输出精度（幅度）与采样频率折中的产品，如 $\Sigma-\Delta$ 型 ADC（如 ADI 公司推出的 24 位 1.024MHz $\Sigma-\Delta$ 型芯片 AD7768-1）或其他 Nyquist 型 ADC 与抽取滤波相结合的产品（如 SAR ADC+多速率滤波处理，ADI 公司推出的 32 位 1MHz SAR 过采样型 ADC 芯片 LTC2500-32）等。Nyquist 型 ADC 的模拟输入信号在一个周期内都被转换为与之相对应的数字编码，其采样频率与输出的实际转换速率一致。另外，实际 ADC 的输入频率由 ADC 采样保持电路的模拟带宽决定。高速采样保持放大器与 ADC 相结合可以实现 Ku 或更高波段的射频信号直接数字化。

目前，ADC 的主流实现结构包括全并行 Flash 结构及其改进的折叠内插（Folding & Interpolating）结构、流水线（Pipeline）结构、逐次逼近型（Successive Approximation Register，SAR）、$\Sigma-\Delta$ 型（Sigma-Delta），以及上述几种结构的时间交替采样型（Time Interleaving，TI）等。

1. 全并行 Flash ADC

全并行 Flash ADC 是目前转换速率最高的 ADC，其原理框图如图 6.53 所示。它对模拟输入信号的采样、比较和量化过程仅使用一个时钟周期完成。该 ADC

在单相时钟的控制下，模拟输入被采样，采样值同时与通过电阻分压器产生的 2^N-1 个（N 是转换精度）参考电压值进行比较，比较器输出温度计编码，再经过编码电路最终转换为二进制的量化输出。整个转换过程在一个时钟周期内完成，转换时间只受限于比较器和编码器的电路时延，速度非常快，因此是当前大多数 ADC 的结构或其变体。

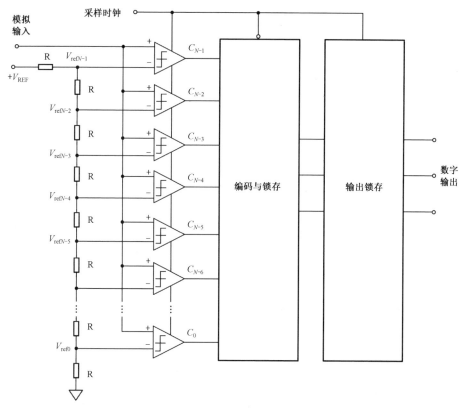

图 6.53　全并行 Flash ADC 原理框图

全并行 Flash ADC 所需的比较器和参考电平数量与转换精度的位数 N 呈指数关系（2^N-1），N 较大时将会需要相当大的芯片面积和功耗，以及大量元器件来抑制芯片制造过程中产生的偏差。Flash ADC 要求每个比较器的失调电压值都必须远小于 1 LSB，也就是需要比较器至少要达到 N 位精度，使比较器的设计难度和功耗大幅增加。另外，由于模拟输入信号直接与 2^N-1 个比较器相连，其输入电容为 $(2^N-1)C_{in}$（C_{in} 为单个比较器的输入电容），因此高分辨率 ADC 的输入电容值将非常大，这会增加 ADC 输入驱动电路设计的难度以及减小输入带宽。

鉴于 Flash ADC 在高精度实现中的限制，人们在 Flash ADC 的基础上提出了折叠内插 ADC。采用折叠技术可以减少 ADC 的比较器的数量，采用内插技术可

以减少 ADC 的预放大器数量和减小输入电容，因此折叠内插 ADC 是全并行结构的一种低功耗衍生。折叠内插 ADC 也存在一些问题，首先，传统折叠结构的细量化部分量化位数一般小于 5，因此折叠内插 ADC 的量化精度很难提高；其次，粗量化和细量化部分需要同步，实际编码时容易因位同步产生误差；最后，折叠和内插的匹配设计要求高，电路设计复杂度高。为了提高折叠内插 ADC 的性能，需要在结构上进一步进行创新，如与流水线结构相结合的折叠内插 ADC。另外，通过校准技术来实现折叠内插 ADC 性能提高是当前一个重要的研究方向。

TI 公司的 12 位单通道 3.6GSps（或双通道 1.8GSps）的 ADC12D1800RF 就采用了折叠内插结构，其芯片结构和测试指标如图 6.54 所示，功耗为 4.4W，采用 192GBA 封装，可应用于高速宽带信号采集。

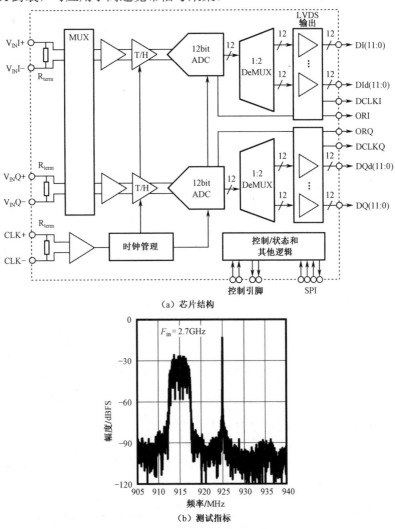

图 6.54　TI 公司 ADC12D1800RF 的芯片结构和测试指标

2. 流水线 ADC

流水线 ADC 的基本设计思想是把总体的转换精度要求平均分配到每一级，再将每级输出合并为最终的转换结果，其最大优点是可以在速率、精度和功耗等方面取得很好的平衡。

流水线 ADC 的基本工作原理是对输入模拟信号不断量化取余量，并把余量放大相应的倍数，然后重复相同的操作，直至获得最终所要的结果。最后一级转换的余量形成了量化误差。流水线 ADC 原理框图如图 6.55 所示。

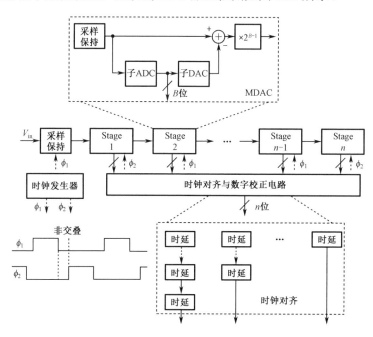

图 6.55 流水线 ADC 原理框图

流水线 ADC 主要由采样保持电路、$n-1$ 级流水线模块（stage1~stage $n-1$）、最后一级全并行 ADC（stage n）、时钟对齐与数字校正电路构成。除了最后一级，每级流水线的内部结构基本相同，每级都包括采样保持、子 ADC、子 DAC 和余量放大器。其中，子 ADC、余量放大器与采样保持通常由一个电路模块实现，称为余量增益电路（Multiplying DAC，MDAC）。对于第 i 级，其输入信号通过子 ADC 量化后，产生 B 位数字输出，再经由子 DAC 转换成相对应的模拟量，并与此级的输入信号相减求余量；通过余量放大电路将此信号放大 2^{B-1} 倍，恢复至满量程信号传输给下一级，从而保证每级输入信号的幅度都相同。其余各级的操作方式一样，最后一级通常是全并行子 ADC（Flash ADC）。从第 1 级、第 2 级到第 n 级产生的数字输出码通过时钟对齐与数字校正电路处理后，就得到整个流水线 ADC

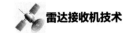

的数字输出。

流水线 ADC 由两相非交叠时钟 (ϕ_1,ϕ_2) 控制，当奇数级处于采样阶段时，偶数级处于放大阶段；反之，当偶数级处于采样阶段时，奇数级处于放大阶段。在 A/D 变换的整个过程中，从输入信号采样一直到信号被完整地转换成数字码，需要多个时钟周期（流水线时延）。首先，前级转换出高位码（MSB），并通过锁存器产生时延，等待随后流水线级的低位码输出，再一起等待更低位码输出，直到最低位码（LSB）输出后组合成一个完整的数字码输出。整个流水线 ADC 的转换速率与采样时钟频率相同。当一级流水线完成对一个输入的转换后，余量信号输出到下一级，而在下一个时钟周期，流水线级又可以对新的输入进行转换，这就是"流水线工作"的概念，并因此提高了 ADC 的整体转换速率。

流水线 ADC 的工作依赖于 MDAC 放大器能准确将量化误差传递到下一级，这也是限制流水线 ADC 精度和速率的主要原因。MDAC 放大器的功耗将决定流水线 ADC 的性能水平。随着精度和转换速率的提高，MDAC 放大器设计面临更大挑战。另外，随着 CMOS 更精细的光刻工艺的发展，晶体管的灵敏度提高，其本征增益和动态范围大大下降，进而限制了放大器能够达到的性能水平。

为了解决上述问题，设计流水线 ADC 时需要通过多个技术途径来改进：①采样数字辅助校正的方法，即通过数字域的误差校正来降低对放大器的要求，这是目前最流行和活跃的流水线 ADC 研究领域；②采样模拟增益增强的方法，但这类方法一般会影响 ADC 的速率、噪声及功耗指标；③采用不同种类的放大器，这类方法的问题是将增益-速率问题转化为时序准确度问题，不是流水线 ADC 的主流结构。

尽管存在一些限制因素，但是流水线结构依然是高速高精度 ADC 的主要结构形式。另外，通过不同结构的组合和改进（如引入 SAR ADC 结构、数字校正、时间拼接等），流水线结构 ADC 仍将是未来的主要结构形式。

2017 年，ADI 公司在 ISSCC 上发布了 28nm CMOS 工艺 12 位 10GSps 时间交替流水线结构 ADC 芯片。该芯片基于 8 个流水线子 ADC 和相应的数字校正电路构成，其原理框图和主要性能指标如图 6.56 所示。

3. 逐次逼近型 ADC

逐次逼近型（Successive Approximation Register，SAR）ADC 以其卓越的能耗效率闻名，高度数字化和无余量电压产生的特点使其相比于其他 Nyquist ADC 能更好地适应工艺的演进和发展；对开关电容 DAC 在采样保持和 A/D 变换阶段的复用可提高电路的紧凑性；无余量电压产生和传输可实现轨对轨信号摆幅，以进一步减小电路尺寸。这些优势使得 SAR ADC 在高精度、中高速、低功耗等差异化应用中可实现很好的性能折中并适应数字化发展趋势。

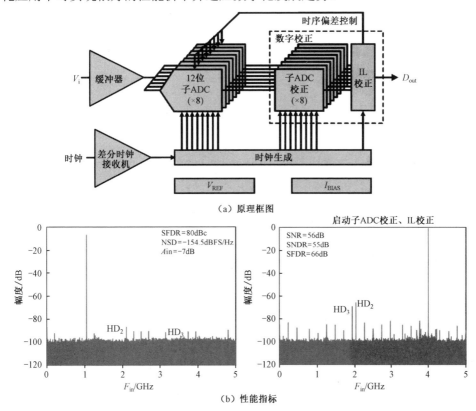

（a）原理框图

（b）性能指标

图 6.56　ADI 公司 12 位 10GSps 流水线结构 ADC 芯片的原理框图和主要性能指标

SAR ADC 与 Flash ADC 结构是两个极端，Flash ADC 使用多个比较器在 1 个周期内完成 A/D 变换，N 位 SAR ADC 一般需要不少于 N 个周期实现 A/D 变换。图 6.57 给出了 SAR ADC 的原理框图，主要包括采样保持、DAC、比较器、逐次逼近寄存器。在中高精度的应用中，为避免参考电压噪声并实现 DAC 快速建立，往往还会考虑采用参考电压源缓冲器；在高速的应用中，为了避免比较器噪声对输入端的影响并保证采样保持的带宽，往往在输入端加输入缓冲器；为了消除偶次谐波分量，采样和转换通常采用差分结构。传统的 SAR ADC 工作原理基于二进制搜索算法。输入在每个比特周期和 DAC 设置的阈值进行一次比较，结果计为数字输出，最终从 MSB 依次到 LSB，逐渐逼近最接近 V_i 的值。关于 SAR ADC 的创新，很大一部分工作跟搜索算法有关。针对 SAR 不同的应用（如高能量效率、高精度、高速），DAC 的结构和搜索算法有多种多样的衍生和创新。

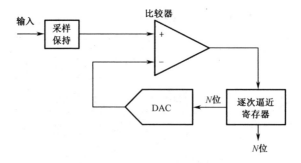

图 6.57　SAR ADC 的原理框图

SAR ADC 的信噪失真比（Signal-to-noise and Distortion Ratio，SNDR）为

$$\text{SNDR}_{\text{totall}} = 10\lg \frac{A^2/2}{\dfrac{V_{\text{i,pp-diff}}^2}{2^{2N}}\left(\dfrac{1}{12}+\dfrac{1}{4}\sigma_{\text{DNL}}^2+\sigma_{\text{INL}}^2\right)+\left(\sqrt{2}\pi f_{\text{in}}A\sigma_{\text{j}}\right)^2\sigma_{\text{n}}^2} \quad (6.161)$$

其中的噪声包括量化噪声、DNL/INL 噪声、时钟抖动噪声、热噪声等。

SAR ADC 的噪声主要有采样噪声和比较器噪声，其功耗较低且主要由比较器及 DAC 电容与参考间的开关充放电功耗决定。由于 SAR ADC 的主要结构是比较器，其功耗随着数字电路的工艺尺寸减小而降低，因此在低速、低功耗领域有着非常广泛的应用。近年来，随着技术的进步，通过与流水线结构及时间拼接结构的结合，SAR ADC 在高速、低功耗应用方向也得到了飞速发展。

2019 年，澳门大学在 ISSCC 上发布了 SAR 辅助流水线 ADC，其原理框图和性能指标如图 6.58 所示。其采样频率为 1GHz，SNDR 为 60dB，功耗仅为 7.6mW。

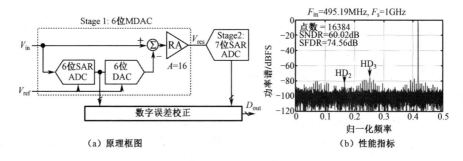

（a）原理框图　　　　　　　　　（b）性能指标

图 6.58　澳门大学发布的 SAR 辅助流水线 ADC 的原理框图和性能指标

4. Σ−Δ 型 ADC

Σ−Δ 型 ADC 采用过采样技术和噪声整形技术来降低量化噪声，提高性能指标。Σ−Δ 型 ADC 主要由两个部分组成：Σ−Δ 调制器和数字低通抽取滤波器。Σ−Δ 调制器的基本原理是将模拟输入信号调制成一系列数字序列，该数字序列频

谱在一个很窄的频率范围内与模拟输入频谱近似相等，量化器产生的量化噪声通过环路滤波器（积分器）滤除。过采样的目的就是允许通过噪声整形来衰减带内量化噪声。图 6.59 给出了 $\Sigma-\Delta$ 型 ADC 原理框图和 1 阶 $\Sigma-\Delta$ 调制器的离散线性模型。

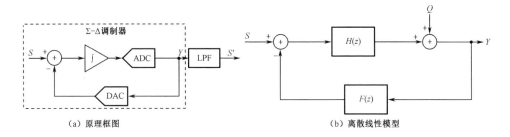

图 6.59　$\Sigma-\Delta$ 型 ADC 原理框图和 1 阶 $\Sigma-\Delta$ 调制器的离散线性模型

图 6.59 中，量化噪声表示为加性噪声 Q，假定反馈传递函数 $F(z)=1$，定义 $Q(z)$ 为量化误差，$S(z)$ 为输入信号的 z 域表示，$H(z)$ 为积分器传递函数 [对于一阶 $\Sigma-\Delta$ 调制器，$H(z)=\dfrac{z^{-1}}{1-z^{-1}}$]，$Y_{\mathrm{N}}(z)$ 为输出噪声，$Y_{\mathrm{S}}(z)$ 为输出信号，则有

$$Y_{\mathrm{N}}(z)=\frac{Q(z)}{1+H(z)} \tag{6.162}$$

$$Y_{\mathrm{S}}(z)=\frac{S(z)H(z)}{1+H(z)} \tag{6.163}$$

因此，噪声传递函数 $\mathrm{NTF}(z)$（Noise Transfer Function）和信号传递函数 $\mathrm{STF}(z)$（Signal Transfer Function）分别为

$$\mathrm{NTF}(z)=\frac{1}{1+H(z)} \tag{6.164}$$

$$\mathrm{STF}(z)=\frac{H(z)}{1+H(z)} \tag{6.165}$$

$\Sigma-\Delta$ 调制器总的输出为

$$Y(z)=S(z)\times\mathrm{STF}(z)+Q(z)\times\mathrm{NTF}(z) \tag{6.166}$$

由于 $H(z)$ 是一个积分器，因此 $\mathrm{NTF}(z)=1-z^{-1}$ 是一个高通滤波器，$\mathrm{STF}(z)=z^{-1}$ 是一个低通滤波器。图 6.60 给出了 1 阶低通 $\Sigma-\Delta$ 调制器的噪声传递函数频率响应，可以看出，低频量化噪声降低。

$\Sigma-\Delta$ 型 ADC 基于噪声整形降低了 ADC 需求，但是积分器的热噪声及反馈路径的 DAC 的非线性并没有整形或要求降低。另外，量化噪声的加性表示限制了其在某些时域应用中的性能水平。

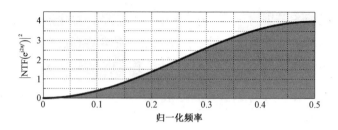

图 6.60　1 阶低通 $\Sigma-\Delta$ 调制器的噪声传递函数频率响应

$\Sigma-\Delta$ 型 ADC 的噪声整形由积分器的传递函数决定，因此通过增加调制器阶数可以进一步减小量化噪声，提高信噪比。对于 L 阶 $\Sigma-\Delta$ 型 ADC，量化噪声为

$$Y_N^2 \approx \left(\frac{\pi^{2L}}{2L+1}\right)\frac{P_Q}{\text{OSR}^{2L+1}}, \quad P_Q = \frac{\Delta^2}{12} \tag{6.167}$$

$$\text{SNDR}_{L_{th},\Sigma-\Delta}(\text{dB}) = 6.02N + 1.76 - 10\lg\frac{\pi^{2L}}{2L+1} + 10(2L+1)\lg\text{OSR} \tag{6.168}$$

式中，Δ 为量化器量化步进；OSR 为过采样率。

$\Sigma-\Delta$ 调制器可以基于离散时间和连续时间实现。离散时间 $\Sigma-\Delta$ 调制器可与开关电容兼容，缺点是需要一个抗混叠滤波器，且由于开关电容的电荷注入（Kick-Back）而难以驱动。连续时间 $\Sigma-\Delta$ 调制器的采样在量化器上实现，DAC 和滤波在模拟域实现，抗混叠滤波器设计简化，同时采样的非线性（包括采样开关非线性、采样抖动、电荷注入）还可以由噪声整形进行衰减。连续时间 $\Sigma-\Delta$ 调制器的挑战是 DAC 实现。

$\Sigma-\Delta$ 型 ADC 可以通过多比特调制来降低对过采样率的需求。$\Sigma-\Delta$ 调制器除可基于低通调制器（积分器）实现外，还可基于带通滤波调制实现（NTF 为带通滤波器），进而可以设计带通 $\Sigma-\Delta$ 型 ADC，实现中频或射频窄带采样。

$\Sigma-\Delta$ 型 ADC 在高分辨低速领域的应用占据统治地位。近年来，基于半导体技术的发展及创新的架构，$\Sigma-\Delta$ 型 ADC 在高速宽带领域也有发展和应用。

2021 年，三星电子在 ISSCC 上发布了 116μW、104.4dB、动态范围为 106.6dB（SNDR）的连续时间 CT-$\Sigma-\Delta$ 音频 ADC 芯片，其过采样率为 128，采用 4 位 3 阶连续时间 $\Sigma-\Delta$ 调制器全差分结构实现设计。图 6.61 给出了其原理框图和测试结果。

5. 时间交替采样型 ADC

时间交替采样 ADC（Time Interleaved ADC，TIADC）技术最早由 Black 和 Hodges 在 1980 年提出，其基本原理是采用多路并行 ADC 对同一个输入信号在等间隔的不同时刻进行并行均匀采样，再通过并串转换成一路高速采样信号。TIADC

系统原理框图如图 6.62 所示，M 通道并行的 TIADC 系统采用 M 个并行的 ADC 芯片对同一个模拟输入信号进行模数变换，各 ADC 采样时钟等间隔依次错开一个固定的相位，输出数字信号再按照相同规律进行重构，输出串行数据。因此，TIADC 系统的采样频率可提高 M 倍。

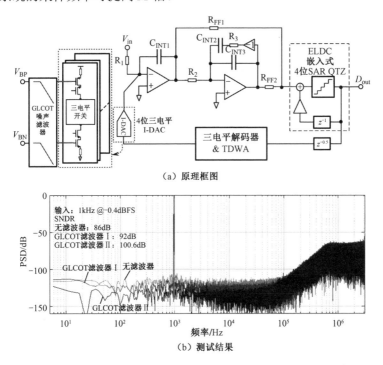

（a）原理框图

（b）测试结果

图 6.61　三星电子的 CT-Σ-Δ 音频 ADC 芯片原理框图和测试结果

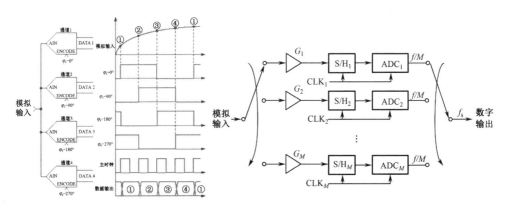

图 6.62　TIADC 系统原理框图

TIADC 技术虽然可以方便地实现超高采样频率，但也有固有缺陷，就是并行带来的多通道间偏置失配误差、增益失配误差、时间相位失配误差、带宽失配误

239

差及非线性失配误差等会引起采样信号的周期加性失真、幅度调制失真、相位调制失真和非线性调制失真等。如果没有对重构信号进行修正补偿处理，则即使经过精心的设计，芯片级并行 ADC 系统的有效分辨率也只能达到 7~8bit，而板级并行 ADC 系统则更差。

TIADC 系统是多通道并行采样的一种。并行采样将带限信号输入到多通道模拟分析滤波器组（Analysis Filter Bank），以并行的方式对多通道信号进行均匀采样，然后送入综合滤波器组（Synthesis Filter Bank）进行无失真重构。对于 TIADC系统，模拟分析滤波器组就是对应采样时钟的不同时延的。在实际采样过程中，各时钟的时延和相位与理想情况存在误差，因此 TIADC 系统的并行采样就是著名的周期非均匀采样。TIADC 系统的建模分析可以基于多通道并行采样中的周期非均匀采样，重构的关键是设计完美的重构滤波器组。基于并行采样原理和分析/重构滤波组建立的 TIADC 系统误差模型如图 6.63 所示。

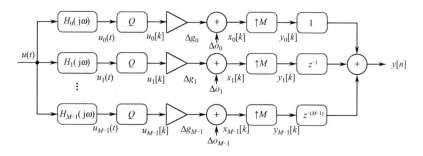

图 6.63　TIADC 系统误差模型

系统的并行通道数为 M；系统采样频率为 f_s（采样周期 $T_s = 1/f_s$）；归一化频率为 $\omega = \Omega T_s$；单通道采样周期为 $T_1 = MT_s$；归一化频率为 $\omega_1 = \Omega T_1$；第 m 个通道的理想采样时刻为 $t_m = kMT_s + mT_s$，$m = 0, 1, \cdots, M-1$。定义偏置误差 Δo_m、增益误差 $\Delta g_m(g_m = 1 + \Delta g_m)$、时间相位误差 Δt_m，$H_m(\mathrm{j}\Omega) = \mathrm{e}^{-\mathrm{j}\Omega(mT_s - \Delta t_m T_s)}$，$m = 0, 1, \cdots, M-1$。

根据误差模型中模拟分析滤波器组等效的时钟时延（包括采样时间相位误差），实际采样后第 m 路输出的时域数字序列为

$$x_m[k] = g_m u(kMT_s + mT_s - \Delta t_m T_s) + \Delta o_m, \quad m = 0, 1, \cdots, M-1 \tag{6.169}$$

第 m 路时域数字序列对应的傅里叶变换为

$$X_m\left(\mathrm{e}^{\mathrm{j}\omega_1}\right) = \frac{g_m}{MT_s} \sum_{k=-\infty}^{+\infty} H_m\left(\frac{\mathrm{j}\omega_1}{MT_s} - \frac{\mathrm{j}2\pi k}{MT_s}\right) U\left(\frac{\mathrm{j}\omega_1}{MT_s} - \frac{\mathrm{j}2\pi k}{MT_s}\right) + \frac{2\pi \Delta o_m}{M} \sum_{k=-\infty}^{+\infty} \delta\left(\frac{\omega_1}{M} - \frac{2\pi k}{M}\right) \tag{6.170}$$

M 路序列内插重构后输出序列 $y[n]$ 的傅里叶变换为

$$Y\left(e^{j\omega}\right) = \sum_{k=0}^{M-1} X_m\left(e^{j\omega_1}\right)e^{jm\omega} \qquad (6.171)$$

$$\begin{cases} Y\left(e^{j\omega}\right) = \dfrac{1}{T_s}\sum_{k=-\infty}^{\infty} A(k,g_m,\Delta t_m)U\dfrac{j(\omega-2\pi k)}{T_s} + \sum_{k=-\infty}^{\infty} B(k,\Delta o_m)2\pi\delta\left(\omega - \dfrac{2\pi k}{M}\right) \\[2mm] A\left(k,g_m,\Delta t_m\right) = \dfrac{1}{M}\sum_{k=0}^{M-1} g_m e^{-j\left(\omega - \frac{2\pi k}{M}\right)\Delta t_m}e^{-\frac{j2\pi mk}{M}} \\[2mm] B\left(k,\Delta o_m\right) = \dfrac{1}{M}\sum_{k=0}^{M-1} \Delta o_m e^{-\frac{j2\pi mk}{M}} \end{cases} \qquad (6.172)$$

TIADC 系统失配误差对性能指标的影响，可以基于正弦输入信号通过对重构序列进行 DFT 分析来进行估计。与系统性能指标有关的主要是 SINAD，当输入信号为正弦信号 $u(t) = Ae^{-j\omega_0 t/T_s}$ 时，重构后的信号频谱为

$$\begin{cases} Y\left(e^{j\omega}\right) = \sum_{k=-\infty}^{\infty} A_s\left(k,g_m,\Delta t_m\right)2\pi A\delta\left(\omega-\omega_0-\dfrac{2\pi k}{M}\right) + \sum_{k=-\infty}^{\infty} B_s\left(k,\Delta o_m\right)2\pi\delta\left(\omega-\dfrac{2\pi k}{M}\right) \\[2mm] A_s\left(k,g_m,\Delta t_m\right) = \dfrac{1}{M}\sum_{k=0}^{M-1} g_m e^{-j\omega_0\Delta t_m}e^{-j2\pi mk/M} \\[2mm] B_s\left(k,\Delta o_m\right) = \dfrac{1}{M}\sum_{k=0}^{M-1} \Delta o_m e^{-j2\pi mk/M} \end{cases} \qquad (6.173)$$

可以看出，TIADC 系统重构后的输出频谱包括三部分：①输入信号自身频谱；②由增益和时间相位失配误差引入的失真谱线，二者位置重合，互相耦合，失真频谱位置（$\pm\omega_0 + \dfrac{2\pi k}{M}$）与输入频率相关，失真幅度也与输入频率相关；③由偏置失配误差引入的失真谱线频率位置（$\dfrac{2\pi k}{M}$）固定，且幅度与输入频率无关。

通过上述关系可以估算输入正弦信号时各误差对输出 SNDR 的限制，即

$$\text{SNDR}_{\Delta t_m} \approx 10\lg\left(\frac{1-\omega_0^2\sigma_{\Delta t}^2}{\omega_0^2\sigma_{\Delta t}^2}\right) \approx -20\lg\left(\omega_0\sigma_{\Delta t}\right) \qquad (6.174)$$

$$\text{SNDR}_{g_m} = 20\lg\left(\frac{1+E\left[\Delta g_m\right]}{\sigma_{\Delta g}}\right) \approx -20\lg\left(\sigma_{\Delta t}\right) \qquad (6.175)$$

$$\text{SNDR}_{\Delta o_m} = 20\lg\left(\frac{\sigma_u}{\sigma_{\Delta o}}\right) = -20\lg\left(\sigma_{\Delta o}\right) \qquad (6.176)$$

$$\text{SNDR}_{\text{TIADC}} = -10\lg\left(\omega_0^2\sigma_{\Delta t}^2 + \sigma_{\Delta g}^2 + \frac{\sigma_{\Delta o}^2}{\sigma_u^2}\right) \qquad (6.177)$$

带宽失配将同时引起增益和相位（时间）失配误差，即幅度-相位调制。与单一的幅度或相位失配不同，带宽失配引起的幅度/相位调制是与频率相关的，因此

无法通过简单的增益校正来补偿。

目前，TIADC 技术研究的重点方向是 TIADC 系统失配估计、补偿和校正，以减小多通道并行失配误差，包括模拟校正和数字校正。校正内容包括偏置误差校正、增益误差校正、时钟相位误差校正、带宽失配误差校正和非线性失配误差校正。其中研究的难点和热点是时钟相位误差的估计和校正，具体研究内容包括误差估计、误差校正及自适应估计和补偿。

TIADC 系统模拟校正包括信号链路的偏置和增益补偿，以及时钟链路的时钟相位补偿（模拟延迟线和移相器），优点是扩大系统动态范围、降低时延，可以工作在不同 Nyquist 带；缺点是增加了设计和验证时间，模拟电路设计降低了信号路径稳定性，加剧了时钟抖动，以及难以应用新工艺等。

TIADC 系统数字校正包括数字前台校正和数字后台校正，前台校正需要中断转换处理，后台校正不中断正常 ADC 转换处理。实时性要求比较高的应用（如通信系统）一般采用后台校正，有校正环节的系统可以基于前台校正或后台校正。数字校正研究的重点是时延误差估计和补偿，主要包括基于插值的方法、基于数字分数时延滤波方法、基于多速率滤波器组方法、基于完美重构多通道滤波器组方法、基于自适应盲估计和校正算法误差估计与补偿处理方法等。数字校正不改变信号敏感的模拟链路，验证简单，易于移植，补偿精度高；校正基于时域/频域滤波/自适应滤波实现，时延和功耗较大，实时性稍差，影响动态，且时间误差校正限制了带宽的单个 Nyquist 带。TIADC 系统误差估计与校正目前主要还是基于后端数字域实现，部分辅以模拟域。数字域具有先天的稳定性和高集成度优势，但是在补偿算法复杂度高时，对芯片的面积和功耗影响较大。

目前，TIADC 通道失配校正理论及实现技术的发展趋势有：①全频段多种失配综合校正，特定输入信号校正方法适用性不强，不具推广价值；②自适应在线校正，校正算法能够自适应地改变校正网络参数，跟踪失配参数的变化；③盲校正，无须辅助通道，可减小芯片面积和功耗；④低功耗低复杂度校正。

基于 TIADC 技术设计的 ADC 芯片是当前超高速芯片和系统（如力科、泰克和安捷伦的超高速示波器）采用的主要结构。2020 年，ADI 公司在 ISSCC 上发布的 12 位 18GSps ADC 芯片也采用了该结构，通过与超高速采样保持相结合可实现 Ku 波段宽带射频直接数字化，其原理框图和测试结果如图 6.64 所示。

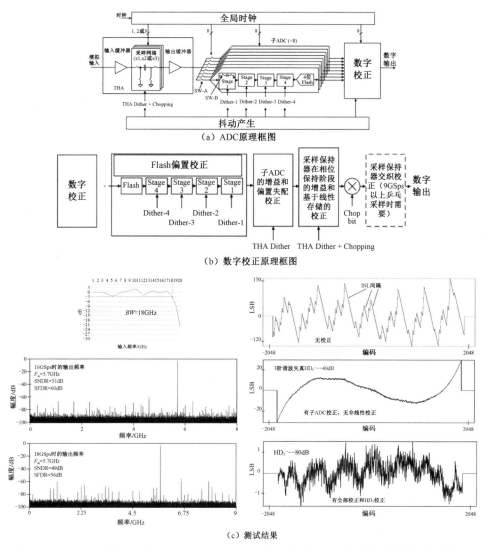

（a）ADC 原理框图

（b）数字校正原理框图

（c）测试结果

图 6.64　ADI 公司的 12 位 18GSps T/H+TIADC+数字校正 ADC 芯片原理框图和测试结果

6.3.2　ADC 的发展现状

伴随着近年来深亚微米半导体工艺的发展，Schreier 提出了一种衡量 ADC 综合性能的指标 Schreier 品质因数（Figure of Merit of Schreier，FoMs）。他假定 ADC 功率由热噪声确定，因此分辨率每增加 1 位，功率增加 6dB，即需要 4 倍功耗，相比于传统的 Walden 品质因数（Figure of Merit of Walden，FoMw），针对高分辨率设计的 FoMs 能更公正、客观地比较出 ADC 性能的差异。FoMs 的表达式为

$$\text{FoMs} = \text{SNDR} + 10\lg\frac{BW}{P} \qquad (6.178)$$

式中，SNDR 为信噪失真比；BW 为信号带宽；P 为 ADC 功耗。

图 6.65 给出了近五年在顶级 IEEE 会议上发表的不同拓扑结构 ADC 的 FoMs 分布统计图，可以看出，SAR ADC 从低带宽、高精度到高速中低精度均有广泛应用。SAR 是一种高能效、紧凑的结构，但与其他并行结构相比，一个时钟周期只执行 1 比特转换，采样频率较低。随着新型 ADC 拓扑结构和半导体工艺的飞速发展，SAR 的灵活性显现出来，几乎可以适用于高精度、低功耗或高速等各种应用。时间交织（Time-interleaved）技术的出现，使得高速 ADC 领域产生了除 Flash 外的更好的替代品。在 Time-interleaved 架构下，多通道 ADC 并行工作实现了整体采样频率的提高，其中的子通道可以是任意结构的 ADC，如 SAR、Flash、Pipeline、$\Sigma-\Delta$ 等。

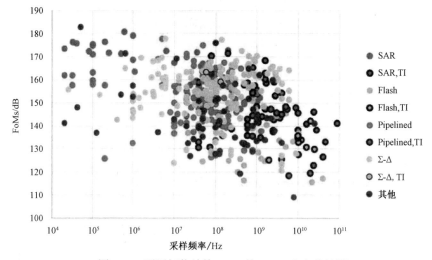

图 6.65　不同拓扑结构 ADC 的 FoMs 分布统计图

美国斯坦福大学的 Boris Murmman 跟踪和统计了 1997 年以来 ADC 的发展趋势和突破，并通过 3 张图片展示了 ADC 芯片的发展趋势。

ADC 转换能量的发展趋势如图 6.66 所示。其中，Y 轴代表各 Nyquist 采样频率下的转换能量，即 $\dfrac{P}{f_{snyq}}$，X 轴代表信噪失真比（SNDR）。图 6.67 给出了 ADC 转换带宽的发展趋势。其中，Y 轴代表转换带宽或 SNDR 输入频率的上限。可以看出，转换频率改善显著，但与转换能量相比没有那么明显。图 6.68 给出了 FoMs 的发展趋势。可以看出，低转换速率时所获得的 FoMs 是最高的，因为高速 ADC 一般不节能，且低速时 FoMs 并没有随频率降低而持续提升，因为此时受 ADC 电路热噪声限制；中速时 ADC 大约以 -10dB/decade 的斜率衰减，功耗与速率的平方成正比。另外，FoMs 已达到 185dB，超过了预期，这得益于工艺、结构和技术的创新。

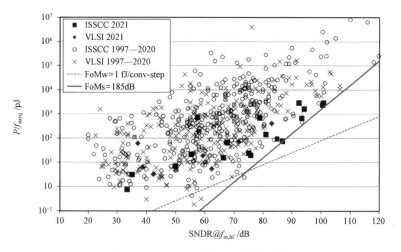

图 6.66　ADC 转换能量的发展趋势

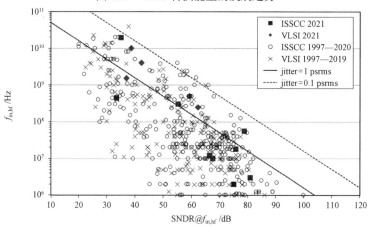

图 6.67　ADC 转换带宽的发展趋势

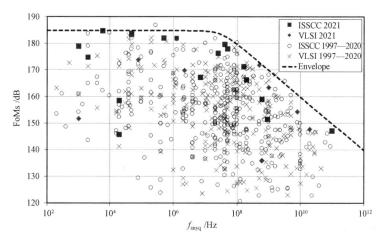

图 6.68　ADC FoMs 的发展趋势

ADC 的主要技术指标包括：

- 分辨率；
- 采样频率；
- 信噪比（Signal-to-noise Ratio，SNR）；
- 信噪失真比（Signal-to-noise and Distortion Ratio，SNDR）；
- 噪声谱密度（Noise Spectral Density，NSD）；
- 有效位数（Effective Number of Bits，ENOB）；
- 无杂散动态范围（Spurious-free Dynamic Range，SFDR）；
- 总谐波失真（Total Harmonic Distortion，THD）；
- 互调失真（Inter-modulation Distortion，IMD）；
- 噪声系数（Noise Figure，NF）；
- 孔径抖动（Jitter）；
- 偏置误差（Offset Error）；
- 增益误差（Gain Error）；
- 微分非线性（Differential Non-linearity，DNL）；
- 积分非线性（Integral Non-linearity，INL）；
- 误码率（Bit Error Rate，BER）；
- 功耗；
- 品质因数（Figure of Merit，FoM）。

1. 分辨率和采样频率

ADC 的分辨率是指量化位数 b。ADC 的采样频率 f_s 表示每秒输出的样本数。分辨率和采样频率分别用来表征和识别 ADC 的精度、速率指标。

根据采样定理，采样频率决定最大信号带宽 f_B，该带宽的上限称为量化带宽或 Nyquist 带宽 $B_N = f_s / 2$

$$f_B < f_s / 2 \tag{6.179}$$

式中，$f_s / 2$ 为 Nyquist 频率。

ADC 的模拟输入抗混叠滤波通常会使实际信号瞬时带宽小于 Nyquist 频率。

在不增大信号带宽的情况下，提高采样频率通常称为过采样。过采样与数字滤波相结合可以改善输出信噪比，改善的得益称为处理增益（Processing Gain，PG），有

$$PG(dB) = 10\lg(OSR) = 10\lg\frac{f_s}{2f_B} = 10\lg\frac{B_N}{f_B} \tag{6.180}$$

过采样率可以表示为

$$\text{OSR} = \frac{f_s}{2f_B} = \frac{B_N}{f_B} \tag{6.181}$$

过采样除能改善噪声性能外，通过数字滤波还可以改善谐波杂散指标。

2. 信噪比（SNR）、信噪失真比（SNDR）、噪声谱密度（NSD）、有效位数（ENOB）

（1）信噪比（SNR）：定义为信号功率与噪声功率（不含直流、谐波分量）的比值（单位：dB 或 dBc），表达式为

$$\text{SNR(dBc)} = 10\lg\frac{P_S}{P_N} \tag{6.182}$$

（2）信噪失真比（SNDR）：定义为信号功率与噪声加失真的比值（单位：dB 或 dBc），表达式为

$$\text{SNDR(dBc)} = 10\lg\frac{P_S}{P_N + P_D} \tag{6.183}$$

SNR 和 SNDR 的单位可以是 dB 或 dBc，也可以是 dBFS（相对于 ADC 满量程），则有

$$\text{SNR(dBFS)} = 10\lg\frac{P_{FS}}{P_N} \tag{6.184}$$

$$\text{SNDR(dBFS)} = 10\lg\frac{P_{FS}}{P_N + P_D} \tag{6.185}$$

当输入信号幅度为满量程时，dBc 和 dBFS 值相同；当输入信号小于满量程时，两个值不同。如果 ADC 的噪声功能不随输入信号幅度变化，当信号功率降低时，SNR 或 SNDR 的 dBc 值会降低，而 SNR 或 SNDR 的 dBFS 值保持不变，但实际 ADC 的抖动噪声和量化非线性指标会随着输入信号幅度降低而降低，因此实际 SNR 或 SNDR 的 dBFS 值会随着输入信号幅度降低而稍微改善。

（3）噪声谱密度（NSD）：定义为 Nyquist 带宽内的平均噪声功率，表达式为

$$\text{NSD(dBc/Hz)} = -\text{SNDR} - 10\lg\frac{f_s}{2} \tag{6.186}$$

过采样滤波处理后的输出信噪比可以表示为（信号带宽为 f_B）

$$\text{SNR}_B = \text{SNDR} + \text{PG} = \text{SNDR} + 10\lg\text{OSR} \tag{6.187}$$

也可以表示为信号带宽与噪声谱密度的关系，即

$$\text{SNR}_B = -10\lg f_B - \text{NSD} \tag{6.188}$$

定义 ADC 的输入信号为正弦信号 $x(t) = A\cos\omega t = A\cos 2\pi f t$，其峰-峰值为 ADC 的满量程输入范围 $\text{FSR} = 2A$。根据分辨率 b 和 FSR（无噪声输入时的满量程范围），可以计算量化步进 Q 或最低有效位（Least Significant Bit，LSB）的大小，即

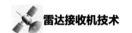

$$Q = \frac{2A}{2^b} = \frac{A}{2^{b-1}} = \text{LSB}, \quad A = 2^{(b-1)}Q \tag{6.189}$$

对于均匀量化，量化噪声为平稳随机序列且与信号不相关。量化噪声的概率密度函数为均匀等概率分布，因此对于量化电平 Q，其概率密度函数的幅度为 $1/Q$。量化噪声功率可以表示为

$$N_b = \frac{1}{Q} \int_{-Q/2}^{Q/2} x^2 \mathrm{d}x = \frac{Q^2}{12} \tag{6.190}$$

正弦信号 $v(t) = A\sin 2\pi ft$ 的功率为（假定阻抗为单位阻抗）

$$P_s = \frac{A^2}{2} = \frac{2^{2(b-1)}Q^2}{2} = \frac{2^{2b}Q^2}{8} \tag{6.191}$$

因此，由量化噪声确定的 ADC 最大输出信噪比为（$\text{FSR} = 2A$）

$$\left(\frac{S}{N}\right)_{\max} = \frac{P_s}{N_b} = \frac{3}{2}2^{2b} \tag{6.192}$$

$$\text{SNR}_{\max}(\text{dB}) = 10\lg\frac{P_s}{N_b} = 10\lg\left(\frac{3}{2}2^{2b}\right) = 1.76 + 6.02b(\text{dB}) \tag{6.193}$$

当正弦信号输入幅度 A 为任意值时，输出信噪比为

$$\text{SNR}(\text{dB}) = 1.76 + 6.02b - 20\lg\frac{\text{FSR}}{2A}(\text{dB}) \tag{6.194}$$

过采样滤波后，输出信噪比为（信号带宽为 B）

$$\text{SNR}_B(\text{dB}) = 1.76 + 6.02b - 20\lg\frac{\text{FSR}}{2A} + 10\lg\frac{f_s}{2B}(\text{dB}) \tag{6.195}$$

（4）有效位数（ENOB）：是另一种定义 SNDR 的方法，表明实际 ADC 测试结果可以等效为 ENOB 位的理想 ADC，表达式为（单位：bit）

$$\text{ENOB} = \frac{(\text{SNDR} - 1.76)(\text{dB})}{6.02} \tag{6.196}$$

3. 无杂散动态范围（SFDR）、总谐波失真（THD）、互调失真（IMD）

线性度是 ADC 的一项重要指标。通常描述 ADC 线性度的指标是无杂散动态范围（SFDR），其定义为在单音正弦信号输入情况下，ADC 输出信号功率与最大谐波或杂散的功率比值，表达式为

$$\text{SFDR}(\text{dBc}) = 10\lg\frac{\text{信号功率}}{\text{最差谐波杂散功率}} \tag{6.197}$$

$$\text{SFDR}(\text{dBFS}) = 10\lg\frac{\text{ADC满量程输入功率}}{\text{最差谐波杂散功率}} \tag{6.198}$$

另一个衡量 ADC 线性度的指标是总谐波失真（THD），其定义为总谐波（通常为 6～9 次）功率与信号功率的比值，表达式为

$$\text{THD(dBc)} = 10\lg \frac{\text{谐波总功率}}{\text{信号功率}} \tag{6.199}$$

无记忆 3 阶非线性系统可以表示为

$$y(t) = a_1 x(t) + a_2 x^2(t) + a_3 x^3(t) \tag{6.200}$$

当输入信号为 $x(t) = A\cos\omega t$ 时，输出信号为

$$y(t) = \frac{a_2 A^2}{2} + \left(Aa_1 + \frac{3a_3 A^3}{4}\right)\cos\omega t + \frac{a_2 A^2}{2}\cos 2\omega t + \frac{a_3 A^3}{4}\cos 3\omega t \tag{6.201}$$

则有

$$\text{HD}_2 \approx \left(\frac{a_2 A}{2a_1}\right)^2, \ \text{HD}_3 \approx \left(\frac{a_3 A^2}{4a_1}\right)^2 \tag{6.202}$$

$$\text{HD}_2(\text{dBc}) = 10\lg\frac{A^2}{2} + 10\lg\frac{a_2^2}{2a_1^2} = P_i(\text{dB}) + K_2 \tag{6.203}$$

$$\text{HD}_3(\text{dBc}) = 20\lg\frac{A^2}{2} + 10\lg\frac{a_3^2}{4a_1^2} = 2P_i(\text{dB}) + K_3 \tag{6.204}$$

其中，P_i 为输入信号功率；K_2、K_3 分别为 2 阶、3 阶系数。模拟缓冲器或放大器驱动的 ADC 满足该关系式，但是由于非线性由量化器限制，高阶非线性将对 2 次、3 次谐波影响很大，上述关系将不成立。图 6.69 给出了实际电路板 ADC 指标测试结果（SNR、SFDR 和谐波分量）。

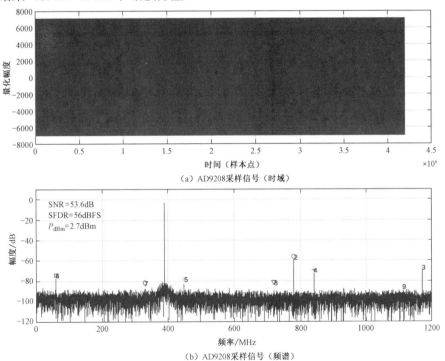

(a) AD9208采样信号（时域）

(b) AD9208采样信号（频谱）

图 6.69　实际电路板 ADC 指标测试结果（ADC 芯片为 ADI 公司的 14 位 3GSps AD9208）

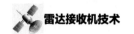

双音输入互调失真（又称双音无杂散动态范围）也是衡量 ADC 非线性失真的一个重要指标，定义为双音输入时最大杂散信号与双音输入信号中一个信号功率的比值。对于 3 阶非线性系统，若输入信号为 $x(t) = a_1 B_1 \cos\omega_1 t + a_2 B_2 \cos\omega_2 t$，则输出信号为

$$y_1(t) = a_1 B_1 \cos\omega_1 t + a_2 B_2 \cos\omega_2 t \tag{6.205}$$

$$y_{IM2}(t) = a_2 B_1 B_2 \cos(\omega_1 + \omega_2)t + a_2 B_1 B_2 \cos(\omega_1 - \omega_2)t \tag{6.206}$$

$$y_{IM3}(t) = \frac{3a_3 B^3}{4}\left[\cos(2\omega_1 + \omega_2)t + \cos(2\omega_1 - \omega_2)t + \cos(2\omega_2 + \omega_1)t + \cos(2\omega_2 - \omega_1)t\right]$$
$$\tag{6.207}$$

$$\mathrm{IMD}_2(\mathrm{dBc}) = 10\lg\frac{B^2}{2} + 10\lg\frac{a_2^2}{2a_1^2} = P_i(\mathrm{dB}) + K_2 + 20\lg 2 \tag{6.208}$$

$$\mathrm{IMD}_3(\mathrm{dBc}) = 20\lg\frac{B^2}{2} + 20\lg\frac{3a_3}{2a_1} = 2P_i(\mathrm{dB}) + K_3 + 20\lg 3 \tag{6.209}$$

可以看出，2 阶互调位于 $\omega_1 + \omega_2$ 和 $\omega_1 - \omega_2$，3 阶互调位于 $2\omega_1 + \omega_2$、$2\omega_2 + \omega_1$、$2\omega_1 - \omega_2$ 和 $2\omega_2 - \omega_1$。其中，$\omega_1 - \omega_2$ 直流处，$\omega_1 + \omega_2$、$2\omega_1 + \omega_2$、$\omega_1 + 2\omega_2$ 谐波处容易滤波，$2\omega_1 - \omega_2$ 和 $2\omega_2 - \omega_1$ 与基频信号紧邻，影响最大。从 IMD_2 和 IMD_3 的表达式可以看出，输入信号幅度每降低 1dB，IMD_2 改善 1dB，IMD_3 改善 2dB。

另一个测量互调失真的指标是输入 3 阶交截点（Input Third-order Intercept Point，IIP3），定义为 3 阶互调输出 IMD_3 等于基频输出时输入信号的幅度。图 6.70 给出了 3 阶互调频域示意图及 3 阶交截点示意图。

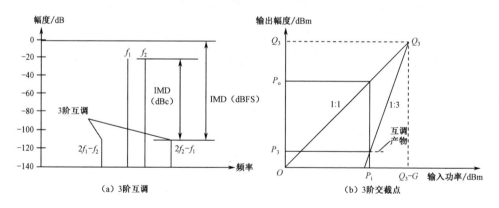

图 6.70　3 阶互调频域示意图及 3 阶交截点示意图

令接收机增益为 $G(\mathrm{dB})$，则输出 P_o 和输入 P_i 的关系为 $P_o = G + P_i$。根据图 6.70 可以得到 3 阶互调产物 P_3 与接收机 3 阶交截点 Q_3、输出功率的关系为

$$P_3 = 3\left(P_{\mathrm{o}} - \frac{2}{3}Q_3\right)(\mathrm{dBm}) \tag{6.210}$$

该关系一般用来确定双音无杂散动态范围。许多接收机设计的最大信号电平定义为产生的双音互调幅度等于噪声电平（最小可检测信号）时的输入信号幅度，此时的动态范围即双音无杂散动态范围。该关系也用来确定数字接收机放大器的性能，以匹配给定的 ADC 芯片。

4. 噪声系数（NF）

计算 ADC 的噪声系数对数字接收机系统级设计很有帮助，因为根据噪声系数、链路增益和处理带宽可以确定系统灵敏度。ADC 的噪声系数定义为 ADC 等效输入噪声功率与输入源电阻噪声功率的比值。ADC 的噪声系数可以通过满量程电压、输入阻抗、SNR（dBFS）（通过仿真或在最优应用负载情况下测得）及采样时钟频率等参数推导获得，即

$$\mathrm{NF(dB)} = P_{\mathrm{FS}}(\mathrm{dBm}) - \mathrm{SNR}_{\mathrm{ADC\_dBFS}} - 10\lg\frac{F_{\mathrm{s}}}{2} - kT(\mathrm{dBm/Hz}) \tag{6.211}$$

在处理带宽小于 Nyquist 带宽的情况下，通过过采样和数字滤波提高输出信号 SNR，这时的噪声系数会降低（检测灵敏度提高），有

$$\mathrm{NF(dB)} = P_{\mathrm{FS}}(\mathrm{dBm}) - \mathrm{SNR}_{\mathrm{ADC\_dBFS}} - 10\lg\frac{F_{\mathrm{s}}}{2B} - kT(\mathrm{dBm/Hz}) \tag{6.212}$$

另外，根据 ADC 的噪声谱密度（NSD）的定义，ADC 的噪声系数实际就是输出噪声谱密度相对于输入热噪声谱密度的恶化（乘以带宽就是噪声功率的恶化），有

$$\mathrm{NF(dB)} = \mathrm{NSD(dBm/Hz)} - kT(\mathrm{dBm/Hz}) \tag{6.213}$$

根据噪声系数可以计算对应带宽的灵敏度。

对于 ADC 与模拟接收前端的级联系统，可以根据级联系统的噪声系数计算公式来分析 ADC 对系统噪声系数的影响，合理设计模拟前端的增益。另外，级联系统的动态范围受前端的增益和 ADC 动态范围的限制，因此级联系统的灵敏度和动态范围存在互相制约的关系，即

$$\mathrm{NF_{CS}(dB)} = \mathrm{NF_{AFE}} + \frac{\mathrm{NF_{ADC}} - 1}{G_{\mathrm{AFE}}} \tag{6.214}$$

式中，$\mathrm{NF_{CS}}$ 为级联系统的噪声系数；$\mathrm{NF_{AFE}}$ 为模拟前端的噪声系数；G_{AFE} 为模拟前端的增益；$\mathrm{NF_{ADC}}$ 为 ADC 的噪声系数。根据式（6.214）可以计算 ADC 级联后对系统噪声系数的影响。

根据 ADC 噪声系数等效的噪声功率 N_{ADC} 和射频前端输出的噪声功率 N_{AFE} 的比值 M 也可以直接计算级联系统的噪声系数，即

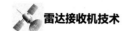

$$M = \frac{N_{\text{AFE}}}{N_{\text{ADC}}}, \quad M(\text{dB}) = N_{\text{AFE}}(\text{dB}) - N_{\text{ADC}}(\text{dB}) \tag{6.215}$$

根据接收机噪声系数定义（对 SNR 的恶化倍数），有

$$\text{NF} = \frac{S_{\text{i}} / N_{\text{i}}}{S_{\text{o}} / N_{\text{o}}} = \frac{N_{\text{o}}}{\left(\dfrac{S_{\text{o}}}{S_{\text{i}}}\right) N_{\text{i}}} = \frac{N_{\text{o}}}{G N_{\text{i}}} \tag{6.216}$$

$$\text{NF}_{\text{CS}} = \frac{N_{\text{AFE}} + \text{NF}_{\text{ADC}}}{N_{\text{AFE}} / \text{NF}_{\text{AFE}}} = \text{NF}_{\text{AFE}} \left(1 + \frac{N_{\text{ADC}}}{N_{\text{AFE}}}\right) = \text{NF}_{\text{AFE}} \frac{M+1}{M} \tag{6.217}$$

$$\text{NF}_{\text{CS}}(\text{dB}) = \text{NF}_{\text{AFE}}(\text{dB}) + 10 \lg \frac{M+1}{M} \tag{6.218}$$

$$\Delta \text{NF}_{\text{CS}}(\text{dB}) = 10 \lg \frac{M+1}{M} \tag{6.219}$$

5. 孔径抖动（Jitter）

孔径抖动是由 ADC 采样电路和时钟信号孔径时延的随机变化造成的。ADC 对模拟信号的采集依赖于采样时钟的前后沿产生的随机抖动，即孔径时延的随机抖动和模拟信号采样点的左右随机抖动会带来被采样信号的幅度随机抖动，造成被采样信号叠加随机抖动的幅度噪声等。图 6.71 给出了孔径抖动引起被采样信号幅度变化示意图。

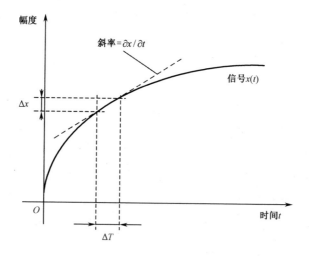

图 6.71　孔径抖动引起被采样信号幅度变化示意图

对于较小的时间变化 ΔT，对应的幅度变化 Δx 与斜率的关系为乘法关系，即

$$\Delta x(t) = \Delta T \times \frac{\partial x(t)}{\partial t} \tag{6.220}$$

对于正弦输入信号 $x(t) = A\sin 2\pi ft$，式（6.220）的傅里叶变换为

$$\Delta X(f) = \Delta T(f) * F\left(\frac{\partial x(t)}{\partial t}\right) = \Delta T(f) * \text{j}2\pi f X(f) \qquad (6.221)$$

式中，*表示卷积。

$$X(f) = \frac{A}{2\text{j}}\left[\delta(f - f_{\text{in}}) - \delta(f + f_{\text{in}})\right] \qquad (6.222)$$

通过卷积运算得到输出信号的频谱为

$$\Delta X(f) = 2\pi f_{\text{in}} \frac{A}{2}\left[\Delta T(f - f_{\text{in}}) - \Delta T(f + f_{\text{in}})\right] \qquad (6.223)$$

因此，抖动信号的噪声将被调制到信号频谱的两侧。图 6.72 给出了时钟噪声调制示意图。

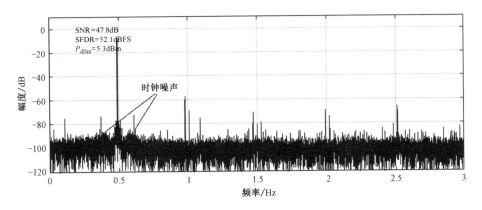

图 6.72　时钟噪声调制示意图（基频信号两侧有对称"鼓包"和杂谱）

孔径抖动造成的信号幅度变化的方均根为

$$E\left[\Delta x^2(t)\right] = E\left[\Delta T^2 \times \frac{\partial x^2(t)}{\partial t}\right] \qquad (6.224)$$

当 ΔT 和 $x(t)$ 互相独立，同时假定零均值时，有

$$E\left[\Delta x^2(t)\right] = E\left[\Delta T^2\right] \times E\left[\frac{\partial x^2(t)}{\partial t}\right] \qquad (6.225)$$

$$\sigma_x^2 = \sigma_T^2 \times E\left[\frac{\partial x^2(t)}{\partial t}\right] \qquad (6.226)$$

式中，σ_x^2 为被采样信号的方差；σ_T^2 为抖动的方差。因此，抖动引起的噪声功率为

$$P_{\text{NJ}} = T_{\text{J}}^2 E\left[\frac{\partial x^2(t)}{\partial t}\right] \qquad (6.227)$$

式中，T_J^2 为抖动的方均根值。对于正弦输入信号 $x(t) = A\sin 2\pi ft$ ，其导数为

$$\frac{\partial x(t)}{\partial t} = 2\pi f_{\text{in}} A\cos 2\pi f_{\text{in}}t \tag{6.228}$$

$$E\left[\frac{\partial x^2(t)}{\partial t}\right] = 4\pi^2 f_{\text{in}}^2 A_{\text{RMS}}^2 \tag{6.229}$$

$$P_{\text{NJ}} = 4\pi^2 f_{\text{in}}^2 A_{\text{RMS}}^2 T_J^2 \tag{6.230}$$

$$\text{SNDR}_{T_J} = \frac{P_S}{P_{\text{NJ}}} = \frac{A^2/2}{P_{\text{NJ}}} = \frac{1}{4\pi^2 f_{\text{in}}^2 T_J^2} \tag{6.231}$$

$$\text{SNDR}_{T_J}(\text{dBc}) = -20\lg(2\pi f_{\text{in}} T_J) \tag{6.232}$$

式（6.231）和式（6.232）就是孔径抖动限制的 ADC 输出信噪比及其与输入频率的关系。

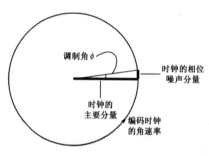

图 6.73　时钟抖动和相位噪声的关系

T_J 一般等于 ADC 采保电路自身内部孔径抖动和外部输入时钟抖动两部分的方均根。时钟抖动是采样时钟信号频率稳定度在时域的表征。相位噪声是时钟信号频率稳定度在频域的表征，一般用单边带相位噪声谱密度 $\mathcal{L}(f)$ 来表示，定义为偏离载频 f_m 处 1Hz 带宽内单边带相位噪声功率与信号功率的比值。图 6.73 给出了时钟抖动和相位噪声的关系。

通过对时钟相位噪声功率谱在一定频带内进行积分，可以获得均方根相位抖动。该相位抖动除以载频即为对应时钟信号的方均根时间抖动，具体计算为

$$\text{Noise}_{\text{integrated}} = \int_{f_L}^{f_H} \mathcal{L}(f)\text{d}f \tag{6.233}$$

$$\varPhi_{\text{Tj\_rms}} = \sqrt{2\times 10^{\text{Noise}_{\text{integrated}}/10}} \tag{6.234}$$

$$T_{\text{J\_rms}} = \frac{\varPhi_{\text{Tj\_rms}}}{2\pi f_{\text{clk}}} \tag{6.235}$$

标准时钟抖动计算是对 12kHz～20MHz 范围内的时钟相位噪声进行积分，并根据上述公式来计算方均根抖动值。对于宽带信号采样和数字化处理，宽带噪声对时钟抖动的贡献更大，采样时钟噪声功率积分计算频率范围是 100Hz～$f_{\text{clk}}/2$ 。

6. 偏置误差、增益误差

偏置误差又称直流偏移或零点偏移，对于直流耦合应用的 ADC（如模拟正交解调基带数字化），直流电平（一般还具有时变特性及一定的谱宽）将影响系统的

动态及后续信号处理结果。

增益误差定义为 ADC 量化传输特性斜率与理想阶梯斜率的偏离，又称比例因子误差。增益误差也属于 ADC 的直流特性，在本质上同 ADC 的直流误差一样，是由于 ADC 的温度特性产生的。

7. DNL、INL

ADC 的微分非线性误差 DNL 和积分非线性误差 INL 与 DAC 的一样，都是反映 ADC 的传递函数偏离理想阶梯特性的静态非线性指标。DNL 和 INL 通常采用频率非常低的信号或直流信号测试。其中，DNL 反映小信号的非线性度，INL 反映大信号的非线性度。

理想 ADC 的转换特性是一条通过原点的满量程理想直线，实际传输曲线与理想直线间的最大偏离值所对应的模拟输入量称为 INL。实际测量时，理想转换特性是由测试数据用最小二乘法求出的最佳拟合直线近似，又称最佳曲线。INL 是从总体来看实际传输曲线偏离理想传输曲线的误差。

DNL 定义为 ADC 的实际传输曲线的台阶宽度与理想宽度（1LSB）之差的绝对值的最大值，反映的是输入、输出关系在微观上与理想情况的误差。

图 6.74 给出了 ADC 非理想输出的 DNL、INL 示意图。

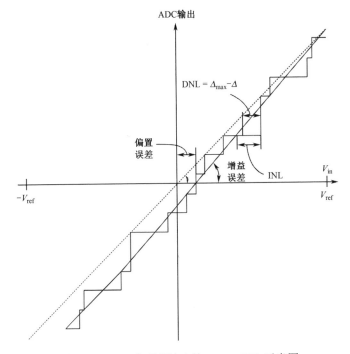

图 6.74   ADC 非理想输出的 DNL、INL 示意图

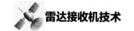

8. 误码率（BER）

误码率又称采样错误率（Sample Error Rate，SER），表征 ADC 的错误概率。该类错误主要是指不饱和噪声误差以外的较大的错误，一般是由于 ADC 的比较器亚稳态、输出数据采集错误、串行化错误等产生的。通常，通信应用的 BER 的量级为 $10^{-9} \sim 10^{-6}$；在某些仪表类应用中，BER 要求在 10^{-15} 量级或更低。

9. 功耗和品质因数（FoM）

功耗是衡量 ADC 性能的一个重要指标，显然低功耗更好，但是在不同的 ADC 性能水平下比较功率效率是非常复杂的。因此，有不同的方法定义品质因数（Figure of Merit，FoM），来统一描述 ADC 芯片的性能和功率效率指标。目前，主要的 FoM 有 Walden 品质因数 FoMw 和 Schreier 品质因数 FoMs。

FoMw 定义为转换功耗，并存在多个变化形式：

$$\text{FoMw} = \frac{P}{2^{\text{ENOB}} \text{ERBW}} \tag{6.236}$$

$$\text{FoMw} = \frac{P}{2^{\text{ENOB}} f_s / 2} \tag{6.237}$$

式中，ERBW 为有效分辨率带宽，定义为 ENOB 值能保持的带宽；P 为 ADC 功耗。

相应地，有

$$\text{FoMs} = \text{SNDR} + 10\lg\frac{\text{ERBW}}{P} \tag{6.238}$$

$$\text{FoMs} = \text{SNDR} + 10\lg\frac{f_s}{P} = -\text{NSD} - 10\lg P \tag{6.239}$$

式中，SNDR 为信噪失真比；ERBW 为有效分辨率带宽；P 为 ADC 功耗。可以看出，FoMs 更直观和易于计算（芯片数据手册一般会直接给出 NSD 和 SNDR）。

6.3.3 数字下变频技术

1. 数字下变频处理概述

现代雷达信号处理需要同时基于回波信号的幅度和相位信息进行各种相参处理，因此接收机需要输出回波的基带信号。传统的基于模拟正交解调基带数字化处理存在固有的正交度问题、直流和低频干扰等问题，结构简洁，SWaP 最优，目前在通信领域和超宽带 SAR 成像领域有较多应用，但需要通过复杂的数字补偿处理算法进行失真校正和补偿。在雷达探测、侦察等高动态、高性能应用需求领域，目前基本基于数字解调实现中频/射频信号到数字基带信号的变换。随着 ADC 芯片的飞速发展，ADI 公司推出的 12 位 10.25GSps 宽带射频模拟变换器 AD9213 集成了数字下变频处理，可以实现瞬时带宽大于 3GHz 以上的中频/射频信号数字变频处理。目前，DDC 处理主要基于专用 DDC ASIC 芯片、ADC/DDC 一体化 ASIC 芯片（如 ADI/TI 等）和高性能 FPGA 来实现（如 XILINX 等）。

雷达接收的窄带回波实信号可以表示为

$$
\begin{cases}
s(t) = a(t)\cos\left[2\pi f_0 t + \phi(t)\right] \\
s(t) = \mathrm{Re}\left[a(t)\mathrm{e}^{\mathrm{j}\phi(t)}\mathrm{e}^{\mathrm{j}2\pi f_0 t}\right] \\
s(t) = \dfrac{a(t)\left[\mathrm{e}^{\mathrm{j}\phi(t)}\mathrm{e}^{\mathrm{j}2\pi f_0 t} + \mathrm{e}^{-\mathrm{j}\phi(t)}\mathrm{e}^{-\mathrm{j}2\pi f_0 t}\right]}{2}
\end{cases}
\tag{6.240}
$$

采样后的离散数字中频/射频信号为

$$
\begin{cases}
s(nT_s) = a(nT_s)\cos\left[2\pi f_0 nT_s + \phi(nT_s)\right] \\
s(n) = a(n)\cos\phi(n)\cos 2\pi f_0 n - a(n)\sin\phi(n)\sin 2\pi f_0 n \\
s(n) = I(n)\cos 2\pi f_0 n + Q(n)\sin 2\pi f_0 n \\
s(nT_s) = \dfrac{a(nT_s)\left[\mathrm{e}^{\mathrm{j}\phi(nT_s)}\mathrm{e}^{\mathrm{j}2\pi f_0 nT_s} + \mathrm{e}^{-\mathrm{j}\phi(nT_s)}\mathrm{e}^{-\mathrm{j}2\pi f_0 nT_s}\right]}{2}
\end{cases}
\tag{6.241}
$$

式中，T_s 为采样周期，$T_s = 1/f_s$。

将式（6.241）乘以数字本振信号 $\mathrm{e}^{-\mathrm{j}2\pi f_0 nT_s} = \mathrm{e}^{-\mathrm{j}\omega_0 n}$，得到数字混频输出（考虑增益变化）

$$
s_{\mathrm{mixer}}(n) = a(n)\left[\mathrm{e}^{-\mathrm{j}\phi(n)}\mathrm{e}^{-\mathrm{j}2\pi 2f_0 t} + \mathrm{e}^{\mathrm{j}\phi(n)}\right]
\tag{6.242}
$$

通过低通滤波器滤除 $2f_0$ 的高频成分，可以恢复回波信号的单边带复信号（基带信号）

$$
s_{\mathrm{ba}}(n) = a(n)\mathrm{e}^{\mathrm{j}\phi(n)} = a(n)\cos\left[\phi(n)\right] + \mathrm{j}a(n)\sin\left[\phi(n)\right] = I(n) + \mathrm{j}Q(n)
\tag{6.243}
$$

$$
I(n) = a(n)\cos\left[\phi(n)\right], \quad Q(n) = a(n)\sin\left[\phi(n)\right]
\tag{6.244}
$$

式中，$I(n)$ 为同相分量（Inphase）；$Q(n)$ 为正交分量（Quadrature）。

上述数字混频和低通滤波处理称为数字下变频处理（Digital Down Converter，DDC）。根据处理流程，DDC 处理（基本是 DUC 处理的逆过程）的基本原理框图如图 6.75 所示。

DDC 处理包括数字混频和后续抗混叠低通匹配滤波抽取处理，实现高采样频率数字中频/射频实信号到与信号带宽相匹配的低采样频率基带 I/Q 复信号的变换。其中，低通匹配滤波抽取处理是典型的数字多速率信号处理。根据并行处理的通道数、信号带宽和对应的抽取比、采样频率与信号带宽的比值，DDC 滤波抽取处理需要采用不同类型、不同实现结构、不同阶数、不同级联方式来实现。DDC

处理在实现采样频率变换、高频成分抑制、带外干扰抑制和抽取抗混叠滤波的同时，可以获得信噪比处理增益（或过采样增益）$\mathrm{SNR_{PG}}$，有

$$\mathrm{SNR_{PG}(dB)} = 10\lg\frac{f_s}{2BW} \tag{6.245}$$

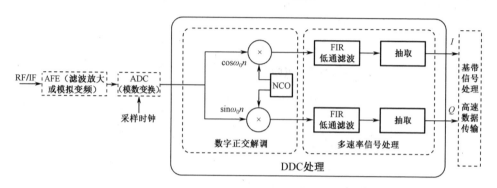

图 6.75　DDC 处理的基本原理框图

2. 数字下变频处理实现

1）通用低通滤波法

图 6.75 所示是 DDC 处理的通用结构，也称低通滤波结构，即数字混频后对 I/Q 两路信号进行低通滤波处理，再抽取获得匹配采样频率。由于信号用复数表示，采样频率可以降为实部的一半，因此 DDC 处理抽取比一般至少为 2。另外，NCO 可以产生 Nyquist 带内的任意频率来实现接收数字跳频功能。

图 6.76 给出了 LFM 信号的 DDC 处理频谱变化情况。其中，ADC 采样频率为 1GHz；信号中频为 750MHz；信号带宽为 200MHz。由图 6.76（a）可以看出，采样后数字信号频谱是双边带频谱，且以 Nyquist 带为周期复制（类似实现了频谱搬移到 250MHz 中心频率）。由图 6.76（b）可以看出，其中一个边带被搬移到零频（基带），另一个边带被搬移到高频。由图 6.76（c）可以看出，高频部分被数字滤波器滤出。由图 6.76（d）可以看出，输出信号采样频率降为 500MHz，并输出单边带基带频谱，另外混频后高频部分 2 倍抽取处理会折叠到信号带内并位于信号的镜像位置，因此滤波器阶数或抑制效果将影响 DDC 处理镜像抑制度指标。

通用低通滤波结构设计的一个重点是根据不同应用需求设计多速率滤波器。特别是对于大抽取比窄带应用，需要通过多级级联滤波器来实现采样频率转换、信噪比处理增益及干扰抑制，具体实现时要综合带内纹波、带外抑制、实现资源及功耗等指标来考虑。对邻频干扰进行抑制要求滤波器的过渡带很窄，而滤波器

阶数与过渡带带宽直接相关。这时可以通过基于半带滤波器的频谱屏蔽滤波器或基于互补滤波器的频谱屏蔽滤波器来实现较窄的过渡带带宽。

图6.77给出了某米波雷达射频直接数字化接收窄带系统数字多级级联滤波器级联幅频响应。从图中可以看出，在信号带宽为150kHz的情况下，数字滤波器对邻频干扰的抑制可达100dB左右，对带内远区干扰的抑制将更大。

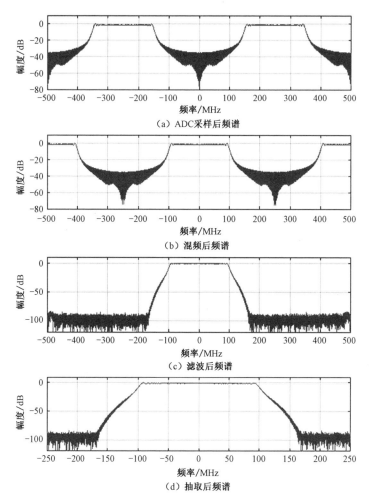

（a）ADC采样后频谱

（b）混频后频谱

（c）滤波后频谱

（d）抽取后频谱

图 6.76　LFM 信号的 DDC 处理频谱变化情况

通用低通滤波结构设计的另一个重点是需要考虑多带宽、宽窄带复用多级级联，以满足雷达对不同工作模式下信号匹配接收的需求。设计时需要考虑不同带宽对应采样频率应满足级联整数倍抽取实现，并根据工作模式选择不同滤波器、变滤波器系数以及选择不同采样频率输出。

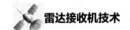
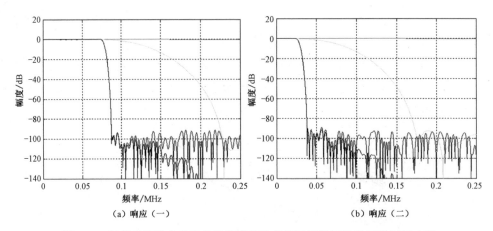

图 6.77　射频直接数字化接收窄带系统数字多级级联滤波器级联幅频响应

图 6.78 给出了某无人机载 X 波段多功能雷达射频数字一体化多通道接收机设计的实物图和 DDC 处理设计的滤波器响应，包括 80MHz 带宽小目标检测跟踪情况和窄带 2.5MHz 搜索模式下 DDC 滤波器级联设计仿真结果。

（a）实物图

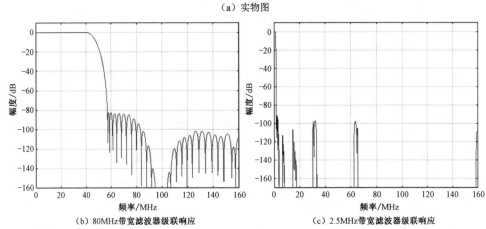

图 6.78　射频数字一体化多通道接收机设计的实物图和 DDC 处理设计的滤波器响应

2）最佳采样时延补偿结构

为了保证 ADC 采样后的信号能够无失真地恢复原来的信号，ADC 采样需要满足采样定理，对于中频或射频信号采样，需要满足带通采样定理，即

$$\frac{2f_{\mathrm{H}}}{N} \leqslant f_s \leqslant \frac{2f_{\mathrm{L}}}{N-1} \tag{6.246}$$

式中，f_{H}、f_{L} 分别为信号的上、下边带频率；$1 \leqslant N \leqslant \mathrm{round}(f_{\mathrm{H}}/B)$，$B$ 为信号带宽，$B = f_{\mathrm{H}} - f_{\mathrm{L}}$。

为了简化模拟抗混叠滤波器设计、DDC 数字混频处理和后续数字滤波处理设计，ADC 采样信号的中心频率 f_0 和采样频率 f_s 一般设计为满足最佳采样定理要求，即

$$f_s = \frac{4f_0}{2N-1} \tag{6.247}$$

此时，采样后的数字信号变为

$$s(n) = I(n)\cos\frac{\pi n}{2} + Q(n)\sin\frac{n\pi}{2} \tag{6.248}$$

$$s(n) = \begin{cases} I'(n) = s_I(2n) = (-1)^n s(2n) \\ Q'(n) = s_Q(2n+1) = (-1)^n s(2n+1) \end{cases} \tag{6.249}$$

可以看出，在最佳采样情况下，数字混频变为简单的符号变换，原始 $I(n)$ 和 $Q(n)$ 有一半是 0 值，去除 0 值（1/2 抽取）分离后，$I'(n)$ 和 $Q'(n)$ 进行低通滤波，同时在时延上差一个采样周期；时域时延对应频谱相移，即数字频谱相差一个时延因子 $\mathrm{e}^{\mathrm{j}\frac{\omega}{2}}$。为补偿时域不对齐，抽取后的 I/Q 支路的低通滤波器需要满足

$$\frac{H_I\left(\mathrm{e}^{\mathrm{j}\frac{\omega}{2}}\right)}{H_Q\left(\mathrm{e}^{\mathrm{j}\frac{\omega}{2}}\right)} = \mathrm{e}^{\mathrm{j}\frac{\omega}{2}} \tag{6.250}$$

即

$$\left| H_I\left(\mathrm{e}^{\mathrm{j}\frac{\omega}{2}}\right) \right| = \left| H_Q\left(\mathrm{e}^{\mathrm{j}\frac{\omega}{2}}\right) \right| = 1 \tag{6.251}$$

由此可以得到滤波器的实现方式为

$$\begin{cases} H_I\left(\mathrm{e}^{\mathrm{j}\frac{\omega}{2}}\right) = \mathrm{e}^{\mathrm{j}\frac{3\omega}{4}} \\ H_Q\left(\mathrm{e}^{\mathrm{j}\frac{\omega}{2}}\right) = \mathrm{e}^{\mathrm{j}\frac{\omega}{4}} \end{cases} \text{或} \begin{cases} H_I\left(\mathrm{e}^{\mathrm{j}\frac{\omega}{2}}\right) = \mathrm{e}^{\mathrm{j}\frac{\omega}{2}} \\ H_Q\left(\mathrm{e}^{\mathrm{j}\frac{\omega}{2}}\right) = 1 \end{cases} \tag{6.252}$$

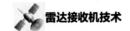

即时延滤波器可以采用以下 4 个滤波器中的一对来实现（H_{I1}、H_{Q1} 或 H_{I2}、H_{Q2}）

$$\begin{cases} H_{I1}\left(\mathrm{e}^{\mathrm{j}\omega}\right) = 1 \\ H_{I2}\left(\mathrm{e}^{\mathrm{j}\omega}\right) = \mathrm{e}^{\mathrm{j}\frac{\omega}{4}} \\ H_{Q1}\left(\mathrm{e}^{\mathrm{j}\omega}\right) = \mathrm{e}^{\mathrm{j}\frac{\omega}{2}} \\ H_{Q2}\left(\mathrm{e}^{\mathrm{j}\omega}\right) = \mathrm{e}^{\mathrm{j}\frac{3\omega}{4}} \end{cases} \tag{6.253}$$

上述滤波器就是内插因子 $I = 4$ 的多相滤波器的分支滤波器（实际是分数时延滤波器，也可以基于插值滤波器进行分支滤波器设计），4 倍内插原型滤波器的频率响应为（在 BW 位归一化信号带宽、低通滤波情况下）

$$H\left(\mathrm{e}^{\mathrm{j}\omega}\right) = \begin{cases} 1, & |\omega| \leqslant \dfrac{BW}{I} \\ 0, & \text{其他} \end{cases} \tag{6.254}$$

分支滤波器阶数是原型滤波器的 1/4，同时考虑分数时延和低通滤波，其带宽设置为实际信号带宽的 1/4。

分支滤波器的冲激响应为

$$h_\rho(n) = h(nI + \rho) \tag{6.255}$$

式中，h 为原型滤波器冲激响应；I 为内插因子；$n = 0,1,2,\cdots,\left(\dfrac{N}{I}-1\right)$；$\rho = 0,$ $1,2,\cdots,I-1$。

对应的最佳采样时延补偿实现结构如图 6.79 所示。图 6.80 给出了基于最佳采样时延补偿结构的 DDC 仿真结果。可以看出，进行符号变换和 2 倍抽取后，由于存在 0.5 采样周期时延，输出频谱存在镜像频率，经过时延补偿和低通滤波消除时延误差后，输出频谱正常。

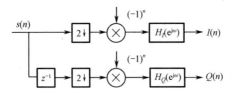

图 6.79　最佳采样时延补偿实现结构

3）混频后置多相滤波结构

常规 DDC 处理流程是 ADC 采样→数字混频→多速率滤波抽取。宽带 DDC 处理一般采样频率比较高，因此对数字混频和数字滤波处理的速率要求非常高。比如，对于 GHz 级以上的采样和 DDC 处理，目前 FPGA 或 ASIC 芯片一般不能直接进行高速处理。同时，混频、滤波再抽取将造成大量运算浪费，因此该结构不适合宽带 DDC 处理，需要设计更高效的结构。

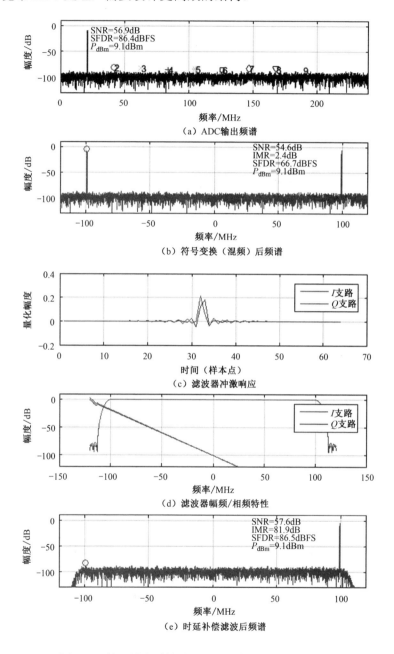

图 6.80　基于最佳采样时延补偿结构的 DDC 仿真结果

设 DDC 的抽取比为 M，数字本振为 $\mathrm{e}^{-j\omega_0 t}$，FIR 滤波器冲激响应为 $h(t)$，$t=0,1,\cdots,K-1$，则常规 DDC（采样、混频、滤波和抽取）输出为

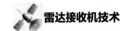

$$y(n) = \left\{ \left[s(t)\mathrm{e}^{-\mathrm{j}\omega_0 t} \right] * h(t) \right\} \sum_{n=-\infty}^{+\infty} \delta(t - nM)$$

$$= \left\{ \sum_{k=0}^{K-1} h(k)s(t-k)\mathrm{e}^{-\mathrm{j}\omega_0(t-k)} \right\} \sum_{n=-\infty}^{+\infty} \delta(t - nM) \qquad (6.256)$$

$$= \sum_{k=0}^{K-1} h(k)s(nM-k)\mathrm{e}^{-\mathrm{j}_0(nM-k)}$$

如果设计的被采样中频/射频信号中心频率为 f_0，采样频率为 f_s，输出基带信号采样频率为 f_{bs}，抽取率为 D，则满足

$$\begin{cases} \dfrac{f_0}{f_s} = \dfrac{m}{M}, \ 1 \leqslant m \leqslant M-1 \\[2mm] \dfrac{f_s}{f_{bs}} = D = M \end{cases} \qquad (6.257)$$

此时，数字混频的数字本振序列可以表示为

$$\mathrm{e}^{-\mathrm{j}\omega_0 t} = \mathrm{e}^{-\mathrm{j}2\pi m/Mt} \qquad (6.258)$$

设 DDC 滤波器系数个数 $K = ML$，考虑到该情况下数字本振序列的周期与抽取比相同，DDC 输出可以表示为

$$y(n) = \sum_{k=0}^{K-1} h(k)s(nM-k)\mathrm{e}^{-\mathrm{j}\omega_0(nM-k)}$$

$$= \sum_{k=0}^{M-1} h(k)s(nM-k)\mathrm{e}^{-\mathrm{j}\omega_0(nM-k)} + \sum_{k=0}^{M-1} h(k+M)s(nM-k-M)\mathrm{e}^{-\mathrm{j}\omega_0(nM-k-M)} + \cdots +$$

$$\sum_{k=0}^{M-1} h\big(k+(L-1)M\big)s\big[nM-k-(L-1)M\big]\mathrm{e}^{-\mathrm{j}\omega_0[nM-k-(L-1)M]}$$

$$= \sum_{k=0}^{M-1} \mathrm{e}^{-\mathrm{j}\omega_0(nM-k)} \left[\sum_{l=0}^{L-1} h(k+lM)s(nM-k-lM) \right] = \sum_{k=0}^{M-1} W_k^M E_k(z^M)$$

$$(6.259)$$

通过选择合适的中频、采样频率、抽取比和滤波器系数，保证数字本振周期和抽取比相同，分配到每个多相滤波器支路上的本振信号为常数，混频处理可以放到多相滤波后面，整个 DDC 实现结构变成采样、抽取、多相滤波、数字混频或频谱搬移，混频后置多相滤波结构的 DDC 处理功能框图如图 6.81 所示。

当下变频的中心频率 f_0 固定为基带信号采样频率 f_{bs} 的整数倍时，可以保证经过后置混频处理后，这一中心频率的信号映射到基带零频上。当该结构用于单信道宽带下变频和降采样处理时，通过抽取/多相滤波后加复数乘积实现相位旋转来获得；当有多路信道进行下变频时，在多相滤波器后应用一组并行的复数相位旋转来完成；当通道数为 $M = \log_2 N$ 时，滤波后的相位旋转多信道输出可以通过 IFFT/IDFT 来实现。具体实现结构如图 6.82 所示。

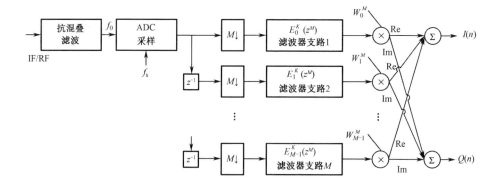

图 6.81　混频后置多相滤波结构 DDC 处理功能框图（一）

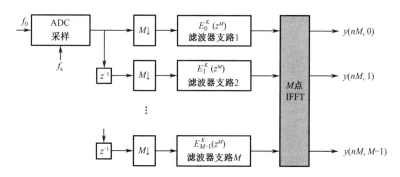

图 6.82　混频后置多相滤波结构 DDC 处理功能框图（二）

多相滤波混频后置 DDC 结构的优点有：①滤波与混频在低速率端处理，降低了对处理速度的要求；②滤波处理在混频前和 ADC 后实现，为实数滤波，运算量减少一半；③对于多信道、滤波器组或信道化应用，所有信道共用一个滤波器，后接一组、多组或 IFFT 复数相位旋转处理，可以获得不同子带同时进行下变频输出。

多相滤波混频后置 DDC 结构只能针对固定位置射频/中频信号的 DDC 处理。对于电子对抗等任意频率接收的应用会造成盲区。基于 Goertzel 算法改进的混频后置多相滤波结构可以实现任意频率位置信号的 DDC 高效处理。传统 Goertzel 算法可以实现均匀分布的频率点处的 DFT/IDFT 处理，通过引入 Goertzel 滤波可以获得频带内任意频点的 DFT/IDFT 值。Goertzel 滤波器传递函数为

$$H_k(z) = \frac{1 - W_k^M z^{-1}}{1 - \cos\left(\dfrac{2\pi}{M}k\right) z^{-1} + z^{-2}} \tag{6.260}$$

根据 Goertzel 滤波器传递函数，可以获得其直接实现形式。基于 Goertzel 算法改进的混频后置多相滤波结构如图 6.83 所示。

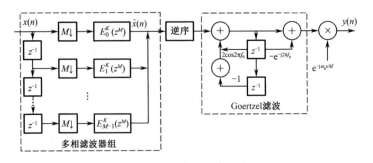

图 6.83　基于 Goertzel 算法改进的混频后置多相滤波结构

该 DDC 处理结构有以下特点。

（1）继承了混频后置多相滤波结构的所有优点，滤波和混频在低速率端工作，进行实数滤波处理，实现单一抗混叠低通滤波多信道输出。

（2）混频过程由 Goertzel 滤波器实现，可获得精确调谐，消除了混频序列调谐频率是基带输出采样频率整数倍的限制，实现了无盲区接收，同时无须对接收带宽进行子带划分。

（3）该结构包括多相低通滤波、Goertzel 滤波和移相处理，与多相滤波混频后置多相滤波器组 DDC 结构相比，运算量有所增加，因此以一定的运算量增加的代价换取了混频序列频点位置的灵活性。

对于 GHz 及以上量级高速宽带 DDC 处理，FPGA 无法在采样频率下直接处理，并且抽取后的采样频率也超出了 FPGA 处理能力。在这种情况下，可以采用广义多相滤波结构来实现。该结构通过对常规多相滤波在频域上进行推导，获得了并行实现的广义多相滤波结构，可以根据具体应用进行速度与资源的平衡，来设计宽带并行 DDC 处理。

某 L 波段软件化相控阵雷达基于射频直接数字化体制设计，接收主要参数包括 $f_0 = 1300\text{MHz}$、$f_s = 1040\text{MHz}$、$BW = 200\text{MHz}$、$f_{bs} = 260\text{MHz}$，信号中心频率和采样频率满足最佳采样定理，同时输出信号采样频率和对应抽取比满足混频后置多相滤波结构，因此其 DDC 可以按照图 6.81 所示结构实现。同时，根据抽取比为 4（滤波器系数设计为 64 个），结构可以简化为图 6.84 所示形式。图 6.85 给出了点频输入时的 DDC 输出频谱。

某全数字阵列 S 波段空间目标监视雷达，系统采用收发分置体制，接收采用模拟一次混频高中频数字化收发技术体制，核心数字阵列模块（Digital Array Module，DAM）采用 16 通道射频数字一体化集成设计，接收模拟中频为 270MHz，采样频率为 120MHz，信号带宽包括 21MHz 和 5MHz，用于高分辨测距和高精度跟踪，5 个 1MHz 子带接收用于高效搜索，0.2MHz 带宽用于窄带连续波高精度测速。系统的具体频带分布如图 6.86 所示。

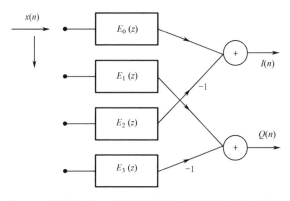

图 6.84　抽取比为 4 的混频后置多相滤波简化实现结构

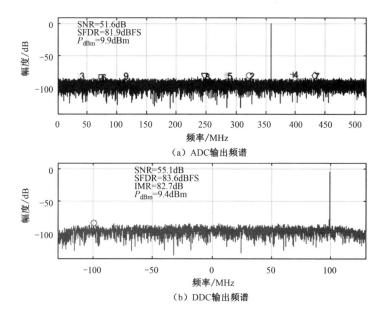

图 6.85　点频输入时的 DDC 输出频谱（频偏为 99MHz）

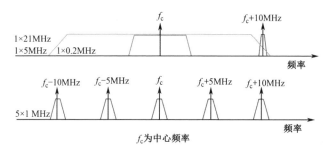

图 6.86　频带分布示意图

DDC 处理需要根据系统工作模式输出不同带宽和采样频率的多通道并行基带 I/Q 信号，对带外干扰进行抑制并获得相应过采样处理信噪比得益，同时保证 FPGA 资源利用最优化。根据采样频率、中频频率、信号带宽和抽取比，以及 DDC 常用处理结构，该多带宽、多采样频率单通道 DDC 处理实现方案如图 6.87 所示（包括每种带宽对应的采样频率）。

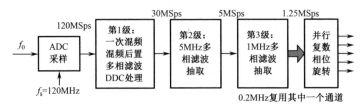

图 6.87　多带宽、多采样频率单通道 DDC 处理实现方案

根据采样定理，第 1 级满足最佳采样定理，同时抽取比满足混频后置多相滤波结构设计，5 个子带中心频率位置和对应采样频率、输出采样频率等也满足混频后置相位选择提取多子带的要求，因此对于 16 通道 DDC 处理，大大节省了 FPGA 资源。图 6.88 给出了 16 通道数字接收机硬件实物图和 DDC 各级滤波器的级联响应。

4）Hilbert 变换结构

物理可实现信号都是实信号，实信号 $x(t)$ 的频谱 $X(f)$ 具有共轭对称性，即

$$X(f) = X^*(-f) \tag{6.261}$$

实信号的正、负频谱幅度分量对称、相位分量相反，因此可以由其正频率部分或负频率部分进行描述而不丢失任何信息和产生虚假信号。令 $z(t)$ 为 $x(t)$ 正频率分量产生的信号（复信号），其频谱 $Z(f)$ 为

$$Z(f) = \begin{cases} 2X(f), & f > 0 \\ X(f), & f = 0 \\ 0, & f < 0 \end{cases} \tag{6.262}$$

引入阶跃滤波器，可以得到

$$H(f) = \begin{cases} 1, & f > 0 \\ 0, & f = 0 \\ -1, & f < 0 \end{cases} \tag{6.263}$$

$$Z(f) = X(f)[1 + H(f)] \tag{6.264}$$

如果阶跃滤波器 $H(f)$ 对应的冲激函数为 $h(t)$，则 $z(t)$ 可以表示为

$$z(t) = x(t) + x(t) * h(t) \tag{6.265}$$

根据阶跃滤波器 $H(f)$ 的响应可以得到冲激函数为

$$h(t) = \mathrm{j}\frac{1}{\pi t} \tag{6.266}$$

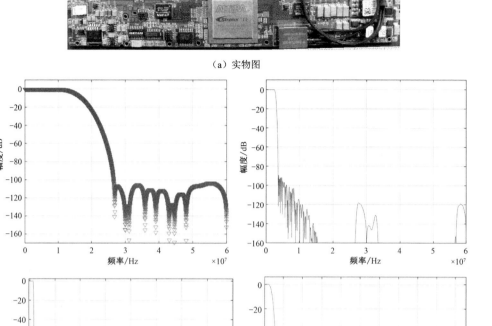

（a）实物图

（b）级联响应

图 6.88　16 通道数字接收机硬件实物图和 DDC 各级滤波器的级联响应

因此，$z(t)$ 可以表示为

$$z(t) = x(t) + \mathrm{j}\frac{1}{\pi}\int_{-\infty}^{+\infty}\frac{x(\tau)}{t-\tau}\,\mathrm{d}\tau \tag{6.267}$$

$x(t)$ 的 Hilbert 变换为

$$H\big[x(t)\big] = \frac{1}{\pi}\int_{-\infty}^{+\infty}\frac{x(\tau)}{t-\tau}\,\mathrm{d}\tau H\big[x(t)\big] = \mathrm{j}\frac{1}{\pi}\int_{-\infty}^{+\infty}\frac{x(\tau)}{t-\tau}\,\mathrm{d}\tau \tag{6.268}$$

$$z(t) = x(t) + \mathrm{j}H\big[x(t)\big] \tag{6.269}$$

因此，实信号 $x(t)$ 的正频率分量所对应的信号 $z(t)$ 是一个复信号，其实部为原信号，虚部为原信号的 Hilbert 变换。$z(t)$ 成为实信号 $x(t)$ 的解析表示，$z(t)$ 的实部成为 $x(t)$ 的同相分量，$z(t)$ 的虚部成为 $x(t)$ 的正交分量。

Hilbert 变换实际上是一个宽带为 90°的移相器，其冲激响应可以通过一个 FIR 滤波器进行估计，正交分量可以通过输入信号与该 FIR 滤波器的冲激响应的卷积获得。Hilbert 滤波器的作用是滤除负频谱，形成单边带复频谱。

对于满足最佳采样定理的采样系统，根据多速率信号处理理论和半带滤波器的冲激响应特性，半带 Hilbert 变换滤波器的实部仅仅在中心对称点上有一个非零值样本。基于半带 Hilbert 滤波器可以得到 Hilbert 变换的高效简化实现，其具体实现结构如图 6.89 所示。

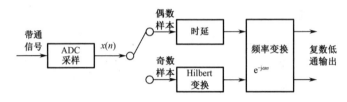

图 6.89　Hilbert 变换 DDC 处理简化结构

某多通道宽带被动数字阵列系统，单通道信号瞬时带宽为 1GHz，ADC 采样频率为 2.4GHz，信号中频频率为 1.8GHz，输出信号采样频率为 1.2GHz，DDC 处理基于半带 Hilbert 变换结构实现，滤波器阶数为 64。图 6.90 给出了仿真结果，可以看出，冲激响应的实部仅中心系数非零，虚部有一半为零，同时左右符号相反、对称，因此可以简化硬件资源。滤波器响应体现了 Hilbert 变换的抑制负频域内频谱的要求，滤波后通过相位旋转（符号变换）实现频谱搬移，输出基带 I/Q 数据。

5) 宽带 DDC 重采样结构

常规 DDC 处理的整个链路抽取比为整数，因此可以通过单级或多级抽取滤波实现。电子对抗/成像等宽带应用及通信应用中存在抽取比为分数的情况，有时需要通过数字重采样滤波结构来实现 DDC 处理。该结构将内插镜像抑制滤波和抽取抗混叠滤波复用，通过选择合适的滤波器阶数及结构变换来获得高效实现方式。

宽带系统中频 f_0 的选择需要根据系统模拟通道的体制、频率窗口的计算、系统瞬时带宽、当前 ADC 模拟带宽等多个因素决定。ADC 的采样频率 f_s 需要满足采样定理或最佳采样定理的要求，这样可以简化数字混频处理，同时可降低抗混叠滤波器的实现难度。另外，采样频率的选择与中频的选择要兼顾。DDC 处理输出信号采样频率 f_{bs} 一般要求和信号带宽 BW 匹配，过低的采样频率会对后续信号处理造成 SNR 损失，过高的采样频率会增加后续信号处理的运算资源。中频采样设计一般要求 f_s / f_{bs} 的比值为一个整数，但当要求 f_s 与 f_0 匹配且同时要求 f_{bs} 与

BW 匹配时，宽带系统会存在 f_s / f_{bs} 为分数的情况，这时需要进行重采样处理来获得最终需要的基带采样频率。

根据信号处理理论，L/M 采样频率变换可通过图 6.91 所示结构来实现。

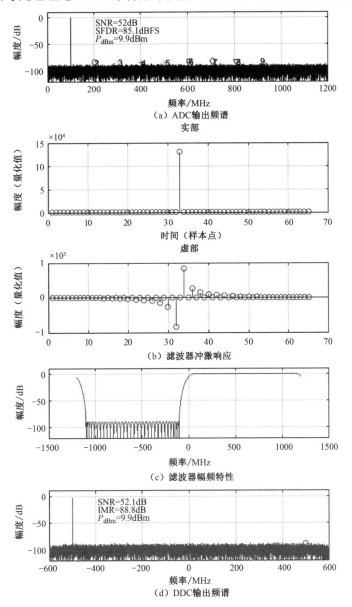

图 6.90　Hilbert 变换 DDC 处理仿真结果

图 6.91 中的滤波器是插值镜像抑制滤波器和抽取抗混叠滤波器的复合。对于低通滤波器，其归一化的阻带截止频率为

$$\omega_s = \min\{\pi/L, \pi/M\} \tag{6.270}$$

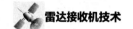
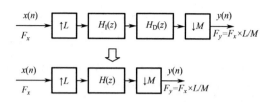

图 6.91　重采样实现原理与简化结构

该滤波器可以同时滤除插值产生的镜像频率和抽取需要抑制的带外信号的混叠。合并的低通滤波器传递函数的幅度为

$$\left|H\left(\mathrm{e}^{\mathrm{j}\omega}\right)\right|=\begin{cases}L, \ |\omega|\leqslant\min\left\{\dfrac{\pi}{L},\dfrac{\pi}{M}\right\}\\[2mm]0, \ 其他\end{cases}\tag{6.271}$$

当抽取比或内插比很大时，滤波器的通带截止频率相对非常小，滤波器阶数将非常高。重采样由于需要内插处理，一般应用于基带低速率复数信号。对于宽带系统，基带速率也非常高，因此内插比不能很大，否则对资源要求非常高；如果直接利用图 6.91 所示结构进行重采样处理，则由于先进行内插处理，宽带 DDC 的重采样滤波压力将非常大。宽带 DDC 的重采样处理在系统设计时，L 和 M 都是比较小的互质数，以保证插值和抽取次序可以交换，同时还必须采用高效的实现结构。

线性相位重采样高效实现结构目前主要利用多相结构来实现，最新的研究方法在多相结构的基础上利用了滤波器系数的对称性，大大降低了计算复杂度。

对于图 6.91 所示的简化结构，利用 FIR 滤波器的多相分解（按照内插比进行分解）可以获得图 6.92 所示结构。

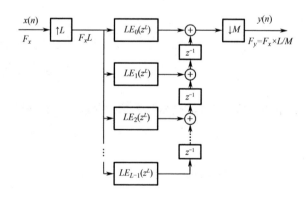

图 6.92　重采样滤波器按照内插比进行多相分解的实现结构

利用 Noble 恒等式，多相滤波器和内插可以互换位置，同时抽取可以移到多

相分支内部，修改后的结构如图 6.93 所示。

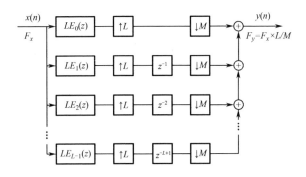

图 6.93　进行 Noble 恒等式变换后的重采样滤波器多相分解实现结构

根据数论理论，两个互质的整数 L 和 M，存在整数 l_0 和 m_0 满足

$$l_0 L - m_0 M = 1 \tag{6.272}$$

利用该恒等式，图 6.93 中的时延单元可以表示为

$$z^{-k} = z^{k(l_0 L - m_0 M)} \tag{6.273}$$

将图 6.93 中的一个多相分支利用式（6.273）对时延单元进行替代，利用 Noble 恒等式进行变换，利用 FIR 抽取滤波器多相分解结构进行变换，可以获得图 6.94 所示高效实现结构。

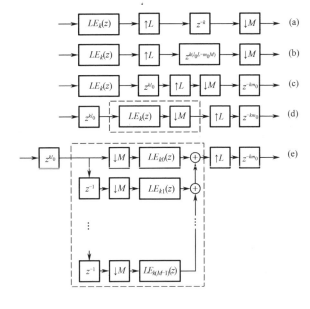

图 6.94　重采样滤波多相结构第 k 分支高效实现结构

从图 6.94 可以看出，滤波在最低采样频率处进行，运算效率最高，与图 6.91 相比，大大减少了运算处理量，特别是对于宽带高速率 DDC 处理，计算效率大大提高。图 6.94（a）～图 6.94（d）是针对降重采样（$L/M<1$）的实现结构进行的推导。对于增重采样（$L/M>1$）的情况，只需要将图 6.94 所示结构的抽取和内插位置互换，同时抽取和内插相对应的多相分支滤波器的位置也互换即可。

多相分解宽带 DDC 重采样处理利用了 FIR 滤波器的多相分解结构和 Noble 恒等式，获得了高效实现结构，缺点是线性相位 FIR 滤波器系数的对称性无法得到利用。线性相位 FIR 滤波器传递函数和冲激响应为

$$H(z) = \sum_{k=0}^{N} h_k z^{-k}, \ h_k = h_{N-k}, \ k = 0,1,\cdots,N \qquad (6.274)$$

相关研究表明，通过利用线性相位 FIR 滤波器系数的对称性，同时根据分数重采样中 L/M 的特点——重采样滤波器 L 个输出数据中只有第 L 个为非零数据，重采样滤波器 M 个输出数据中只有第 M 个有效，可以获得更高效的实现结构，与目前使用的多相滤波器分解结构相比，乘法器数量还可以减少一半左右。

某电子对抗侦察接收机，信号中频频率为 900MHz，ADC 采样频率为 1.2GHz，单通道单子带瞬时带宽为 400MHz，基带输出采样频率为 500MHz。因此，ADC 采样满足最佳采样定理，但是输出基带采样频率与 ADC 采样频率不是整数倍关系，需要进行宽带重采样处理。进行重采样处理设计时，首先基于混频后置多相结构输出 600MSps 基带信号（滤波器阶数为 47），再通过 5/6 重采样滤波输出 500MSps 基带信号（滤波器阶数为 59），仿真结果如图 6.95 所示。

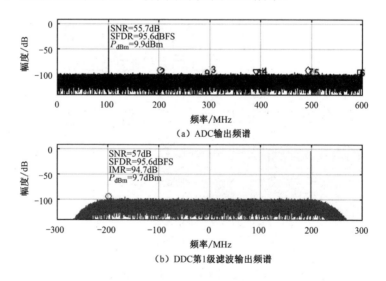

图 6.95　重采样宽带 DDC 处理仿真结果

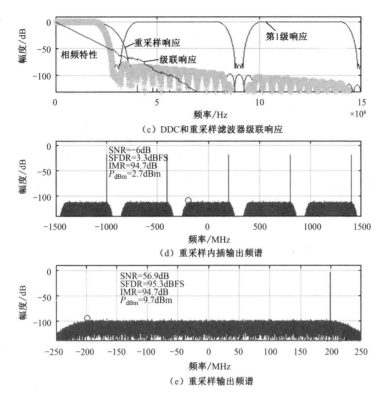

（c）DDC和重采样滤波器级联响应

（d）重采样内插输出频谱

（e）重采样输出频谱

图 6.95　重采样宽带 DDC 处理仿真结果（续）

6.4　收发信号失真分析与补偿处理

　　收发信号失真包括数字波形产生、模拟发射链路、模拟接收链路、数字接收等各个组成部分引入的失真。数字波形产生和数字接收相关的失真和技术指标前文已进行论述。模拟发射链路设计根据工作频率、带宽、应用需求不同，采用不同的技术体制，主要包括射频直接数字化发射、中频数字化+模拟上变频发射、基带数字化+模拟正交调制发射等。另外，雷达发射一般采用饱和放大的功放，以提高系统的发射效率。模拟接收链路设计同样根据工作频率、带宽、应用需求不同采用不同的技术体制，主要包括射频直接数字接收、模拟下变频+中频数字化接收、模拟正交解调+基带数字化接收等（部分宽带系统采用去调频/去斜接收体制），一般需要进行线性设计，并可以通过增益控制等手段扩展接收动态范围。不同的应用领域和收发技术体制所引入和需要关注的失真不同，目前雷达工作时主要以线性调频信号为主，下面重点介绍系统应用较多的模拟正交调制解调（Zero Interfrequency，ZIF，零中频体制）失真、收发链路带内幅度起伏和相位非线性失真等对雷达收发信号性能的影响，以及相应的数字化补偿措施。

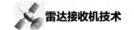

6.4.1 零中频体制收发信号失真分析与补偿处理

1. 零中频体制收发信号失真分析

正交解调技术能够将回波信号解调成正交的 $I(t)$ 和 $Q(t)$ 基带分量，且不失真地保留回波信号的幅度和相位信息，前提条件是 I、Q 两个通道的传递函数是相位正交和增益一致的，否则将造成 I/Q 信号的幅度不平衡和相位不正交，并产生镜像频率，影响系统的动态性能和信号质量。另外，参考信号的泄漏会产生直流偏置。I/Q 信号的幅度、相位平衡性和直流偏移是正交解调的三个主要指标。正交调制是正交解调的逆过程，I/Q 信号的幅度、相位不平衡和直流偏移会使输出信号产生镜像频率分量，以及载波泄漏。

理想的正交调制解调信号流程如图 6.96 所示。从图中可以看出，I/Q 低通滤波、混频、合成/分配，本振链路的幅度、相位平衡性等都影响输出信号的指标。

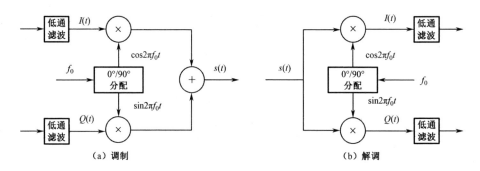

图 6.96　理想的正交调制解调信号流程

直流偏置会造成正交解调输出 I/Q 信号存在直流电平、发射信号存在载波泄漏并最终影响接收信号动态性能以及产生直流杂散问题。假定 I 通道为理想通道，Q 通道存在失配（因为幅相不平衡是相对的），存在幅相不平衡的正交解调 I/Q 信号可以表示为

$$
\begin{aligned}
s(t) &= \cos\big[2\pi(f_i - f_0)t\big] + \mathrm{j}\alpha\sin\big[2\pi(f_i - f_0)t + \epsilon\big] \\
&= \cos(2\pi f_d t) + \mathrm{j}\alpha\sin(2\pi f_d t + \epsilon) \\
&= \frac{1}{2}\Big[\mathrm{e}^{\mathrm{j}2\pi f_d t} + \mathrm{e}^{-\mathrm{j}2\pi f_d t}\Big] + \frac{\alpha}{2}\Big[\mathrm{e}^{\mathrm{j}(2\pi f_d t + \epsilon)} + \mathrm{e}^{-\mathrm{j}(2\pi f_d t + \epsilon)}\Big] \\
&= \frac{1}{2}\Big[\mathrm{e}^{\mathrm{j}2\pi f_d t}(1 + \alpha\mathrm{e}^{-\mathrm{j}\epsilon})\Big] + \frac{1}{2}\Big[\mathrm{e}^{-\mathrm{j}2\pi f_d t}(1 - \alpha\mathrm{e}^{-\mathrm{j}\epsilon})\Big]
\end{aligned}
\tag{6.275}
$$

式中，α 为通道幅度不平衡；ϵ 为相位不平衡。可以看出，$\mathrm{e}^{\mathrm{j}2\pi f_d t}$ 为需要的输出信号，$\mathrm{e}^{-\mathrm{j}2\pi f_d t}$ 为镜像失真信号。如果 $\alpha = 1$，$\epsilon = 0$，则只有 $\mathrm{e}^{\mathrm{j}2\pi f_d t}$ 输出，而镜像频率为

0。信号的幅度$1+\alpha e^{-j\epsilon}$和镜像的幅度$1-\alpha e^{-j\epsilon}$可以通过矢量来表示，进而可以得到信号幅度A_d和镜像幅度A_i，即

$$A_d^2 = 1 + \alpha^2 + 2\alpha\cos\epsilon \tag{6.276}$$

$$A_i^2 = 1 + \alpha^2 - 2\alpha\cos\epsilon \tag{6.277}$$

镜像抑制度（Imagine Ratio，IR）定义为镜像幅度与信号幅度的比值取对数，即

$$\mathrm{IR} = 20\lg\left|\frac{1-\alpha e^{-j\epsilon}}{1+\alpha e^{-j\epsilon}}\right| = 10\lg\frac{A_i^2}{A_d^2} = 10\lg\frac{1+\alpha^2-2\alpha\cos\epsilon}{1+\alpha^2+2\alpha\cos\epsilon} \tag{6.278}$$

图 6.97 给出了镜像电平关于幅相不平衡的函数关系仿真曲线。图 6.98 给出了点频信号由于幅相不平衡引入的镜像信号仿真结果，幅度误差为 0.15dB 或相位误差为 1.0° 时对应的镜像抑制度约为 41dB。可以看出，由于镜像信号的存在，输出信号的无杂散动态范围将大大缩小，影响接收机的动态性能。

对于存在幅相不平衡和直流偏置的 LFM 信号，正交调制输出可以表示为

$$
\begin{aligned}
s(t) &= \left[\left(\cos\pi K_r t^2 + D\right) + j\alpha\sin\left(\pi K_r t^2 + \epsilon\right)\right]e^{j2\pi f_0 t} \\
&= \frac{1}{2}\left[e^{j(2\pi f_0 t - \pi K_r t^2)}(1+\alpha e^{-j\epsilon})\right] + \frac{1}{2}\left[e^{j(2\pi f_0 t - \pi K_r t^2)}(1-\alpha e^{-j\epsilon})\right] + De^{j2\pi f_0 t}
\end{aligned} \tag{6.279}
$$

式中，实部为中频信号；D 为直流偏置；α 为幅度不平衡；ϵ 为相位不平衡；K_r 为调频斜率，$K_r = B/\tau$；f_0 为信号中心频率；B 为 LFM 信号带宽；τ 为 LFM 信号脉宽。

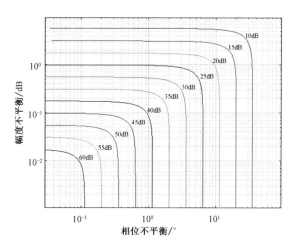

图 6.97　镜像电平关于幅相不平衡的函数关系仿真曲线

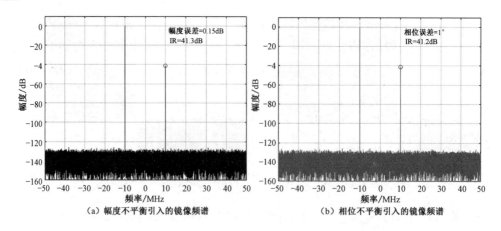

（a）幅度不平衡引入的镜像频谱   （b）相位不平衡引入的镜像频谱

图 6.98　点频信号由于幅相不平衡引入的镜像信号仿真结果

可以看出，$e^{j(2\pi f_0 t - \pi K_r t^2)}$ 是镜像频率分量，$De^{j2\pi f_0 t}$ 是载波泄漏。根据式（6.279），IR 的计算与正交解调点频分析结果完全相同。另外，载波泄漏定义为载波分量与主信号幅度的比值，即

$$\mathrm{CR} = 20\lg \frac{|D|}{|1 + \alpha e^{-j\epsilon}|} = 10\lg \frac{4D^2}{1 + \alpha^2 + 2\alpha \cos \epsilon} \tag{6.280}$$

以信号幅度对存在失真的正交调制信号进行归一化，正交调制输出可以表示为

$$s(t) = e^{j(2\pi f_0 t + \pi K_r t^2)} + \delta e^{j(2\pi f_0 t - \pi K_r t^2)} + \beta e^{j2\pi f_0 t} \tag{6.281}$$

式中，δ 和 β 分别是镜像分量和载波分量相对于主信号的幅度。图 6.99 给出了 LFM 信号在有/无失真情况下的正交调制输出仿真结果。其中，采样频率为 1760MHz，信号带宽为 700MHz，脉宽为 30μs，信号中心频率为 1320MHz。图中给出了理想情况下输出信号的频谱和瞬时频率；存在-20dB 直流偏置时的输出频谱，表现为频谱中心频率出现单根谱线，影响有用信号功率；存在-20dB 镜像频谱时，LFM 信号带内幅度粗糙起伏，带内存在频率误差。

对正交调制信号乘以 $e^{-j2\pi f_0 t}$，以进行解调接收，并通过低通滤波获取基带信号

$$s_{\mathrm{bs}}(t) = e^{j\pi K_r t^2} + \delta e^{-j\pi K_r t^2} + \beta \tag{6.282}$$

因此，基带信号中存在镜像分量 $e^{-j\pi K_r t^2}$ 和直流分量 β。对该基带信号进行脉冲压缩处理分析，图 6.100 给出了 Hamming 加权下的脉冲压缩输出仿真结果。由镜像频率干扰的公式可以看出，由于能量分散在整个频带内，因此镜像干扰对脉冲压缩输出的主瓣影响很小，其峰值旁瓣比（Peak Side-lobe Ratio，PSLR）变化不

大，但是从脉冲压缩输出看，对积分旁瓣比（Integrated Side-lobe Ratio，ISLR）有影响。载波泄漏同样对主瓣影响较小，但对积分旁瓣影响较大，脉冲压缩输出的整个旁瓣都被抬高，其影响略大于镜像干扰。

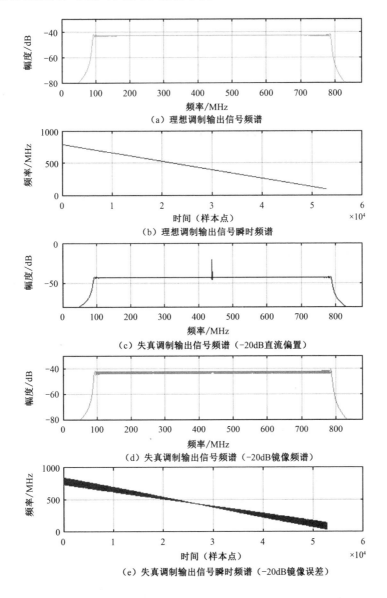

（a）理想调制输出信号频谱

（b）理想调制输出信号瞬时频谱

（c）失真调制输出信号频谱（-20dB直流偏置）

（d）失真调制输出信号频谱（-20dB镜像频谱）

（e）失真调制输出信号瞬时频谱（-20dB镜像误差）

图 6.99　LFM 信号存在镜像误差和载波泄漏时的输出仿真结果

图 6.101 给出了上述仿真条件下失真幅度与加权脉冲压缩输出 PSLR 的关系曲线。可以看出，将镜像和载波泄漏电平控制在-35dB 以下时，对加权脉冲压缩输出的影响不大。

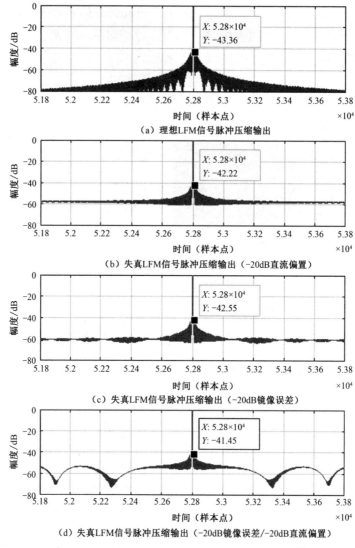

（a）理想LFM信号脉冲压缩输出

（b）失真LFM信号脉冲压缩输出（−20dB直流偏置）

（c）失真LFM信号脉冲压缩输出（−20dB镜像误差）

（d）失真LFM信号脉冲压缩输出（−20dB镜像误差/−20dB直流偏置）

图 6.100　Hamming 加权下的脉冲压缩输出仿真结果

对于宽带 *I/Q* 调制解调系统，ADC 和 DAC 都是高速宽带工作的，*I/Q* 双通道 ADC、DAC 芯片要求工作时序处于完全同步的状态，否则会造成输出 *I/Q* 信号在时间上相差若干距离单元，从而引入 *I/Q* 时延误差或时延不对齐（前面的分析都假定没有时延误差）。另外，进行正交调制解调模拟链路设计时也需要考虑时延。

图 6.102 给出了上述仿真条件下存在两个距离单元时延的 LFM 信号仿真结果。可以看出，存在时延失配时，输出信号在时域不再具备恒包络特性，频谱存在较大幅度起伏，输出副瓣抬高严重，同时主瓣也有所展宽，信号的瞬时频率存在较大误差，调频线性度较差，因此 *I/Q* 时延误差的影响较大。

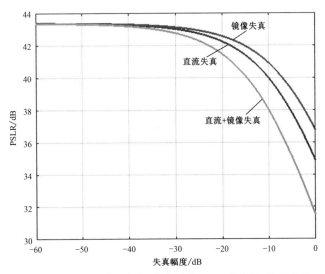

图 6.101　失真幅度与加权脉冲压缩 PSLR 指标的关系曲线

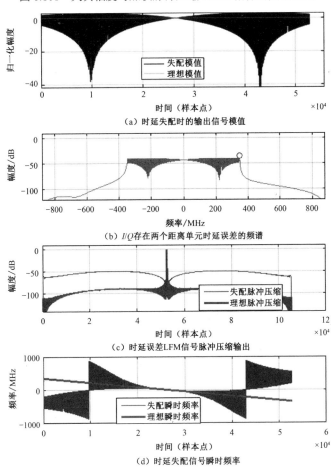

（a）时延失配时的输出信号模值

（b）I/Q 存在两个距离单元时延误差的频谱

（c）时延误差 LFM 信号脉冲压缩输出

（d）时延失配信号瞬时频率

图 6.102　存在两个距离单元时延的 LFM 信号仿真结果

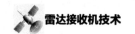

零中频体制数字收发与模拟通道需要采用直流耦合方式进行设计，一般采用宽带运放来实现单端模拟通道到 ADC/DAC 差分接口的互连和匹配。使用宽带运放也存在接收直流电平失配和发射载波泄漏问题，且该类失真随着时间和温度的变化而变化，给直流/载波泄漏校正造成一定难度。另外，采用运放进行正交调制解调电路设计时，还存在谐波失真问题，需要仔细设计差分运放的共模电平匹配、差分匹配和接口电平幅度。基带数字化处理如果采用交流耦合（如变压器耦合等），由于存在隔直及低频频率响应衰减的问题，收发 LFM 信号将存在失真，造成脉冲压缩输出存在单侧距离副瓣抬高，影响雷达目标的检测、成像等处理，并会随着中心频率带宽损失比例增加进一步恶化，因此必须采用直流耦合设计。

图 6.103 给出了交流耦合零中频收发 LFM 信号实际采集信号波形。基带采样 ADC 采样频率为 1760MHz，LFM 信号瞬时带宽为 1400MHz，脉冲宽度为 50μs。可以看出，采集信号时域在零频附近（脉冲中心）存在失真，由于变压器耦合中心频率附近有近 500kHz 的凹坑（变压器的响应），脉冲压缩输出单侧距离副瓣抬高。另外，随着发射信号带宽的减小（零频损失占比增大），距离副瓣抬高问题更严重。

2. 零中频体制收发信号失真补偿处理

含正交调制解调环节的收发系统实际上是一个两路实输入/输出与一路复输出/输入系统，除常规的系统复输入、复输出失真外，还存在实输入、复输出和复输入、实输出系统，因此很难同时提取两种误差，一般先消除正交调制解调的实系统失真，再提取系统的复数失真。另外，正交调制和正交解调具有准可逆特性，基于线性系统串联模型可交换原理，相关补偿处理和算法可以互相移植。

正交调制解调电路设计需要基于直流耦合设计，I/Q 支路需要采用等时延设计及等幅、等相设计，但是模拟链路一般很难保证 I/Q 支路的等幅、等相，对于宽带系统更是如此。因此，一般需要采用数字补偿方法来改善 I/Q 正交度指标。

窄带补偿通过 DFT 来估算 I/Q 的幅相误差并在时域进行数字补偿处理。失配的 I/Q 信号可以表示为

$$I_1 = (1+\alpha)A\sin 2\pi f_i t + i_{dc} \tag{6.283}$$

$$Q_1 = A\cos(2\pi f_i t + \epsilon) + q_{dc} \tag{6.284}$$

式中，A 和 f_i 分别是输入信号的幅度和频率；α 和 ϵ 分别是幅度和相位误差；i_{dc}、q_{dc} 是直流偏置。校正输出可以用矩阵表示为

$$\begin{pmatrix} I_1 \\ Q_1 \end{pmatrix} = \begin{pmatrix} 1+E & 0 \\ P & 1 \end{pmatrix} \begin{pmatrix} I_1 - i_{dc} \\ Q_1 - q_{dc} \end{pmatrix} \tag{6.285}$$

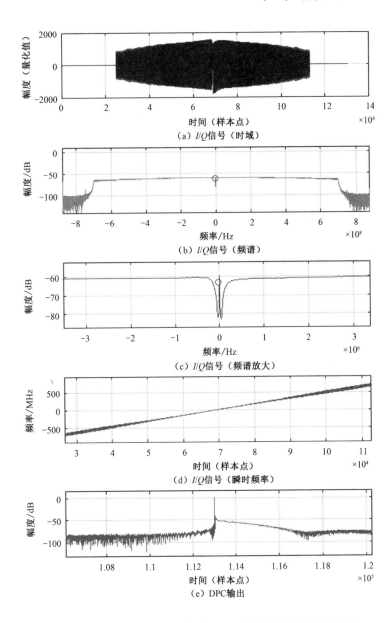

（a）I/Q信号（时域）

（b）I/Q信号（频谱）

（c）I/Q信号（频谱放大）

（d）I/Q信号（瞬时频率）

（e）DPC输出

图 6.103 交流耦合零中频收发 LFM 信号实际采集信号波形

$$E = \frac{\cos \epsilon}{1 + \alpha} - 1 \qquad (6.286)$$

$$P = -\frac{\sin \epsilon}{1 + \alpha} \qquad (6.287)$$

图 6.104 给出了 I/Q 正交度时域校正处理流程。

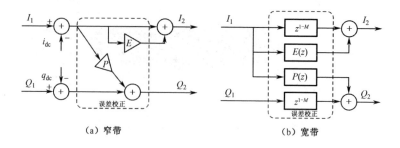

（a）窄带　　　　　　　　　　（b）宽带

图 6.104　I/Q 正交度时域校正处理流程

对 I/Q 信号进行正交度失真补偿，需要获得 E、P、i_{dc} 和 q_{dc}，可以通过输入点频信号校正和 DFT 处理计算获得。采集的离散复信号为 $x(n) = I(n) + \mathrm{j}Q(n)$，对应的 DFT 为 $X(n)$，根据 $X(n)$ 可计算得到主信号 X_{n_s} 和镜像频率信号 X_{n_im}，则有

$$i_{dc} = \frac{1}{4}\mathrm{Re}\{X(1)\} \tag{6.288}$$

$$q_{dc} = \frac{1}{4}\mathrm{Im}\{X(1)\} \tag{6.289}$$

$$E = -\mathrm{Re}\left\{\frac{2X_{n\_im}}{X_{n\_s}^* + X_{n\_im}}\right\} \tag{6.290}$$

$$P = -\mathrm{Im}\left\{\frac{2X_{n\_im}}{X_{n\_s}^* + X_{n\_im}}\right\} \tag{6.291}$$

为了防止 DFT 频谱泄漏，可以进行加窗处理，或者 N 的取值满足对应点频信号时宽是采样周期的整数倍。上述校正方法对点频、窄带信号 I/Q 失配的校正结果比较理想。

对于宽带系统，I/Q 失真是与频率相关的，时域校正也可以通过多个频率点 $f_1, f_2, \cdots, f_M$ 校正获得一组校正系数 $(E_1, P_1), (E_2, P_2), \cdots, (E_M, P_M)$，然后基于这组系数构建数字滤波器来消除 I/Q 失配误差。滤波器构建为

$$E(z) = \sum_{i=1}^{M} \frac{\prod_{k=1,k\neq i}^{M}(z + z^{-1} - 2\cos\omega_k)}{\prod_{k=1,k\neq i}^{M}2(\cos\omega_i - \cos\omega_k)} E_i \tag{6.292}$$

$$2(M-1)P(z) = \sum_{i=1}^{M} \frac{\prod_{k=1,k\neq i}^{M}(z + z^{-1} - 2\cos\omega_k)}{\prod_{k=1,k\neq i}^{M}2(\cos\omega_i - \cos\omega_k)} P_i \tag{6.293}$$

式中，$z = \mathrm{e}^{\mathrm{j}\omega}$；$\omega_i = 2\pi f_i / f_s$；$f_s$ 是 ADC 的采样频率。滤波器 $E(z)$ 和 $P(z)$ 具有如下特性：①是阶数为 $2(M-1)$ 的 FIR 滤波器；②非因果的，其中，$M-1$ 个系数在零时延之前，因此实现时需要增加 $M-1$ 个数字时延；③系数关于 z^0 对称。图 6.104（b）给出了实现的流程。

图 6.105 给出了宽带 *I/Q* 失配情况下的补偿仿真结果。根据误差失配模型输入的宽带 *I/Q* 信号频谱失真情况，以及该模型通过点频信号（48 个频点）获得的补偿滤波器的冲激响应，并用该滤波器和图 6.104（b）所示的流程对失配信号进行补偿，可以看出，校正后的改善很明显。

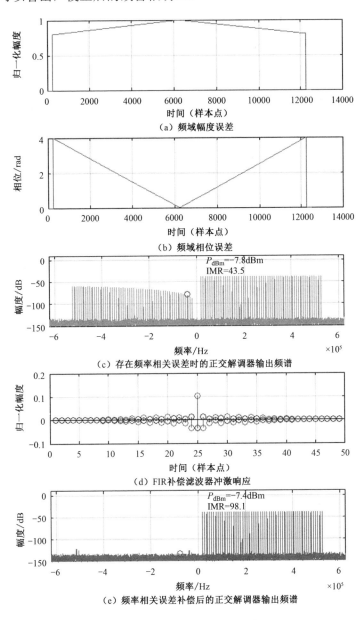

图 6.105　宽带 *I/Q* 失配情况下的补偿仿真结果

上述校正算法由于余弦函数具有偶函数特性，对宽带单边带对称的失配误差

（或双边带失配对称）校正效果良好，对通用宽带双边带失配校正的效果不理想。针对该问题，美国空军研究实验室（AFRL）的 Liou 博士提出了一种基于 FIR 滤波器的宽带 I/Q 失配误差频域补偿算法，以满足宽带电子战侦察接收应用高瞬时动态的需求。

图 6.106 给出了基于 FIR 滤波器的宽带 I/Q 失配误差频域补偿系统模型和处理过程。

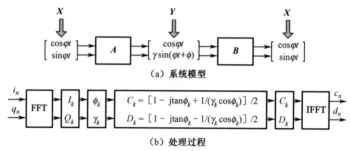

（a）系统模型

（b）处理过程

图 6.106　基于 FIR 滤波器的宽带 I/Q 失配误差频域补偿系统模型和处理过程

输入信号 $\boldsymbol{X}$ 的角频率为 $\omega = 2\pi f$，I/Q 信号的失配通过误差矩阵 $\boldsymbol{A}$ 表示，失配输出 $\boldsymbol{Y}$ 可以表示为

$$\boldsymbol{Y} = \begin{pmatrix} \cos\varphi t \\ \gamma\sin(\varphi t + \phi) \end{pmatrix} = \boldsymbol{A}\boldsymbol{X} = \begin{pmatrix} 1 & 0 \\ \gamma\sin\phi & \gamma\cos\phi \end{pmatrix}\begin{pmatrix} \cos\varphi t \\ \sin\varphi t \end{pmatrix} \tag{6.294}$$

为了补偿 $\boldsymbol{Y}$ 的失配，需要通过逆矩阵 $\boldsymbol{B}$ 来进行补偿，获得无失真的 $\boldsymbol{X}$。$\boldsymbol{B}$ 可以表示为

$$\boldsymbol{B} = \begin{pmatrix} B_{11} & B_{12} \\ B_{21} & B_{22} \end{pmatrix} = \begin{pmatrix} 1 & 0 \\ -\tan\phi & 1/\gamma\cos\phi \end{pmatrix} \tag{6.295}$$

对于频率相关的宽带幅相失配，$\boldsymbol{A}$ 和 $\boldsymbol{B}$ 也都是与频率相关的。将 $\boldsymbol{X}$ 和 $\boldsymbol{Y}$ 的向量用复数 Z 表示，来推导 I/Q 失配系统补偿处理的准传递函数

$$\boldsymbol{Y} = \left(I_{\text{in}}, Q_{\text{in}}\right)^{\text{T}}, \quad \boldsymbol{X} = \left(I_{\text{out}}, Q_{\text{out}}\right)^{\text{T}}, \quad Z_{\text{in}} = I_{\text{in}} + \mathrm{j}Q_{\text{in}}, \quad Z_{\text{out}} = I_{\text{out}} + \mathrm{j}Q_{\text{out}} \tag{6.296}$$

$$\boldsymbol{Y} = \left(\frac{1}{2}\left(Z_{\text{in}} + Z_{\text{in}}^{*}\right), \frac{1}{2\mathrm{j}}\left(Z_{\text{in}} - Z_{\text{in}}^{*}\right)\right)^{\text{T}}, \quad \boldsymbol{X} = \left(\frac{1}{2}\left(Z_{\text{out}} + Z_{\text{out}}^{*}\right), \frac{1}{2\mathrm{j}}\left(Z_{\text{out}} - Z_{\text{out}}^{*}\right)\right)^{\text{T}} \tag{6.297}$$

$$Z_{\text{out}} = CZ_{\text{in}} + \mathrm{j}DZ_{\text{in}}^{*} \tag{6.298}$$

$$C = \frac{B_{11} - \mathrm{j}B_{12} + \mathrm{j}B_{21} + B_{22}}{2} = \frac{1 - \mathrm{j}\tan\phi + 1/(\gamma\cos\phi)}{2} \tag{6.299}$$

$$D = \frac{B_{11} + \mathrm{j}B_{12} + \mathrm{j}B_{21} - B_{22}}{2} = \frac{1 - \mathrm{j}\tan\phi - 1/(\gamma\cos\phi)}{2} \tag{6.300}$$

其中，* 表示共轭。

因此，补偿输出与失配输入信号及其共轭相关，通过 C 和 D 的 IFFT 并考虑

信号带宽，可以获得失配补偿处理传递函数的冲激响应。基于 FIR 滤波器的补偿输出可以表示为

$$z_{\text{out},k} = \sum_{m=-M}^{M} c_m z_{\text{in},k-m} + \sum_{m=-M}^{M} d_m z_{\text{in},k+m}^* \tag{6.301}$$

其中，c 和 d 分别由 C 和 D 的 IFFT 得到，滤波器的系数个数为 $2M+1$，滤波器阶数越高，补偿效果越好，整个补偿处理过程如图 6.106（b）所示。

图 6.107 给出了上述算法的仿真结果。其中，I/Q 失配引入的误差为非对称误差，包括幅度失配和相位失配。根据失配模型建立多个频点的校正数据，根据数据计算频域补偿的 C 和 D，再经过 IFFT 处理获得时域补偿系数 c 和 d。图中给出了 c 和 d 阶数为 64（$M=32$）的冲激响应，基于该冲激响应，FIR 滤波器对宽带失配信号进行补偿处理。图 6.107（g）和图 6.107（h）分别是补偿前后的频谱，可以看出，镜像失真得到了很好的补偿，因此该算法对于非对称失配（双边带）宽带系统具有较好的补偿效果（失配误差降低到噪声水平）。

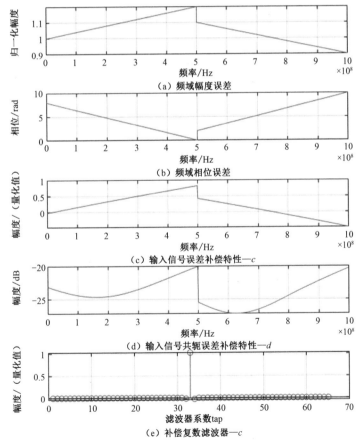

图 6.107　基于 FIR 滤波器的宽带 I/Q 失配误差频域补偿的仿真结果

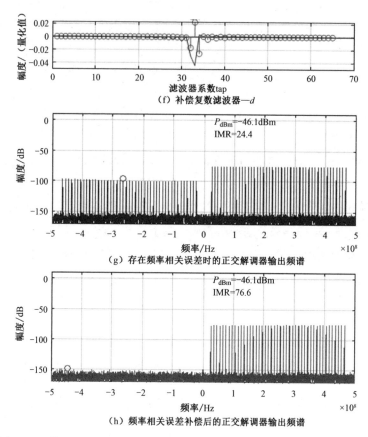

（f）补偿复数滤波器—d

（g）存在频率相关误差时的正交解调器输出频谱

（h）频率相关误差补偿后的正交解调器输出频谱

图 6.107　基于 FIR 滤波器的宽带 I/Q 失配误差频域补偿的仿真结果（续）

正交调制解调失真补偿处理除前面介绍的几种方法外，还包括自适应信号分离法、盲自适应滤波器补偿处理算法、完美子带分割法等。总的来说，Liou 博士提出的宽带 I/Q 失配误差频域补偿算法具有较好的工程实现性和应用性。

对于发射正交调制，还有载波泄漏失真的补偿处理。载波泄漏失真一方面来源于基带信号的直流偏置失真，另一方面来源于调制器本振的泄漏。载波泄漏失真一般基于对消处理的方法来补偿，采用闭环 LMS 算法实现载波泄漏的最优逼近对消。

6.4.2　收发链路幅相非线性失真分析与补偿处理

1. 收发链路幅相非线性失真分析

雷达收发通道包括低噪声放大器、功率放大器、模拟混频器、模拟滤波器、模拟开关、隔离器、耦合器、功分器、电桥和环行器等模拟器件、阻抗匹配网络、ADC/DAC 等数模混合器件、接口等，对于宽带系统，还有模拟调制器、模拟解调器、倍频器等模拟器件。模拟器件，特别是宽带模拟器件，其非理想特性会造成在工作带宽内幅度不平坦和相位非线性，产生通道失配。对于多通道系统，各通道的幅相一致性也会由于各通道的非理想特性而存在差异。

随着雷达、通信、电子对抗、目标识别等一体化的需求和多功能的需求，宽带数字化收发技术目前在雷达、通信和电子对抗领域的应用越来越广泛，收发通道的传输特性失真或失配会使后续的数字脉冲压缩处理、对消处理、宽带 DBF 和自适应阵列处理、DOA 估计、成像处理和目标识别处理等的性能恶化。基于数字发射预失真处理和接收均衡处理的数字失真补偿技术是解决该类问题的有效措施。

建立数学模型可以反映通道内和通道间的失配，用于分析失配对后续信号处理的影响，也可以根据失配模型产生测试数据，以验证通道均衡算法的性能和效果。通道失配模型主要包括直接利用通道频率响应描述的通道特性（正弦波模型）、滤波器零极点扰动模型（FIR 滤波器零点扰动模型、IIR 滤波器零极点扰动模型）、基于滤波器逼近的仿真模型（IIR 滤波器逼近仿真模型）等，一般基于通道频率响应描述通道传输特性的正弦波模型对通道失真或失配建模。

线性系统的频域传递函数通常可以表示为

$$H(j\omega) = |H(j\omega)|e^{-j\varphi(\omega)} \tag{6.302}$$

式中，$|H(j\omega)|$ 为幅频响应；$\varphi(\omega)$ 为相频响应；ω 为角频率。在理想情况下，$|H(j\omega)|=1$，$\varphi(\omega)=-b\omega$。当系统存在幅频或相频响应失真时，系统输出波形会发生畸变，这种现象可以用"成对回波"理论加以解释。成对回波理论指一个线性系统的传递函数无论幅度还是相位上有一个很小的余弦扰动，输出信号上都会出现一对小信号，其中一个是超前输出信号，另一个是滞后输出信号。

对于一个线性非理想系统，其传递函数可以表示为

$$|H(j\omega)| = a_0 + \sum_{k=1}^{\infty}\left(a_k\cos k\beta\omega + b_k\sin k\beta\omega\right) \tag{6.303}$$

$$\varphi(\omega) = b_0\omega + \sum_{k=1}^{\infty}\left(c_k\cos k\beta\omega + d_k\sin k\beta\omega\right) \tag{6.304}$$

由于通道中 $|H(j\omega)|$ 是角频率的偶函数，$\varphi(\omega)$ 是角频率的奇函数，因此可以简化为

$$|H(j\omega)| = a_0 + \sum_{k=1}^{\infty}a_k\cos k\beta\omega \tag{6.305}$$

$$\varphi(\omega) = b_0\omega + \sum_{k=1}^{\infty}b_k\sin k\beta\omega \tag{6.306}$$

式中，a_k、b_k 为常系数。通常，当 $k \geqslant 2$ 时，a_k、b_k 都远小于 a_0、b_0。一般只分析

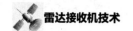

$k=1$ 的情况，这时失真的幅频和相频特性可以转化为

$$|H(\mathrm{j}\omega)| = a_0 + a_1 \cos\beta\omega \qquad (6.307)$$

$$\varphi(\omega) = b_0\omega + b_1\sin\beta\omega \qquad (6.308)$$

设输入信号为 $s_\mathrm{i}(t)$，输出信号为 $s_\mathrm{o}(t)$，频谱分别为 $S_\mathrm{i}(\omega)$ 和 $S_\mathrm{o}(\omega)$，则有

$$S_\mathrm{o}(\omega) = H(\mathrm{j}\omega)S_\mathrm{i}(\omega) = \left[a_0 + \frac{a_1}{2}\left(\mathrm{e}^{\mathrm{j}\beta\omega} + \mathrm{e}^{-\mathrm{j}\beta\omega}\right)\right]\mathrm{e}^{-\mathrm{j}b_0\omega}S_\mathrm{i}(\omega)\mathrm{e}^{-\mathrm{j}b_1\sin\beta\omega} \qquad (6.309)$$

式（6.309）的最后一项可以用 Jacobian 等式来表示。Jacobian 等式为

$$\cos(\beta\sin\omega_\mathrm{m}t) = \mathrm{J}_0(\beta) + 2\sum_{n=1}^{\infty}\mathrm{J}_{2n}(\beta)\cos 2n\omega_\mathrm{m}t \qquad (6.310)$$

$$\sin(\beta\sin\omega_\mathrm{m}t) = 2\sum_{n=1}^{\infty}\mathrm{J}_{2n-1}(\beta)\sin(2n-1)\omega_\mathrm{m}t \qquad (6.311)$$

式中，$\mathrm{J}_k(g)$ 为 Bessel 函数。根据 $S_\mathrm{o}(\omega)$ 的表达式和 Jacobian 等式，进行逆 FFT 变换可以得到非理想系统输出时域信号表达式

$$
\begin{aligned}
s_\mathrm{o}(t) &= \frac{1}{2\pi}\int_{-\infty}^{\infty}S_\mathrm{o}(\mathrm{j}\omega)\mathrm{e}^{\mathrm{j}\omega t}\mathrm{d}\omega \\
&= a_0 s_\mathrm{i}(t-b_0) + \frac{a_0}{2}\left(\frac{a_1}{a_0}-b_1\right)s_\mathrm{i}(t-b_0+\beta) + \frac{a_0}{2}\left(\frac{a_1}{a_0}+b_1\right)s_\mathrm{i}(t-b_0-\beta) \\
&= a_0 s_\mathrm{i}(t-b_0) + \frac{a_1}{2}\left[s_\mathrm{i}(t-b_0+\beta) + s_\mathrm{i}(t-b_0-\beta)\right] + \\
&\quad \frac{a_0 b_1}{2}\left[s_\mathrm{i}(t-b_0+\beta) + s_\mathrm{i}(t-b_0-\beta)\right]
\end{aligned} \qquad (6.312)
$$

可以看出，输出信号由三项组成，第一项为理想输出，第二项为超前理想输出的扰动引起的输出，第三项为滞后理想输出的扰动引起的输出；或者第二项是由幅度波动引起的成对回波 [与主波的比为 $a_1/(2a_0)$]，第三项是由相位波动引起的成对回波（与主波比为 $b_1/2$ ）。

上述简化模型为通道的 1 阶正弦波动模型，对于分析单通道幅相误差对雷达性能的影响比较方便，但是对于模拟宽带多通道系统失配过于简单。高阶模型虽然准确，但理论与仿真较复杂。折中的办法是采用修正的余弦扰动模型

$$|H(\mathrm{j}\omega)| = a_0 + a_1\cos\left(\frac{k_1\omega}{B} + \varphi_0\right) \qquad (6.313)$$

$$\varphi(\omega) = b_0\omega + b_1\sin\left(\frac{k_2\omega}{B} + \phi_0\right) \qquad (6.314)$$

$$H_\mathrm{i}(\mathrm{j}\omega) = \left[a_{0\mathrm{i}} + a_{1\mathrm{i}}\cos\left(\frac{k_{1\mathrm{i}}\omega}{B} + \varphi_{0\mathrm{i}}\right)\right]\mathrm{e}^{-\mathrm{j}\left[b_{0\mathrm{i}}\omega + b_{1\mathrm{i}}\sin\left(\frac{k_{2\mathrm{i}}\omega}{B} + \phi_{0\mathrm{i}}\right)\right]} \qquad (6.315)$$

式中，k 为带内扰动周期；B 为带宽；φ_0 和 ϕ_0 分别为幅度、相位的扰动初相。可

以看出，幅度、相位扰动的周期、初相都不同且独立。该模型以通道幅度波动峰值和波动周期数、通道相位波动峰值和波动周期数、时延等为研究对象，符合实际情况。

根据 1 阶正弦波动误差模型，J.R.Klauder 等人对脉冲压缩雷达幅相失配对点目标的影响进行了分析和仿真，得出了在给定距离旁瓣电平下可允许的幅频误差和相频误差曲线，如图 6.108 所示。

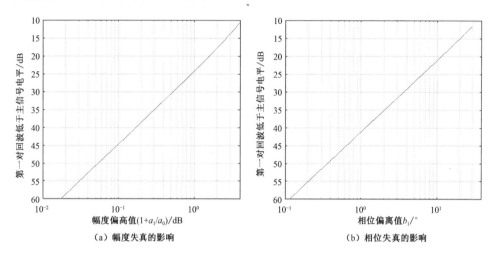

（a）幅度失真的影响　　　　　　　　　　（b）相位失真的影响

图 6.108　幅相失配对脉冲压缩雷达点目标第一距离副瓣的影响

傅里叶变换的时域和频域具有对称性，若信号在时域有波形畸变，则在频域会产生成对回波，这些成对回波频谱通过匹配滤波压缩，在时域上形成成对波形。因此，通道的非线性失真模型可以转换为基于信号的时域调制模型来直接分析存在信号幅度畸变和相位畸变时对信号性能的影响，特别是进行脉冲压缩雷达 LFM 信号失真的影响分析。基于 1 阶正弦波动误差模型的 LFM 信号可以表示为

$$s_e(t) = \left[a_0 + a_1 \cos(2\pi f_m t)\right] e^{j2\pi f_0 t + j\pi K_r t^2 + j b_1 \sin(2\pi f_p t + \theta_0)} \tag{6.316}$$

式中，f_m、f_p 分别是信号幅度调制和相位调制频率；θ_0 是相位调制的初相。理想 LFM 可表示为 $s(t) = e^{j2\pi f_0 t + j\pi K_r t^2}$，因此此畸变信号可以表示为

$$s_e(t) = (a_0 + a_1 \cos 2\pi f_m t) e^{j b_1 \sin(2\pi f_p t + \theta_0)} s(t) \tag{6.317}$$

当 $b_1 < 0.5\text{rad}$ 时，由 Bessel 函数展开式可得

$$\begin{aligned} e^{j b_1 \sin(2\pi f_p t + \theta_0)} &= J_0(b_1) + \sum_{n=1}^{\infty} J_n(b_1) \left[e^{jn(2\pi f_p t + \theta_0)} + (-1)^n e^{-jn(2\pi f_p t + \theta_0)} \right] \\ &\approx 1 + \frac{b_1}{2} \left[e^{j(2\pi f_p t + \theta_0)} - e^{-j(2\pi f_p t + \theta_0)} \right] \end{aligned} \tag{6.318}$$

$$s_e(t) \approx \left[a_0 + \frac{a_1}{2}\left(e^{j2\pi f_m t} + e^{-j2\pi f_m t} \right) \right]\left[1 + \frac{b_1}{2}\left(e^{j(2\pi f_p t + \theta_0)} - e^{-j(2\pi f_p t + \theta_0)} \right) \right]s(t)$$

$$= a_0 + \frac{a_1}{2}\left(e^{j2\pi f_m t} + e^{-j2\pi f_m t} \right) + \frac{a_0 b_1}{2}\left(e^{j(2\pi f_p t + \theta_0)} - e^{-j(2\pi f_p t + \theta_0)} \right) \qquad (6.319)$$

$$= \frac{a_1 b_1}{4}\left[e^{j(2\pi f_m t + 2\pi f_p t + \theta_0)} - e^{-j(2\pi f_m t + 2\pi f_p t + \theta_0)} - e^{j(2\pi f_m t - 2\pi f_p t - \theta_0)} + e^{-j(2\pi f_m t - 2\pi f_p t - \theta_0)} \right]$$

上述畸变信号经过匹配滤波后将输出成对回波，以匹配滤波输出信号 $s_0'(t)$ [理想输出为 $s_0(t)$]。其中，第一项为主信号；第二项为由幅度畸变引起的失真；第三项为相位失配引起的成对失真；第四项为幅度、相位失配相互作用引起的失真，分别出现在不同时刻且幅值较小。因此，第二和第三项对应主要成对回波 $E_{ev}[s_0(t)] = |s_0(t)|$，$E_{ev}[\cdot]$ 表示去包络。

滤波输出信号为

$$s_0'(t) = a_0|s_0(t)| + \frac{a_1}{2}\left[\left| s_0\left(t + \frac{f_m}{K_r} \right) \right| e^{j\pi f_m\left(t - \frac{2f_0}{K_r} \right)} + \left| s_0\left(t - \frac{f_m}{K_r} \right) \right| e^{-j\pi f_m\left(t - \frac{2f_0}{K_r} \right)} \right] +$$

$$\frac{a_0 b_1}{2}\left[\left| s_0\left(t + \frac{f_p}{K_r} \right) \right| e^{j\left[\pi f_p\left(t - \frac{2f_0}{K_r} \right) + \theta_0 \right]} - \left| s_0\left(t - \frac{f_p}{K_r} \right) \right| e^{-j\left[\pi f_p\left(t - \frac{2f_0}{K_r} \right) + \theta_0 \right]} \right] \qquad (6.320)$$

其中，第一项为脉冲压缩输出主波形；第二项为幅度调制产生的成对回波，极性相同，主副比为 $a_1/(2a_0)$，距离主波间隔为 $\pm f_m/K_r$；第三项为调制产生的成对回波，极性相反，主副比为 $b_1/2$，距离主波间隔为 $\pm f_p/K_r$。得出的结论与基于频域传递函数的失真模型一致。因此，脉冲压缩雷达峰值旁瓣比（PSLR）与信号幅度、相位失真的关系为

$$\text{PSLR(dB)} = 20\lg\left(\frac{a_1}{2a_0} + \frac{b_1}{2} \right) \qquad (6.321)$$

对于脉冲压缩雷达，无论是基于系统的频域特性失真模型，还是基于信号的时域调制失真模型，匹配输出后信号都会产生成对回波，并影响系统的性能（脉冲压缩、DBF 处理、对消处理等）。成对回波的幅度与幅相失真的幅度有关，出现时刻与失真的幅相波动频率有关。

根据上述失真模型，可以用仿真分析失真对脉冲压缩输出信号的影响。

首先分析幅度失真对脉冲压缩信号输出的影响。在仿真实验中，LFM 信号参数为脉宽 $T = 50\mu s$，带宽 $B = 400\text{MHz}$，基带采样频率为 500MHz；时域失真参数为 $a_0 = 1$，$a_1 = 1$，$f_m = 0.2\text{MHz}$，脉冲压缩采用 Hamming 加权。此时幅度调制的脉内起伏周期数为 10，图 6.109 给出了仿真结果。可以看出，信号频谱出现周期起伏，脉冲压缩输出在主瓣左右侧都出现了由幅度调制失真产生的成对回波，

PSLR 可以根据图 6.108 确定。

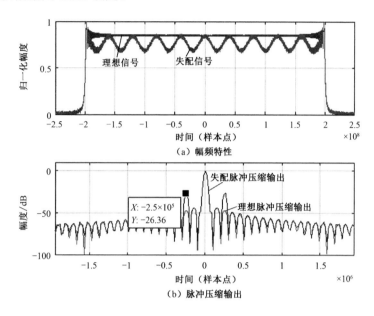

图 6.109　存在时域幅度调制失真时的 LFM 信号频谱和脉冲压缩输出

　　相位非线性误差是在整个收发链路中普遍存在的，如数字收发器件、模拟收发器件和阻抗匹配网络等的频率响应相位非线性，包括时相误差和频相误差，以变化规律来划分包括周期误差、非周期误差（一次误差、二次误差、高次误差）和随机误差（主要由器件的不稳定因素或温度特性等造成）。

　　根据 1 阶正弦误差时域调制模型对确知性周期相位误差进行仿真分析，仿真的 LFM 信号参数为脉宽 $T = 20\mu s$，带宽 $B = 400\text{MHz}$，基带采样频率为 500MHz；时域失真参数为 $b_1 = 10°$，$\theta_0 = 0°$，$f_p = 0.1\text{MHz}$（低频）和 $f_p = 1.2\text{MHz}$（高频），脉冲压缩采用 Hamming 加权。图 6.110 给出了仿真结果。可以看出，低频相位波动误差对脉冲压缩输出的影响集中在主瓣附近，使主瓣结构畸变或展宽；高频相位波动误差在主瓣附近产生较大的成对回波，从而产生虚信号，但对瓣结构影响不大（不影响分辨率）。

　　非周期性一次相位误差又称线性相位误差，与时间成正比。一次相位误差导致信号中心频率发生偏移，较大的频率偏移将影响匹配滤波输出结果，较小的频率偏移仅会造成目标的位置发生偏移（距离多普勒耦合）。存在一次相位误差的 LFM 信号可以表示为

$$s_{e1}(t) = e^{j\pi K_r t^2 + jMt} \tag{6.322}$$

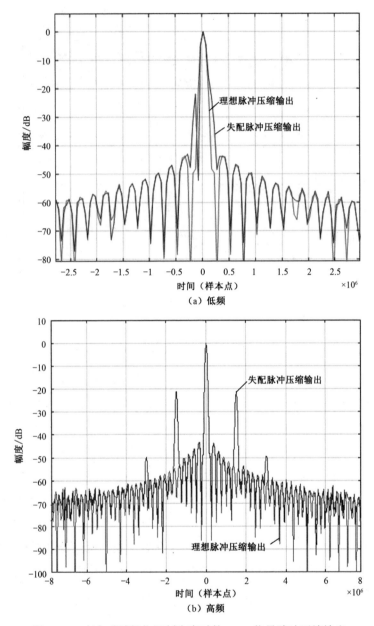

图 6.110   存在时域相位调制失真时的 LFM 信号脉冲压缩输出

对存在一次相位误差的 LFM 信号进行仿真分析，仿真信号参数为脉宽 $T=100\mu s$，带宽 $B=5MHz$，基带采样频率为 6.25MHz，$M=2\pi f=2\pi\times100kHz$，脉冲压缩采用 Hamming 加权。图 6.111 给出了点目标仿真结果。可以看出，相对于理想脉冲压缩输出，失真脉冲压缩输出位置发生了偏移，同时脉冲压缩输出峰值也降低了一点（匹配滤波信号失配损失）。

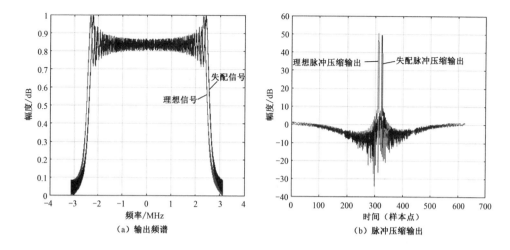

图 6.111　存在一次相位误差时的 LFM 信号输出频谱和脉冲压缩输出

　　二次相位误差与时间的平方成正比，对于 LFM 信号，相当于调频斜率发生了改变，在大带宽窄脉冲或窄带大脉宽及 FTW/DTW 累加位数不够的情况下会造成信号的调谐率失配；对于空间高速运动目标和存在加速度或加加速度等的情况，会造成回波信号的调谐率偏离理想信号的调谐率。存在二次相位误差的 LFM 信号可以表示为

$$s_{e2}(t) = e^{j\pi K_r t^2 + j\pi \Delta K_r t^2} = e^{j\pi(K_r + \Delta K_r)t^2}, t \in [-T/2, T/2] \tag{6.323}$$

　　根据驻定相位原理（Pricinple of Stationary Phase，PSP），理想 LFM 信号和存在二次相位误差的 LFM 信号频谱为

$$S(f) = \frac{1}{\sqrt{K_r T}} \text{rect}\left(\frac{f}{B}\right) \exp\left(-j\frac{\pi f^2}{K_r} + j\frac{\pi}{4}\right) \tag{6.324}$$

$$S_{e2}(f) \approx \frac{1}{\sqrt{(K_r + \Delta K_r)T}} \text{rect}\left(\frac{f}{B}\right) \exp\left(-j\frac{\pi f^2}{K_r} + j\frac{\pi f^2}{K_r^2}\Delta K_r + j\frac{\pi}{4}\right) \tag{6.325}$$

　　因此，二次相位误差引入了频域的二次相位误差 $\phi_2(f) = \pi f^2 \Delta K_r / K_r^2$。该误差在信号的频带边缘处最大，为 $\phi_{2m}(f) = \pi T^2 \Delta K_r / 4$，并进而影响 LFM 信号的脉冲压缩输出。

　　对 LFM 信号存在二次相位误差进行仿真分析，LFM 信号参数为脉宽 $T = 20\mu s$，带宽 $B = 400\text{MHz}$，基带采样频率为 $4 \times 500\text{MHz}$，二次相位误差为 $\phi_{2m} = \pi$，脉冲压缩采用 Hamming 加权。图 6.112 给出了仿真结果。可以看出，二次相位误差造成了主瓣展宽、峰值下降。

　　对于更高次相位误差可以基于前述误差的频域传递函数进行仿真分析。

　　另外，由于器件的不稳定及外界环境（如温度等）造成的随机相位误差都是

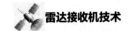

宽带误差，对脉冲压缩雷达的影响主要是引起积分旁瓣比（ISLR）的抬高。如果随机相位误差的方均根为 σ_{rp}，则有

$$\text{ISLR} = e^{\sigma_{rp}^2} - 1 \approx \sigma_{rp}^2 \tag{6.326}$$

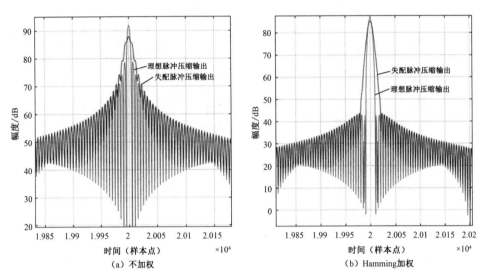

图 6.112　存在二次相位误差时的 LFM 信号脉冲压缩输出

相位误差的方均根越大，ISLR 抬高越严重。采用零均值平稳随机模型对存在随机相位误差的 LFM 信号的脉冲压缩输出进行仿真分析，LFM 信号参数为脉宽 $T = 100\mu s$，带宽 $B = 40\text{MHz}$，基带采样频率为 50MHz，随机相位误差方均根为 $20°$ 和 $0° \sim 40°$，脉冲压缩采用 Hamming 加权。图 6.113 给出了仿真结果。可以看出，随机相位误差对脉冲压缩波形的主瓣几乎无影响，但是随着随机误差波动的增大，PSLR 和 ISLR 都会降低。

LFM 信号的调频线性度是衡量 LFM 信号质量的重要指标之一，表达式为

$$\delta = \frac{\left| f_e(t) \right|_{\max}}{B} \tag{6.327}$$

式中，B 为信号带宽；$\left| f_e(t) \right|_{\max}$ 为 LFM 信号实际频率与理想频率的最大偏差。

调频线性度又称最大瞬时线性度，如果频率偏差用方均根代替则称为方均根线性度。目前，对调频线性度的分析主要用于去调频（去斜）处理系统（适用于小范围距离窗内的回波接收处理）。早期调频信号产生及调频连续波体制雷达的信号产生，基于 VCO 产生扫频信号的比较多，压控和 VCO 的线性度直接影响输出信号的调频线性度。对于基于 DAC/DDS/DUC 的 LFM 信号产生，频率误差可以直接基于前述的频域或时域模型来进行分析。频率误差包括周期性频率误差和非周期性频率误差。周期性频率误差可以基于前述的 1 阶正弦模型分析，非周期频

率误差可以基于前述的非周期相位误差进行分析。下面基于 1 阶正弦模型分析周期性频率误差调频非线性对脉冲压缩雷达的影响。此时的频率误差定义为

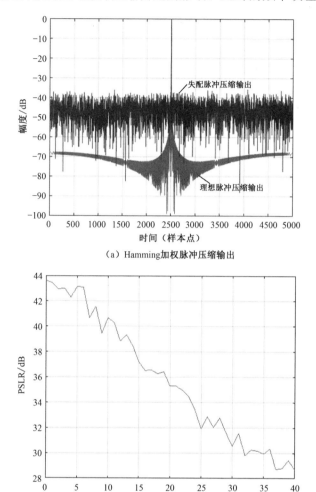

（a）Hamming加权脉冲压缩输出

（b）随机相位波动幅度影响分析

图 6.113　存在随机相位误差时的 LFM 信号脉冲压缩输出及对 PSLR 的影响

$$f_e(t) = \delta B \cos 2\pi f_p t \tag{6.328}$$

$$f(t) = f_e(t) + f_i(t) = f_0 + K_r t + \delta B \cos 2\pi f_p t \tag{6.329}$$

式中，f_0 为中心频率；$K_r = B/T$，T 为脉宽；B 为带宽；f_p 为周期性频率误差的频率。

存在周期性频率误差的 LFM 信号相位为

$$\phi(t) = 2\pi \int_0^t f(t)\mathrm{d}t = 2\pi \int_0^t (f_0 + K_r t + \delta B \cos 2\pi f_p t)\mathrm{d}t \tag{6.330}$$

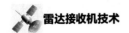

令 $b_1 = \dfrac{\delta B}{f_p}$，则存在周期性频率误差的 LFM 信号可以表示为

$$s_e(t) = e^{j2\pi f_0 t + j\pi K_r t^2 + jb_1 \sin 2\pi f_p t} \qquad (6.331)$$

因此，存在周期性频率误差的 LFM 信号实际上就是前述时域调制的 1 阶相位误差模型对应的失真输出。根据前文的分析结果，频率失真信号的脉冲压缩输出为

$$s_0'(t) = |s_0(t)| e^{j2\pi f_0 t} + \frac{b_1}{2}\left[\left|s_0\left(t + \frac{f_p}{K_r}\right)\right| e^{j2\pi\left(f_0 + \frac{f_p}{2}\right)t} - \left|s_0\left(t - \frac{f_p}{K_r}\right)\right| e^{j2\pi\left(f_0 - \frac{f_p}{2}\right)t}\right] \qquad (6.332)$$

其中，$b_1 < 0.5\mathrm{rad}$。

成对回波与主信号的幅度比为

$$\mathrm{SLL(dB)} = 20\lg 10\frac{b_1}{2} = 20\lg 10\left(\frac{\delta B}{2f_p}\right) \qquad (6.333)$$

在给定副瓣电平的情况下，存在正弦型周期性频率误差的 LFM 信号的调频线性度指标要求为

$$\delta = \frac{2f_p}{B} 10^{\frac{\mathrm{SLL}}{20}} \qquad (6.334)$$

可以看出，在给定脉冲压缩副瓣指标要求的条件下，带宽越大、误差频率越低，对调频线性度的要求就越高。对 LFM 信号频率误差影响进行仿真分析，LFM 信号参数为脉宽 $T = 100\mu s$，带宽 $B = 3000\mathrm{MHz}$，基带采样频率为 4000MHz，脉冲压缩采用 Hamming 加权，存在周期性频率误差的频率分别为 $f_p = 1\mathrm{MHz}$、2MHz、4MHz、8MHz，调频线性度 $\delta = e^{-6} \sim e^{-4}$。仿真结果如图 6.114 所示。

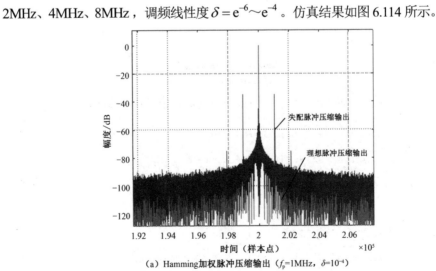

（a）Hamming加权脉冲压缩输出（$f_p = 1\mathrm{MHz}$，$\delta = 10^{-4}$）

图 6.114 存在周期性频率误差时的 LFM 信号脉冲压缩输出及对 SLL 的影响

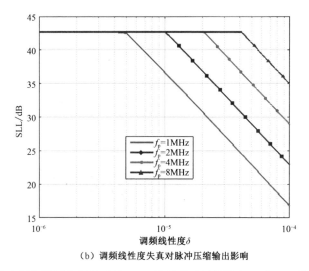

（b）调频线性度失真对脉冲压缩输出影响

图 6.114　存在周期性频率误差时的 LFM 信号脉冲压缩输出及对 SLL 的影响（续）

对上述存在周期性频率误差的 LFM 信号进行数字去调频处理（$f_p = 1\text{MHz}$，$\delta = 10^{-4}$）后，带宽为 40MHz（基带采样频率为 50MHz）。图 6.115 给出了仿真结果（采用 Taylor 窗对 FFT 进行加窗处理）。可以看出，理想信号数字去斜处理产生标准点频信号，失真信号除输出主信号外，还产生成对回波虚假信号，因此需要改善收发信号的质量。

2. 收发链路幅相非线性失真补偿处理

由于收发通道的非线性失真对脉冲压缩处理（目标探测和成像等）、去调频处理、对消处理、DBF 和自适应波束形成处理、DAO 估计和空间谱估计等性能都有影响，因此在优化设计收发链路的同时，数字化失真补偿也是改善收发非线性指标的重要手段，一般用于发射失真补偿处理的称为发射数字预失真，用于接收失真补偿处理的称为接收均衡。对于雷达收发链路数字失真补偿，基本处理过程一样；对于单通道处理，有时可以集中在接收部分统一处理；对于雷达阵列补偿处理，可以通过分时共用硬件资源来实现。

数字化失真补偿通常通过在通道中使用复数 FIR 滤波器实现，根据对均衡器权系数的计算可归纳为两类基本算法，即时域算法和频域算法。时域算法基于经典的维纳滤波理论和最小二乘理论，根据算法中求逆矩阵的方法不同，还有时域均衡的 LMS、RLS 等自适应算法；频域算法主要有基于傅里叶变换的最小二乘拟合算法、基于傅里叶变换的通道均衡算法，基于 FFT 的非线性通道均衡算法等。

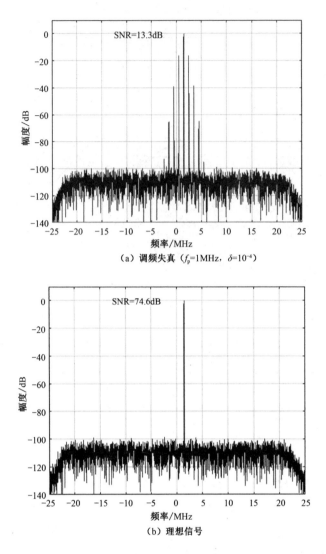

（a）调频失真（f_p=1MHz，δ=10^{-4}）

（b）理想信号

图 6.115　存在周期性频率误差时的 LFM 信号数字去斜处理和 FFT 后的仿真结果

1）基于维纳滤波理论的时域均衡算法

维纳滤波是以最小均方误差（MMSE）为计算准则建立的一种最佳线性滤波器。动态系统和时变信号的递推式最佳滤波器（Kalman 滤波器）也是基于 MMSE 准则的。时域均衡实现的原理框图如图 6.116 所示。

设参考通道/理想通道的频率响应为 $C_{\mathrm{ref}}(\omega)$，待均衡通道的频率响应为 $C_i(\omega), i = 1, 2, \cdots, N$，为了使通道频率特性一致，并使通道均衡后的频率响应与参考通道的频率响应相同，希望均衡器的频率响应满足

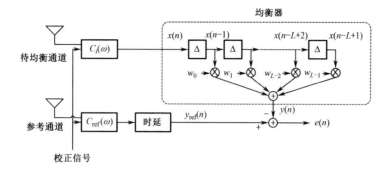

图 6.116　时域均衡实现的原理框图

$$H_i(\omega) = \frac{C_{\mathrm{ref}}(\omega)}{C_i(\omega)} H_{\mathrm{ref}}(\omega), \quad i = 1, 2, \cdots, N \tag{6.335}$$

实际的均衡器由抽头数为 L（滤波器阶数为 $L{-}1$）、时延间隔为 T_{s}（对应输入数据采样频率 $f_{\mathrm{s}} = 1/T_{\mathrm{s}}$）的 FIR 滤波器实现，滤波器系数 $\boldsymbol{w}$（权矢量）为

$$\boldsymbol{w} = \left(w_0, w_1, \cdots, w_{L-1} \right)^{\mathrm{T}} \tag{6.336}$$

均衡器的输出为

$$\boldsymbol{y}(n) = \boldsymbol{w}^{\mathrm{H}} \boldsymbol{x}(n) = \boldsymbol{x}^{\mathrm{H}}(n) \boldsymbol{w} = \sum_m w(n) x(n-m) \tag{6.337}$$

误差信号为

$$\boldsymbol{e}(n) = \boldsymbol{y}_{\mathrm{ref}}(n) - \boldsymbol{y}(n) = \boldsymbol{y}_{\mathrm{ref}}(n) - \boldsymbol{w}^{\mathrm{H}} \boldsymbol{x}(n) \tag{6.338}$$

式中，$(\cdot)^{\mathrm{T}}$ 表示转置；$(\cdot)^{\mathrm{H}}$ 表示共轭转置；$\boldsymbol{y}_{\mathrm{ref}}(n)$ 为参考通道输出；$\boldsymbol{x}(n)$ 为均衡器的输入，$\boldsymbol{x}(n) = \left(x(n), x(n-1), \cdots, x(n-L+1) \right)^{\mathrm{T}}$。

均衡器输出与参考通道输出的均方误差为

$$J(\boldsymbol{w}) = \boldsymbol{E}\left[\left| \boldsymbol{e}(n) \right|^2 \right] = \boldsymbol{E}\left[\left| \boldsymbol{y}_{\mathrm{ref}}(n) - \boldsymbol{y}(n) \right|^2 \right] \tag{6.339}$$

均衡器系数就是满足式（6.339）最小化时的权系数，定义估计的均方误差为

$$\tag{6.340}$$

$$J(\boldsymbol{w}) = \boldsymbol{E}\left[\left| \boldsymbol{e}(n) \right|^2 \right] = \boldsymbol{E}\left[\left| \boldsymbol{y}_{\mathrm{ref}}(n) - \boldsymbol{w}^{\mathrm{H}} \boldsymbol{x}(n) \right|^2 \right]$$

$$= \boldsymbol{E}\left[\left| \boldsymbol{y}_{\mathrm{ref}}(n) \right|^2 \right] - \boldsymbol{E}\left[\boldsymbol{y}_{\mathrm{ref}}(n) \boldsymbol{x}^{\mathrm{H}}(n) \right] \boldsymbol{w} - \boldsymbol{w}^{\mathrm{H}} \boldsymbol{E}\left[\boldsymbol{x}(n) \boldsymbol{y}_{\mathrm{ref}}^*(n) \right] +$$

$$\boldsymbol{w}^{\mathrm{H}} \boldsymbol{E}\left[\boldsymbol{x}(n) \boldsymbol{x}^{\mathrm{H}}(n) \right] \boldsymbol{w}$$

$$= \boldsymbol{E}\left[\left| \boldsymbol{y}_{\mathrm{ref}}(n) \right|^2 \right] - \boldsymbol{r}_{xy}^{\mathrm{H}} \boldsymbol{w} - \boldsymbol{w}^{\mathrm{H}} \boldsymbol{r}_{xy} + \boldsymbol{w}^{\mathrm{H}} \boldsymbol{R}_{xx} \boldsymbol{w}$$

$$= \boldsymbol{E}\left[\left| \boldsymbol{y}_{\mathrm{ref}}(n) \right|^2 \right] - 2\boldsymbol{r}_{xy}^{\mathrm{H}} \boldsymbol{w} + \boldsymbol{w}^{\mathrm{H}} \boldsymbol{R}_{xx} \boldsymbol{w}$$

式中，$\boldsymbol{r}_{xy}$ 为互相关向量；$\boldsymbol{R}_{xx}$ 为自相关矩阵。因此有

$$\boldsymbol{r}_{xy} = \boldsymbol{E}\left[\boldsymbol{x}(n) \boldsymbol{y}_{\mathrm{ref}}^*(n) \right] \tag{6.341}$$

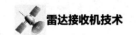

$$R_{xx} = E\left[x(n)x^{\mathrm{H}}(n) \right] \qquad (6.342)$$

对于平稳输入，式（6.340）是一个权矢量 w 的二次型函数。从几何的角度看，式（6.340）是空间的一个超抛物面，具有唯一的极小点，以估计的均方误差最小为准则，则有梯度矢量

$$\nabla\left[J(w) \right] = \frac{\partial J(w)}{\partial w} = -2r_{xy} + 2R_{xx}w = 0 \qquad (6.343)$$

因此，最优均衡器的权矢量是以下方程的解

$$R_{xx}w = r_{xy} \qquad (6.344)$$

式（6.344）称为正则方程（Normal Equation）。当 R_{xx} 满秩时有最优权矢量

$$w_{\mathrm{opt}} = R_{xx}^{-1} r_{xy} \qquad (6.345)$$

式（6.345）为经典维纳滤波表达式，根据该式可以直接求权矢量，即采用矩阵求逆法，由输入序列 $x(n)$、参考序列 $y_{\mathrm{ref}}(n)$ 求出 R_{xx} 和 r_{xy} 的估计值 $\hat{R}_{xx}$ 和 $\hat{r}_{xy}$，再对 $\hat{R}_{xx}$ 求逆并乘以 $\hat{r}_{xy}$。时域均衡算法性能与输入信号采样频率、滤波器抽头数及输入信号的信噪比等密切相关。

2）基于最小二乘理论的频域均衡算法

频域均衡算法又称基于 Fourier 变换的通道均衡算法，基本思想是直接对待均衡通道与参考通道的频率响应做最小二乘拟合。与时域均衡算法相比，该算法精度较高。频域均衡实现原理框图如图 6.117 所示。

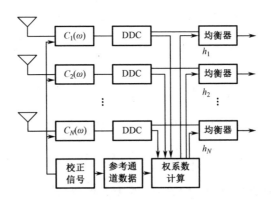

图 6.117　频域均衡实现原理框图

设第 i 通道的频率响应为 $C_i(\omega)$，该响应可以通过对加入 LFM 校正信号后的输出信号进行 FFT 变换获得。若希望均衡器的频率响应为 $H_i(\omega)$，均衡后的频率响应为 $B_i(\omega)$，则有

$$B_1(\omega) = B_2(\omega) = \cdots = B_N(\omega) = B_{\mathrm{ref}}(\omega) \qquad (6.346)$$

若参考通道的频率响应为 $C_{\mathrm{ref}}(\omega)$，则第 i 通道希望的均衡器的频率响应为

$$H_i(\omega) = \frac{C_{\mathrm{ref}}(\omega)}{C_i(\omega)} H_{\mathrm{ref}}(\omega) = \frac{B_{\mathrm{ref}}(\omega)}{C_i(\omega)}, \ i = 1, 2, \cdots, N \quad (6.347)$$

参考通道可以选择理想通道或带内波动最小的实际接收通道，为了能够补偿通道间频率特性失配及通道带内幅相误差，可以选择理想通道作为参考通道。考虑均衡器引入的时延，选择 $H_{\mathrm{ref}}(\omega)$ 为全通道线性相位网络，时延为 $D = (L-1)T_s / 2$，频率响应为 $H_{\mathrm{ref}}(\omega) = \mathrm{e}^{-\mathrm{j}\omega(L-1)T_s / 2}$。

均衡器采用抽头数为 L 的 FIR 滤波器来拟合，频率响应为

$$E_i(\omega) = \sum_{l=0}^{L-1} h_i(l) \mathrm{e}^{-\mathrm{j}\omega l T_s} = \boldsymbol{a}^{\mathrm{T}}(\omega) \boldsymbol{h}_i, \ \ i = 1, 2, \cdots, N \quad (6.348)$$

式中，$\boldsymbol{a}^{\mathrm{T}}(\omega)$ 为相移矢量，$\boldsymbol{a}^{\mathrm{T}}(\omega) = (1, \mathrm{e}^{-\mathrm{j}\omega T_s}, \cdots, \mathrm{e}^{-\mathrm{j}\omega(L-1)T_s})^{\mathrm{T}}$；$\boldsymbol{h}_i$ 为均衡器的权矢量（滤波器系数），$\boldsymbol{h}_i = \left(h_i(0), h_i(1), \cdots, h_i(L-1)\right)^{\mathrm{T}}$；$T_s$ 为 FIR 滤波器的单位时延。

设均衡器频率响应 $H_i(\omega)$ 是按 M 个离散的频率点计算的（M 点 DFT），则 $H_i(\omega)$ 的离散域表达式为

$$H_i(m) = \frac{C_{\mathrm{ref}}(m)}{C_i(m)} H_{\mathrm{ref}}(m), \ \ m = 0, 1, \cdots, M-1, \ \ i = 1, 2, \cdots, N \quad (6.349)$$

理想参考通道的 M 点 DFT 输出可事先存入存储器，$H_i(m)$ 可以通过 LFM 校正信号输出计算获得，则均衡器频率响应的离散化为

$$E_i(m) = \sum_{l=0}^{L-1} h_i(l) \mathrm{e}^{-\mathrm{j}\frac{2\pi m l}{M}} = \boldsymbol{a}^{\mathrm{T}}(m) \boldsymbol{h}_i, \ \ m = 0, 1, \cdots, M-1, \ \ i = 1, 2, \cdots, N \quad (6.350)$$

$$\boldsymbol{a}^{\mathrm{T}}(m) = \left(1, \mathrm{e}^{-\mathrm{j}\frac{2\pi m}{M}}, \cdots, \mathrm{e}^{-\mathrm{j}\frac{2\pi(L-1)m}{M}}\right)^{\mathrm{T}}, \ \ m = 0, 1, \cdots, M-1 \quad (6.351)$$

当 FIR 滤波器阶数和 DFT 处理点数确定后，$\boldsymbol{a}(m)$ 就确定下来，并可计算 $H_i(m)$。考虑到测量噪声和计算误差的影响，采用最小二乘拟合法使 $E_i(m)$ 逼近 $H_i(m)$，在 M 个频率点上有 M 个误差，即

$$\begin{cases} e_i(0) = H_i(0) - \boldsymbol{a}^{\mathrm{T}}(0) \boldsymbol{h}_i \\ e_i(1) = H_i(1) - \boldsymbol{a}^{\mathrm{T}}(1) \boldsymbol{h}_i \\ \quad \vdots \\ e_i(M-1) = H_i(M-1) - \boldsymbol{a}^{\mathrm{T}}(M-1) \boldsymbol{h}_i \end{cases} \quad (6.352)$$

写成矢量即为

$$\boldsymbol{e}_i = \boldsymbol{H}_i - \boldsymbol{A}\boldsymbol{h}_i \quad (6.353)$$

$$\boldsymbol{e}_i = \left(e_i(0), e_i(1), \cdots, e_i(M-1)\right)^{\mathrm{T}} \quad (6.354)$$

$$\boldsymbol{H}_i = \left(H_i(0), H_i(1), \cdots, H_i(M-1)\right)^{\mathrm{T}} \quad (6.355)$$

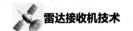

$$A = \begin{pmatrix} \boldsymbol{a}^{\mathrm{T}}(0) \\ \boldsymbol{a}^{\mathrm{T}}(1) \\ \vdots \\ \boldsymbol{a}^{\mathrm{T}}(M-1) \end{pmatrix} = \begin{pmatrix} 1 & 1 & \cdots & 1 \\ 1 & \mathrm{e}^{-\mathrm{j}\frac{2\pi}{M}} & \cdots & \mathrm{e}^{-\mathrm{j}\frac{2\pi(L-1)}{M}} \\ \vdots & & \vdots & \\ 1 & \mathrm{e}^{-\mathrm{j}\frac{2\pi(M-1)}{M}} & \cdots & \mathrm{e}^{-\mathrm{j}\frac{2\pi(L-1)(M-1)}{M}} \end{pmatrix} \tag{6.356}$$

式中，A 为 $M \times L$ 维频率因子阵，其第 $m+1$ 行第 $l+1$ 列元素为

$$(A)_{m+1,l+1} = \mathrm{e}^{-\mathrm{j}\frac{2\pi ml}{M}}, \quad m = 0,1,\cdots,M-1, \quad l = 1,2,\cdots,L-1 \tag{6.357}$$

最佳均衡器权矢量 $\boldsymbol{h}_i$ 可以通过下式优化求得：

$$\min_{\boldsymbol{h}_i} \sum_{m=0}^{M-1} \left| e_i(m) \right|^2 = \min_{\boldsymbol{h}_i} \sum_{m=0}^{M-1} \left| H_i(m) - \boldsymbol{a}^{\mathrm{T}}(m)\boldsymbol{h}_i \right|^2 = \min_{\boldsymbol{h}_i}(\boldsymbol{H}_i - A\boldsymbol{h}_i) \tag{6.358}$$

因此，均衡器系数的求解转化为最小二乘问题，即求解超定方程组 $A\boldsymbol{h}_i = \boldsymbol{H}_i$，可以通过均方域算法和数据域算法来求解。

均方域算法是对 $A\boldsymbol{h}_i = \boldsymbol{H}_i$ 两边乘以 A^{H} 得到 L 阶正定方程（正交化处理）

$$(A^{\mathrm{H}}A)\boldsymbol{h}_i = A^{\mathrm{H}}\boldsymbol{H}_i \tag{6.359}$$

$A^{\mathrm{H}} \times A$ 是对称方阵，对其用 cholesky 分解法得到上三角矩阵 G 和下三角矩阵 G^{T}，则有

$$(GG^{\mathrm{T}})\boldsymbol{h}_i = A^{\mathrm{H}}\boldsymbol{H}_i \tag{6.360}$$

上三角矩阵 G 和下三角矩阵 G^{T} 均为可逆矩阵，因此均衡器的系数为

$$\boldsymbol{h}_i = G^{-\mathrm{T}}G^{-1}A^{\mathrm{H}}\boldsymbol{H}_i \tag{6.361}$$

数据域算法是通过直接求矩阵的逆矩阵来求解均衡器的系数。对于任意矩阵 $A \in C_{m \times n}$，若矩阵 $X \in C_{m \times n}$，且满足如下 4 个 Penrose 方程：

$$AXA = A \tag{6.362}$$

$$XAX = X \tag{6.363}$$

$$(AX)^{\mathrm{H}} = AX \tag{6.364}$$

$$(XA)^{\mathrm{H}} = XA \tag{6.365}$$

则 X 称为 A 的 Moore-Penrose 逆。在超定方程组 $A\boldsymbol{h}_i = \boldsymbol{H}_i$ 中，矩阵 A 是一个 L 列非线性相关矢量矩阵，因此是一个满秩矩阵，可直接求其 Moore-Penrose 逆。利用满秩 QR 分解、Zlobec 公式、Greville 法等方法求 Moore-Penrose 逆，可得均衡器的系数

$$\boldsymbol{h}_i = A^+\boldsymbol{H}_i \tag{6.366}$$

数据域算法的精度高于均方域算法，且稳定性更优，但求解 Moore-Penrose 逆的运算量较大。对于滤波器阶数固定且采样点数固定的情况，频率因子阵 A 为确定矩阵，Moore-Penrose 逆可以离线计算，因此均衡器权系数计算量将大大减少。

频域均衡算法的关键是计算待均衡通道与参考通道的频率响应的比值 $H_i(\omega)$，为了保证均衡器在带内有较好的均衡性能，需要对通道均衡算法进行修正，以减小均衡带外误差的影响。主要修正算法包括加权修正最小二乘均衡算法、参考通道对角元素加权修正最小二乘均衡算法和通带均衡修正算法。

加权修正最小二乘均衡算法可表示为

$$\min_{\boldsymbol{h}_i} \sum_{m=0}^{M-1} \left| w(m)\left(H_i(m) - \boldsymbol{a}^{\mathrm{T}}(m)\boldsymbol{h}_i \right) \right|^2 = \min_{\boldsymbol{h}_i}\left[\boldsymbol{W}(\boldsymbol{H}_i - \boldsymbol{A}\boldsymbol{h}_i) \right] \qquad (6.367)$$

其中，$\boldsymbol{W}$ 是一个 $M \times M$ 的对角加权矩阵，$\boldsymbol{W} = \mathrm{diag}\left(w_0, w_1, \cdots, w_{M-1} \right)$，其对角元素的大小与不同频率 $w(m)$ 的拟合精度要求有关，可以使用窗函数对不同频率的拟合进行加权，使 FIR 滤波器能够在需要的频带上进行有效的均衡。另外，可以使用参考通道的幅频响应作为加权矩阵的对角元素，这样可以根据参考通道信号能量分布的情况改变拟合精度，有效抑制带外误差对均衡性能的影响。

用加权修正最小二乘均衡算法求得的均衡器系数为

$$\boldsymbol{h}_i = \boldsymbol{Q}^{-1}\boldsymbol{b}_i \qquad (6.368)$$

其中，$\boldsymbol{Q} = \boldsymbol{A}^{\mathrm{H}}\boldsymbol{W}^*\boldsymbol{W}\boldsymbol{A}$，$\boldsymbol{b}_i = \boldsymbol{A}^{\mathrm{H}}\boldsymbol{W}^*\boldsymbol{W}\boldsymbol{H}_i$。$\boldsymbol{Q}$ 的第 $r+1$ 行、$s+1$ 列元素 $(\boldsymbol{Q})_{r+1,s+1}$ 和 $\boldsymbol{b}_i$ 的第 $r+1$ 个元素 $(\boldsymbol{b}_i)_{r+1}$ 的值分别为

$$(\boldsymbol{Q})_{r+1,s+1} = \sum_{m=0}^{M-1} \left| w(m) \right|^2 \rho^{-(r-s)}, \quad r、\; m = 0,1,\cdots,L-1 \qquad (6.369)$$

$$(\boldsymbol{b}_i)_{r+1} = \sum_{m=0}^{M-1} \left| w(m) \right|^2 \rho^{-r} H(m), \quad r、\; m = 0,1,\cdots,L-1$$

$$= \sum_{m=0}^{M-1} \left| w(m) \right|^2 \rho^{-\mathrm{j}\frac{2\pi m}{M}} H(m), \quad r、\; m = 0,1,\cdots,L-1 \qquad (6.370)$$

通带均衡修正算法只选择均衡带宽 B 内的 $M'+1$ 个采样点，将 $\boldsymbol{H}_i$ 修正为 $\boldsymbol{H}_i'$，且

$$\boldsymbol{H}'(m) = \begin{cases} H(M+m), & -M'/2 \leqslant m \leqslant 0 \\ H(m), & 0 \leqslant m \leqslant M'/2 \end{cases} \qquad (6.371)$$

对应的频率因子阵修正为

$$(\boldsymbol{A})_{m+1,l+1} = \mathrm{e}^{-\mathrm{j}\frac{2\pi ml}{M}}, m = -\frac{M'}{2}, \cdots, 0, 1, \cdots, \frac{M'}{2}, \quad l = 0,1,\cdots,L-1 \qquad (6.372)$$

或者基本算法频率区间为 $[0,2\pi]$，实际有效带宽为 B，采样频率为 f_s，实际频率区间为 $[-\pi B/f_\mathrm{s}, \pi B/f_\mathrm{s}]$，因此修正的频率因子阵为

$$\boldsymbol{a}(k) = \left(1, \mathrm{e}^{-\mathrm{j}\frac{\pi B(2k-M-1)}{f_\mathrm{s}(M-1)}}, \cdots, \mathrm{e}^{-\mathrm{j}\frac{\pi B(L-1)(2k-M-1)}{f_\mathrm{s}(M-1)}} \right)^{\mathrm{T}} \qquad (6.373)$$

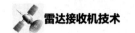

$$(A)_{m,n} = \mathrm{e}^{-\mathrm{j}\frac{\pi B(2m-M-1)n}{f_\mathrm{s}(M-1)}}, \quad m = 0,1,\cdots,M-1, \quad n = 0,1,\cdots,L-1 \tag{6.374}$$

影响频域均衡算法性能的因素包括算法的选择、校正信号的信噪比、通道频率响应失配程度、均衡滤波器抽头数、FFT 分析点数、过采样率、有效参考通道的时延、通道间的微小时延等因素。

3）基于 FFT 的非线性频域均衡算法

传统频域均衡算法的高频部分拟合精度差，基于 FFT 的非线性均衡算法可以有效抑制高频失配。

一个 M 点采样信号 $x(m)$ 的离散傅里叶变换 $X(k)$ 满足

$$X(k) = \sum_{m=0}^{M-1} x(m)\mathrm{e}^{-\mathrm{j}\frac{2\pi mk}{M}}, \quad k = 0,1,\cdots,M-1 \tag{6.375}$$

$$x(m) = \frac{1}{M}\sum_{m=0}^{M-1} X(k)\mathrm{e}^{\mathrm{j}\frac{2\pi mk}{M}}, \quad m = 0,1,\cdots,M-1 \tag{6.376}$$

理想均衡器的频率函数为 $H_i(\omega)$，经过 IDFT 后如果其时域能量分布主要集中在两端，那么在循环卷积中，均衡器只要保留两端成分就可以实现对理想均衡器的逼近。根据 Parsval 定理，信号能量为

$$E = \frac{1}{M}\sum_{m=0}^{M-1}|x(m)|^2 = \sum_{k=0}^{M-1}|X(k)|^2 \tag{6.377}$$

因此，无论是频域还是时域，只要能量在这些域中具有聚集特性，就可以用其绝对值较大的量去表示或逼近另一个变换域中对应的量。基于 FFT 的非线性均衡算法的原理为

$$x(m) = \frac{1}{M}\sum_{m=0}^{M-1} X(k)\mathrm{e}^{\mathrm{j}\frac{2\pi mk}{M}}, \quad m = 0,1,\cdots,M-1 \tag{6.378}$$

$$x(k) \approx \sum_{m\in\Lambda_N} x(m)\mathrm{e}^{-\mathrm{j}\frac{2\pi mk}{M}}, \quad k = 0,1,\cdots,M-1 \tag{6.379}$$

式中，Λ_N 是一个位置指标集，个数为 N，且满足

$$\forall m_1 \in \Lambda_N, \ \forall m_2 \notin \Lambda_N \Rightarrow x(m_1) \geqslant x(m_2) \tag{6.380}$$

算法流程为根据参考通道和待均衡通道校正输出的 FFT 结果 $C_i(k)$ 和 $C_{\mathrm{ref}}(k)$，运用频域计算理想频域均衡函数

$$H_i(k) = \frac{C_{\mathrm{ref}}(k)}{C_i(k)}, \quad i = 1,2,\cdots,N \tag{6.381}$$

对理想频域均衡函数进行 IDFT，得到

$$e_i(m) = \frac{1}{M}\sum_{m=0}^{M-1} H_i(k)\mathrm{e}^{\mathrm{j}\frac{2\pi mk}{M}}, \quad m = 0,1,\cdots,M-1 \tag{6.382}$$

按照均衡器的阶数 L，保留 $e_i(m)$ 中较大的 L 个值，确定均衡器阶数。该算法获得的 L 阶均衡器是以复指数 $e^{j\frac{2\pi mk}{M}}$ 为基底的 M 维空间中，在均方意义下对理想均衡频域函数的最优逼近。从雷达的应用及工程实现的角度看，基于 FFT 的频域非线性均衡算法最适合数字化收发系统的工程实现。

4）基于 FPGA 的宽带数字化收发/均衡预失真补偿相结合的工程化应用

基于数字均衡或预失真处理的通道非线性失真补偿可以有效改善收发信号的性能指标并提升系统的性能。另外，窄带系统一般不需要考虑基于 FIR 滤波器的失真补偿处理，只需要简单的单频点的幅相失真补偿（收发复乘处理或发射的相位调节）。宽带系统需要基于 FIR 均衡/预失真滤波器来实现，同时宽带系统信号的采样频率比较高，因此均衡处理一般都是宽带高速大容量数据处理，无论是单通道还是多通道，目前一般都是与数字化收发处理相结合来实现的。特别是对于阵列系统，更需要采用分布式计算来实现（如均衡处理位于宽带数字阵列模块 DAM 内）。目前是基于 FPGA 的并行处理实现的。下面结合两个实际的工程应用对失真补偿输出进行分析。

某 Ku 波段 10kg 微型 SAR/MTI 雷达采用模拟一次变频、高中频数字化收发数字调制解调体制设计，最大瞬时带宽为 1GHz；系统采用平面层叠集成和一体化集成设计；宽带收发链路设计了收发闭环通道，用于非线性失真补偿处理。

图 6.118 给出了该雷达射频数字一体化收发模块实物图和 1GHz 瞬时带宽发射信号频谱。图 6.119 给出了补偿前收发闭环信号和 DDC 处理后 LFM 基带信号的时域、频谱、脉冲压缩输出和幅相误差。信号的参数为带宽 1GHz，脉宽 50μs，脉冲压缩采用 Hamming 加权。可以看出，补偿前信号的幅度、相位非线性误差及脉冲压缩副瓣（PSL=−15.6dB）都不是很理想。

（a）实物图

图 6.118　数字一体化收发模块实物图和 1GHz 瞬时带宽发射信号频谱

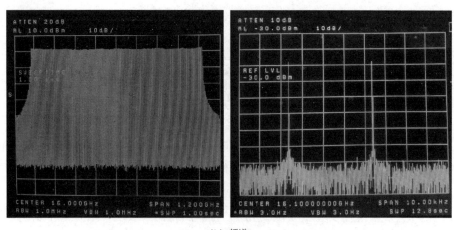

（b）频谱

图 6.118　数字一体化收发模块实物图和 1GHz 瞬时带宽发射信号频谱（续）

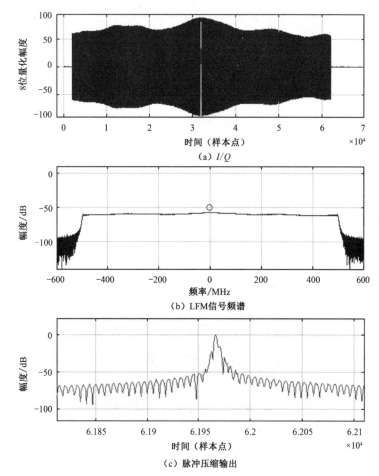

（a）I/Q

（b）LFM信号频谱

（c）脉冲压缩输出

图 6.119　补偿前收发闭环信号和 DDC 处理后 LFM 基带信号的时域、频谱、脉冲压缩输出和幅相误差

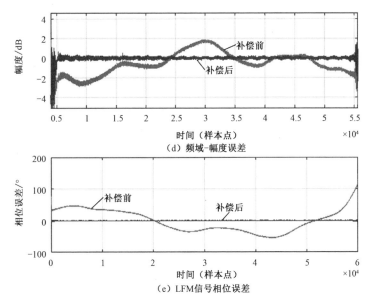

（d）频域-幅度误差

（e）LFM信号相位误差

图 6.119　补偿前收发闭环信号和 DDC 处理后 LFM 基带信号的时域、频谱、
脉冲压缩输出和幅相误差（续）

根据闭环采集的 LFM 信号，以理想 LFM 信号作为参考，基于 FFT 的非线性频域均衡算法，并与 DDC 处理的低通滤波响应 $H_{lpf}(\omega)$ 相结合，修改理想均衡频域函数，即

$$H_i(k) = \frac{C_{ref}(k)}{C_i(k)} H_{lpf}(\omega) \qquad （6.383）$$

均衡器的阶数取 47（48 个系数），该复数滤波器同时实现均衡处理和宽带 DDC 低通滤波处理。图 6.120 给出了均衡器的冲激响应和幅相特性。图 6.121 给出了均衡补偿后 LFM 信号的幅相误差和脉冲压缩输出，可以看出，幅相误差、脉冲压缩副瓣指标都大大改善。图 6.122 给出了雷达实际试验的结果，SAR 成像结果的各项指标性能优异。

某 X 波段小型无人机载多功能雷达具备宽带 2GHz 瞬时带宽收发功能，以满足高分辨 SAR 应用需求。其中，发射采用高中频直接数字化+模拟二倍频体制设计，接收采用模拟正交解调基带数字化体制设计，模拟链路环节众多，具备模拟倍频、模拟正交解调及宽带收发滤波等功能。整个宽带低功率射频采用宽带射频数字一体化集成设计。链路设计时，在低功率射频内部增加了收发自闭环通道，用于宽带收发失真补偿处理的信号收发闭环采集功能，采集的数据通过后端软件及相关补偿算法计算失真补偿滤波器（失真包括发射倍频链路失真、滤波放大、接收变频等），并统一在宽带数字化收发板的 FPGA 中进行基于 FIR 滤波器的补偿实现。

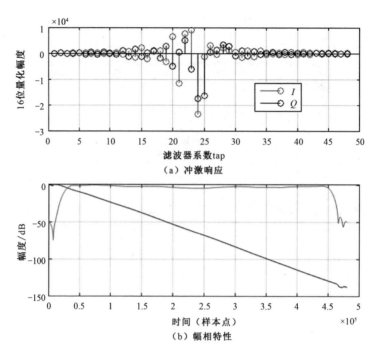

（a）冲激响应

（b）幅相特性

图 6.120　均衡器的冲激响应和幅相特性

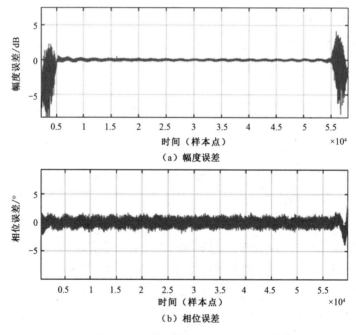

（a）幅度误差

（b）相位误差

图 6.121　均衡补偿后 LFM 信号的幅相误差和脉冲压缩输出

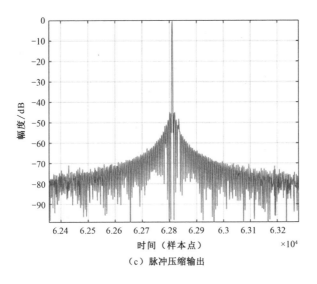

（c）脉冲压缩输出

图 6.121　均衡补偿后 LFM 信号的幅相误差和脉冲压缩输出（续）

（a）0.3m 分辨率　　　　　　　　　　　　　（b）0.2m 分辨率

图 6.122　高分辨高性能 SAR 成像结果

　　图 6.123 给出了宽带射频数字一体化收发模块实物图和 2GHz 瞬时带宽发射频谱。图 6.124 给出了闭环采集 LFM 信号收发一体化补偿前后的脉冲压缩输出。LFM 信号的参数为带宽 2GHz、脉宽 30μs、采样频率 2.4GHz，脉冲压缩采用 Hamming 加权。补偿基于 FFT 的非线性均衡算法实现。可以看出，补偿后脉冲压缩主瓣和理想信号输出基本一致。

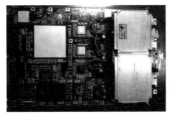

（a）实物图

图 6.123　宽带射频数字一体化收发模块实物图和 2GHz 瞬时带宽发射频谱

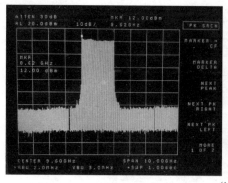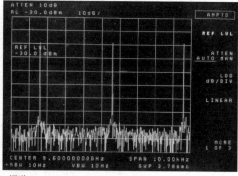

（b）频谱

图 6.123　宽带射频数字一体化收发模块实物图和 2GHz 瞬时带宽发射频谱（续）

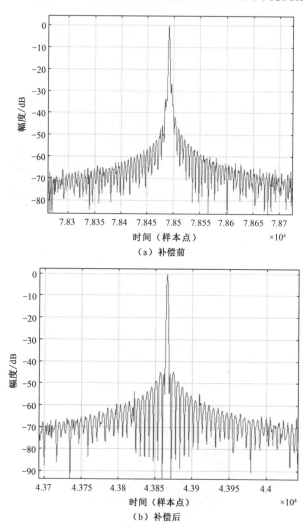

（a）补偿前

（b）补偿后

图 6.124　闭环采集 LFM 信号收发一体化补偿前后的脉冲压缩输出

6.5　数字波束形成控制

有源相控阵雷达在资源利用上具有很大优势，采用数字波束形成技术可以进一步发挥相控阵雷达的优势，如波束指向设计灵活、自适应抗干扰处理、低副瓣等。基于 DBF 的相控阵雷达，在多目标搜索、跟踪，以及实现多种雷达功能上更具优势。数字阵列雷达的动态范围比模拟波束形成网络高 $10\lg N$，适合强杂波环境应用。另外，数字阵列体制数字化有源阵面可以灵活配置和重构，是实现侦察、干扰、探测、通信多功能一体化的有效技术途径。

低频段窄带全数字阵列雷达基于对阵元接收到的信号在数字域的幅相加权（复数乘法）可以实现数字波束形成，包括扫描波束、多波束跟踪、同时多波束接收、数字和差测量波束、自适应波束形成等。发射时，数字阵列雷达通过控制单元级数字化 DDS/DUC 输出信号的初相（PTW）可实现发射波束的扫描控制。低频段宽带全数字阵列雷达需要考虑宽带相控阵雷达的波形时间色散和波束的空间色散问题，还需要考虑宽带带内非线性失真，因此低频段宽带全数字阵列系统宽带波束形成需要基于收发宽带均衡处理、预失真处理、数字真时延（Digital True Time Delay，DTTD）处理、幅相加权等实现宽带波束形成控制。

高频段有源相控阵雷达一般采用子阵数字化技术体制，发射全阵接收多数字化子阵或收发多数字化子阵。传统子阵数字化有源相控阵系统的波束扫描控制主要基于模拟 T/R 组件的发射相位控制和接收幅相控制的幅相多功能芯片实现。子阵级数字收发通道只需要实现幅相平衡即可，接收通过加减可以实现数字和差波束形成。宽带宽角扫描的大型有源相控阵通过 T/R 的幅相控制与子阵模拟延迟线 TTD 控制，实现波束指向无误差的宽带宽角扫描。为了适应高频段宽带多功能一体化电子信息系统应用的需求，宽带数字阵列技术逐渐进入高频段宽带有源相控阵多功能一体化系统，因此子阵级的宽带数字失真补偿技术、宽带高精度数字时延技术等是高频段宽带数字阵列雷达的关键技术。

总的来说，数字波束形成控制主要涉及多通道系统的幅度、相位和时延的测量和控制，对于窄带系统，主要是系统的幅相测量和控制；对于宽带系统，重点是宽带非线性失真测量和补偿、宽带数字时延的高精度测量和高精度时延控制。

6.5.1　常规 DBF 幅相测量与控制技术

天线单元按照矩形栅格排列的二维平面阵列如图 6.125 所示，阵面位于 y-z 平面上，共有 $N_z \times N_y$ 个天线单元，垂直和水平单元间距分别为 d_z 和 d_y。

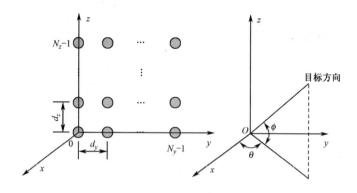

图 6.125　天线单元按照矩形栅格排列的二维平面阵列

相邻单元的空间相位差在垂直方向和水平方向分别为

$$\Delta\varphi_z = \frac{2\pi}{\lambda}d_z\sin\phi \tag{6.384}$$

$$\Delta\varphi_y = \frac{2\pi}{\lambda}d_y\cos\phi\sin\theta \tag{6.385}$$

则 (n_z, n_y) 天线单元与 $(0,0)$ 天线单元之间的空间相位差为

$$\Delta\varphi_{n_z n_y} = n_z\Delta\varphi_z + n_y\Delta\varphi_y \tag{6.386}$$

若阵内发射激励初始相位或接收加权系数在垂直方向相邻天线单元之间的相位差为 $\Delta\varphi_{0z}$，水平方向相邻天线单元之间的相位差为 $\Delta\varphi_{0y}$，则 (n_z, n_y) 天线单元相对于参考单元，即 $(0, 2)$ 天线单元提供的相移量 $\Delta\varphi_{0n_z n_y}$ 为

$$\Delta\varphi_{0n_z n_y} = n_z\Delta\varphi_{0z} + n_y\Delta\varphi_{0y} \tag{6.387}$$

令 (n_z, n_y) 天线单元的幅度加权系数为 $a_{n_z n_y}$，则平面相控阵天线的方向图应为

$$F(\theta,\varphi) = \sum_{n_z=0}^{N_z-1}\sum_{n_y=0}^{N_y-1} a_{n_z n_y}\mathrm{e}^{-\mathrm{j}\left[\Delta\varphi_{n_z n_y}-\Delta\varphi_{0n_z n_y}\right]} \tag{6.388}$$

若以 $(0,0)$ 天线单元为参考相位，则 (n_z, n_y) 天线单元发射或接收信号的空间相位矩阵 $\left(\Delta\varphi_{n_z n_y}\right)_{N_z\times N_y}$ 为

$$\begin{pmatrix} 0+0 & 0+2\pi d_y\cos\phi\sin\theta & \cdots & 0+(N_y-1)2\pi d_y\cos\phi\sin\theta \\ 2\pi d_z\sin\phi+0 & 2\pi d_z\sin\phi+2\pi d_y\cos\phi\sin\theta & \cdots & 2\pi d_z\sin\phi+(N_y-1)2\pi d_y\cos\phi\sin\theta \\ \vdots & \vdots & & \vdots \\ (N_z-1)2\pi d_z\sin\phi+0 & (N_z-1)2\pi d_z\sin\phi+2\pi d_y\cos\phi\sin\theta & \cdots & (N_z-1)2\pi d_z\sin\phi+(N_y-1)2\pi d_y\cos\phi\sin\theta \end{pmatrix}$$

$$\tag{6.389}$$

令 $\alpha = \Delta\varphi_{0y}$，$\beta = \Delta\varphi_{0z}$，则 (n_z, n_y) 天线单元的阵内相位矩阵 $\left(\Delta\varphi_{0n_z n_y}\right)_{N_z\times N_y}$ 为

$$\begin{pmatrix} 0+0 & 0+\alpha & \cdots & 0+(N_y-1)\alpha \\ \beta+0 & \beta+\alpha & \cdots & \beta+(N_y-1)\alpha \\ \vdots & \vdots & & \vdots \\ (N_z-1)\beta+0 & (N_z-1)\beta+\alpha & \cdots & (N_z-1)\beta+(N_y-1)\alpha \end{pmatrix} \qquad (6.390)$$

当 $\left(\Delta\varphi_{n_z n_y}\right)_{N_z \times N_y} = \left(\Delta\varphi_{0n_z n_y}\right)_{N_z \times N_y}$ 时，方向图得到最大值。改变阵内相位矩阵，天线方向图就按与 θ、ϕ 对应的方向进行扫描。为了在 (θ_0, ϕ_0) 方向上获得波束最大值，α、β 应为

$$\begin{cases} \alpha = \dfrac{2\pi}{\lambda} d_y \cos\phi_0 \sin\theta_0 \\ \beta = \dfrac{2\pi}{\lambda} d_z \sin\phi_0 \end{cases} \qquad (6.391)$$

因此，按式（6.391）控制阵内相位差 α 和 β，就是改变发射激励信号的初始相位，即可实现发射波束的相位扫描；对接收波束来说，就是改变波束加权系数，即可实现接收 DBF。

接收和波束可以分别使用 N_y 维和 N_z 维的 Taylor 权值 $\boldsymbol{w}_{\theta,\Sigma}$ 和 $\boldsymbol{w}_{\phi,\Sigma}$ 作为方位和俯仰的加权系数形成，则和波束为

$$B_{\Sigma} = \mathrm{kron}(\boldsymbol{w}_{\theta,\Sigma}, \boldsymbol{w}_{\phi,\Sigma})\boldsymbol{\alpha}(\theta,\phi) \qquad (6.392)$$

接收方位和俯仰差波束可以通过 N_y 维和 N_z 维的 Bayliss 权值 $\boldsymbol{w}_{\theta,\Delta}$ 和 $\boldsymbol{w}_{\phi,\Delta}$ 作为方位和俯仰的加权系数形成，方位差波束和俯仰差波束分别为

$$B_{\theta,\Delta} = \mathrm{kron}(\boldsymbol{w}_{\theta,\Delta}, \boldsymbol{w}_{\phi,\Sigma})\boldsymbol{\alpha}(\theta,\phi) \qquad (6.393)$$

$$B_{\phi,\Delta} = \mathrm{kron}(\boldsymbol{w}_{\theta,\Sigma}, \boldsymbol{w}_{\phi,\Delta})\boldsymbol{\alpha}(\theta,\phi) \qquad (6.394)$$

图 6.126 给出了某二维数字阵列雷达发射波束仿真结果。图 6.127 给出了其接收和波束仿真结果，图 6.128 给出了其接收差波束仿真结果。

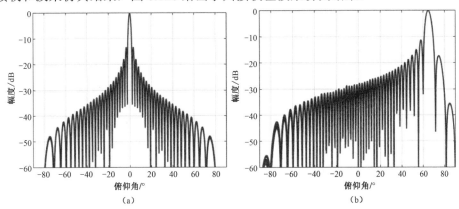

图 6.126 二维数字阵列雷达发射波束仿真结果

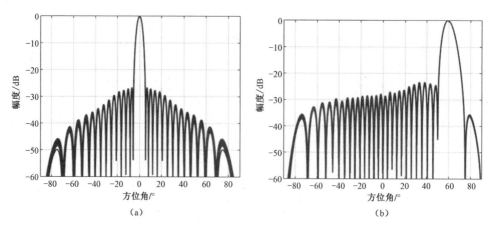

图 6.127 二维数字阵列雷达接收和波束仿真结果（−28dB Taylor 加权）

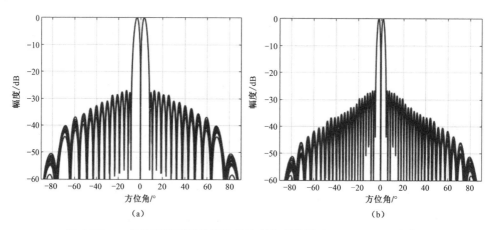

图 6.128 二维数字阵列雷达接收差波束仿真结果（−28dB Bayliss 加权）

因此，通过发射单元的相位控制、接收单元的幅相控制和加权控制，可以实现发射和接收 DBF。数字阵列雷达的基本实现架构如图 6.129 所示，包括基于数字阵列模块（Digital Array Module，DAM）的数字化有源天线阵面、基于高速光纤网络的数据/控制传输、基于高性能计算平台的处理等几部分组成。

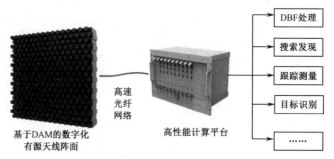

图 6.129 数字阵列雷达的基本实现架构

　　数字阵列模块在高性能计算平台的控制下实现雷达单元级多通道有源数字化集成发射功能。发射波束扫描控制通过控制 DDS/DUC 输出信号的初始相位实现空域的波束形成和扫描。数字阵列模块单元级多通道数字化接收形成的基带 I/Q 信号通过高速光纤传输送到高性能计算平台进行 DBF 处理和后续信号处理，接收波束形成在高性能计算平台实现。

　　由于雷达系统各通道存在的幅相不一致性会影响 DBF 的性能，因此收发 DBF 需要进行校正处理，即对接收通道各路复信号进行幅相误差补偿后再形成所需要的接收波束；发射波束形成时的扫描相位控制需要考虑补偿发射通道相位不一致性。

　　校正有接收通道校正和发射通道校正两种状态，需分别进行校正。通道校正完成通道幅相差异的测量，并根据测量结果计算通道的幅相补偿值。接收通道校正通过系统的校正激励产生校正信号。阵面各接收通道同时接收校正信号并经过数字化处理后输出基带 I/Q 信号，DBF 根据该基带校正信号计算接收校正加权系数。校正信号一般采用点频信号，N 个阵元第 k 个通道的基带校正信号可以表示为

$$x_k(n) = A_k \exp(j2\pi fn + \phi_k), \quad k = 1, 2, \cdots, N \tag{6.395}$$

式中，f 为测试信号的频率（可以为中心频率或有一定的频偏）；A_k 和 ϕ_k 分别为第 k 接收通道的幅度和初相。对采集的基带校正信号进行 FFT 处理获得频谱 $X_k(n)$，对 FFT 输出的峰值点对应的复信号（如序号为 n_m）求倒数即可获得对应通道的校正系数

$$c_k = \frac{1}{X_k(n_m)}, \quad k = 1, 2, \cdots, N \tag{6.396}$$

　　对于基于 DSP 或计算机等浮点运算的 DBF 处理，可以直接使用 c_k 进行处理；对于基于 FPGA 的定点处理，需要以校正系数的最大值进行归一化和量化处理，得到定点校正系数。

　　发射校正主要校正各个通道的相位不一致性，采用分时校正的方法实现。系统在发射校正工作模式下，各发射通道依次发射校正测试信号，校正接收机接收发射校正测试信号，经过数字化接收处理输出基带 I/Q 信号，DBF 对该 I/Q 样本进行处理，获得发射校正相位。发射校正测试信号一般采用点频信号，第 k 个发射通道的发射信号经过校正接收机输出的基带信号为

$$x_k(n) = A_k \exp(j2\pi fn + \phi_k), \quad k = 1, 2, \cdots, N \tag{6.397}$$

　　对采集的基带校正信号进行 FFT 处理获得频谱 $X_k(n)$，对 FFT 输出的峰值点对应的复信号（如序号为 n_m）求共轭即可获得对应通道的发射补偿相位

$$p_k = \text{angle}\left\{\text{conj}\left[X_k(n_m)\right]\right\}, \quad k = 1, 2, \cdots, N \tag{6.398}$$

　　该补偿相位和发射扫描的阵内相位差相加，作为各个通道调节发射信号初始

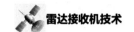

相位的最终值，来改变发射通道 DDS/DUC 输出信号的初相。

有源相控阵系统的多通道幅相误差（校正后）对天线的最大副瓣电平有一定的影响，特别是超低副瓣应用的场景。

随机误差对天线性能的影响需应用概率统计的方法加以分析。前人用此方法推导出天线幅相误差的大小与其所能达到某一副瓣电平 SL_p 指标概率的统计关系为

$$P(SL < SL_p) = \int_0^{SL_p} \frac{SL}{\sigma_R^2} \exp\left(-\frac{SL^2 + SL_T^2}{2\sigma_R^2}\right) I_0\left(\frac{SL \cdot SL_T}{\sigma_R^2}\right) dSL \qquad (6.399)$$

式中，SL_T 为理论设计的副瓣电平；SL_p 为天线能达到的某一副瓣电平；σ_R 为均方副瓣电平；$I_0(z)$ 为第一类变形 0 阶 Bessel 函数。

由式（6.399）可以获得在给定理论设计副瓣电平 SL_T 的条件下，天线能达到某一副瓣电平（SL_p）的概率与均方副瓣电平 σ_R 之间的关系。根据统计理论，有

$$\sigma_R^2 \approx \frac{1}{2}\left[\frac{f(\theta,\phi)}{f(\theta_B,\phi_B)}\right]^2 \frac{\varepsilon^2(\theta,\phi)}{\eta pN} \qquad (6.400)$$

式中，$f(\theta,\phi)$ 为天线单元波瓣；N 为天线单元的个数；η 为天线的口径效率；p 为能正常工作的天线单元的占比；$\varepsilon^2(\theta,\phi)$ 为综合各类随机误差的方差。

假定天线单元无方向性，且幅相误差的方差与波束扫描角度无关，则式（6.400）可变形为

$$\varepsilon^2 \approx 2\eta pN\sigma_R^2 \qquad (6.401)$$

$$\varepsilon^2 = (1-p) + \sigma_A^2 + p\sigma_P^2 \qquad (6.402)$$

式中，σ_A 为馈电幅度误差的方均根值；σ_P 为馈电相位误差（包含天线单元的安装误差）的方均根值。

根据前面的公式，可以获得给定理论设计副瓣电平条件下，天线能达到某一副瓣电平（SL_p）的概率与均方副瓣电平 σ_R 的关系曲线。根据要求实现的目标概率，在该曲线图中求出所需的均方副瓣电平 σ_R，然后可以依次求出相控阵系统馈电幅度误差的方均根值 σ_A、馈电相位误差的方均根值 σ_P。

数字阵列有源相控阵天线通过系统校正可以获得极高的幅度、相位精度，减小系统的随机误差，因此可实现超低副瓣有源相控阵天线。

6.5.2 宽带 DBF 时延测量与控制技术

1. 宽带相控阵天线的波束空间色散和波形时间色散

为实现更多工作模式、更高分辨率、更强的抗干扰性能，数字阵列雷达逐渐

向宽带高频段发展，其中，单元级宽带全数字阵列瞬时带宽大于 200MHz，子阵级宽带数字阵列瞬时带宽大于 1GHz。宽带数字阵列技术将在软件可定义雷达/对抗、机载宽带综合射频、数字阵列导引头、星载多功能一体化电子信息系统和空间目标探测等方向得到应用。

宽带有源相控阵天线系统宽带特性主要包括波束的空间色散（或相控阵天线的孔径效应）和波形的时间色散（由孔径渡越时间造成），这也是宽带相控阵雷达工程化实现和应用面临的技术难点。

当雷达信号具有一定的带宽时，信号频率会偏离中心频率 f_0（对应波长 λ_0），因此信号频率变化时，如果移相器的权值不变，则基于移相器的扫描系统所控制的波束指向会发生偏离。图 6.130 给出了相控阵天线波束指向对信号带宽限制的示意图。其中，θ_0 为波束指向；d 为单元间距。

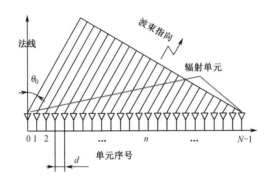

图 6.130　相控阵天线波束指向对信号带宽限制的示意图

如果要求波束指向为 θ_0，则阵内相邻单元之间的移相器相位差为

$$\Delta\varphi_0 = \frac{2\pi}{\lambda_0}d\sin\theta_0 \tag{6.403}$$

第 $N-1$ 个单元与第 0 个单元间的阵内相位差为

$$\Delta\varphi_0 = \frac{2\pi}{\lambda_0}(N-1)d\sin\theta_0 \tag{6.404}$$

令 $(N-1)d = L$ 标志阵列两端单元的间距，即天线孔径尺寸，因 $\lambda_0 = \dfrac{c}{f_0}$，则有

$$\Delta\varphi_0 = 2\pi f_0\left(\frac{L\sin\theta_B}{c}\right)2\pi f_0 T_{A0} \tag{6.405}$$

其中，$T_{A0} = \dfrac{f_0 L\sin\theta_0}{c}$ 称为阵列天线的孔径渡越时间，反映阵列两端天线单元在波束最大值方向所辐射/接收信号的时间差。通常设计的移相器移相值是频率非色散

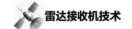

的，天线波束指向取决于移相器决定的阵内相位差和空间相位差的平衡。在给定相同的相位权值的情况下，当频率由 f_0 变为 f_L 时，波束将指向新的方向 $\theta_0 + \Delta\theta_0$，有

$$2\pi f_0 L \sin\theta_0 / c = 2\pi f_L L \sin(\theta_0 + \Delta\theta_0)/c \tag{6.406}$$

在波束指向变化 $\Delta\theta_0$ 较小的情况下，有

$$\sin(\theta_0 + \Delta\theta_0) \approx \sin\theta_0 + \Delta\theta_0 \cos\theta_0 \tag{6.407}$$

$$\Delta\theta_0 = (f_0 - f_L)/f_0 \tan\theta_0 = \Delta f / f_0 \tan\theta_0 (\text{rad}) \tag{6.408}$$

可以看出，在宽带信号带宽内，随着偏离中心频率的频偏增加，波束指向偏离 $\Delta\theta_0$ 线性增加，同时随着波束扫描角的增加（离开法向），波束指向偏离 $\Delta\theta_0$ 与 $\tan\theta_0$ 相关，这种随信号频率变化引起的波束空间角度指向偏离称为波束的空间色散。

在均匀照射下，天线孔径尺寸为 L、工作波长为 λ_0 的 3dB 波束宽度近似为

$$\theta_B(\text{法向}) = \frac{0.886}{L/\lambda_0} \tag{6.409}$$

$$\theta_B(\text{扫描}) = \frac{0.886}{(L/\lambda_0)\cos\theta_0} \tag{6.410}$$

限定波束指向偏离在信号带宽内大小合理的准则是 $\left|\dfrac{\Delta\theta_0}{\theta_B(\text{扫描})}\right|$ 在一个合理的百分比范围内，以保证在工作带宽内，由指向偏离引起的增益降低在可接受的范围内。对于均匀照射线阵，有

$$\frac{\Delta\theta_0}{\theta_B(\text{扫描})} = \frac{\Delta f}{f_0}\tan\theta_0 / \frac{0.886}{(L/\lambda_0)\cos\theta_0} = 1.13\left(\frac{\Delta f}{f_0}\right)\left(\frac{L}{\lambda_0}\right)\sin\theta_0 \tag{6.411}$$

可以看出，归一化波束指向偏离 $\dfrac{\Delta\theta_0}{\theta_B(\text{扫描})}$ 随着相对带宽 $\dfrac{\Delta f}{f_0}$、天线尺寸 $\dfrac{L}{\lambda_0}$、天线的电扫描角 θ_0 的增加而增加，一般将这种归一化偏离限定在 1/4 以内，因此由波束的空间色散限定的信号带宽为

$$\Delta f_{\max} = \frac{0.2825}{T_{A0}} = \frac{0.2825}{L\sin\theta_0 / c} \tag{6.412}$$

式中，θ_0 为最大扫描角。

以 X 波段阵面为例，方位向单元数为 80，单元间距为 13mm，信号最大瞬时带宽为 2GHz，信号中心频率为 10GHz，分别对高、中、低三个频率的扫描方向图进行仿真分析。图 6.131 给出了仅有移相器控制的扫描方向图指向误差仿真结果。可以看出，波束指向相对于中频边频最大偏移了 6.76°。根据上式进行计算，在最大扫描角为 45°、归一化偏离限定在 1/4 以内时，天线最大瞬时工作带宽仅为

115.2MHz（考虑相对中心频点波束指向偏移）。

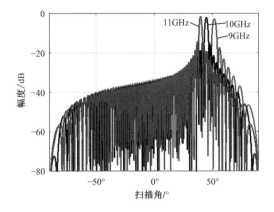

图 6.131 仅有移相器控制的扫描方向图指向误差仿真结果（$\phi = 0°$，$\theta = 45°$）

相控阵天线允许的最大瞬时信号带宽除受扫描波束指向误差限制外，还受孔径渡越时间引起的信号波形展宽限制。以图 6.130 所示线阵为例，当信号带宽较宽（如对应 LFM 信号脉冲压缩后的脉冲时宽 τ 较窄）时，相邻单元接收信号时差为

$$\Delta \tau_1 = \frac{d\sin\theta_0}{c} \tag{6.413}$$

第 $N-1$ 个单元与第 0 个单元间的信号时延（孔径渡越时间为 T_{A0}）为

$$\Delta \tau = T_{A0} = \frac{L\sin\theta_0}{c} \tag{6.414}$$

当 N 个天线单元信号合成时，其脉冲宽度由原来的 τ 变成 $\tau + \Delta\tau$，脉冲波形失真并形成 $\Delta\tau$ 的前沿和后沿，阵列两端的天线单元所辐射的信号不能同时到达 θ_0 方向上的目标，或者阵列两端天线单元所接收的信号不能同时相加，从而造成发射/接收合成损失。这种由宽带宽角扫描引起的波形展宽称为波形的时间色散。

同样以前述的仿真条件进行接收合成仿真，孔径渡越时间约为 2.45ns，2GHz 瞬时带宽接收信号（脉宽为 10μs）的基带采样频率设为 2.4GHz（周期约为 0.42ns）。在仅有相位控制的条件下，最大扫描角合成的信号仿真结果如图 6.132 所示。可以看出，合成信号时域、频谱失真严重，脉冲压缩主瓣分裂并展宽，会影响测距、成像等的结果。

为了减小孔径渡越时间 T_{A0} 使压缩后信号在时间上出现拉伸现象对测距精度、成像聚焦的影响，以及信号合成能量的损失，对信号瞬时带宽 $(\Delta f)_{max}$ 的要求为

$$\Delta f_{max} \leq \frac{1}{10} \cdot \frac{1}{T_{A0}} = \frac{1}{10} \cdot \frac{c}{L\sin\theta_0} \tag{6.415}$$

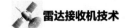

如果以相对带宽 $(\Delta f / f_0)_{\max}$ 来表示，则式（6.415）可以表示为

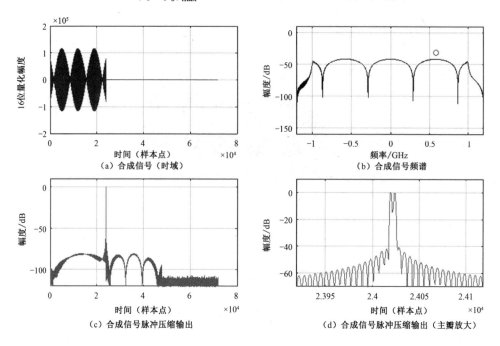

(a) 合成信号（时域）　　　　　　　(b) 合成信号频谱

(c) 合成信号脉冲压缩输出　　　　(d) 合成信号脉冲压缩输出（主瓣放大）

图 6.132　仅有相位控制时最大扫描角合成的信号仿真结果

$$\left(\frac{\Delta f}{f_0}\right)_{\max} \approx \frac{1}{10} \cdot \frac{\Delta \theta_{1/2}}{\sin\theta_0} \tag{6.416}$$

根据上述准则，在参数相同的情况下，将信号带宽减小至 200MHz，或者孔径渡越时间缩短至 0.245ns（此时 $\Delta\tau / \tau \approx 0.5$），合成信号的仿真结果如图 6.133 所示，可以看出，失真很小。

基于移相器的有源相控阵系统由于存在波束的空间色散、波形的时间色散问题，限制了雷达信号的瞬时带宽，因此必须要通过带宽扩展的设计方法提高瞬时工作带宽，以满足宽带应用需求。目前，解决有源相控阵宽带应用面临问题的主要设计手段是真时延（True Time Delay，TTD），因为上述问题的根本原因是阵列的孔径渡越时间影响，通过实时延迟线补偿阵列天线的孔径渡越时间影响，可以消除阵列天线对信号带宽的限制。

单元级真时延技术可以大大扩展相控阵天线系统的瞬时带宽，但是在高频段应用采用模拟延迟线设计的情况下，相比于模拟数控移相器设计，延迟线的损耗、误差、体积、重量、成本等指标往往无法实现，一种可替代的方案是使用宽带波束开关技术，如等馈线长度的 Blass 矩阵或 Rotman 透镜等，但对于二维扫描应用设计将非常复杂，因此目前广泛应用的高频段宽带宽角扫描有源相控阵天线采用了子阵技术。基于子阵技术的宽带相控阵天线设计，需要合理划分子阵、子阵内移相/小位时延、子阵间大位时延等的补偿设计，同时子阵的周期性排列会造成宽带栅瓣，需要通过相关技术手段加以改善。

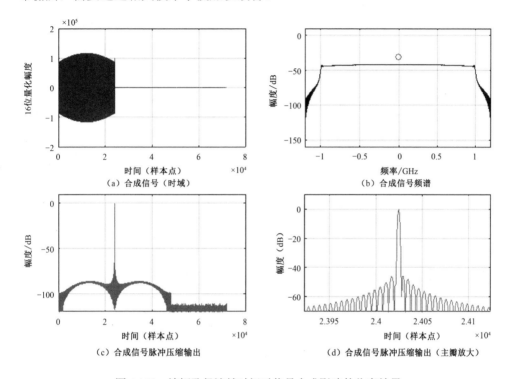

图 6.133　缩短孔径渡越时间对信号合成影响的仿真结果

延迟线的实现方式包括基于微波开关器件的时延芯片、基于微波延迟线网络的时延放大组件、基于光纤或集成光芯片的实时延迟线和基于数字处理的数字时延技术等。考虑到模拟器件的损耗、误差、体积、重量、成本，以及光器件的集成度和成熟性，数字时延技术随着半导体技术的飞速发展，逐渐应用到相关型号产品中，并获得了较好效果。

基于整数倍时钟周期的寄存/缓存，可实现大延迟量数字时延；基于 DDS/NCO 的频率/相位调节可以实现 LFM 信号的高精度数字分数时延；基于分数时延滤波器设计，可以实现任意信号的高精度数字时延。低频段宽带二维相控阵系统可以基于单元级数字阵列体制+宽带数字时延技术实现，高频段有源相控阵系统可以基于单元级小位模拟芯片时延+子阵级大延迟量高精度数字时延的全芯片化集成设计，并与数字均衡/预失真补偿相结合，实现高频段有源相控阵宽带宽角扫描和高性能收发。

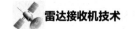

2. 宽带相控阵天线多通道时延测量

有源相控阵雷达数字时延实现包括波束扫描带来的各子阵时延的补偿、各宽带发射或接收链路自身时延的补偿。扫描时延可以用确定的公式精确计算出来，收发链路（电缆、模拟放大、倍频、变频、滤波、数字化收发等）的时延差别需要通过闭环链路或校正通道测试。准确测量出多通道时延是高精度数字时延补偿，以及宽带数字化有源相控阵系统正常工作的前提和基础。

时延特性是线性网络系统的三大特性（幅度、相位、时延）之一。对于一个网络，有不同的时延术语和时延特性来描述，如相时延、群时延、包络时延等。LTI系统特性可以基于其传输函数 $H(\mathrm{j}\omega) = A(\omega)\mathrm{e}^{\mathrm{j}\phi(\omega)}$ 来表示，$\measuredangle H(\mathrm{j}\omega)$ 表示其相位特性，其中，相时延定义为

$$\tau_{\mathrm{p}} = -\frac{\measuredangle H(\mathrm{j}\omega_{\mathrm{c}})}{\omega_{\mathrm{c}}} = -\frac{\phi(\omega_{\mathrm{c}})}{\omega_{\mathrm{c}}} \tag{6.417}$$

单一频率信号通过线性网络后会产生相位滞后，对应于相位滞后的时间即相时延。相时延是系统插入相移的一种时域表示，和信号传输失真密切相关。对于线性系统 $H(\mathrm{j}\omega) = A(\omega)\mathrm{e}^{\mathrm{j}\phi(\omega)}$，理想相时延条件是

$$A(\omega) = A, \quad \phi(\omega) = \omega\tau_0, \quad A、\tau_0 \text{ 为常数} \tag{6.418}$$

群时延是指群信号通过线性系统或网络传播时，系统或网络对信号整体产生的时延，又称信号能量传播时延。群表示信号必须是群信号而不是单音信号，同时系统时延是波群整体时延，而不是某个频率分量的相时延，也不是各分量平均时延。群时延可以表示为

$$\tau_{\mathrm{g}} = -\frac{\mathrm{d}\phi(\omega)}{\mathrm{d}\omega} \tag{6.419}$$

从物理意义上说，某一频率的群时延表示以该频率为中心频率的一个很窄的频带内信号通过系统或网络的传输时间，数值等于负相位特性的一阶微分，负号表示系统输出信号相对于输入总是滞后的，群时延总是和一定的带宽对应的。

包络通常指调幅信号各振荡峰值点的连线或轨迹。信号通过系统时，输出信号的包络相对于输入信号的包络的时延称为系统对信号产生的包络时延。信号包络是波群各频率分量合成信号的幅度最大值随时间变化的轨迹，在一定条件下，包络时延能代表波群信号能量传播时延。包络时延 τ_{e} 等于系统的包络相移与包络角频率之比。在信号频率范围内，包络时延为常数是信号包络不失真的必要条件，这时称为具有理想包络时延特性，条件为

$$A(\omega) = A, \quad \phi(\omega) = \omega\tau_0 + \phi_1, \quad A、\tau_0、\phi_1 \text{ 为常数} \tag{6.420}$$

宽带相控阵系统需要测量在瞬时工作频带内的群时延，由于宽带系统具有带

内非线性失真，因此一般需要进行均衡失真补偿。

宽带相控阵系统的多通道时延基于数字域测量方法实现。时延估计主要有以下方法。

（1）基于双频/多频相差法：基于两个或多个频率的点频信号，根据多通道接收信号的相位差和计算公式 $\tau = -\dfrac{\varphi(f_2) - \varphi(f_1)}{2\pi(f_2 - f_1)}$，测量时需要考虑相位模糊的问题。另外，通过多个频率的测量，以及不同频率间隔的测量，可以测试多通道系统的群时延。由于是基于相位测量的（相位测量可以通过 FFT 处理、相关处理等方法提高信噪比，改善测量准确度），因此可以实现高精度时延测量。点频校正信号产生简单方便，基于 PLL+VCO 技术易实现小型化宽带校正信号产生，因此该方法在一些校正系统中得到了应用。

（2）基于相关法：雷达应用的是 LFM 信号脉冲压缩匹配滤波处理，通信应用的是自相关函数峰值高的伪随机序列和扩频序列的相关处理。该方法通过相关处理估计相关峰的位置，以确定多通道间时延，其精度与处理信号的采样频率相关，可通过质心法求相关峰值的位置，或采用插值处理再求峰值的位置（增加运算量）来提高时延测量的精度。

（3）基于数字去斜处理的多通道时延测量法：处理过程包括宽带采集基带 I/Q 信号与参考信号的共轭相乘、抽取滤波、FFT 处理等，测量的分辨率与信号带宽、FFT 处理点数等有关，精度一般可以达到亚纳秒级。

（4）基于 LFM 信号多通道相位差直线拟合法高精度时延测量：对于宽带线性调频信号，相位随时间呈二次曲线变化，而存在相对时延的两条相位曲线之差为一条直线，通过进行直线拟合，可以得到通道之间的相对时延。由于是对全带宽内所有频率成分进行直线拟合，因此该方法的测量精度非常高，并直接输出通道的群时延。另外，由于通过直线斜率求得信号时延，与接收起始相位无关，因此无相位模糊带来的影响。该方法对于带内非线性较好的链路群时延测试，精度可达皮秒级，但对于多通道相位非线性较差且不一致的情况，存在一定的误差。

实际系统通道间时延可能存在较大差别（宽带高速数字通道上电不确定性问题），因此一般采用粗细结合的方法进行时延测量，如基于脉冲压缩初步估计较大的时延差，并先对数据进行粗对齐再进行精细的时延误差估计和测量，以满足高频段宽带应用需求。

下面介绍基于 LFM 信号多通道相位差直线拟合法的时延测量。

对中心频率为 f_0、信号带宽为 B、脉宽为 T 的 LFM 信号，理想参考通道时

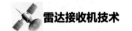

域和相位表达式为

$$s_{\text{ref}}(t) = e^{j\left[2\pi\left(f_0 - \frac{B}{2}\right)t + \pi\frac{B}{T}t^2\right]} \tag{6.421}$$

$$\phi_{\text{ref}}(t) = 2\pi\left(f_0 - \frac{B}{2}\right)t + \pi\frac{B}{T}t^2 \tag{6.422}$$

时延 τ_0、初相 ϕ_0 的待测通道的相位可以表示为

$$\phi_1(t - \tau_0) = 2\pi\left(f_0 - \frac{B}{2}\right)(t - \tau_0) + \pi\frac{B}{T}(t - \tau_0)^2 + \phi_0 \tag{6.423}$$

两路信号相位相减，有

$$\begin{aligned}\Delta\phi(t, \tau_0) &= \phi_0(t - \tau_0) - \phi_{\text{ref}}(t) \\ &= 2\pi\left(f_0 - \frac{B}{2}\right)(t - \tau_0) + \pi\frac{B}{T}(t - \tau_0)^2 + \phi_0 - 2\pi\left(f_0 - \frac{B}{2}\right)t - \pi\frac{B}{T}t^2 \\ &= -\frac{2\pi B}{T}\tau_0 t + \frac{\pi B}{T}\tau_0^2 - 2\pi\left(f_0 - \frac{B}{2}\right)\tau_0 + \phi_0 \end{aligned} \tag{6.424}$$

可以看出，相位差 $\Delta\phi(t, \tau_0)$ 与时间呈线性关系（理想情况下为一条直线），对其求导可以得到时延 τ_0。为了提高计算精度并反映宽带的群时延特性，对 $\Delta\phi(t, \tau_0)$ 按照 $y = kx + b$ 进行拟合，计算得到斜率 k 和截距 b 为

$$k = -\frac{2\pi B}{T}\tau_0 \tag{6.425}$$

$$b = \frac{\pi B}{T}\tau_0^2 - 2\pi\left(f_0 - \frac{B}{2}\right)\tau_0 + \phi_0 \tag{6.426}$$

则相对时延和相对初相为

$$\tau_0 = -\frac{Tk}{2\pi B} \tag{6.427}$$

$$\phi_0 = b - \frac{\pi B}{T}\tau_0^2 + 2\pi\left(f_0 - \frac{B}{2}\right)\tau_0 = b - \frac{Tk^2}{4\pi B} - \left(f_0 - \frac{B}{2}\right)\frac{Tk}{B} \tag{6.428}$$

对基于 LFM 信号多通道相位差和曲线拟合的方法测量多通道时延进行仿真，LFM 信号参数为带宽 $B = 2\text{GHz}$，脉宽 $T = 5\mu s$，采样处理后的基带信号采样频率为 $f_s = 5\text{GHz}$（$T_s = 400\text{ps}$），信噪比为 $\text{SNR} = 30\text{dB}$，通道时延差 $\tau_0 = 10\text{ps} = 0.025T_s$。

图 6.134 给出了仿真结果。可以看出，通过拟合后的相位差曲线计算时延差的精度非常高，统计 100 次拟合测得的时延差为 10.0107ps，计算误差为 0.01075ps。

可以看出，基于 LFM 信号相位差直线拟合的时延测试即使在低信噪比时也可以获得较高的精度，但是如果信噪比太低则将影响测量误差。同样以前述信号条件进行时延测量仿真，其中，SNR 在 0～50dB 变化。图 6.135 给出了仿真结果，可以看出，SNR 大于 10dB 后，测量值趋于真实值。

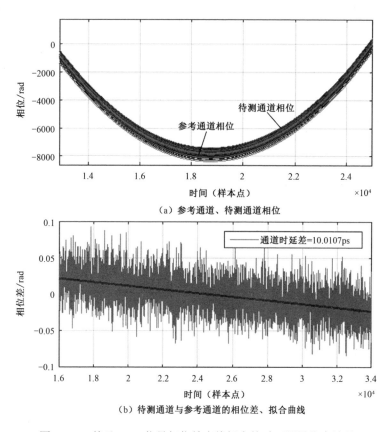

（a）参考通道、待测通道相位

（b）待测通道与参考通道的相位差、拟合曲线

图 6.134　基于 LFM 信号相位差直线拟合的时延测量仿真结果

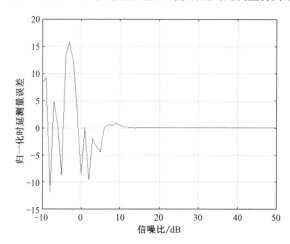

图 6.135　基于 LFM 信号相位差直线拟合时延测量误差与 SNR 的关系

3. 宽带相控阵天线的通道间时延数字补偿和控制

通过整数倍时钟周期的简单数据缓存可以很方便地实现大延迟量数字时延。

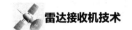

数字时延技术的难点和关键是高精度，对于高频段（如 X 及以上波段）宽带（如 2GHz 以上瞬时带宽）数字时延控制应用，如果完全基于数字时延实现，精度要求达到 ps 级（实际设计时可以实现大延迟量高精度数字时延，并与射频小位延迟线芯片相结合）。目前的高精度数字时延主要通过基于 LFM 信号时频耦合特性的频率/相位调制和基于分数时延滤波器（频域 FFT 处理也可以实现，但不适合基于数字化收发实现）两种方法实现。

1）基于 LFM 信号时频耦合特性的频率/相位调制的高精度数字时延控制

美国 MIT 林肯实验室在 2001 年提出了一种基于瞬时宽带 LFM 信号的通过两次时延完成宽带波束色散子阵去斜时延补偿方法。国内相关学者提出了基于 LFM 信号的多通道孔径渡越时间数字补偿技术。利用 LFM 信号的时频耦合特性，对于基于 DDS 方式产生的宽带雷达信号，通过 DDS 的 FTW/PTW 的频率/相位调制技术，可以实现多通道发射时延的精确扫描补偿和延迟误差补偿。对于数字采样接收，经过去斜处理，通过接收的数字频率调制技术可以实现多通道回波信号的时延精确补偿和相参处理。

因此，基于 DDS 的 LFM 信号产生，通过整数倍时钟周期的延迟调整，并与频率/相位调制相结合可以实现大延迟量高精度数字时延控制。

理想的 LFM 信号可以表示为

$$s_i(t) = e^{j\left[2\pi\left(f_0 - \frac{B}{2}\right)t + \pi\frac{B}{T}t^2\right]} \tag{6.429}$$

式中，f_0 为中心频率；B 为信号带宽；T 为脉宽。

时延 τ_0 的 LFM 信号可以表示为

$$
\begin{aligned}
s_r(t - \tau_0) &= \exp\left\{j2\pi\left[\left(f_0 - \frac{B}{2}\right)(t - \tau_0) + \frac{B}{2T}(t - \tau_0)^2\right]\right\} \\
&= \exp\left\{j2\pi\left[\left(f_0 - \frac{B}{2} - \frac{B\tau_0}{T}\right)t + \frac{B}{2T}t^2\right] - j2\pi\left[\left(f_0 - \frac{B}{2}\right)\tau_0 - \frac{B}{2T}\tau_0^2\right]\right\}
\end{aligned} \tag{6.430}
$$

对该 LFM 信号进行调制补偿，调制补偿信号表达式为

$$
\begin{aligned}
s_r(t - \tau_0) &= \exp\left\{j2\pi\left[\left(f_0 - \frac{B}{2} + f_i\right)(t - \tau_0) + \frac{B}{2T}(t - \tau_0)^2\right] + j\phi_i\right\} \\
&= \exp\left\{j2\pi\left[\left(f_0 - \frac{B}{2} + f_i - \frac{B\tau_0}{T}\right)t + \frac{B}{2T}t^2\right] - \\
&\quad j2\pi\left[\left(f_0 - \frac{B}{2} + f_i\right)\tau_0 - \frac{B}{2T}\right]\tau_0^2 + j\phi_i\right\}
\end{aligned} \tag{6.431}
$$

式中，f_i 和 ϕ_i 分别为需要调制的频率和相位。使 $f_i = \frac{B\tau_0}{T}$，$\phi_i = 2\pi\left[\left(f_0 - \frac{B}{2}\right)\tau_0 + \frac{B}{2T}\tau_0^2\right]$，

则 LFM 信号的时延得到补偿。对于基于 DDS+DUC 的信号产生，$f_0 = 0$。

对于基于 DDS 方式的信号产生，通过配置 DDS 模块的初始频率 FTW 和初始相位 PTW，可以实现高精度补偿。由初始频率和初始相位调节决定的补偿精度 Δt_F、Δt_p 分别为

$$\Delta t_F = \frac{f_{dds}}{2^M} \frac{T}{B} \qquad (6.432)$$

$$\Delta t_p = \frac{1}{\left(f_0 - \dfrac{B}{2}\right) 2^N} \qquad (6.433)$$

式中，f_{dds} 为 DDS 处理时钟；M 为频率累加器位数；N 为相位累加器位数。

假定 LFM 信号产生的参数为：$f_{dds} = 2\text{GHz}$，$M = 32$，$N = 16$，$T = 10\mu s$，$B = 1.5\text{GHz}$，$f_0 = 0$（基带产生），则有 $\Delta t_F \approx 0.0031\text{ps}$，$\Delta t_p \approx 0.02\text{ps}$，此时延的调节精度可达 0.02ps，可以满足宽带高频段应用需求。

基于 LFM 信号频率/相位调制的时延补偿方法的优点是精度高，同时与信号产生相结合而不占用额外的硬件资源；缺点是主要针对雷达应用的 LFM 信号，不适用于任意宽带信号的时延补偿处理。

2）基于频域线性相位加权的数字时延控制

目前，高精度任意延迟量的数字时延实现方式主要是基于频域的线性相位加权法和基于时域的分数时延滤波器法（Fractional Delay Filter，FDF）。

频域线性相位加权法的基本思想是将宽带信号进行 FFT 变换，分解成若干个不同中心频率的窄带信号，根据窄带信号的频域相移等价于时域时延的关系，将时域时延转化为频域相位补偿，然后进行 IFFT 处理，获得时延补偿后的信号。

设输入宽带信号为 $x(t)$，对应离散傅里叶变换为 $X(j\omega)$，时延为 τ，则频域表示为

$$F\left[x(t-\tau)\right] = X(j\omega)\mathrm{e}^{-j\omega\tau} = \left|X(j\omega)\right|\mathrm{e}^{-j\phi_X(\omega)-j\omega\tau} \qquad (6.434)$$

式中，$\phi_X(\omega)$ 为 $x(t)$ 的相频特性。假定 $x(t)$ 有 M 个频率分量，$\boldsymbol{W} = (\omega_1, \omega_2, \cdots, \omega_M)^T$，令 $\boldsymbol{\Phi} = (\phi_{\omega 1}, \phi_{\omega 2}, \cdots, \phi_{\omega M})^T$ 和 $|\boldsymbol{X}(k)| = \left[|X(\omega_1)|, |X(\omega_2)|, \cdots, |X(\omega_M)|\right]^T$ 分别表示不同频率分量的相位和幅度，则有

$$\boldsymbol{X} = \left|\boldsymbol{X}\right|^T \mathrm{e}^{-j\boldsymbol{\Phi}} \qquad (6.435)$$

时延后的信号相位为 $\boldsymbol{\Phi}' = \left(\phi_{\omega 1} + \omega_1\tau, \phi_{\omega 2} + \omega_2\tau, \cdots, \phi_{\omega M} + \omega_M\tau\right)^T$，则时延后的信号为

$$\boldsymbol{X}' = \left|\boldsymbol{X}\right|^T \mathrm{e}^{-j\boldsymbol{\Phi}'} \qquad (6.436)$$

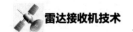

此时信号的群时延为

$$\tau_g = -\frac{d\phi'(\omega)}{d\omega} = (\tau, \tau, \cdots, \tau)^T \qquad (6.437)$$

设宽带信号 $x(t)$ 经采样后的序列为 $x(n)$，矩形窗截取 N 点 FFT 处理后为 $X(k) = (X(0), X(1), \cdots, X(k))^T$，$k = 0, 1, \cdots, N-1$，则有

$$\begin{pmatrix} X(0) \\ \vdots \\ X(N-1) \end{pmatrix} = \begin{pmatrix} W_N^{0\times0} & \cdots & W_N^{0\times(N-1)} \\ \vdots & \ddots & \vdots \\ W_N^{(N-1)\times0} & \cdots & W_N^{(N-1)\times(N-1)} \end{pmatrix} \begin{pmatrix} x(0) \\ \vdots \\ x(N-1) \end{pmatrix} \qquad (6.438)$$

其中，$W_N = e^{-j\frac{2\pi}{N}}$，可以得到所有频率分量的幅度和相位。设时延为 τ，对应不同频率分量的相位加权量为 $W_N^{k\tau} = e^{-j\frac{2\pi}{N}k\tau}$，$k$ 为第 k 次谐波，根据 IDFT 的定义，有

$$\frac{1}{N}\sum_{k=0}^{N-1} X(k)W_N^{-nk}W_N^{k\tau} = \frac{1}{N}\sum_{k=0}^{N-1} X(k)W_N^{-k(n-\tau)} = x(n-\tau) \qquad (6.439)$$

由此，通过频域相位加权实现了时域的时延。

采样频域相位加权实现数字时延的精度与信号 FFT 点数密切相关。对于宽带应用，为了保证一定的时延精度，FFT 点数将非常高。实时处理实现需要较大的存储空间和运算量，对硬件要求较高，但是在实时性要求不高的场合（仿真分析、校正计算等）可以采用。

3）基于分数时延滤波器的数字时延控制

分数时延滤波器的时延处理等效为一个数字滤波过程，通过改变滤波器的系数或控制参数可实现连续可变高精度数字时延。

连续信号 $x(t)$ 的时延 τ 可表示为 $x(t-\tau)$，对应的离散信号表示为 $x(n-D)$，式中，$D = \frac{\tau}{T_s} = I + p$，$I$ 为 D 的小数部分，p 为 D 的整数部分；T_s 为采样间隔。

理想全通型 FIR 数字时延滤波器频率响应及滤波器的冲激响应可以表示为

$$H_{id}(j\omega) = 1 \cdot e^{-j\omega D} = 1 \cdot e^{-j\omega(I+p)}, |\omega| \leqslant \pi \qquad (6.440)$$

$$h_{id}(n) = \frac{1}{2\pi}\int_{-\pi}^{\pi} H_{id}(j\omega)e^{-j\omega n}d\omega = \frac{1}{2\pi}\int_{-\pi}^{\pi} e^{-j\omega D}e^{-j\omega n}d\omega = \frac{\sin\pi(n-D)}{\pi(n-D)} = \mathrm{sinc}(n-D)$$

$$(6.441)$$

$h_{id}(n)$ 是一个非因果的无限序列，关于 D 对称。分数时延滤波器的设计过程就是设计一个因果稳定的滤波器，并根据频域误差函数或时域误差函数，通过各种方法使其冲激响应逼近 $h_{id}(n)$ 或频率响应逼近 $H_{id}(j\omega)$。定义误差函数

$$E_1(j\omega) = H(j\omega) - H_{id}(j\omega) \qquad (6.442)$$

常用的分数时延滤波器设计算法包括最小二乘法 LS 准则逼近设计、最大平

坦准则逼近设计（Lagrange 插值）、等纹波逼近设计（Oetken 法）等。其实现结构包括基于变系数的 FIR 滤波器可变时延设计和基于 Farrow 结构的固定滤波系数变参数的可变分数时延设计等。另外，考虑到雷达应用稳定性的需要，FIR 滤波器具有良好的稳定性和线性特性，分数时延滤波器都是基于 FIR 滤波器实现的。

（1）最小二乘法 LS 准则逼近设计：包括理想 sinc、截断 sinc、加窗 sinc、通用加权 LS 逼近、统计 LS 逼近等算法设计。考虑到时延精度和工程化实现，一般采用加权最小二乘法逼近的 FIR 分数时延滤波器进行设计。该算法的最小二乘均方误差函数 E_{LS} 定义为

$$E_{\mathrm{LS}} = \frac{1}{\pi}\int_0^{\alpha\pi} W(\omega)\left|E(\mathrm{j}\omega)\right|^2 \mathrm{d}\omega = \frac{1}{\pi}\int_0^{\alpha\pi} W(\omega)\left|H(\mathrm{j}\omega)-H_{\mathrm{id}}(\mathrm{j}\omega)\right|^2 \mathrm{d}\omega \quad （6.443）$$

其中，信号带宽为 $[0,\alpha\pi]$，$W(\omega)$ 为非负频域加权函数，定义 $\boldsymbol{h}=\left(h(0),h(1),\cdots,h(N)\right)^{\mathrm{T}}$ 和 $\boldsymbol{e}=\left(1,\mathrm{e}^{-\mathrm{j}\omega},\cdots,\mathrm{e}^{-\mathrm{j}N\omega}\right)^{\mathrm{T}}$ 分别为滤波器系数和傅里叶变换，定义矩阵

$$\boldsymbol{C} = \mathrm{Re}\left\{\boldsymbol{e}\boldsymbol{e}^{\mathrm{H}}\right\}\begin{bmatrix} 1 & \cos\omega & \cdots & \cos N\omega \\ \cos\omega & 1 & \cdots & \cos(N-1)\omega \\ \vdots & \vdots & & \vdots \\ \cos N\omega & \cos(N-1)\omega & \cdots & 1 \end{bmatrix} \quad （6.444）$$

式中，$(\cdot)^{\mathrm{H}}$ 表示 Hermitian 运算（共轭转置）。

则 E_{LS} 变为

$$\begin{aligned} E_{\mathrm{LS}} &= \frac{1}{\pi}\int_0^{\alpha\pi} W(\omega)\left[\boldsymbol{h}^{\mathrm{T}}\boldsymbol{e}-H_{\mathrm{id}}(\mathrm{j}\omega)\right]\left[\boldsymbol{h}^{\mathrm{T}}\boldsymbol{e}-H_{\mathrm{id}}(\mathrm{j}\omega)\right]^* \mathrm{d}\omega \\ &= \frac{1}{\pi}\int_0^{\alpha\pi} W(\omega)\left[\boldsymbol{h}^{\mathrm{T}}\boldsymbol{C}\boldsymbol{h}-2\boldsymbol{h}^{\mathrm{T}}\mathrm{Re}\left\{H_{\mathrm{id}}(\mathrm{j}\omega)\boldsymbol{e}^*\right\}+\left|H_{\mathrm{id}}(\mathrm{j}\omega)\right|^2\right]\mathrm{d}\omega \end{aligned} \quad （6.445）$$

$$E_{\mathrm{LS}} = \boldsymbol{h}^{\mathrm{T}}\boldsymbol{P}\boldsymbol{h}-2\boldsymbol{h}^{\mathrm{T}}\boldsymbol{p}_1+\boldsymbol{p}_0 \quad （6.446）$$

式中，$*$ 表示复共轭，并有

$$\boldsymbol{P} = \frac{1}{\pi}\int_0^{\alpha\pi} W(\omega)\boldsymbol{C}\mathrm{d}\omega \quad （6.447）$$

$$\boldsymbol{p}_1 = \frac{1}{\pi}\int_0^{\alpha\pi} W(\omega)\left[\mathrm{Re}\left\{H_{\mathrm{id}}(\mathrm{j}\omega)\right\}\boldsymbol{c}-\mathrm{Im}\left\{H_{\mathrm{id}}(\mathrm{j}\omega)\right\}\boldsymbol{s}\right]\mathrm{d}\omega \quad （6.448）$$

$$\boldsymbol{p}_0 = \frac{1}{\pi}\int_0^{\alpha\pi} W(\omega)\left|H_{\mathrm{id}}(\mathrm{j}\omega)\right|^2 \mathrm{d}\omega \quad （6.449）$$

$$\boldsymbol{c} = \left(1,\cos\omega,\cdots,\cos N\omega\right)^{\mathrm{T}} \quad （6.450）$$

$$\boldsymbol{s} = \left(0,\sin\omega,\cdots,\sin N\omega\right)^{\mathrm{T}} \quad （6.451）$$

为了获得 E_{LS} 的最小值，将 E_{LS} 对 $\boldsymbol{h}$ 求梯度得

$$\boldsymbol{P}\boldsymbol{h}-\boldsymbol{p}_1 = 0 \quad （6.452）$$

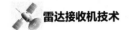

通过矩阵求逆可以得到

$$\boldsymbol{h} = \boldsymbol{P}^{-1}\boldsymbol{p}_1 \tag{6.453}$$

将 $H_{\text{id}}(j\omega) = e^{-j\omega D}$ 代入相应公式，同时令 $W(\omega) = 1$，$\boldsymbol{P}$ 和 $\boldsymbol{p}_1$ 可以分别简化为

$$P_{k,l} = \frac{1}{\pi}\int_0^{\alpha\pi}\cos(k-l)\omega\mathrm{d}\omega = \alpha\,\mathrm{sinc}\,\alpha(k-l), k,l = 1,2,\cdots,L \tag{6.454}$$

$$p_{1,k} = \frac{1}{\pi}\int_0^{\alpha\pi}\cos(k-D)\omega\mathrm{d}\omega = \alpha\,\mathrm{sinc}\,\alpha(k-D), k = 1,2,\cdots,L \tag{6.455}$$

可以看出，$\boldsymbol{P}$ 矩阵与时延 D 可以事先计算好，同时利用 $\boldsymbol{P}$ 矩阵的 Toeplitz 结构特性可以快速求得其逆矩阵。基于最小二乘法 LS 准则逼近的 FDF 性能与频带 $\alpha\pi$ 的选择、滤波器阶数 N 相关。

（2）最大平坦准则逼近设计（Lagrange 插值）：其分数时延滤波器是基于类似 Lagrange 时域插值的滤波器进行设计的，设计思路是使频域误差函数 $E_1(j\omega)$ 在某一特定频率点 ω_0 尽可能平坦，这就是最大平坦准则，即 $E_1(j\omega)$ 的 n 阶导数在此频点的值为零，则有

$$\left.\frac{\mathrm{d}^n E_1(j\omega)}{\mathrm{d}\omega^n}\right|_{\omega=\omega_0} = 0, \quad n = 0,1,\cdots,N \tag{6.456}$$

将式（6.456）代入 $E_1(j\omega) = H(j\omega) - H_{\text{id}}(j\omega)$ 及 $H_{\text{id}}(j\omega) = e^{-j\omega D}$，通过推导可以得到一个关于滤波器冲激响应的 $L = N+1$ 元方程组

$$\sum_{k=0}^{N} k^n h(n) = D^n, \quad n = 0,1,\cdots,N \tag{6.457}$$

用矩阵形式表示为

$$\boldsymbol{h} = \boldsymbol{Q}^{-1}\boldsymbol{v} \tag{6.458}$$

式中，$\boldsymbol{h} = (h(0),h(1),\cdots,h(N))^{\mathrm{T}}$。

$$\boldsymbol{Q} = \begin{pmatrix} 1 & 1 & 1 & \cdots & 1 \\ 0 & 1 & 2 & \cdots & N \\ 0 & 1 & 2^2 & \cdots & N^2 \\ \vdots & \vdots & \vdots & & \vdots \\ 0 & 1 & 2^N & \cdots & N^N \end{pmatrix} \tag{6.459}$$

$$\boldsymbol{v} = \left(e^{-j\omega_0 D}, De^{-j\omega_0(D-1)}, D^2 e^{-j\omega_0(D-2)}, \cdots, D^N e^{-j\omega_0(D-N)}\right)^{\mathrm{T}} \tag{6.460}$$

其中，$\boldsymbol{Q}$ 是一个 $L = N+1$ 的 $L \times L$ Vandermonde 矩阵；$\boldsymbol{v}$ 是一个时延向量。据此，滤波器的系数可以表示为

$$h(n) = e^{j\omega_0(D-N)}\prod_{k=0}^{N}\frac{D-k}{n-k}, \quad n = 0,1,\cdots,N \tag{6.461}$$

取 $\omega_0 = 0$，有

$$h(n) = \prod_{k=0}^{N} \frac{D-k}{n-k}, \quad n = 0,1,\cdots,N \tag{6.462}$$

式（6.462）与 Lagrange 插值公式类似，所以在 $\omega_0 = 0$ 时称该方法为 Lagrange 插值法。在实际使用中，式（6.462）中 D 的整数部分置为 0，以作为 FDF 使用。Lagrange 插值法系数计算简单，并有良好的低频响应和平滑的幅度响应（最大平坦），同时可以用较少的阶数获得较高的时延精度，但在基带信号相对带宽较宽的情况下，高频时延误差稍大。

（3）等纹波逼近设计（Oetken 法）：是为了在信号带宽内精确控制误差函数的峰值误差，基于极小化极大算法（Minimax）实现 FDF 的误差函数控制算法，当极小化极大算法满足一定条件时等效为等纹波解决方法，其特点是误差曲线为一条振荡的曲线，每隔 r 个频点达到最大值，Minimax 和等纹波误差函数为

$$E_{\max} = \min\left(\max_{\omega \in [0,\alpha\pi]} \left| E_1(j\omega) \right| \right) \tag{6.463}$$

$$\left| E_1(j\omega) \right| = E_{\max}, \quad \omega = \omega_k, \quad k = 1,2,\cdots,r \tag{6.464}$$

Oetken 根据等波纹思想提出了一种求解分数时延滤波器系数的算法。由于使用多相结构设计一个偶数长度的插值滤波器可以等效为提高采样频率，因此当使多相结构的误差函数具有等波纹特性时，各分支的系数是近似成比例的，同时各分支的幅度误差函数的零点坐标值几乎保持不变，当其中某一分支的系数已知时，其他分支的系数可以通过一组线性方程求出。多相结构各分支的系数与具有对称脉冲响应的理想线性相位滤波器相契合，此滤波器可以使用标准 Remez 算法离线求出。

由于多相结构的每个分支都对应近似于一个单位时延的有理分数，所以可以用来实现分数倍采样周期时延。已知一个 N 阶（长度 $L = N+1$，N 为奇数）对称 FIR 滤波器，其幅度响应在通带 $[0,\alpha\pi]$（$0<\alpha<1$）内近似为 1。其误差函数在通带内有 $K = L/2$ 个零点，即

$$E_1(j\omega) = H(j\omega) - H_{id}(j\omega) = 0, \quad \omega = \Omega_k, \quad k = 1,2,\cdots,K \tag{6.465}$$

$$\sum_{n=0}^{N} h(n) e^{-jn\Omega_k} = e^{-j\Omega_k N/2}, \quad k = 1,2,\cdots,K \tag{6.466}$$

其中，$N/2$ 是滤波器时延。对于非整数 D，误差函数的零点坐标保持不变，根据式（6.465）可以求得滤波器系数，写成矩阵形式为 [$\boldsymbol{E}_\Omega$ 是一个 $K \times (N+1)$ 维矩阵]

$$\boldsymbol{E}_\Omega \boldsymbol{h} = \boldsymbol{e}_D \tag{6.467}$$

$$\boldsymbol{E}_\Omega = \begin{pmatrix} 1 & e^{-j\Omega_1} & e^{-j2\Omega_1} & \cdots & e^{-jN\Omega_1} \\ 1 & e^{-j\Omega_2} & e^{-j2\Omega_2} & \cdots & e^{-jN\Omega_2} \\ \vdots & \vdots & \vdots & & \vdots \\ 1 & e^{-j\Omega_K} & e^{-j2\Omega_K} & \cdots & e^{-jN\Omega_K} \end{pmatrix} \tag{6.468}$$

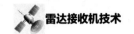

$$\boldsymbol{e}_D = \left(\mathrm{e}^{-\mathrm{j}D\Omega_1} \ \mathrm{e}^{-\mathrm{j}D\Omega_2} \cdots \mathrm{e}^{-\mathrm{j}D\Omega_K}\right)^{\mathrm{T}} \qquad (6.469)$$

矩阵形式的方程是具有 $L = 2K$ 个未知数的 K 组复数方程组，将两边的实部和虚部分开可得到 L 组实数方程组

$$\boldsymbol{P}_\Omega \boldsymbol{h} = \boldsymbol{p}_\Omega \qquad (6.470)$$

$$\boldsymbol{P}_\Omega = \begin{pmatrix} \boldsymbol{C}_\Omega \\ \boldsymbol{S}_\Omega \end{pmatrix}, \ \boldsymbol{p}_\Omega = \begin{pmatrix} \boldsymbol{c}_\Omega \\ \boldsymbol{s}_\Omega \end{pmatrix}, \ \boldsymbol{E}_\Omega = \boldsymbol{C}_\Omega - \mathrm{j}\boldsymbol{S}_\Omega, \boldsymbol{e}_D = \boldsymbol{c}_\Omega - \mathrm{j}\boldsymbol{s}_\Omega \qquad (6.471)$$

其中，矩阵 $\boldsymbol{E}_\Omega$ 与时延 D 无关，可以离线计算，因此对于任意时延 D，通过矩阵乘法可以计算出需要的滤波器系数。

上述算法根据时延 D、滤波器阶数、信号带宽、相关指标参数等可以计算出对应的滤波器系数，当 D 值变换时，滤波器系数需要重新计算。宽带阵列雷达数字通道的各路初始时延会存在差异，需要补偿。另外，宽带宽角扫描时，各单元或子阵的孔径时延是不同的，因此初始化补偿及波束扫描时多通道时延补偿需要实时改变。同时，各通道的 D 值不同，因此需要考虑多通道时延控制的实时可变或不同，可按照时延补偿精度要求事先计算一组 FDF 系数，用存储器存储。通过变系数法可以实现多通道补偿时延的不同，以及波束扫描时时延的实时变化。

另一种多通道时延不同或实时可变的实现方式是基于可变分数时延滤波器（Variable Fractional Delay，VFD）来设计 FDF。Farrow 结构的 FDF 就是一种典型的 VFD，在 1998 年由 Farrow C.W.首次提出，并得到了广泛的应用。

（4）Farrow 结构可变分数时延滤波器设计：是基于固定系数二维滤波器 $h(n,m)$ 加分数时延独立控制参数 p 的实现方式，控制灵活并适合 AISC 芯片集成设计。

理想可变分数时延 FIR 滤波器的频率响应为

$$H_{\mathrm{id}}(\omega, p) = \mathrm{e}^{-\mathrm{j}(l+p)\omega} = \mathrm{e}^{-\mathrm{j}l\omega}\left(\cos\omega p - \mathrm{j}\sin\omega p\right), \ |\omega| \leqslant \omega_p, \ -0.5 < p < 0.5 \quad (6.472)$$

传递函数的 Z 变换表示为

$$H(z, p) = \sum_{n=0}^{N} h_n(p) z^{-n} \qquad (6.473)$$

其中，$h_n(p)$ 可以表示为 p 的 M 阶多项式

$$h_n(p) = \sum_{m=0}^{M} h(n,m) p^m \qquad (6.474)$$

进一步推导可得

$$H(z, p) = \sum_{n=0}^{N}\sum_{m=0}^{M} h(n,m) p^m z^{-n} = \sum_{m=0}^{M} G_m(z) p^m \qquad (6.475)$$

其中，子滤波器 $G_m(z)$ 可以表示为

$$G_m(z) = \sum_{n=0}^{N} h(n,m) z^{-n}, \quad 0 \leqslant m \leqslant M \qquad (6.476)$$

因此，从 VFD 频率响应的数学表达式可以看出，传递函数等效为 p 对 M 个子滤波器进行加权求和，即 VFD 可以看作由 $M{+}1$ 组 FIR 子滤波器、M 个加法器、M 个乘法器组成，每组 FIR 子滤波器的阶数均为 $N+1$。Farrow 结构的 VFD 实现原理框图如图 6.136 所示。图中的 C_M、C_{M-1}，$\cdots$，C_0 代表各分支。可以看出，分数时延参量 p 独立于 Farrow 结构的分数时延滤波器系数，当改变 p 时滤波器系数不用重新计算，因此控制灵活。

当 M 足够大时，理想 VFD FIR 滤波器的频率响应及 Farrow 结构子滤波器响应为

$$H_{\text{id}}(\omega, p) = \text{e}^{-\text{j}I\omega} \sum_{m=0}^{\infty} \frac{(-\text{j}p\omega)^m}{m!} \approx \sum_{m=0}^{M} \left(\frac{(-\text{j}\omega)^m}{m!} \text{e}^{-\text{j}I\omega} \right) p^m \qquad (6.477)$$

$$G_m(\omega) \approx \frac{(-\text{j}\omega)^m}{m!} \text{e}^{-\text{j}I\omega}, \quad 0 \leqslant m \leqslant M \qquad (6.478)$$

因此，$G_m(z)$ 的系数在 M 为偶数时对称，M 为奇数时反对称。平均群时延 $I = N/2$，设 N 为偶数，第一个子滤波器为 $G_0(z) = \text{e}^{-\text{j}(N/2)\omega}$，则有 $h(n,0) = \delta(n - N/2)$。

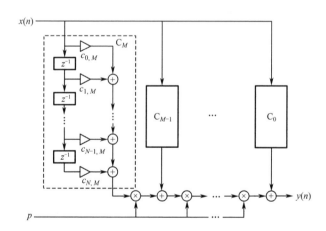

图 6.136　Farrow 结构的 VFD 实现原理框图

定义 $\boldsymbol{a}$、$\boldsymbol{b}$、$\boldsymbol{c}(\omega, p)$ 和 $\boldsymbol{s}(\omega, p)$ 后，频率响应可表示为

$$H_{\text{id}}(\omega, p) = \text{e}^{-\text{j}\left(\frac{N}{2}\right)\omega} \left[p + \sum_{m=1}^{M_c} \sum_{n=1}^{N/2} a(n,m) p^{2m} \cos n\omega + \text{j} \sum_{m=1}^{M_s} \sum_{n=0}^{N/2} b(n,m) p^{2m-1} \sin n\omega \right]$$

$$(6.479)$$

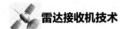

$$\begin{cases} M_{\mathrm{c}} = M_{\mathrm{s}} = \dfrac{M}{2}, \quad M \text{ 为偶数} \\[3mm] M_{\mathrm{c}} + 1 = M_{\mathrm{s}} = \dfrac{M+1}{2}, \quad M \text{ 为奇数} \end{cases} \tag{6.480}$$

$$a(n,m) = \begin{cases} h\left(\dfrac{N}{2}, 2m\right), \quad n=0, \quad 1 \leqslant m \leqslant M_{\mathrm{c}} \\[3mm] 2h\left(\dfrac{N}{2}-n, 2m\right) = 2h\left(\dfrac{N}{2}+n, 2m\right), \quad 1 \leqslant n \leqslant \dfrac{N}{2}, \quad 1 \leqslant m \leqslant M_{\mathrm{c}} \end{cases} \tag{6.481}$$

$$b(n,m) = 2h\left(\frac{N}{2}-n, 2m-1\right) = 2h\left(\frac{N}{2}+n, 2m-1\right), \quad 1 \leqslant n \leqslant \frac{N}{2}, \quad 1 \leqslant m \leqslant M_{\mathrm{s}} \tag{6.482}$$

$$\boldsymbol{a} = \left(a(0,1), \cdots, a\left(\frac{N}{2},1\right), \cdots, a(0,M_c), \cdots, a\left(\frac{N}{2}, M_c\right)\right)^{\mathrm{T}} \tag{6.483}$$

$$\boldsymbol{b} = \left(b(1,1), \cdots, b\left(\frac{N}{2},1\right), \cdots, b(1,M_s), \cdots, b\left(\frac{N}{2}, M_s\right)\right)^{\mathrm{T}} \tag{6.484}$$

$$\boldsymbol{c}(\omega,p) = \left(p^2, \cdots, p^2\cos\frac{N\omega}{2}, \cdots, p^{2M_c}, \cdots, p^{2M_c}\cos\frac{N\omega}{2}\right)^{\mathrm{T}} \tag{6.485}$$

$$\boldsymbol{s}(\omega,p) = \left(p\sin\omega, \cdots, p\sin\frac{N\omega}{2}, \cdots, p^{2M_s-1}\sin\omega, \cdots, p^{2M_s-1}\sin\frac{N\omega}{2}\right)^{\mathrm{T}} \tag{6.486}$$

则理想 VFD FIR 滤波器频率响应为

$$H_{\mathrm{id}}(\omega,p) = \mathrm{e}^{-\mathrm{j}l\omega}\left[1 + \boldsymbol{a}^{\mathrm{T}}\boldsymbol{c}(\omega,p) + \mathrm{j}\boldsymbol{b}^{\mathrm{T}}\boldsymbol{s}(\omega,p)\right] \tag{6.487}$$

定义设计的 VFD FIR 滤波器频率响应误差函数为

$$\begin{aligned} e_{\mathrm{c}}(\boldsymbol{a},\boldsymbol{b}) &= \int_{-0.5}^{0.5}\int_0^{\omega_p} W(\omega)\left|H(\omega,p) - H_{\mathrm{id}}(\omega,p)\right|^2 \mathrm{d}\omega\mathrm{d}p \\ &= \int_{-0.5}^{0.5}\int_0^{\omega_p} W(\omega)\left|\cos p\omega - \mathrm{j}\sin p\omega - 1 - \boldsymbol{a}^{\mathrm{T}}\boldsymbol{c}(\omega,p) - \mathrm{j}\boldsymbol{b}^{\mathrm{T}}\boldsymbol{s}(\omega,p)\right|^2 \mathrm{d}\omega\mathrm{d}p \\ &= e_{\mathrm{c}}(\boldsymbol{a}) + e_{\mathrm{c}}(\boldsymbol{b}) \end{aligned} \tag{6.488}$$

$$e_{\mathrm{c}}(\boldsymbol{a}) = \int_{-0.5}^{0.5}\int_0^{\omega_p} W(\omega)\left|\cos p\omega - 1 - \boldsymbol{a}^{\mathrm{T}}\boldsymbol{c}(\omega,p)\right|^2 \mathrm{d}\omega\mathrm{d}p = s_a + \boldsymbol{r}_a^{\mathrm{T}}\boldsymbol{a} + \boldsymbol{a}^{\mathrm{T}}\boldsymbol{Q}_a\boldsymbol{a} \tag{6.489}$$

$$e_{\mathrm{c}}(\boldsymbol{b}) = \int_{-0.5}^{0.5}\int_0^{\omega_p} W(\omega)\left|\sin p\omega + \boldsymbol{b}^{\mathrm{T}}\boldsymbol{s}(\omega,p)\right|^2 \mathrm{d}\omega\mathrm{d}p = s_b + \boldsymbol{r}_b^{\mathrm{T}}\boldsymbol{b} + \boldsymbol{b}^{\mathrm{T}}\boldsymbol{Q}_{ab}\boldsymbol{b} \tag{6.490}$$

$$s_a = \int_{-0.5}^{0.5}\int_0^{\omega_p} W(\omega)\left(\cos p\omega - 1\right)^2 \mathrm{d}\omega\mathrm{d}p \tag{6.491}$$

$$\boldsymbol{r}_a = -2\int_{-0.5}^{0.5}\int_0^{\omega_p} W(\omega)\left(\cos p\omega - 1\right)\boldsymbol{c}(\omega,p)\mathrm{d}\omega\mathrm{d}p \tag{6.492}$$

$$\boldsymbol{Q}_a = \int_{-0.5}^{0.5}\int_0^{\omega_p} W(\omega)\boldsymbol{c}(\omega,p)\boldsymbol{c}^{\mathrm{T}}(\omega,p)\mathrm{d}\omega\mathrm{d}p \tag{6.493}$$

$$s_b = \int_{-0.5}^{0.5}\int_0^{\omega_p} W(\omega)\sin(p\omega)^2 \mathrm{d}\omega\mathrm{d}p \tag{6.494}$$

$$\boldsymbol{r}_b = 2\int_{-0.5}^{0.5}\int_0^{\omega_p} W(\omega)\sin p\omega\boldsymbol{s}(\omega,p)\mathrm{d}\omega\mathrm{d}p \tag{6.495}$$

$$Q_b = \int_{-0.5}^{0.5} \int_0^{\omega_p} W(\omega) s(\omega, p) s^{\mathrm{T}}(\omega, p) \mathrm{d}\omega \mathrm{d}p \qquad (6.496)$$

式中，$W(\omega)$ 为加权函数。

根据前述的最小二乘 LS 法则，令 $W(\omega)=1$，结合相关文献的求解算法，可以得到 $\boldsymbol{r}_a$、$\boldsymbol{Q}_a$、$\boldsymbol{r}_b$、$\boldsymbol{Q}_b$ 的闭式解形式

$$\begin{cases} \boldsymbol{r}_a(i) = -4\sum_{k=1}^{K} \frac{(-1)^k}{(2k)!} \frac{0.5^{2m+2k+1}}{2m+2k+1} \int_0^{\omega_p} \omega^{2k} \cos n\omega \mathrm{d}\omega \\ \boldsymbol{Q}_a(i,l) = \frac{0.5^{2m+2\hat{m}+1}}{2m+2\hat{m}+1} \left[\frac{\sin(n-\hat{n})\omega_p}{n-\hat{n}} + \frac{\sin(n+\hat{n})\omega_p}{n+\hat{n}} \right] \\ 0 \leq i, \ l \leq \left(\frac{N}{2}+1\right)M_c - 1, \ n = \left(i\bmod\frac{N}{2}+1\right), \ m = \left\lfloor \frac{i}{N/2+1} + 1 \right\rfloor \\ \hat{n} = l\bmod\frac{N}{2}+1, \ \hat{m} = \left\lfloor \frac{l}{N/2+1} + 1 \right\rfloor \end{cases} \qquad (6.497)$$

$$\begin{cases} \boldsymbol{r}_b(i) = 4\sum_{k=1}^{K} \frac{(-1)^k}{(2k+1)!} \frac{0.5^{2m+2k+1}}{2m+2k+1} \int_0^{\omega_p} \omega^{2k+1} \sin n\omega \mathrm{d}\omega \\ \boldsymbol{Q}_a(i,1) = \frac{0.5^{2m+2\hat{m}-1}}{2m+2\hat{m}-1} \left[\frac{\sin(n-\hat{n})\omega_p}{n-\hat{n}} - \frac{\sin(n+\hat{n})\omega_p}{n+\hat{n}} \right] \\ 0 \leq i, \ l \leq \left(\frac{N}{2}+1\right)M_c - 1, \ n = i\bmod\frac{N}{2}+1, \ m = \left\lfloor \frac{i}{N/2+1} + 1 \right\rfloor \\ \hat{n} = l\bmod\frac{N}{2}+1, \ \hat{m} = \left\lfloor \frac{l}{N/2+1} + 1 \right\rfloor \end{cases} \qquad (6.498)$$

根据 VFD FIR 滤波器频率响应误差函数 $e_{\mathrm{c}}(\boldsymbol{a},\boldsymbol{b})$，分别对 $\boldsymbol{a}$ 和 $\boldsymbol{b}$ 求微分，并令其结果等于 0，即

$$\begin{cases} \dfrac{\partial e_{\mathrm{c}}(\boldsymbol{a},\boldsymbol{b})}{\partial \boldsymbol{a}} = \dfrac{\partial e_{\mathrm{c}}(\boldsymbol{a})}{\partial \boldsymbol{a}} = \boldsymbol{r}_a + 2\boldsymbol{Q}_a\boldsymbol{a} = 0 \\ \dfrac{\partial e_{\mathrm{c}}(\boldsymbol{a},\boldsymbol{b})}{\partial \boldsymbol{b}} = \dfrac{\partial e_{\mathrm{c}}(\boldsymbol{b})}{\partial \boldsymbol{b}} = \boldsymbol{r}_b + 2\boldsymbol{Q}_a\boldsymbol{b} = 0 \end{cases} \qquad (6.499)$$

最终得到

$$\begin{cases} \boldsymbol{a} = -\dfrac{1}{2}\boldsymbol{Q}^{-1}_a \boldsymbol{r}_a \\ \boldsymbol{b} = -\dfrac{1}{2}\boldsymbol{Q}^{-1}_b \boldsymbol{r}_b \end{cases} \qquad (6.500)$$

根据 $\boldsymbol{a}$、$\boldsymbol{b}$、$\boldsymbol{a}(n,m)$ 和 $\boldsymbol{b}(n,m)$ 得到 $\boldsymbol{h}(n,m)$ 矩阵，并与 P 加权可得到 VFD 滤波器。

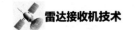

4）基于 FPGA/ASIC 芯片的数字时延工程应用

根据前面的分析，数字阵列系统数字时延实现流程和基本原理框图如图 6.137 所示。

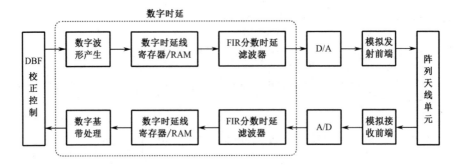

图 6.137　数字时延实现流程和基本原理框图

不同的应用可采用不同的实现方式。

（1）LFM 信号的雷达发射可以基于 DDS 的频率/相位调制实现高精度分数时延处理，并与整数倍时延处理相结合实现大延迟量高精度时延处理。

（2）任意信号的数字时延处理需要基于分数时延滤波器和整数倍时延相结合实现大延迟量高精度数字时延。

（3）根据前面的分析，基于 Farrow 结构的 VFD FIR 滤波器可以实现灵活的时延控制和高精度数字时延，无须实时计算滤波器系数，但是具体实现需要基于滤波器矩阵实现。特别是对于宽带系统采样频率较高且需要并行实现的场合，硬件资源消耗较多。因此，该方法适合基于 ASIC 芯片硬件实现，如 E2V 公司最新推出的双通道可直接输出 Ka 波段信号的 12GSps DAC 芯片 EV12DD700，内部集成了基于 Farrow 结构的分数时延滤波器。

（4）基于变系数的 FDF 设计，不同通道、不同扫描角需要计算或加载不同的滤波器系数，该实现方式的乘法器资源相对较少，只需要存储事先计算好的多组滤波器系数即可，对于基于 FPGA 实现的可变分数时延滤波器比较合适，因为 FPGA 芯片内部有大量的存储资源，乘法器资源相对较少。

（5）基于 FDF 的 FIR 滤波器实现时，可以与 DUC/DDC 处理的镜像抑制滤波器相结合设计，共用硬件资源。对于收发脉冲工作体制，DDC/DUC 宽带滤波、收发分数时延滤波器、收发数字失真补偿处理滤波器（复数滤波）多个功能，也可以共用硬件资源设计，以进一步减少宽带并行处理需要的硬件资源，但是需要进行复杂、准确的时序控制。

下面结合两个实际项目的工程应用进行数字时延处理分析。

某接收子阵数字化应用项目，接收子阵共 12 个，主要接收参数为：中频 840MHz，ADC 采样频率 480MHz，LFM 信号最大带宽 200MHz，输出基带采样频率 240MHz。子阵数字时延处理主要用于补偿多接收子阵通道的时延误差，补偿精度要求为 ADC 采样周期的 1/32（约 65ps）。根据设计要求，采用变系数 FDF 的设计方法，同时共用 DDC 处理的低通滤波（基于 FPGA 实现）以节约硬件资源，分数时延滤波器基于等纹波逼近设计（Oetken 法），原型滤波器基于 DDC 低通滤波的要求进行设计，并基于等纹波逼近设计计算 ADC 采样周期 1/32 整数倍的 32 组滤波器系数，对应时延为 0～31 $(1/32 T_s)$，滤波器的阶数为 64。图 6.138 给出了基于等纹波设计的原型滤波器幅相特性和冲激响应。图 6.139 给出了基于该原型滤波器设计的 32 组分数时延滤波器的响应。图 6.140 给出了该 32 组滤波器的时延和对应的时延误差，可以看出，时延误差很小（小于 $0.001 T_s$）。图 6.141 给出了该子阵数字收发板硬件实物图。图 6.142 给出了补偿前 12 通道接收信号的时域、频谱和脉冲压缩输出情况，可以看出，12 通道脉冲压缩峰值不对齐，存在时延误差。图 6.143 给出了数字时延补偿（包括幅相补偿）后 12 通道输出信号的时域、频谱和脉冲压缩输出，可以看出，12 通道的幅相/时延都得到了对齐和补偿。

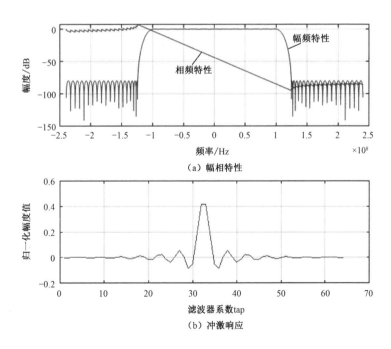

图 6.138 基于等纹波设计的原型滤波器幅相特性和冲激响应

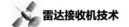

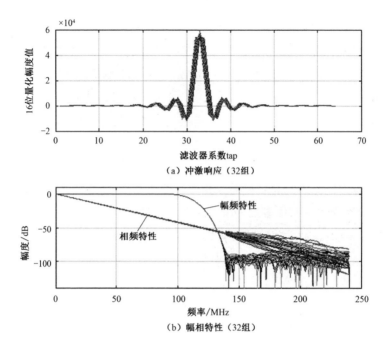

（a）冲激响应（32组）

（b）幅相特性（32组）

图 6.139 分数时延滤波器的响应

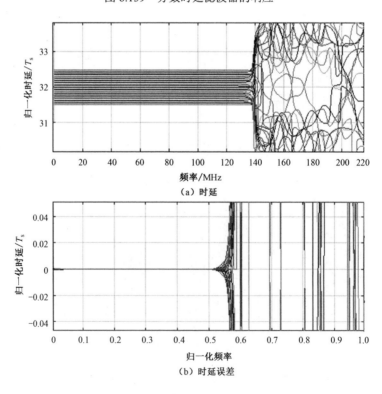

（a）时延

（b）时延误差

图 6.140 分数时延滤波器的时延和时延误差（32组）

图 6.141　某子阵数字收发板（3U/VPX）硬件实物图

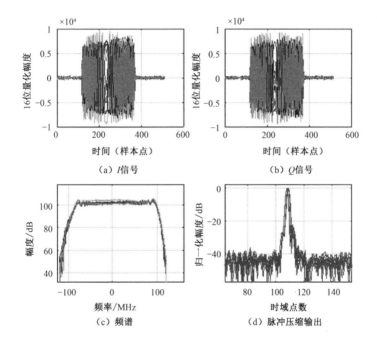

图 6.142　12 通道接收信号的时域、频谱和脉冲压缩输出（补偿前）

某 S 波段宽带全数字阵列系统，在宽带侦察模式下，信号最大瞬时带宽为 200MHz，基带信号采样频率为 240MHz（周期为 4.167ns）。分数时延滤波采用加权最小二乘 LS 准则逼近方法进行设计，滤波器阶数为 32。图 6.144 给出了分数时延滤波器的时延精度仿真结果，可以看出，精度优于 $0.01T_s$（0.42ns，边带最差情况），满足使用要求。图 6.145 给出了通道时延补偿效果，可以看出，补偿前的时延误差较大，补偿后的实际时延误差优于 0.14ns。

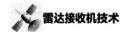
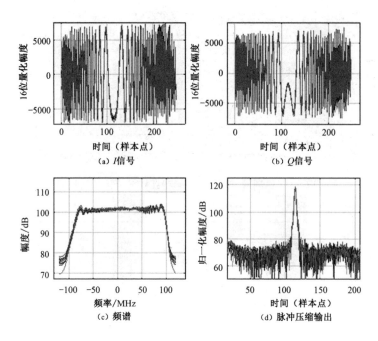

（a）I信号　　　　　　　　　（b）Q信号

（c）频谱　　　　　　　　　（d）脉冲压缩输出

图 6.143　12 通道输出信号的时域、频谱和脉冲压缩输出（补偿后）

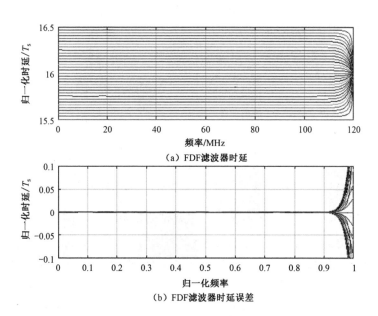

（a）FDF滤波器时延

（b）FDF滤波器时延误差

图 6.144　分数时延滤波器时延精度仿真结果（阶数为 32）

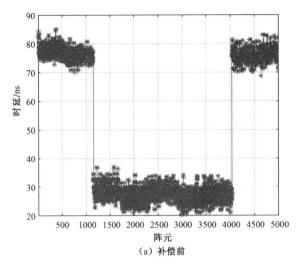

（a）补偿前

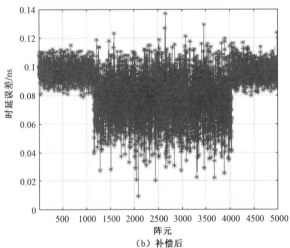

（b）补偿后

图 6.145　通道时延补偿效果

6.6　系统同步技术

系统同步的范畴非常广泛，如分布式系统的空间、时域、频域同步，此处特指数字阵列系统的多通道信号相参同步，包括收发多通道间的相位/时延关系，以及多脉冲间的相位/时延关系的固定和稳定（扣除波束扫描相位/时延控制因素）。目前采用的技术主要是基于确定性时延的多通道同步设计。

当前的多通道数字阵列系统 ADC/DAC 芯片的数据接口大多基于 ESD204B/ JESD204C 接口标准进行设计，大大节省了接口的数量，同时基于 JESD204B/C 子类 1（Subclass 1）数据接口的设计还支持确定性时延设计（Deterministic Latency），可以保证重新上电及链路多次复位后多路时延都保持恒定不变。

基于光传输同步和上电校正的数字阵列雷达多通道同步设计可以解决每次上电后和系统每次复位后多通道的时延和相位同步，但是每次开机和系统复位后需要重新进行一次同步校正工作。基于确定性时延的设计在原先基于光传输同步的基础上，根据高速 ADC/DAC JESD204B 接口的确定性时延功能，可解决多次上电或复位后需要重新校正的问题。另外，基于时钟芯片、ADC/DAC 芯片的时延调整功能可实现精确同步设计。该设计方法一般需要在模块或系统交付前进行一次校正测量，确保确定性时延状态，固化相关时延控制参数，后续正常工作时一般无须再进行校正。当然，系统也可以进行校正处理，对系统同步状态或收发通道状态进行监测。

ADC/DAC 数据接口包括不同时域的数据处理单元，并会导致时延的变化或模糊，从而导致重新上电及复位不同链路的数据的时延不确定。确定性时延定义为从发送器件基于帧的并行数据输出到接收器件基于帧的并行数据接收时延，不同数据链路在重新上电或复位链路重建后，时延保持固定不变（基于帧时钟域）。为了获得确定性时延，链路需要满足以下两个条件。

（1）数据发送器件：所有通道的初始化链路对齐序列（Initial Lane Alignment，ILA）生成必须基于一个"明确的时刻"同时启动，以保证 ILA 后的数据是同时刻的。发送端这个 ILA 产生的明确时刻是指检测到 SYNC 信号后的第一个多帧时钟（Local MultiFrame Clock，LMFC）的边界（器件也可以支持一个可编程的 LMFC 边界来等待发送 ILA 序列）。

（2）数据接收器件：每个数据链路的接收都必须通过接收缓存来缓冲多路间的偏差（包括发送 SERDES、物理通道、接收 SERDES 等），并在一个"明确的时刻"同时释放或输出，接收缓存释放的"明确的时刻"是 LMFC 边界后的一个可编程的帧周期数，定义为接收缓存时延（Rx Buffer Delay，RBD）。

ILA 的产生和接收缓存的释放对齐与发送/接收器件的 LFMC 相关，因此实现最小不确定性的确定性时延依赖于发送/接收器件的 LFMC 对齐。为了实现确定性时延的数据传输协议，系统设计时需要符合以下要求。

（1）多帧的长度需要大于左右链路的最大可能时延。

（2）$RBD \times T_f$（帧周期）必须大于所有链路的最大可能时延。

（3）RBD（单位是帧周期）必须介于 $1 \sim K$（一个多帧内帧的个数）之间。

上述三个条件可保证在接收缓存释放前所有链路的数据都到达接收器件，因此多通道的时延就是 $RBD \times T_f$。

目前的确定性时延设计主要基于 JESD204B/C 的子类 1，采用 SYSREF 信号来实现，通过 SYSREF 信号实现发送/接收器件的 LMFC 对齐；系统时延不确定性的最小化需要通过精确的 SYSREF 和时钟信号来实现。因此，ADC/DAC 的时钟和 SYSREF 信号建议通过高性能时钟器件产生或扇出，同时 SYSREF 需要扇出到所有 ADC/DAC 和逻辑器件（如 FPGA）。

SYSREF 信号有多种类型（周期、单次、突发多次的），支持子类 1 的确定性时延要求的器件需要满足以下条件。

（1）数据接收/发送器件具备发送"产生 SYSREF"的请求能力，使时钟产生器件产生需要类型的 SYSREF 信号发送给系统所有器件，并在链路需要重新同步的要求下产生。

（2）接收/发送器件具备基于接收到的 SYSREF 信号确定是否需要调整 LMFC 相位的能力，子类 1 协议只在器件初始化或链路失效需要重新同步时才考虑基于 SYSREF 信号重新对齐内部 LMFC 和 FC 时钟。

对于确定性时延等于多帧周期的情况，RBD=K。

通过 JESD204 协议确定性时延设计要求可以看出，确定性时延设计和精确稳定高性能的 SYSREF 信号/时钟信号密切相关，和多通道链路的固定时延、不确定时延（温度/不同次上电、复位等）也密切相关，这对系统的时钟树设计、多通道时延设计等提出了较高的要求。关键的要求包括：①时钟/SYSREF 的等时延设计、SYSREF 信号的系统分配偏差小于系统对不确定的要求。②ADC/DAC 的 SYSREF 信号建立/保持时间满足器件的要求。③多通道时延设计需要满足时延的差（固定+变化）小于一个多帧周期。

ADI 公司和 TI 公司目前分别推出了支持 JESD204 协议要求的时钟芯片，如 ADI 公司的 HMC7044 芯片和 TI 公司的 LMK04828 芯片，支持转换时钟产生/SYSREF 信号同步输出和扇出、时延的精确可调及与参考时钟的相位同步等。基于高性能参考时钟（如系统 100MHz 高性能晶振）、HMC7044/ LMK04828 等时钟产生芯片、多片/多板等时延扇出和分配及可变时延调整，可实现多通道确定性时延设计，通过多通道精确时延调整可以进一步实现精确同步设计。

ADC/DAC 的时钟频率越来越高，国内外相关厂家在继续推出支持更高时钟频率的 JESD204B/C 接口确定性时延芯片，以满足多通道确定性时延和同步设计要求。例如，ADI 公司最新推出的 12.8GHz 射频采样时钟综合器件 ADF4377，输出频率最高为 12.8GHz，支持 JESD204B/C 子类 1 的 SYSREF 产生和分配，参考时钟的输出时延为 10ps，温度漂移为 0.06ps/℃，输出时延调整步进小于±0.1ps，可满足多通道高速宽带射频数字化时钟应用的需求。

第 7 章
可扩充阵列模块设计技术

提要： 本章主要阐述可扩充阵列模块（Scalable Array Module，SAM）设计技术，包括 SAM 的功能组成与工作原理、技术要求及指标、设计方法等。其中，SAM 设计方法中介绍实现方式、T/R 组件设计、功分/合成网络设计、驱动放大设计、末级波控设计、DC/DC 电源设计、结构设计等，并给出若干设计实例。

7.1　概述

随着雷达系统技术和基础元器件，特别是微电子技术的高速发展，分布式多通道相控阵雷达得到了越来越广泛的应用。其中，有源电扫描相控阵雷达以其波束指向电控、波束形状变化快速、空间功率合成等特点，使多目标搜索、跟踪、分类识别等多功能实现成为可能，从而受到国内业界的普遍重视，并引发研究的热潮，取得了丰硕的成果和迅猛的发展。人们发现，有源相控阵雷达虽然性能优越、功能强大、用途广泛，但是随着通道数增多，有源阵面构建体积庞大，连接线缆众多，成本昂贵，在某些情况下严重约束了其推广应用。因此，如何提高有源阵面的集成度、减小尺寸、优化连接关系、降低成本，成为广大工程师面临的一个重大挑战。一种以可扩充阵列模块为核心的有源阵面集成方式在工程实际中取得了较好的效果。其具体思路是将一定数量的天线单元、T/R 组件、波束控制模组、电源模组、波束形成网络等高度集成为多通道微波前端模块，成为一个现场可更换单元（Line Replaceable Unit，LRU），再以此 LRU 为基本构成，积木化构建整个相控阵雷达有源阵面。该 LRU 具有相控收发（集成辐射）单元的功能，且具有射频和物理结构上的可扩充能力，是开放式可扩充相控阵雷达的主要构成部分。此 LRU 称为可扩充阵列模块（SAM）。

以 SAM 模块为核心的典型两维相控阵有源天线阵面组成框图如图 7.1 所示。

两维相控阵有源天线阵面的每个天线单元端都接一个 T/R 组件，多个 T/R 组件组合成一个 SAM，再根据系统需求，采用多个 SAM 构成一个子阵，子阵通过全波束形成网络构成全阵。一般而言，发射采用全阵面发射；接收宽带采用全阵面接收，窄带采用子阵接收，形成子阵的数字多波束。波束控制模组完成阵面幅相控制数据的接收与分发，电源模组完成阵面电源的变换与分配。

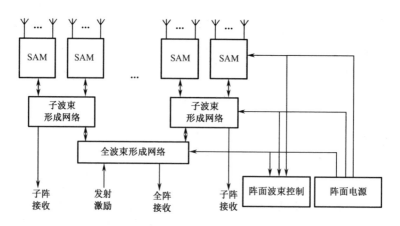

图 7.1　典型两维相控阵有源天线阵面组成框图

7.2　功能组成与工作原理

7.2.1　功能组成

SAM 是有源相控阵雷达的核心部件，通常由 T/R 组件、波束形成器、驱动放大、延迟线、波束控制、电源、结构散热冷板等功能单元高密度集成多通道微波前端收发模块，可针对不同平台、不同任务需求构建不同规模的可扩充阵列天线，具有通用化、模块化、标准化的特点，充分体现了现代有源相控阵雷达的发展趋势。图 7.2 所示为典型的 SAM 功能框图，其内部集成度高，外部接口简单，工程实现性强，减小了整机成本与重量，并有利于雷达的维护与使用。

图 7.3 给出了典型的 SAM 信号流程图。SAM 根据系统子阵划分和工程实现来平衡其构成规模，包括有多少个 T/R 组件。T/R 组件通常采用衰减器置于接收通道、移相器置于收发

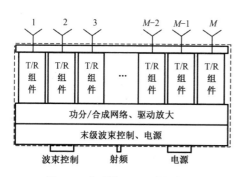

图 7.2　典型的 SAM 功能框图

公用通道的典型电路。随着微波集成电路技术的发展，微波芯片的集成度越来越高，移相器、衰减器、开关等集成为一个多功能芯片，限幅器和低噪声放大器集成为一个限幅低噪声放大器芯片，驱动功率放大器和末级功率放大器集成为一个高增益的功率放大器。功分/合成网络完成发射激励信号的分配和接收回波信号的合成。末级波束控制完成控制数据的分发及 BIT 信息的收集。DC/DC 电源完成 DC/DC 变换，提供模块所需要的各种电源。

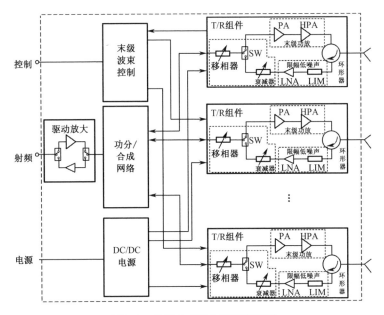

图 7.3　典型的 SAM 信号流程图

7.2.2　工作原理

SAM 按照在系统中的功能，主要分为发射和接收两种工作状态。

（1）发射工作：射频集合口接收雷达激励信号，由驱动放大进行补偿放大后功分至每一个 T/R 组件，经移相器移相和功率放大芯片放大后，实现射频信号的输出送至发射单元。

（2）接收工作：辐射单元接收到的空间射频信号进入 T/R 组件，由 T/R 组件内集成的低噪声放大芯片放大、移相器移相和衰减器衰减后合成，再通过补偿放大后输出合成的射频信号，完成射频信号的接收及子阵的初步划分。

其中的波束控制模块主要接收整机系统发出的波控指令代码，转换成 T/R 组件的收发开关、移相、衰减等状态控制信号和驱动放大模块的收发开关切换信号，在内部完成各 T/R 组件控制信号转发，同时完成 SAM 内其他功能模块的 BIT 信息归集与回传。

DC/DC 电源是 SAM 中需要多个低纹波的直流电源，如+28V、+5V、−5V、+5.5V 等。DC/DC 电源根据天线阵面提供的电源（如 28V、48V 或 550V 等）通过 DC/DC 变换为 SAM 所需的直流电源，电源内部集成发射脉冲工作所需要的储能电容等。

7.3 技术要求及指标

7.3.1 技术要求

SAM 是包括多个 T/R 组件的 LRU，其核心目的是提升有源天线阵面的集成度，使得天线阵面以 SAM 为核心，成为搭积木式的二维可扩充结构，其技术要求主要有高性能、高可靠性、低成本等。

1. 高性能

高性能不仅仅包括常规的电性能指标要求，如工作频率、发射输出峰值功率、接收噪声系数、接收增益、移相精度、衰减精度、效率等，还包括如体积小、重量轻。

对于星载、机载、弹载等平台，由于其载荷能力有限，如何在保证常规电性能要求下，实现 SAM 的轻量化、低剖面以保证其平台适装性尤为重要。

2. 高可靠性

对于有源相控阵雷达，特别是大型有源相控阵雷达，其使用的 T/R 组件有几千到几万个通道，对应的 SAM 数量从几百到几千个。虽然相控阵雷达采用分布独立的发射和接收射频前端，一般而言，5% 左右的 T/R 组件出现故障不会影响雷达的正常工作，从整机任务可靠性（MTBCF）的角度来评估是良好的，但整机使用的 T/R 组件数量巨大，占用系统的成本非常高，所以 SAM 的基本可靠性也是非常重要的。

在工程设计中，首先必须从大批量生产的角度考虑 T/R 组件的高可靠性，可制造、可生产、可测试性，从样件到小批量生产，再到完成首件的技术状态定型，然后才能大批量生产。

相对而言，SAM 中的 DC/DC 电源、波束控制电路、驱动放大等在系统链路中往往存在单点失效的风险，其可靠性也同样不容忽视。SAM 在整体设计中要强调通信、结构、工艺的融合设计，选用满足可靠性指标要求的电路和元器件，通过应力筛选、环境试验、老练试验等方法和手段提升 SAM 的可靠性。

3. 低成本

相控阵雷达的 SAM 数量众多，其成本在整机成本中的占比达 60% 以上。而 SAM 90% 以上的成本由 T/R 组件的成本构成。因此，降低 T/R 组件的成本是降低

SAM 成本的关键。

T/R 组件的低成本设计主要包括合理的技术指标分配，选取成熟高可靠性元器件，采用稳定适合大批量生产的工艺路线，以及全过程批量生产的成品率控制、全覆盖自动化性能测试等诸多方面。

7.3.2　技术指标体系

SAM 的典型技术指标体系如下所述。

1. 工作频率

SAM 工作频率即雷达的工作频率，是根据雷达的任务特点确定的，不同体制和不同用途的雷达采用不同的工作频率。频率覆盖范围包括 UHF～Ka 波段。

2. 有源通道数

有源通道数指 SAM 包含有源器件的射频通道数，可根据具体系统指标要求选择一个 T/R 组件对应一个天线单元或多个天线单元的方式。通道数一般选取为 2^n（n 为正整数）。

3. 占空比及脉宽

根据雷达系统使用要求，一般规定 SAM 的最大占空比、工作脉宽范围，并根据最大占空比开展相应的功耗及热耗分析。详细说明参见 8.3.2 节。

4. 发射输出激励功率

发射输出激励功率指在发射工作状态下，SAM 单通道输出功率，基本等于 T/R 组件输出功率。详细说明参见 8.3.2 节。

5. 发射输出功率带内平坦度

发射输出功率带内平坦度为工作频带内最大值 P_{max} 与最小值 P_{min} 之差，用 dB 表示。详细说明参见 8.3.2 节。

6. 发射射频脉冲包络

发射射频脉冲包络通常包含上升沿时间、下降沿时间、脉冲宽度及顶降。详细说明参见 8.3.2 节。

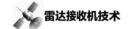
7. 发射杂散及谐波抑制

详细说明参见 8.3.2 节。

8. 发射脉内信噪比

发射脉内信噪比指的是 SAM 发射脉冲期间的信号功率与所产生的噪声功率的比值，一般用 dB 表示。详细说明参见 8.3.2 节。

9. 接收噪声系数

按照噪声系数的定义，SAM 接收噪声系数为输入信噪比与输出信噪比的比值，其表达式为

$$NF = \frac{S_i/N_i}{S_o/N_o} \tag{7.1}$$

但是，SAM 包含多个 T/R 组件，SAM 的噪声系数应按照等效成单通道的系统模型来计算，合成网络等效为一个无源两端口网络。SAM 的等效单通道模型如图 7.4 所示。

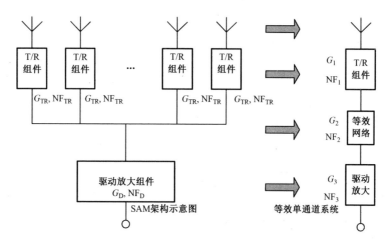

图 7.4　SAM 的等效单通道模型

等效单通道模型的第一级为 T/R 组件，其增益 G_1 即为 T/R 组件的增益 G_{TR}，噪声系数 NF_1 为 T/R 组件的噪声系数 NF_{TR}。

等效单通道模型的第二级为等效网络，将图 7.4 中的多端口合成网络等效为一个无源的两端口网络，相当于等效为一传输线段，其增益为多端口功率合成网络的等效增益 G_r。每个单元通道中包含的射频传输线段的损耗均可折算到等效增益 G_r 中。一般情况下，每个通道的损耗均可看成是相等的，即使各通道的损耗不

完全相等，也可将其平均值当成各通道的共有损耗，而将与平均值的差当成功率相加网络的随机幅度误差。若合成网络各通道的公共损耗或平均损耗表示为 $L_r(L_r>1)$，则 G_r 可表示为

$$G_r = \frac{1}{NL_r}\sum_{i=0}^{N-1}a_i^2 \tag{7.2}$$

对于损耗为 L_r 的等功率合成网络（SAM 计算噪声系数时，不考虑整个系统的加权，按照均匀加权来计算），因 $a_i=1$（$i=0,1,\cdots,N-1$），故其等效增益 G_r 为

$$G_r = \frac{1}{L_r} \tag{7.3}$$

对于一个无源两端口网络，其噪声系数为

$$NF_r = \frac{1}{G_r} = L_r \tag{7.4}$$

等效单通道模型的第三级为驱动放大组件，其增益为 G_D，噪声系数为 NF_D。根据噪声系数级联公式

$$NF = NF_1 + \frac{NF_2 - 1}{G_1} + \frac{NF_3 - 1}{G_1 G_2} \tag{7.5}$$

可得 SAM 噪声系数

$$NF_{SAM} = NF_{TR} + \frac{L_r - 1}{G_{TR}} + \frac{NF_D - 1}{G_{TR}G_r} \tag{7.6}$$

10. 接收增益

接收增益表示 SAM 接收通道对回波信号的放大能力，是输出信号与输入信号功率的比值，一般用 dB 表示。对于 SAM，因为包含多个通道 T/R 组件，需要按照图 7.4 来计算。对于含有 N 个 T/R 通道的 SAM，其接收增益可表示为

$$G_{SAM} = G_1 + 10\lg N + G_r + G_D \tag{7.7}$$

可得 SAM 模块的接收增益为

$$G_{SAM} = G_{TR} + 10\lg N - L_r + G_D \tag{7.8}$$

在实际工程中，为了方便测试，按照单通道测试（测试条件：单个通道进行接收工作，其余接收通道为负载态）SAM 的接收增益，其测试值与实际 SAM 的接收增益之间的差值约为 $20\lg N$。

11. 接收增益带内起伏

接收增益带内起伏为频带内接收增益最大值 G_{max} 与最小值 G_{min} 之差，一般用 dB 表示。一般按照单通道测试结果计算。

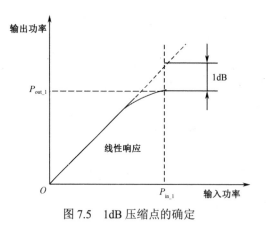

图 7.5　1dB 压缩点的确定

12. 接收 1dB 压缩点输入电平

对于 SAM，通常不采用动态范围作为技术参数，而采用 1dB 压缩点输入电平来反映动态范围的大小，即所能允许的最大输入信号电平。

1dB 压缩点输入电平 P_{in_1} 是接收通道的输出功率大到产生 1 dB 增益压缩时输入端的信号功率电平，如图 7.5 所示。1dB 压缩点输出电平 P_{out_1} 与输入电平 P_{in_1} 之间的关系为

$$P_{out\_1} = P_{in\_1} + \text{Gain} - 1\text{dB} \tag{7.9}$$

13. 移相精度

SAM 移相精度包括发射移相精度和接收移相精度。移相精度是 SAM 在单通道工作的移相值与理论值的标准偏差。对于第 i 个通道，移相精度的表达式为

$$\delta_{\phi_i} = \sqrt{\frac{n\sum \Delta \phi_j^2 - (\sum \Delta \phi_j)^2}{n(n-1)}} \tag{7.10}$$

式中，n 为移相器所有态之和；i 表示第 i 个通道；$\Delta \phi_j$ 为第 j 态下的移相测试值与理论值的差，$j=1,2,\cdots,n$。

14. 衰减精度

一般情况下，SAM 的发射为饱和工作，均匀加权，故衰减精度一般表示为接收衰减精度。衰减精度是 SAM 在单通道接收工作的衰减值与理论值的标准偏差。第 i 个通道的衰减精度的表达式为

$$\delta_{A_i} = \sqrt{\frac{n\sum \Delta A_j^2 - (\sum \Delta A_j)^2}{n(n-1)}} \tag{7.11}$$

式中，n 为衰减器所有态之和；i 表示第 i 个通道；ΔA_j 为第 j 态下的衰减测试值与理论值的差，$j=1,2,\cdots,n$。

15. 负载态隔离度

负载态隔离度主要有两种：负载态发射隔离度和负载态接收隔离度，主要表征 T/R 组件发射通道和接收通道互相影响的程度。

负载态发射隔离度即在发射基态下，SAM 的发射输入功率与发射输出功率的比值，单位为 dB。

负载态接收隔离度即在接收基态下，SAM 的接收输入功率与发射输出功率的比值，单位为 dB。

16. 输入输出端口驻波比

驻波比是端口入射波和反射波叠加后形成的驻波电压最大值与电压最小值之比，是一个大于 1 的无量纲实数。输入输出端口驻波比反映的是接收通道输入端口和输出端口的失配程度。

17. 效率

SAM 的效率严格地说是模块的功率附加效率（Power Added Efficiency，PAE），包括模块在接收状态下的直流功率损耗。其定义为

$$\text{PAE} = \frac{P_\text{eff} - P_\text{in}}{P_\text{DC}} \tag{7.12}$$

式中，P_eff 为等效发射功率（Effective Transmitter Power），是所有 T/R 组件发射输出功率总和；P_DC 为直流耗散功率，包括末级波束控制电路、驱动功率放大器及末级电源的变换损失。SAM 的效率与系统工作的占空比有较大关系。

18. 其他要求

体积和重量、环境适应性、可靠性、维修性等要求与 DAM 对应的技术指标说明一致。

7.4　设计方法

SAM 的设计是根据有源阵面系统的需求与制约、工程可实现性、性能指标等因素综合考虑实现的，其最核心的出发点是减少射频、电源和控制的接口数量，提高集成度，提升天线阵面的可扩充能力，使得天线阵面可采用搭积木的方式快速构建。设计的主要考虑要素有以下几个。

（1）功能要求：包括 SAM 的规模大小、极化形式、架构形式等。

（2）电性能指标要求：包括工作频率、发射输出功率、接收增益、噪声系数、数控移相（含时延）、数控衰减等。

（3）结构及接口要求：包括结构尺寸、射频接口、控制接口、电源接口等。

（4）"六性"及电磁兼容性等要求：包括可靠性、维修性、保障性、安全性、

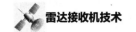

测试性、环境适应性和电磁兼容性等。

7.4.1　实现方式

根据系统性能指标要求，SAM 的集成方式有两种形式：砖块式（Brick Architecture）和瓦片式（Tile Architecture），如图 7.6 所示。

两种结构的典型特征如下。

（1）砖块式结构：采用平面互联，其 T/R 组件一般采用 2D-MCM 封装，适用于大功率、大脉宽、大占空比条件下的 SAM 集成设计，可集成大功率电源和储能电容。

（2）瓦片式结构：采用叠层互联，其 T/R 组件一般采用 3D-MCM 等更先进的高密度封装，集成度高、剖面低、重量轻。

另外，针对瓦片式结构的 SAM（Tile Scalable Array Module，T-SAM），在特定条件（如稀疏布阵或单元功率较小等）下可采用进一步集成化设计途径，如对 T/R 组件采取基于 3D-MCM 技术的叠层工艺设计技术，对天线阵面采用单层微带贴片天线设计技术，对波束控制和电源采取分层分级的集成化设计技术。

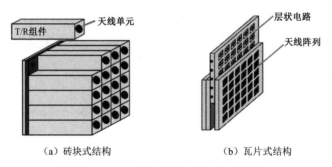

（a）砖块式结构　　　　　　（b）瓦片式结构

图 7.6　SAM 的两种集成方式示意图

7.4.2　T/R 组件设计

T/R 组件是集大信号和小信号、模拟电路和数字电路、高频电路和低频电路于一体的微波收发组件，是 SAM 最重要的组成部分。一部有源相控阵雷达包含的 T/R 组件数量从几十个到几万个，其成本占整部雷达的 60%～70%。另外，T/R 组件直接与天线单元对接，要求损耗小、功耗低、可靠性高、易于集成、可维修性好等。T/R 组件的综合性能直接影响有源相控阵雷达整机的性能，是其最核心的部件。

1. T/R 组件工作原理

T/R 组件的主要功能是完成发射信号的高功率放大和接收信号的低噪声放大，并配置衰减器和移相器实现发射/接收信号的幅度加权和相位加权，主要由发射通道、接收通道、电源调制、驱动控制等部分组成。发射通道主要完成射频激励信号的功率放大、相位加权，并送到天线单元；接收通道将天线单元接收的回波信号放大，并保证较低的噪声系数，同时完成信号的幅度加权和相位加权；电源调制完成发射通道和接收通道电源的脉冲调制，实现收发分时工作；驱动控制完成收发开关切换、幅度和相位控制及相关的电路保护等功能。

根据 T/R 组件的基本功能要求，其组成结构主要有收发分离结构、共用移相器结构、Common Leg 结构、数字式结构等。其中，收发分离结构因接收和发射均需要配置移相器和衰减器，系统复杂，成本高，不利于集成，目前一般不采用。数字式结构采用多通道集成后即为 DAM，第 8 章节有详细论述。常用结构之一是共用移相器结构，其原理框图如图 7.7 所示。

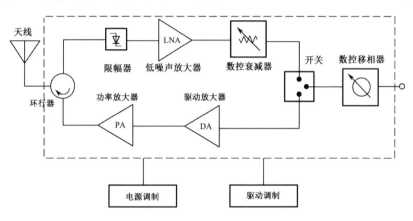

图 7.7　共用移相器结构 T/R 组件的原理框图

此结构将功率放大器、驱动放大器、限幅器、低噪声放大器、数控衰减器、开关、数控移相器等器件集成在一个腔体内，采用多芯片组件（MCM）制造工艺实现。随着微波集成电路技术的发展，将多个功能的芯片集成于同一块 MMIC 芯片，使得 T/R 组件的实现结构更加简洁，性能更佳，衍生出 Common Leg 结构，其将数控移相器、数控衰减器、开关、接收补偿放大器、发射驱动放大器、驱动控制等集成为一块幅相多功能芯片，其原理框图如图7.8 所示。

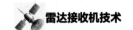

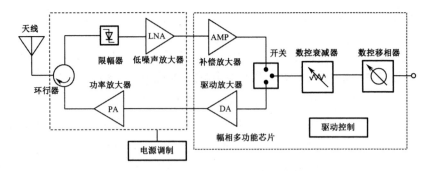

图 7.8　Common Leg 结构 T/R 组件的原理框图

2. T/R 组件技术指标

T/R 组件技术指标主要包括工作频率、发射输出功率、发射输入功率、脉冲宽度和占空比、效率、接收支路增益、噪声系数、接收支路耐功率、数控移相器位数及精度、数控衰减器位数及精度、驻波比、收发隔离度、幅频特性等。其与 SAM 的技术指标体系基本一致，可参考 7.3.2 节内容。

3. T/R 组件通道设计

T/R 组件发射通道主要实现发射输入信号的功率放大，其设计需要依据现有功率放大器的性能指标、尺寸大小、散热方式等进行综合考虑，其中末级功率放大器的选型至关重要。微波功率晶体管主要有硅双极型晶体管（BJT）和场效应晶体管（FET）两大类。第三代宽禁带半导体（尤其是 GaN 功率放大器）具有工作带宽宽、功率密度高、热导率高等优点，已经广泛应用于 T/R 组件的发射通道，使得 T/R 组件具有高功率、高集成度，且小型化。

T/R 组件的接收通道主要实现接收回波信号的低噪声放大。由接收系统的灵敏度和噪声系数计算可知，选择合理的低噪声放大器是最关键的。目前，基于砷化镓场效应晶体管（GaAs FET）的低噪声放大器技术成熟，具有噪声低、动态范围大、稳定性好等优点，被广泛采用。考虑到接收通道有同步泄漏信号（包括发射期间的泄漏和天线驻波反射）和异步干扰信号（空间注入的信号），需要在接收通道输入端口增加限幅器，以防止接收通道的低噪声放大器被烧毁。

幅相控制部分主要包括数控移相器、数控衰减器、开关等。移相器用于改变 T/R 组件的相位，实现发射/接收信号的相位加权；衰减器用于改变 T/R 组件的幅度，实现接收信号的幅度加权；开关实现发射和接收工作状态的切换。此类器件可以采用 GaAs、GaN、SiGe、Si 等工艺制造，目前基于 GaAs 的幅相控制芯片因其综合性能好、成熟度高，在 T/R 组件中得到广泛的应用。基于 SiGe 的幅相控制芯片在近几年得到了长足的进步，其最大优势是可集成驱动功能、芯片尺寸小、成本低。

电源调制部分的主要作用是通过控制无用功率提高 T/R 组件效率，同时提高收发通道的隔离度，保障发射通道和接收通道分时工作，避免电路自激振荡，提升组件工作稳定度。T/R 组件收发工作控制时序一般如图 7.9 所示。

图 7.9　T/R 组件收发工作控制时序

4. T/R 组件技术发展趋势

随着微波集成电路芯片技术的发展和先进的制造工艺技术的提升，T/R 组件技术正朝着集成化、轻量化、大功率、数字化等方向发展。

1）三维集成片式发展

随着微波集成电路技术的发展，大规模集成电路和微波芯片的集成度越来越高，并且随着电子组装和封装技术的进步，基于多芯片组件（MCM）的砖块式 T/R 组件向三维集成瓦片式 T/R 组件发展。

瓦片式 T/R 组件采用高密度三维立体结构，其特点是将 T/R 组件电路分别组装在几块平面基板上，再将这些电路基板立体组装构成高密度的三维立体架构，一般将 4 个 T/R 组件组装在一起，构成 2×2 的三维瓦片式组件阵列，也可以将更多 T/R 组件进行集成。这种结构最大的好处是能充分利用有限的三维空间，易于与天线单元进行一体化集成设计，实现天线阵面的低剖面，提高集成度，减轻重量。

2）芯片化发展

随着 GaAs ED 工艺技术的发展和 Si 技术的进步，单个芯片的集成度越来越高，将 T/R 组件中的功率放大器、大功率开关、限幅器、低噪声放大器、移相器、衰减器、开关、驱动器等集成在一个芯片内，可实现 T/R 组件的完整功能，即一片式 T/R 芯片。一片式 T/R 芯片代替传统的 T/R 组件将大大减小雷达系统的体积和重量，降低系统的成本。

3）数字化发展

数字化尽量靠近天线端是相控阵雷达发展的一个重要方向。大规模、超大规模微电子器件的发展已经使收发波束形成全部在数字域实现成为可能。其物理实现基础就是采用直接数字合成技术在数字域形成发射波形信号,通过控制 DDS 相位在空域形成发射波束;采用 ADC 将接收的模拟信号转换为数字信号,进行数字波束合成而形成接收波束,因此每个通道的发射及接收波形所需要的幅相数据均单独可控,波束形成灵活、准确。T/R 组件的数字化发展就是将 SAM 升级为 DAM,参见第 8 章相关内容。

7.4.3 功分/合成网络设计

功分/合成网络的主要作用是完成发射激励信号的分配和接收回波信号的合成。考虑到其通过功率较小(峰值功率一般不超过 0.5W),集成度要求较高,一般采用微带平面结构形式。功分/合成网络设计需注意以下几点。

(1)一般采用 $1:2^n$(n 为正整数)的类型。

(2)功分/合成网络要压缩空间,可以与波控电路、电源电路进行一体化设计,采用多层微带复合板工艺实现。

(3)一定要考虑 SAM 的腔体效应,避免因模块腔体效应产生高次模。

复杂的功分/合成网络可看成由多级等功分的一分二功分/合成网络级联组成,具体设计时先设计单级一分二功分器。典型的二等分功分器如图 7.10 所示,其输入线和输出线特性阻抗都是 Z_0,输入口和输出口之间的分支线特性阻抗为 Z_1,线长为 $\lambda_g/4$。

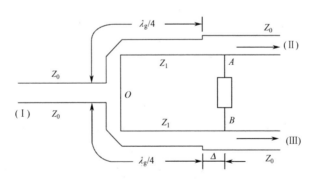

图 7.10 典型的二等分功分器

对功分器的主要要求有:当Ⅱ、Ⅲ口接匹配负载时,在输入的Ⅰ口无反射;反之,对Ⅱ、Ⅲ口也如此。Ⅱ、Ⅲ口功率按一定比例分配,Ⅱ、Ⅲ口之间隔离。

为了满足Ⅰ口的无反射条件,必须使 $Z_1 = \sqrt{2} Z_0$。因为当Ⅱ、Ⅲ口的两输出臂接匹配负载后,经 $\lambda_g/4$ 反映到Ⅰ口的并联导纳为 $\dfrac{2Z_0}{Z_1^2}$,如要匹配,则必须

$$\frac{2Z_0}{Z_1^2} = \frac{1}{Z_0} \tag{7.13}$$

或
$$Z_1^2 = 2Z_0^2 \tag{7.14}$$

从图 7.10 可以看出，由于 II、III 两路结构对称，故功率是平分的。

跨接在 A、B 两点间的电阻 R 是为了起到使 II、III 两口相互隔离的作用。当信号由 I 口输入时，A、B 两点等电位，故 R 上没有电流，相当于 R 不起作用；而当 II 口有信号输入时，它就分两路（AB 和 AOB）到达 III 口。适当选择 R 及 Δ 值，可使此两路信号互相抵消，从而使 II、III 两口隔离。R 的位置与接 R 的引线长短有关，故 Δ 值需要调试确定。

一般在一级功分情况下，Z_0=50Ω，隔离电阻值 R=100Ω。在微带电路中，电阻 R 可通过在介质基片表面蒸发镍铬合金或钽薄膜等构成。功分器两平分臂之间的距离不宜过大，一般取 2～3 个线宽即可。

在相对带宽比较宽的条件下，需要采用多级的阻抗变换来提升其性能指标。图 7.11 所示为采用两级阻抗变换实现的二等分功分器仿真模型，其在 8～12GHz 带宽内，驻波优于 1.05。

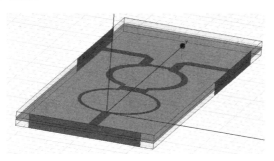

图 7.11　二等分功分器仿真模型

为了提升 SAM 的集成度，综合考虑腔体效应、电磁兼容等因素，采用基于内埋电阻膜的复合多层介质板，实现功分/合成网络与波控、电源等单元电路一体化设计集成也是一种被广泛应用的方法。

7.4.4　驱动放大设计

SAM 的射频链路主要包括驱动放大、功分/合成网络、T/R 组件，其简化原理框图如图 7.12 所示。

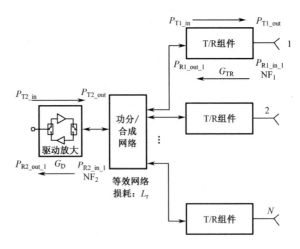

图 7.12　SAM 射频链路简化原理框图

可根据系统的技术指标及 T/R 组件已分配的技术指标来分解驱动放大技术指标。

1. 发射通道

对于发射通道，若确定了 T/R 组件的端口激励功率电平 P_{T1_in}，则驱动放大的发射输出功率为

$$P_{T2\_out}(dBm) = P_{T1\_in}(dBm) + 10\lg N + L_r(dB) \tag{7.15}$$

驱动放大器发射通道的增益为

$$G_{TD}(dB) = P_{T2\_out}(dBm) - P_{T2\_in}(dBm) \tag{7.16}$$

2. 接收通道

根据系统确定的 T/R 组件输入 1dB 压缩点 $P_{R1\_in\_1}$ 计算驱动放大器的最大输入信号，即

$$P_{R2\_in\_1}(dBm) = P_{R1\_in\_1}(dBm) + G_{TR}(dB) - 1 + 10\lg N(dB) - L_r(dB) \tag{7.17}$$

另外，要根据系统的噪声系数要求，计算出驱动放大器的噪声限制和增益要求，同时根据目前的元器件水平来综合评定驱动放大器接收通道的增益、噪声系数、1dB 压缩点等核心指标。

根据以上分析，驱动放大器的技术指标主要有：

- 工作频率范围；
- 发射激励功率/发射输出功率；
- 发射功率带内起伏；

- 发射上升沿/下降沿；
- 接收输入；
- 接收增益；
- 接收噪声系数；
- 输入输出驻波比；
- 负载隔离度；
- 杂散抑制度/谐波抑制度。

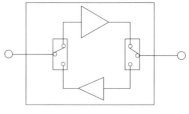

图 7.13　驱动放大器的基本原理框图

不失一般性地，驱动放大器的基本原理框图如图 7.13 所示。

驱动放大和 T/R 组件具有同样的工作时序，即以 T/R 组件的同一组 TR_T 和 TR_R 的 TTL 控制信号来切换其发射工作和接收工作，以保证系统的时序一致。

7.4.5　末级波束控制设计

随着有源相控阵雷达的技术发展，阵面规模越来越大，T/R 组件的数量从几十个发展到几万个，而 T/R 组件的幅度和相位加权能力是相控阵雷达的灵魂。如何将 T/R 组件的幅度信息和相位信息从雷达的波束调度快速、无误地传输给 T/R 组件是需要思考的问题。

阵面波束控制（以下简称"波控"）设计时，考虑到雷达对波束转换速度、波控设备量及成本的要求，目前有源相控阵雷达一般采用分级波控方案，如图 7.14 所示，主要包括以下几部分。

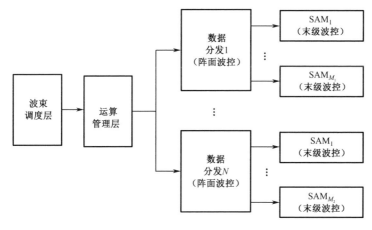

图 7.14　分级波控方案

（1）波束调度层：雷达系统通过波束调度将雷达的加权信息、扫描角度信息

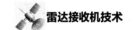

传输至运算管理层，传达控制指令和数据信息。

（2）运算管理层：根据控制指令和数据处理模块的航迹信息，产生调度信息，将调度信息和模式控制字发送给任务管理模块，任务管理模块根据模式控制字产生整机工作时序、调度信息，并根据时序、模式控制字提前一个波位计算下一个波位所有移相器和衰减器的波控码、衰减码，同时叠加阵面校正系统校正后的幅相误差的补偿值，传送给数据分发层。

（3）数据分发层：接收运算管理层的数据信息，分发给 SAM 的末级波控层。

（4）末级波控层：也是协议转换层，将数据信息分解成每个 T/R 组件的开关控制、移相控制、衰减控制等所需要的串行信号和时序信号，由 T/R 组件中的专用 ASIC 芯片完成串行信号到并行信号的转换，从而实现对 T/R 组件的工作状态、幅度、相位等的控制。

本节介绍的末级波控属于 SAM 内部电路，即属于协议转换层，其基本原理框图如图 7.15 所示。

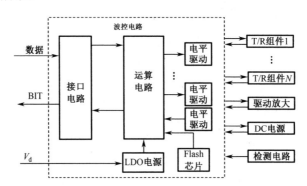

图 7.15　末级波控基本原理框图

其主要有以下功能。

（1）通过接口电路接收数据分发层发送的数据、时钟、导前等信号数据包，解析数据中包含的脉宽、数据、时钟、导前等信息，产生 T/R 组件所需的时序、数据信号并分发给 T/R 组件。

（2）将收发切换的发射时序和接收时序发送给双路驱动放大模块，完成收发切换工作。

（3）对 DC/DC 电源模块进行控制，提供 DC/DC 电源，对 T/R 组件末级放大器漏极电源输出控制指令。

（4）温度监测通过温度传感器监测 SAM 的温度，当温度超出告警温度时，向监控回馈告警温度，通知监控关闭 SAM 的电源。

（5）故障监测收集 T/R 组件的功率监测信息，DC/DC 电源的电压、电流信息，回传给系统的监控。

末级波控的内部详细电路设计主要考虑以下方面。

（1）接口电路：主要考虑信号传输的速度、抗干扰能力等，常用的主要有光纤接口、LVDS 接口和差分电路接口。

（2）运算电路：末级波控一般不用完成阵面波控码计算，只完成简单的数据分发和协议转换，采用一片小规模的 CPLD 就可以实现此功能。

（3）驱动电路：主要完成 T/R 组件所需要的时钟信号、数据信号、收发切换信号等的驱动放大，保证 T/R 组件内部的移相器驱动、衰减器驱动、T/R 开关驱动有较大的导通电流，使其稳定工作。

（4）监测电路：SAM 内部监测包括温度监测、电源监测、接口电路监测、功率监测等。末级波控收集监测信息和相关的故障信息，回传给阵面监控，是阵面健康管理的监测点。

7.4.6　DC/DC 电源设计

对于相控阵雷达系统，电源是其能量源泉，如何合理划分电源的分级，给每个分系统提供稳定、可靠的能源是其核心问题。如何减少阵面电源的种类、减少电源接口数量、减小电源传输的线损、提升电源的转换效率等均是关键技术问题。

使用 DC/DC 电源是一种很好的解决途径，通过模块内部滤波、整流、DC/DC 变换，将电源转换为内部 T/R 组件、末级波控、驱动放大所需要的电源种类，可以大大减少电源接口数量，降低母线电流。DC/DC 电源基本原理框图如图 7.16 所示。

1. 输入电源

根据雷达有源阵面规模、使用平台环境、电源系统的分级等，SAM 的输入电源主要有以下几种。

（1）对于地面大规模相控阵雷达，一般单元输出功率大、占空比大，单个 SAM 的带载能力超过 1kW，为了降低传输母线电流，一般将 SAM 的输入电源设计为高压电源，如 550V±10%。

（2）对于机载相控阵雷达，根据系统供电要求，一般将输入电源设计为 28V±10%、270V±10% 或 115V±10%。

（3）对于星载相控阵雷达，由于系统需要太阳能电池板供电，其电压的变化范围一般为 28V±30%。

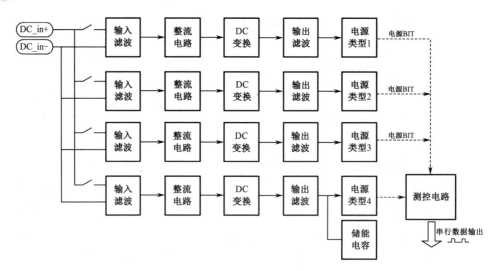

图 7.16 DC/DC 电源基本原理框图

2. 输出电源

输出电源即通过 DC 变换得到的直流电源，给 T/R 组件、驱动放大、末级波控提供所需要的电源类型。一般而言，T/R 组件所需要的电源包括 GaN 功率放大器漏极需要的+28.0V 电压（GaAs 放大器的漏极电压一般为 8.0V）、模拟电路和驱动放大需要的 5.0V 和−5.0V 电压等。

输出电源要求输出电压值精确、输出电流能力足够，纹波和噪声也是电源设计中需要重点考虑的因素。电源的纹波会极大地恶化射频信号的脉内信号比，从而影响雷达系统的改善因子。而电源噪声的主要来源是变换器的开关频率成分，其容易叠加到射频信号中，从而影响频谱的质量。

3. 测控电路

测控电路主要实现电源保护和控制功能，实现 DC/DC 电源内部各路输出 BIT 信号采集和各路电时序控制。

在 DC/DC 电源的设计过程中需要重点考虑以下几个方面。

（1）输入滤波电路：由差/共模电感、X 电容、Y 电容等组成滤波器；由热敏电阻、继电器及其控制电路组成浪涌抑制电路，功能是提供输入与电源的噪声隔离，抑制电源上电时的开机浪涌电流。图 7.17 是一种典型的输入滤波电路原理图。

（2）DC 变换：主要实现降压功能和电压变换功能，其本身具有完善的保护功能，加以外部的辅助保护电路，可有效、可靠地保证电源输出。

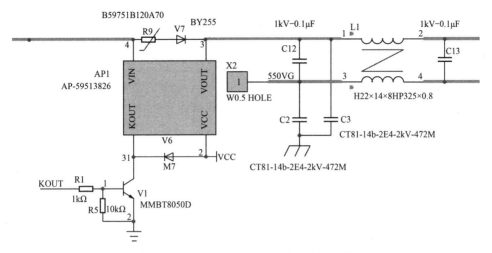

图 7.17　一种典型的输入滤波电路原理图

目前，DC 变换主要采用市场的现有器材，国外主要厂家有 Vicor、Linear 等，国内主要厂家有合肥华耀电子工业有限公司等。

（3）输出滤波电路：由电容、差模电感等器件组成，其作用是使模块得到稳定的直流输出。

（4）储能电容：对于脉冲工作模式的相控阵雷达，在发射工作时，T/R 组件的发射末级功率放大器漏极电流会非常大，为了降低母线电流，需要考虑在 SAM 内部提供储能电容，让末级放大器就近获得所需要的漏极电源。

储能电容的容量主要和脉冲电流大小、脉冲宽度、脉冲周期有关系，它在很大程度上决定了发射输出波形的功率顶降，其计算公式为

$$C = \frac{2 \times (P_{pk}\tau - P_{av}\tau)}{U^2 - (U - \Delta U)^2} \tag{7.18}$$

式中，P_{pk} 为 SAM 发射工作峰值功率；P_{av} 为 SAM 发射工作平均功率；τ 为脉冲宽度；U 为发射工作电压；ΔU 为发射工作电压允许顶降。

（5）控制电路：主要包括上电时序设计、放电回路设计、故障信号设计、监控电路设计等。

上电时序主要保证 SAM 中 T/R 组件的发射漏极电源可控，一方面是系统在静默状态下的低功耗设计，另一方面是提高 T/R 组件的可靠性。

发射漏极电源增加了储能电容，在发射断电状态下电容自行放电速度缓慢，导致模块内部其余的电源断电后，发射漏极电源可能存在较高电压，故需要增加放电回路。

图 7.18 所示为典型的电容放电回路。当控制信号是高电平时，晶体管导通，

光耦合器初级导通，进而次级导通，MOS 管的栅极为低电平，MOS 管关断，放电电阻不接入电路，此时不放电。当控制信号是低电平时，晶体管关断，光耦合器初级截止，次级不导通，当储能电容上有残余电压时，MOS 管的栅极为高电平，MOS 管导通，放电电阻接入电路，形成放电回路。图 7.19 所示为放电回路的试验结果。由图可见，在 60s 内，储能电容电压从 28.0V 降到 1.5V。

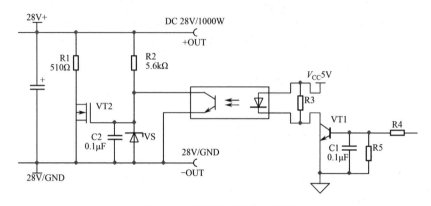

图 7.18　典型的电容放电回路

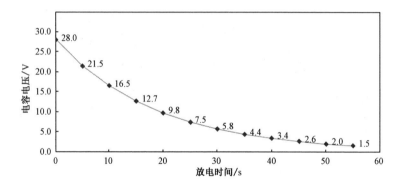

图 7.19　储能电容电压和放电时间的关系

故障信号主要检测各路电源是否有输出。可在电源输出端接一个光耦合器，当功率部分输出正常时，光耦合器初级导通，进而次级导通，此时端口为高电平；当功率部分输出异常时，光耦合器初级截止，次级不导通，此时端口为低电平，代表电源输出有故障。

监控电路主要实现电源各种状态的监测、控制及输出异常的保护，采用一个单片机即可实现。

7.4.7　结构设计

结构设计最先考虑的是热设计。目前广泛采用的冷却方式主要有两种：风冷和液冷。一般当热耗较大且热密度较高时，常采用液冷。与风冷相比，液冷受外部环境影响小，散热效率更高。详细说明参见 8.4.6 节。

在结构壳体设计方面，主要从轻量化角度出发，主要手段包括结构壳体与散热一体化、使用新材料及新工艺等。其设计思路和 DAM 设计思路一致，详细说明参见 8.4.7 节。

在防护设计方面，主要包括防潮、防盐雾、防霉菌的"三防"设计，还包括防水的密封设计。其设计思路和 DAM 设计思路一致，详细说明参见 8.4.8 节。

7.5　设计实例

1. 某机载 X 波段 SAM

SAM 采用基于冷却腔体对称的双面结构，内部包含 16 个双通道 T/R 组件，对称地布置于冷却腔体的两个对称腔中；集成了功分/合成网络、末级波控电路、DC/DC 变换的多功能板，为组件提供电源信号、时序信号、波控码值，并向阵面波控传输故障告警信号、SAM 温度监测；组件和多功能板进行无焊接垂直互连；T/R 组件通过冷板内部液冷通道散热。

主要技术指标如下。

- 工作频率：X 波段；
- 工作比：≤12.5%；
- 脉冲宽度：200μs；
- 收/发通道数：2×16；
- 输出峰值功率：≥10W/通道；
- 接收噪声系数：≤3.5dB；
- 接收增益：≥16dB（单通道）；
- 数控移相器：6 位，步进：5.625°；
- 数控衰减器：6 位，0～31.5dB，步进：0.5dB；
- 体积：400mm×100mm×28mm（本体尺寸）；
- 重量：≤1.3kg；
- 散热方式：液冷。

2. 某 X 波段瓦片式 SAM

SAM 集成 208 个通道的 T/R 组件，T/R 组件采用表贴 QFN 封装，与末级波控、DC/DC 电源均安装在同一块多功能板上；多功能板内部集成射频、电源和波控分配网络；采用风冷散热。

主要技术指标如下。

- 工作频率：X 波段；
- 工作比：≤10%；
- 脉冲宽度：30μs；
- 收/发通道数：208；
- 输出峰值功率：≥0.5W/通道；
- 接收噪声系数：≤3.5dB；
- 接收增益：≥14dB（单通道）；
- 数控移相器：6 位，步进：5.625°；
- 数控衰减器：6 位，0～31.5dB，步进：0.5dB；
- 体积：278mm×278mm×10mm（本体尺寸）；
- 重量：≤0.6kg；
- 散热方式：风冷。

第 8 章
数字阵列模块设计技术

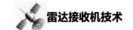

提要：本章主要阐述数字阵列模块的设计技术，首先简述数字阵列模块的功能组成及工作原理、技术要求及指标，然后介绍数字阵列模块的设计方法，包括收发体制及频率窗口选取、模拟收发通道设计、主要器件及功能电路模块的核心参数，最后给出不同频段的典型数字阵列模块设计实例。

8.1 概述

近些年来，数字阵列雷达技术发展迅速，数字阵列与传统相控阵最本质的区别是发射与接收波束形成方式不同。传统相控阵是依靠移相器、衰减器和微波合成网络来实现波束在空间形成与扫描的，这是一种在模拟域基于射频器件和馈电网络构建的运算处理方式。数字阵列雷达（Digital Array Radar，DAR）是一种接收和发射波束都以数字方式实现的全新相控阵雷达。

数字阵列雷达对每个收发通道的信号都进行数字化处理，实现了发射波形产生与接收信号处理的全数字化，其物理实现基础是采用直接数字合成（DDS）技术在数字域形成发射波形，采用 ADC 将接收的模拟信号转换为数字信号进行数据处理，因此每个通道发射及接收波形所需的幅相数据均单独可控，波束形成灵活、准确。

因此，数字阵列雷达技术的发展迫切需要一种新型的收发模块，这种模块需将传统的模拟收发通道和数据采集、波形产生、传输单元等集成，实现通道的一体化数字化收发，并能完成高速数据传输。数字阵列模块在上述技术发展背景下应运而生。

8.2 功能组成及工作原理

数字阵列模块（Digital Array Module，DAM）是一种采用集成化和数字化技术，将射频收发单元、本振功分单元、中频数字收发单元、分布式电源、集中式电源、分布式参考源等功能电路整合进行一体化设计，完成雷达数字化收发、数据预处理及数据传输功能的新型多通道收发模块。

DAM 是数字阵列雷达的基本单元，具有集成度高、模块化、可扩充、易重构和可靠性高等特点。DAM 主要包含以下三大功能。

（1）数字化收发功能：指 DAM 具备雷达多通道射频回波数字化接收和发射信号数字化功能，一般包括雷达多通道射频回波的低噪声放大、下变频、滤波、A/D 变换、数字正交解调等功能，以及雷达发射信号的数字波形产生、幅度控制、相位控制、上变频、滤波、功率放大等功能。

（2）数据预处理功能：指 DAM 具备多通道收发信号数字域预处理功能，一般包括数字滤波、接收/发射信号失真补偿等功能。

（3）数据传输功能：指 DAM 具有对数据进行编/解码，并采用光纤或 LVDS 等传输技术与雷达进行信息交互的功能，一般包括控制命令字、数字化回波、模块工作状态等信息交互功能。

随着模数器件水平的不断提高，目前在 L 及以下波段收发通道一般采取直接射频采样，无须变频环节；S 及以上波段收发通道采用先变频、再中频采样的方式。

采用中频采样方式的一种 S 波段 DAM 的典型功能框图如图 8.1 所示。

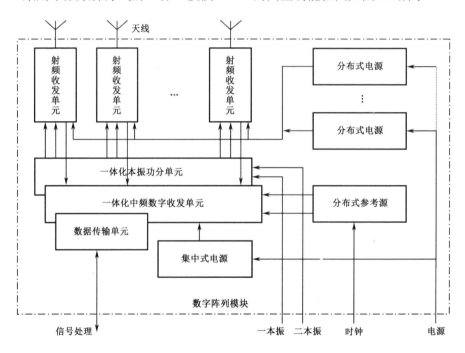

图 8.1　一种 S 波段 DAM 的典型功能框图

采用中频采样方式的 DAM 一般由以下功能单元组成。

（1）射频收发单元：完成射频信号的模拟接收和发射，主要包括雷达回波信号的放大、下变频、滤波，以及雷达发射信号的上变频、滤波、功率放大。

（2）一体化本振功分单元：对本振信号进行多路功分，供给射频收发单元。

（3）一体化中频数字收发单元：主要对射频收发单元的接收输出中频信号进行 A/D 变换、数字正交解调，以及产生数字波形，为射频收发单元提供发射激励信号。

（4）数据传输单元：实现数据传输。

（5）分布式电源：给射频收发单元供电。

（6）集中式电源：给一体化中频数字收发单元供电，模拟电路和数字电路采用两个电源，相互隔离。

（7）分布式参考源：给一体化中频数字收发单元提供多种参考时钟信号。

其中，数字收发通道为 DAM 的基本组成，对应完成图 8.1 中的射频收发单元和一体化中频数字收发单元的功能。数字收发通道包括数字接收通道和数字发射通道，其典型功能框图如图 8.2 所示。

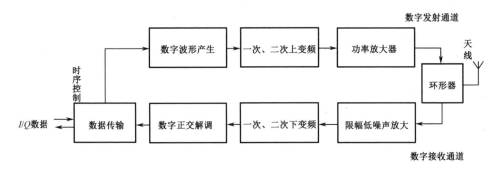

图 8.2　数字收发通道典型功能框图

在数字接收通道中，先通过天线接收雷达回波信号，经环行器，限幅低噪声放大，一次、二次下变频，数字正交解调及数据传输，最后输出 I/Q 数据；在数字发射通道中，先产生数字波形，经一次、二次上变频，功率放大器，环行器，最后通过天线辐射雷达发射信号。

DAM 的基本原理是用 DDS 技术的高精度幅相控制能力代替传统相控阵雷达 T/R 组件的微波模拟衰减器、移相器功能。在传统的模拟 T/R 组件中，射频信号依靠模拟移相器、衰减器等实现射频信号的幅相变化。而 DAM 是一种多通道数字 T/R 组件，它不仅包含传统模拟 T/R 组件的射频信号收发功能，还包括数字化接收和数字波形产生功能，每个收发通道的信号都进行数字化处理，实现了发射波形产生与接收信号处理的全数字化处理。

8.3　技术要求及指标

8.3.1　主要技术要求

数字阵列雷达以 DAM 为核心，采用搭积木的方式构筑有源天线阵面。数字阵列雷达把传统的接收机、发射机、数据采集、激励产生、时钟/本振末级分配、电源转换等众多功能电路模块集成在 DAM 中，因此从功能覆盖性来看，DAM 是一个高度集成、多功能的收发模块，是数字阵列雷达的关键组成。总的来讲，数字阵列雷达对 DAM 不仅要求高性能，还要求高可靠性及低成本。

1. 高性能要求

在性能要求方面，除了常规的性能要求，如工作频率范围、输出峰值功率、占空比、脉冲宽度、接收噪声系数、动态范围、体积与重量、环境适应性、电磁兼容性、维修性等，对 DAM 这种多通道数字 T/R 组件，还有一些其他要求。

（1）发射移相精度：移相精度是相控阵雷达的重要指标。模拟 T/R 组件通过模拟多位移相器来改变射频信号输出相位。模拟移相器的输入、输出信号频率相同，只有相位发生改变。DAM 采用 DDS 方式进行数字波形产生，射频发射通道中没有模拟移相器，通过改变 DDS 产生的中频信号的相位，来实现经过变频、功率放大输出的射频信号相位改变。对于一个 12 位 DDS 器件，中频波形的移相精度很高，但经过射频发射通道之后，射频信号的移相精度不一定就高。这跟射频发射通道的电路设计有关，射频通道中包含滤波器、变频器、大功率放大器等，链路较为复杂，电路存在一定的非线性，对相位有影响。因此，DAM 的发射移相精度要求要仔细考虑。目前 DAM 的发射移相精度一般能达到不大于 1°（方均根值）的水平。

（2）通道的幅相一致性：除 DAM 单个通道的幅相稳定性外，DAM 不同通道还要考虑幅相一致性，要求各收发通道中的电路应具有基本相同的特性，信号经过不同收发通道的幅度与相位差异应控制在一定范围内。

（3）DAM 效率：指的是 DAM 发射信号输出总功率与整个 DAM 的功耗的比值，是 DAM 的一个重要指标。功率放大器的效率、电源转换效率、数字收发电路的功耗对 DAM 效率都有影响。在工程中，应尽可能选用高效率的功率管，并降低数字化收发的静态功耗，以提高 DAM 的效率。DAM 效率的提高意味着 DAM 热耗的减少，这对雷达系统有重要意义。

2. 高可靠性要求

可靠性也是 DAM 的一项重要指标。数字阵列雷达，特别是大型二维相扫的数字阵列雷达，其 DAM 数量有上百甚至上千个，数字收发通道多达上万个，因此 DAM 的可靠性非常关键。

数字阵列雷达采用分布式收发通道布局构架，不同于集中式发射机和接收机的构架，在实际使用中，个别 DAM 通道失效对整个雷达的正常工作影响不大。

因此，数字阵列雷达的可靠性是优良的，但 DAM 数量众多，对 DAM 的可靠性在设计时应予以重视。

为保证 DAM 的高可靠性，需进行严格的 DAM 可靠性设计，包括通信、结构、工艺等各方面的设计，对生产过程进行严格质量控制，选用满足 DAM 可靠性指标的电路及元器件等。

3. 低成本要求

数字阵列雷达的 DAM 数量众多，因此 DAM 的低成本设计是一大发展趋势。在 DAM 设计方案中，必须考虑 DAM 的成本估算，主要有以下措施。

（1）合理确定 DAM 的指标，避免过度设计：根据雷达系统需要实现的指标进行分解，合理确定 DAM 要实现的功能及指标要求并留有适当余量，尽量避免性能指标设计余量过大而导致成本增加。

（2）选用合理质量等级的元器件及电路模块：根据 DAM 可靠性指标的分解，对应到使用的元器件及电路模块所需要的质量等级，避免不加分析，盲目提高元器件及电路模块的使用质量等级。

（3）采用先进、成熟的生产工艺：可有效提高 DAM 生产的成品率，有效降低 DAM 的成本。尤其对于批量生产，先进的生产工艺尤为重要。

8.3.2　主要技术指标

1. 工作频率范围

DAM 的工作频率要覆盖雷达的工作频率，目前 DAM 常用的工作频率有以下几种。

（1）超高频（UHF，300～1000MHz）：这个波段的 DAM 可以实现较大发射功率，通道峰值功率达上千瓦；可实现较小的接收噪声系数；体积、重量较大；目前一般采用射频直接采样，通道中不含变频环节。

（2）L 波段（1～2GHz）：这个波段的 DAM 也较容易实现较大发射功率，通道峰值功率可达上千瓦；可实现较小的接收噪声系数；体积、重量相对较大；目前有射频直接采样和中频采样两种方式，具体根据系统的性能指标要求来选择。

（3）S 波段（2～4GHz）：这个波段的 DAM 实现的通道发射峰值功率一般为 100～400W；通道接收噪声系数一般在 3dB 以下；体积、重量相对较小；目前一般采用中频采样，通道中常采用一次或二次变频。

（4）C 波段（4～8GHz）：这个波段的 DAM 实现的通道发射峰值功率可达

100W 量级，几十瓦到 100W 的应用较多；通道接收噪声系数较小；体积、重量小；目前一般采用中频采样实现方式。

目前，DAM 常用的工作波段在 C 及以下波段。在 X 及以上波段，由于频率较高，在工程实现中，单位面积内的单元数多，一般不宜采用每个天线单元都对应一个数字收发通道的方式。通常先由射频多通道合成形成子阵，然后每个子阵对应一个数字收发通道，即以子阵数字化方式实现。

2. 跳频点数

在工作频率范围内，最小跳频步进决定了可工作的跳频点数。随着技术的发展，目前 DAM 常采用 FPGA+DAC 的方式产生数字波形，频率精度可达到 0.01MHz 量级。通过模拟本振步进和数字 NCO 两者相结合的设计方式，理论上可以实现很小的跳频步进。

3. 信号形式

目前，雷达常用的信号形式包括单载波、线性调频、非线性调频、相位编码等。跟跳频点数一样，随着技术的发展，目前 DAM 常采用 FPGA+DAC 的方式产生数字波形，理论上可以支持产生任意波形。任意波形可分为参数化的波形和非参数化的波形，参数化的波形通过 DDS 原理直接产生；非参数化的波形由 DAM 接收信号处理后端送来的基带数据样本波形，再通过 DAC 输出。

4. 占空比及脉宽

根据雷达系统工作要求，一般规定 DAM 的最大占空比、工作脉宽范围，根据最大占空比开展相应的功耗及热耗分析。

5. 功耗及效率

根据雷达系统工作要求进行指标分解，确定 DAM 的最大功耗和最低效率。

6. 通道发射功率

对于连续波雷达，DAM 通道发射功率是连续波功率；对于脉冲雷达，一般以 DAM 通道发射峰值功率来表示。

虽然一般 DAM 通道发射功率越大，雷达威力越大，但在实际工程实现中，并不是用单纯地提高 DAM 通道发射功率来增加雷达的作用距离的，而是综合功耗、散热等各相关因素，选择合适的 DAM 通道发射功率。

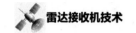

7. 发射输出功率带内平坦度

发射输出功率带内平坦度为工作频带内最大值 P_{max} 与最小值 P_{min} 之差,用 dB 表示。带内平坦度小,说明各频率点 DAM 的发射输出功率较为一致,在不同工作频点工作时的一致性好。

8. 发射射频脉冲包络

发射射频脉冲包络通常包含脉冲上升沿时间、脉冲下降沿时间、脉冲宽度及脉冲顶降。发射射频脉冲包络示意图如图 8.3 所示。

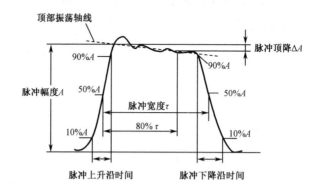

图 8.3　发射射频脉冲包络示意图

- 脉冲上升沿时间:一般取脉冲幅度的 10%上升到 90%所需的时间。
- 脉冲下降沿时间:一般取脉冲幅度的 90%下降到 10%所需的时间。
- 脉冲宽度:一般取脉冲幅度 50%处所对应的时间间隔。
- 脉冲顶降:一般取脉冲宽度 80%处的顶部振荡轴线交点的电压幅值之差值。

9. 发射杂散及谐波抑制

DAM 发射通道功率管一般工作在饱和放大区域,非线性效应导致产生高次谐波,其频率是基波频率的整数倍。这些频率会对其他电子设备产生干扰,因此在设计过程中需要考虑谐波抑制。

杂散不同于谐波,是非整数倍基波频率的无用频率分量,通常是由于元器件的不稳定和电路设计的稳定性欠缺造成的,会表现在发射频谱上,严重时会使其他电子设备不能正常工作。因此,设计时要仔细考虑发射杂散抑制。

10. 发射移相精度

发射移相精度指的是 DAM 发射射频输出信号与数字波形产生信号的相位偏

差。测试时不同于常规的模拟域测试方法，这点需要注意。发射移相精度通常用统计平均根值表示。

11. 发射脉内信噪比

发射脉内信噪比指的是 DAM 发射脉冲期间的信号功率与所产生的噪声功率的比值，一般用 dB 表示。DAM 的发射脉内信噪比可以衡量、折算出雷达系统的发射改善因子水平。

12. 接收噪声系数

按照噪声系数的定义，DAM 接收噪声系数是接收通道输入信噪比与输出信噪比的比值，其表达式为

$$NF = \frac{S_i / N_i}{S_o / N_o} \tag{8.1}$$

DAM 接收噪声系数指的是整个 DAM 数字接收通道的噪声系数，不仅有 DAM 模拟通道的噪声，还有连接 ADC 之后所叠加的量化噪声。对于数字接收通道，噪声系数是一个组合噪声系数。数字接收机系统的噪声系数计算必须考虑 ADC 及后续数字信号处理噪声或噪声系数的影响。数字接收机噪声分析框图如图 8.4 所示。

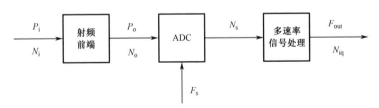

图 8.4　数字接收机噪声分析框图

设 ADC 等效输出噪声功率为 N_{ADC}，噪声为带限噪声，且 ADC 前抗混叠滤波器能够保证无 ADC 采样折叠噪声进入 ADC，因此 ADC 输出噪声 N_s 为

$$N_s = N_o + N_{ADC} \tag{8.2}$$

则

$$NF_s = \frac{N_s}{GN_i} = \frac{N_o + N_{ADC}}{GN_i} = NF + \frac{N_{ADC}}{GN_i} \tag{8.3}$$

令 $M = N_o / N_{ADC}$，代入式（8.3），得

$$NF_s = NF\left(\frac{1+M}{M}\right) = NF + 10\lg\frac{1+M}{M} \tag{8.4}$$

即 ADC 对噪声系数的恶化量为

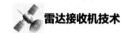

$$\Delta NF = 10 \lg \frac{1+M}{M} \qquad (8.5)$$

13. 接收增益

接收增益表示 DAM 接收通道对回波信号的放大能力，它是输出信号与输入信号功率的比值，一般用 dB 表示。接收增益主要取决于模拟通道的接收增益。

14. 接收增益带内起伏

接收增益带内起伏为频带内接收增益最大值 $G_{\max}$ 与最小值 $G_{\min}$ 之差，一般用 dB 表示。

15. 接收线性动态范围

数字接收机的接收线性动态范围常用 1dB 压缩点动态范围 DR_{-1} 表示，具体为

$$DR_{-1} = P_{o\_1} + 114 - NF - 10 \lg B - G \qquad (8.6)$$

$$DR_{-1} = P_{i\_1} + 114 - NF - 10 \lg B \qquad (8.7)$$

式中，P_{i_1} 为产生 1dB 压缩时接收机输入信号功率（dBm）；P_{o_1} 为产生 1dB 压缩时接收机输出信号功率（dBm）；G 为接收机增益（dB）；NF 为接收机噪声系数（dB）；B 为接收机带宽（MHz）。

数字接收机设计时要求接收线性动态范围与雷达系统进入接收机的信号的动态范围匹配，即要求接收机模拟射频通道的动态范围与接收机输入信号的动态范围匹配，同时还要求射频通道的动态范围与 ADC 的动态范围匹配。射频数字接收机的接收线性动态范围和灵敏度是互相关联、互相制约的两个重要指标，需要通过合理分配通道增益、合理选择模拟器件指标、合理选择 ADC 指标进行设计。

16. 信号瞬时带宽

一般系统会给出通道信号工作瞬时带宽的要求，对于数字接收通道，带宽较宽或较窄时，ADC 的最大信噪比等性能指标是有区别的。因此，在 DAM 设计时，对于不同信号瞬时带宽，实现指标是有差别的。

17. 耐功率

耐功率指 DAM 接收通道所能承受的最大信号的功率。该指标主要考核低噪放之前的微波限幅器及环形器的耐功率容量。随着技术的发展，限幅器及环形器的尺寸越来越小，耐功率容量越来越大。

18. 通道隔离度

通道隔离度分为接收通道隔离度和发射通道隔离度。隔离度体现了通道之间信号的串扰程度，隔离度差，信号串扰严重，会导致通道输出信号不稳定、工作异常。通道隔离度一般不小于 30dB。

19. 幅相稳定性

数字阵列雷达中各 DAM 收发通道的幅相稳定性很重要，尤其在实现天线低副瓣电平时。幅相稳定性衡量 DAM 在实际工作环境中，幅度和相位在一定时间内的变化特性。

20. ADC 位数

ADC 是 DAM 数字接收通道中的核心器件之一，其主要技术参数对整个数字接收通道的指标实现有很大影响，如 ADC 位数、最大输入饱和电平、最高工作输入频率等。其中，ADC 位数决定了整个接收通道理论上的最大动态范围。目前常用的 ADC 位数有 12 位、14 位、16 位。

21. 传输速率

DAM 集成了多路数字接收通道，融合后的数字信号速率较高，尤其随着信号瞬时带宽越来越宽，对 DAM 的传输速率的要求越来越高。目前一般采用高速光传输技术将多路高速数字信号传输到数字波束形成（DBF）分机。国内光传输技术及相应器件发展迅速，已有单通道采样频率达 10GHz 以上的成熟光模块产品。

22. 体积和重量

DAM 在数字阵列雷达中装机数量较多，其体积、重量对整个系统有较大影响。DAM 的轻/小型化一直是 DAM 设计考虑的重点之一，尤其对于对 DAM 体积、重量要求严格的机载、舰载、星载等平台。

23. 环境适应性要求

DAM 的环境适应性要求一般包括工作温度、存储温度、工作海拔、相对湿度、振动、霉菌、盐雾等。

24. 可靠性

可靠性衡量在规定时间内、规定条件下设备实现规定功能的能力。对于 DAM，

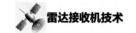

一般用 MTBF（平均无故障工作时间）来衡量。

25. 维修性

在数字阵列雷达中，DAM 的使用数量较多，一般作为可更换单元，通常用 MTTR（平均修复时间）来衡量其维修性。

26. 电磁兼容性

电磁兼容性通常按 GJB 151B—2013《军用设备和分系统　电磁发射和敏感度要求与测量》的要求执行。

以上是关于 DAM 的主要技术指标要求，可以根据对 DAM 的不同需求，视具体情况进行增减。

8.4　设计方法

DAM 的功能组成及工作原理决定了 DAM 的设计是一个涉及通信、结构、工艺等的综合过程，不仅需要考虑性能指标要求，还要考虑各种工程因素，需要根据输入系统要求来进行。DAM 设计通常是设计任务书或合同中所规定的各项要求，一般包括：

- 功能要求；
- 性能指标要求；
- 结构及接口要求；
- 环境适应性要求；
- 可靠性、维修性、电磁兼容性等的要求。

DAM 设计一般按以下流程进行：确定收发体制及频率窗口→开展噪声系数及动态分析→模拟收发通道链路设计→数字收发通道设计→功耗及效率估算→主要器件选取及功能电路模块设计→热设计→结构设计→密封防护设计等。

8.4.1　收发体制及频率窗口选取

收发体制的选择需要综合器件的现有水平、系统要实现的性能指标及成本等方面来考虑，按照接收解调实现方式，目前常用的有两种方式，一种为射频直接采样，另一种为中频采样。两者的主要区别在于是否有变频环节，射频直接采样方式不需要变频，射频信号直接数字化收发。一般在 L 以下波段采用射频直接采样方式，在 L 及以上波段更多地采用中频采样方式。

频率窗口的选取通常包括本振、中频、同步时钟、A/D 采样时钟、DDS 转换时钟等。对于采用中频采样方式的 DAM，中间含有变频环节，混频器除所需要的频率外，还有许多其他频率组合分量，一般表示为 $mf_R \pm nf_{LO}$，其中 m、n 为正整数。其他频率一般都称为虚假信号或寄生信号。在工程设计过程中，实际选择频率窗口时，经常借助相关软件（如 Alpha spur）进行仿真计算，避免出现低阶次组合的交调分量落在工作带内。

8.4.2　噪声系数及动态范围设计

噪声系数和动态范围是相控阵雷达接收通道的主要指标，在系统带宽确定的情况下，噪声系数决定了系统的接收灵敏度。按相控阵雷达接收系统噪声系数计算方法，多通道系统可以等效为一个单通道系统进行计算。由于系统的波束形成是在数字域完成的，合成损失对系统噪声系数影响很小，因此系统总噪声系数主要取决于单路接收机的噪声系数。

数字阵列雷达接收机一般采用数字化技术实现，因此数字接收机的噪声系数必须考虑 ADC 及后续数字信号处理噪声的影响。ADC 的噪声系数不是一个固定值，与采样频率、输入信号幅度及频率、后续的数字滤波器带宽等均有关。图 8.5 给出了 ADC 噪声系数与 SNR 和采样频率的关系。

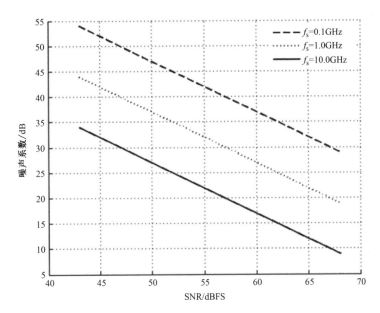

图 8.5　ADC 噪声系数与 SNR 和采样频率的关系

图 8.6 给出了不同输入信号幅度下 ADC 输出噪声的频谱。

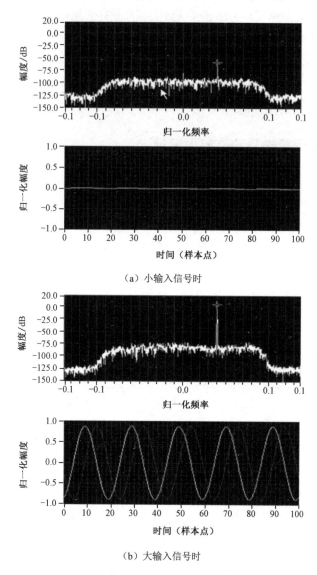

（a）小输入信号时

（b）大输入信号时

图 8.6　不同输入信号幅度下 ADC 输出噪声的频谱

前文已有分析，数字接收机的 ADC 对系统噪声的影响与前端噪声功率和 ADC 自身噪声功率的比值有关，即 DAM 的噪声系数是模拟前端的噪声系数加上 ADC 级联后恶化的噪声系数，是一个组合噪声系数。

对于数字接收机，DAM 的动态范围不仅跟模拟接收通道的动态范围相关，也跟所选择的 ADC 的动态范围相关。

设计 DAM 动态范围时，要注意模拟接收通道与 ADC 的动态范围匹配。最大射频输入信号经过模拟接收通道后不会让 ADC 饱和；同时最小射频输入信号经过模拟接收通道后能够被 ADC 充分量化，而不会让接收通道的噪声系数恶化。在设计过程中需要注意接收链路的增益合理分配，同时选用动态范围大的器件。

例如，DAM 的接收噪声系数要求不大于 3dB，中频频率为 720MHz，工作瞬时带宽为 5MHz 时，动态范围要求不小于 60dB。

设计时，首先根据灵敏度计算公式

$$S_{min} = -114 + 10\lg B + \text{NF} \tag{8.8}$$

计算出通道接收灵敏度约为-106dBm，动态范围不小于 60dB，则最大输入信号不小于-46dBm。

根据输入的中频频率 720MHz，选择 14 位的 ADC，参考型号为 AD9680BCPZ-1000，该器件的主要技术参数如下。

- 位数：14 位；
- 最高采样频率：1000MHz；
- 信噪比：SNR≥61dBFS，f_{in}=720MHz，f_s=1000MHz；
- 无杂散动态范围：SFDR≥70dBFS，f_{in}=720MHz，f_s=1000MHz；
- 输入信号最大幅度 1.7$V_{p\text{-}p}$。

根据输入信号最大幅度 1.7$V_{p\text{-}p}$，折算成 ADC 饱和电平约为+8.5dBm。当整个数字接收通道动态范围按 60dB 设计时，到达 ADC 的信号范围约为-52～+8dBm，其中灵敏度加上接收通道的放大增益后到达 ADC 的电平为-52dBm，因此接收通道的链路增益最大不能超过-52dB-（-106dB）=54dB。一般工程研制会留 2dB 左右的余量，因此接收通道增益设计为 52dB。

接下来考虑此时级联 ADC 后的噪声系数恶化影响。该 ADC 有 14 位，则理论上最大动态范围为 20lg（2N）=84.2dB，其饱和电平为+8.5dBm，则该 ADC 的量化噪声电平为（8.5-84.2）dBm=-75.7dBm，此时模拟接收通道最小信号输入到达 ADC 的电平为-52dBm，比 ADC 量化噪声电平高出 23dB 左右。

根据式（8.5），在 M=23 时，计算出级联 ADC 后恶化的噪声系数约为 0.18dB。因此，在工程研制时模拟接收通道的噪声系数设计控制在 2.6dB 以下比较合适。

综上所述，设计要求为：DAM 的接收噪声系数要求不大于 3dB，中频频率为 720MHz；当工作瞬时带宽为 5MHz 时，动态范围不小于 60dB。

根据前述分析论证得出 DAM 相关的设计结果，接收通道增益取 52dB 左右，在增益合理分配下，模拟通道噪声系数控制在 2.6dB 以下，ADC 选择 AD9680BCPZ-1000。

8.4.3 模拟收发通道设计

一种典型的 DAM 收发通道原理框图如图 8.7 所示。

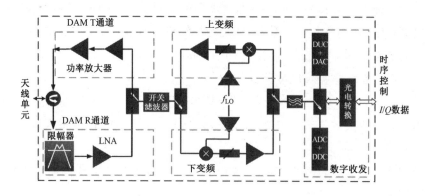

图 8.7 一种典型的 DAM 收发通道原理框图

DAM 收发通道主要工作原理如下所述。

接收时，射频回波信号经环行器、限幅低噪放、开关滤波、下变频、放大、滤波，至 ADC 输出 I/Q 信号，最后经光电转换，高速传输给后端 DBF 系统。

发射时，后端 DBF 系统发送控制命令、波形配置参数等，DAC 输出中频波形，经滤波、上变频、放大、开关滤波、功率放大，再经环行器，大功率发射信号经天线单元辐射出去。

模拟收发通道设计包括模拟接收通道设计及模拟发射通道设计。

模拟接收通道的主要设计指标内容为噪声系数、动态范围及接收增益分配，参见 8.4.1 节、8.4.2 节。

模拟发射通道的主要设计指标内容为发射输出功率，这是发射通道最重要的指标。工程研制中，模拟发射通道中功率放大器的选取非常关键。

固态功率放大器常用的微波功率晶体管有：硅双极型晶体管（BJT），广泛应用于 S 及以下波段；场效应晶体管（FET），按照工艺、材料的不同主要分为两种，一种是金属氧化物半导体场效应晶体管（MOSFET），另一种是砷化镓场效应晶体管（GaAs FET）。MOSFET 初期用于数字集成电路，随着晶体管制造技术的发展及 MOSFET 制造加工工艺的改进，MOSFET 的工作频率和输出功率不断提高，在 UHF、VHF 及 L 波段有越来越多的应用。而 GaAs FET 的应用频率很高，可以工作到毫米波波段，得到了广泛使用。

近年来，以 GaN 为代表的宽禁带半导体材料具有热传导率高、击穿电压高和载流子饱和速度快等特点，使得宽禁带功率放大器具有工作电压高、带宽宽、增益高、效率高等显著优点，在雷达、通信、电子战等领域都有广泛的应用前景，被称为下一代微波功率器件。世界上很多国家对宽禁带半导体及其应用展开了深入的研究，具有代表性的有美国 DARPA 的 WBGS-RF 工程，包括法国、德国、英国在内的欧洲多个国家联合研发的 KORRIGAN 工程。

国内多个研究单位也对宽禁带器件进行了深入、广泛的研究，特别是在"核高基"专项的支持下，国内元器件厂家已经在材料生长、工艺加工、电路设计及可靠性验证等多个方面开展了大量的实际工作，实现了 GaN HEMT 参数提取及大信号建模技术，完成了 2～6GHz 宽带 GaN MMIC，X、Ku 等多个波段的设计优化技术开发，形成了设计规范，建立了设计平台，研制了多个波段的 GaN 功率管，并广泛成功应用于雷达、电子对抗、通信等领域。目前，国产 GaN 功率管技术成熟，工作可靠。

在进行功率管应用设计时，需注意功率管输入/输出阻抗通常非常低且具有相当的电抗，随着输出功率的增加阻抗将变得更低。为了实现最大传输功率，这些低阻抗必须变换到 50Ω，也就是必须进行阻抗匹配网络的设计。一个合适的阻抗匹配网络不仅可以实现频带内最佳的功率传递效率，减小功率损耗，而且具有一些其他功能，如减小噪声干扰、提高功率容量和提高频率响应线性度等。因此，微波功率晶体管放大器设计的关键就是阻抗匹配，即实现晶体管放大器的输入阻抗与信源内阻的共轭匹配，晶体管放大器的输出阻抗与后级晶体管的输入阻抗的共轭匹配。功率放大器阻抗匹配网络设计原理框图如图 8.8 所示。

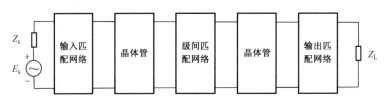

图 8.8　功率放大器阻抗匹配网络设计原理框图

功率放大器的主要技术参数包括发射输出功率、发射增益、效率、占空比及脉宽、上升沿/下降沿时间、杂散/谐波抑制、驻波、容许负载失配等。

另外需要考虑，在脉冲雷达中，供电系统为功率放大器提供的通常是所需的发射信号的平均功率，这样供电系统需要增加储能电容，以补偿随着发射脉冲宽度的增加而产生的发射脉冲顶降变化。发射通道所需的储能电容按照下式计算：

$$C = \frac{I_p \tau}{V_{cc} d} \tag{8.9}$$

式中，I_p 为峰值电流；τ 为脉冲宽度；d 为电压顶降；V_{cc} 为工作电压。

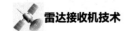

8.4.4 一体化数字收发电路设计

根据 DAM 的功能组成，一般模拟收发电路以单个模拟收发通道为单元进行组合、扩充，而数字收发电路则采用多通道一体化设计。比如 8 通道的 DAM，模拟收发电路一般包含 8 个相同的收发通道；数字收发电路通常应用大容量 FPGA、多通道 DAC 和多通道 ADC 等器件，在一块印制电路板上实现 8 通道数字接收机和 8 通道数字波形产生。

一种 8 通道一体化数字收发电路的典型功能框图如图 8.9 所示。

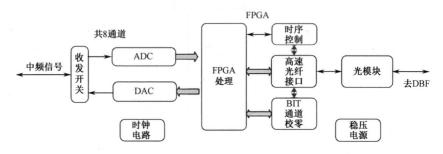

图 8.9　一种 8 通道一体化数字收发电路的典型功能框图

一体化数字收发电路设计主要包含数字化接收和数字波形产生，两方面均包含硬件设计和软件设计。

1. 数字化接收

数字接收机基于软件无线电设计思想实现中频或射频信号数字化接收、混频、时延补偿、滤波抽取、通道均衡、形成数字基带 I/Q 信号，同时对宽带信号实现初级的数字波束形成，最后通过光纤接口完成数据的高速传输。

目前广泛采用基于软件无线电设计思想的数字化接收技术实现数字正交解调，用于实现解调的电路称为 DDC（Digital Down Converter），具有 NCO 及可编程高效数字滤波器，因此在采样时钟确定的情况下，可在较宽范围内实现多种带宽信号的解调和滤波。其原理框图如图 8.10 所示。

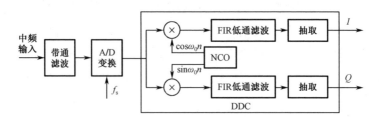

图 8.10　数字正交解调原理框图

如图 8.10 所示，数字化接收的处理流程一般为输入信号首先经过中频带通滤波器滤除模拟混频带来的镜像，再经过 A/D 变换实现模拟到数字的转换，在 FPGA 内部通过 cordic 算法产生高精度数字本振信号，与输入模拟信号进行混频处理，再经过 FIR 低通滤波、抽取，形成最终的基带 I/Q 数据。

图 8.11 给出了一种 8 通道数字接收机的功能框图。

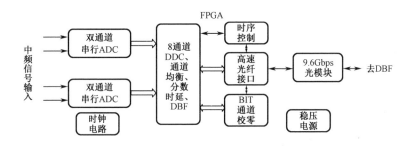

图 8.11　一种 8 通道数字接收机的功能框图

该数字接收机主要包括低通滤波器、高中频采样 ADC、基于 FPGA 实现的数字下变频器（DDC）、光纤接口、时钟电路和电源电路等。其中，低通滤波器采用表贴式基于 LTCC 技术的低通滤波器来抑制 ADC 的输入信号带宽以外的干扰；ADC 选择 ADI 公司的双通道 14 位、最高采样频率为 1000MHz 的 AD9680BCPZ-1000；中频为 720MHz，采样频率为 960MHz，设计要求瞬时信号带宽为 2.5MHz、10MHz、40MHz、200MHz 可变。

DDC 设计如下。

（1）中频为 720MHz，采样频率为 960MHz，中频最大带宽为 200MHz，满足最佳采样定理。

（2）单个 FPGA 同时实现 8 通道 DDC 处理。

考虑最大瞬时信号带宽为 200MHz，需要时延补偿，DDC 采用三级滤波抽取结构实现。DDC 实现功能框图如图 8.12 所示。

2. 数字波形产生

数字阵列雷达系统要求发射信号频率稳定度高、输出动态范围大，具有良好的输出频率响应和调制功能，频谱纯度高并有频率、相位、幅度可编程控制等要求，传统的模拟信号源已远不能满足。20 世纪 70 年代初，美国学者 J.Tiemey、C.M.Rader 和 B.Gold 等人首先提出了以全数字技术，从相位概念出发直接合成所需波形的一种新的频率合成原理，由此形成直接数字频率合成器（Direct Digital

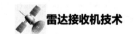

Synthesis，DDS)。直接数字频率合成技术具有频率分辨率高、频率转换速度快、相位连续和频率稳定度高等优点，给现代雷达技术带来了新的发展动力。DDS 由于具有较高的捷变速度与频率分辨率，以及频率转换时相位的连续性，可以输出宽带的正交信号，全数字化便于单片集成等，因此在几十年的时间里得到了飞速发展，应用越来越广泛。

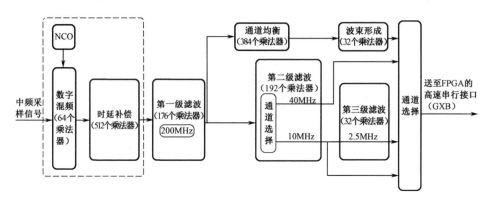

图 8.12　DDC 实现功能框图

DDS 以其接口简单、控制灵活、低功耗等特点，已经广泛应用于雷达、通信等系统中。DDS 工作原理框图如图 8.13 所示。

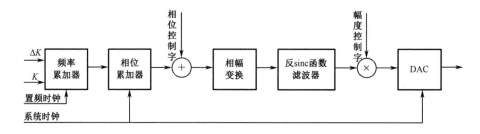

图 8.13　DDS 工作原理框图

DDS 技术可以直接对产生的信号波形参数（如频率、相位、幅度）中的一个、两个或三个同时进行直接调制。以调频为例，对于一个 DDS 系统，其输出频率为

$$f_{out} = K \times \frac{f_{clock}}{2^n} \tag{8.10}$$

式中，K 为频率控制字；f_{clock} 为 DDS 输入时钟频率；n 为相位累加器的位数。

对于给定的 DDS，相位累加器的位数是一个固定值，当输入时钟频率设定后，其输出频率随频率控制字 K 的变化而变化，所以只要使 K 按照调制信号的规律进行改变就可实现所需要的调频信号。同时，通过相位累加器和正弦函数表之间的数字加法器，可以实现对输出信号的精确相位控制。

　　DDS 技术是通过查找表的方式产生不同频率、相位和幅度的信号的，受实现结构的限制，无法接收外部样本数据，因此无法产生较为复杂的波形信号，也不具备预失真补偿的能力。在实际工程应用中，一般通过 DDS 技术产生参数化的常规波形，较为复杂的波形信号一般通过 DUC 技术实现。DUC 技术是通过对基带数据进行插值、滤波和数字混频的方式产生波形信号。理论上通过该技术可以产生任意波形信号，由于其结构灵活、波形可任意配置，因此已开始越来越广泛地应用于雷达、电子战等宽带系统。采用 DUC 技术的数字波形产生原理框图如图 8.14 所示。

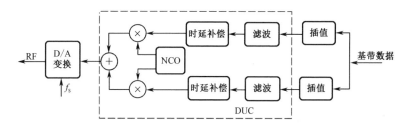

图 8.14　采用 DUC 技术的数字波形产生原理框图

　　基带数据可以是由 FPGA 内部基于 DDS 原理直接产生的参数化波形，也可以是由信号处理模块送来的非参数化任意样本波形。

　　具体地说，对于参数化波形，一体化数字收发电路可通过光纤接收信号处理模块送来的起始频率字、频率调谐字、相位字、脉宽、相位编码信号等参数，基于 DDS 技术实现参数化的基带波形实时产生；而对于非参数化波形，则可以通过光纤直接接收缓存在信号处理部分的基带原始数据，最后通过需要产生的波形选择一路基带信号输出。基带数据产生原理框图如图 8.15 所示。

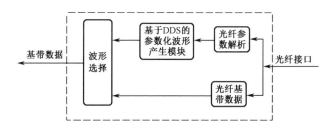

图 8.15　基带数据产生原理框图

　　图 8.16 给出了一种 8 通道雷达/对抗一体化宽带数字波形实现框图。

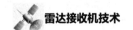

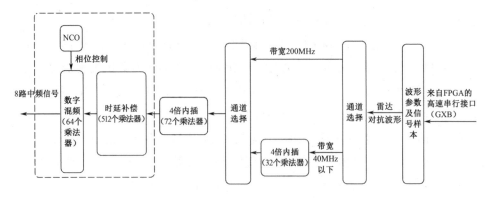

图 8.16 一种 8 通道雷达/对抗一体化宽带数字波形实现框图

8.4.5 功耗及效率

在数字阵列雷达中，DAM 使用数量众多，可以说，DAM 占据了数字阵列雷达的大部分功耗及热耗。因此，DAM 的功耗及效率对整机系统的电源供电、环控等方面的设计影响很大。

DAM 的效率指的是整个 DAM 的总效率，即 DAM 发射信号输出功率与整个 DAM 工作要求的初级电源功率的比值。它首先包括 DAM 中功率放大器的效率，即发射信号输出功率与功率放大器要求的初级电源功率之比；其次包括 DAM 收发通道中其他电路（如低噪声放大器、变频、数字收发等电路）所耗费的初级电源功率。如果 DAM 的效率由 25% 提高到 40%，热耗功率由 75% 降到 60%，则对整机系统有很大好处，因此提高 DAM 的效率具有重要意义。

功率放大器的效率对 DAM 的效率具有决定性影响。因此，提高 DAM 效率的关键措施是对高效率功率放大器的设计。随着技术的发展，尤其是宽禁带等半导体材料及器件的飞速发展，功率放大器的效率将会持续提升。

8.4.6 热设计

DAM 热设计的目标是设计适合 DAM 内部元器件正常工作的温度环境，保障其长期稳定、高可靠地工作。我们知道，当有源电子设备工作时，其温度会升高，同时周围环境温度也会影响设备内部温度。热设计是影响电子设备工作稳定性和可靠性的主要因素之一。有的元器件在温度升高 10℃ 时，失效率会增加一个数量级。因此，热设计也是电子设备可靠性保障设计的主要要素之一。

DAM 的冷却方式主要根据内部元器件及有源电路的发热密度，即单位面积耗散功率，结合雷达系统热设计方案来选择；同时要根据元器件的工作状态、空间和工作环境条件等各方面因素，使其既能满足热设计要求，又能结构紧凑，可靠性高。

目前广泛采用的冷却方式主要有两种：风冷和液冷。一般当热耗较大且热密度较高时，常采用液冷方式，与风冷方式相比，液冷方式受外部环境影响小，散热效率更高。

DAM 热设计常采用的措施有以下几种。

（1）将热密度高的元器件或电路（如功率放大器、FPGA 等）的封装外壳底面直接贴装于冷板上，并在发热器件外壳底面与冷板之间均匀涂覆导热硅脂。

（2）对于某些热耗较大又不能直接贴装于冷板的器件，可在外壳盖板上增加导热凸台，或增加浮动式导热板，将热量导至冷板。

（3）为提高散热效率，散热冷板与发热器件壳体采用导热性能较好的材料，并提高冷板的加工精度，包括表面粗糙度、平面度等。

8.4.7 结构设计

DAM 结构贯彻高集成、轻/小型化的设计思想。体积小、重量轻一直是 DAM 结构设计的方向，更是现代雷达实现多功能和机动性的需求。没有 DAM 高集成、轻/小型化的支撑，雷达系统的总体布局就没有了基础。

DAM 电路设计以"单片集成化、模块器件化、芯片自主化"为集成设计的指导思想。具体设计过程中主要采用微波单片集成电路（MMIC），运用 LTCC、HTCC 等多层互联基板，通过多芯片组装（MCM）、片上系统（SoC）等技术手段，形成多功能的超小型电路模块；电缆组件采用微小型射频低频混合设计及组件三维立体安装技术等。这些设计可大幅提高 DAM 的集成度及轻/小型化水平。

DAM 盒体采用一体化结构布局，常采用水道与盒体一体化、收发一体化等技术，可有效缓解结构布局的压力，有效减小体积、减轻重量。

实现轻/小型化的技术途径还包括新材料、新结构的选用，设计技术、试验技术和组装方式的创新等。

除考虑 DAM 高集成、轻/小型化设计外，受不同工作平台的影响，DAM 的结构设计也有所不同。比如，机载工作平台，相比于地面工作平台，DAM 的结构设计需要重点考虑防振设计。机载平台的振动对 DAM 的电性能有较大影响，若没有很好地进行防振设计，DAM 的性能可能会恶化到系统难以接受的程度。因此，在振动情况下保障 DAM 的性能指标满足系统使用要求是防振设计的关键目标。

防护振动与冲击最有效的办法是加强设备的强度和刚度，使设备足以耐受振动和冲击的影响，但经常受到体积、重量、成本等条件的约束，特别是当设备发生共振时，设计的强度和刚度再高，也难免受损。因此，隔振缓冲设计的主要任务是防止设备中元器件、部件或设备本身的固有频率与外界的激振频率发生共振。主要从以下几方面来考虑。

（1）选用刚度、强度高的材料作为 DAM 结构主体材料。

（2）在薄板上通过留加强筋或焊加强筋来增强结构的刚度和强度，以达到提高设备固有频率的目的。

（3）在相对薄弱的构件之间加支撑或连接件来提高整体的刚度和强度，提高设备经受振动、冲击的能力。

（4）合理选择隔振器（减振器）。隔离是防护振动、冲击最有效的方法之一，选用适当的隔离器并将其合理地布置在振源与被隔离设备之间，可衰减振动和冲击对设备的影响，减小谐振对设备的破坏作用。

8.4.8 密封防护设计

在气候环境的诸因素中，潮湿、盐雾和霉菌是最常见的破坏因素，"三防"是对这三方面防护的简称。"三防"设计的主要方法有密封外壳、元器件和材料的合理选择、元器件及电路的"三防"处理等。DAM 的密封防护设计除"三防"设计外，还包括 DAM 的防水密封设计。各项具体防护设计采用的主要措施如下。

1. 防水设计

防水设计是最基本的密封防护设计，主要从以下几方面来考虑。

（1）在 DAM 盖板与盒体之间加密封橡胶板。

（2）所有通孔螺钉采用不锈钢螺钉并带密封胶紧固。

（3）安装在 DAM 外部的连接器选用不锈钢或复合材料连接器，并在连接器法兰与盒体安装面之间加密封衬垫（或导电密封衬垫）。

2. 防潮设计

当相对湿度大于80%时，电子设备中的材料构件会因受潮而重量增加、发胀、变形，金属构件腐蚀加速；如果绝缘材料及工艺处理不当，则绝缘电阻下降，甚至绝缘击穿，造成故障。为保证设备的可靠性，必须进行防潮设计，主要从以下几个方面来考虑。

（1）憎水处理：通过一定的工艺处理降低产品的吸水性或改变其亲水性能，提高产品的憎水能力。

（2）浸渍处理：用高强度且绝缘性能好的涂料填充某些绝缘材料，既可防潮，又可提高元器件的机械强度。

（3）灌封：将环氧树脂、蜡类、沥青、油、不饱和聚酯树脂、硅橡胶等有机绝缘材料熔化后，注入元器件、部件或外壳空间或引线孔附近，冷却后自行固化封闭。

（4）密封：分为塑料封装和金属封装两种。塑料封装是把元器件直接装入注塑模具中与塑料制成一体。金属封装是把元器件置于不透气的密封盒中（有的在盒中注入气体）。金属封装的防潮效果比塑料封装好。

（5）选用抗潮材料：如铸铁、铸钢、不锈钢、钛合金钢、铝合金、工程塑料等。

（6）使用吸潮剂：把硅胶粒等吸潮剂放置于机箱柜内部，把进入的潮气随时吸掉。

3. 防盐雾设计

当盐雾和潮湿空气相结合时，氯离子对金属的保护膜有穿透作用。盐和水结合能使材料导电，故可使绝缘电阻降低，引起金属电蚀，使化学腐蚀加速，金属件、电镀件被破坏，因此必须进行防盐雾设计。主要从以下几个方面来考虑。

（1）电镀：在钢铁零件表面镀上铅锡合金或锌锡合金等，防止盐雾的侵蚀。

（2）涂覆：喷涂过有机绝缘涂料的表面，既能防潮，也能防盐雾的侵蚀。

（3）合理选用金属材料：选用在大气条件下化学性能十分稳定的金属材料，如不锈钢等，或者以塑料代替金属材料。

（4）密封：密封是防止潮湿和盐雾长期影响最有效的机械防护措施。

4. 防霉设计

霉菌等生物在一定温、湿度（一般温度为 25～35℃，相对湿度在 80%以上）下，繁殖迅速，其分泌物含弱酸，会腐蚀金属细线使其断裂，造成电路故障。光学仪器上长霉，会使玻璃反射和透光率明显下降，破坏光学性能。因此，要进行防霉设计，主要从以下几个方面来考虑。

（1）密封、涂覆、控制环境温度和相对湿度、使用吸潮剂等防潮、防盐雾措施也适用于防霉。

（2）尽量选用耐霉性好的材料。

（3）在密封装置中充入高浓度臭氧，以消灭菌类；利用紫外线照射，防止密封装置中的霉菌繁殖。

8.4.9　主要元器件及功能电路模块

对于元器件及功能电路模块，本小节主要从其技术参数角度进行描述，而不对其内部设计进行详细介绍，主要目的是为 DAM 设计过程中对主要元器件及功能

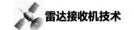

电路模块的选型提供参考。

DAM 的主要元器件及功能电路模块如表 8.1 所示。根据不同设计输入要求，DAM 不一定采用表中所有的元器件及功能电路模块，可以进行选择组合。

表 8.1　DAM 的主要元器件及功能电路模块

元器件及功能电路模块名称	系列特征及主要技术参数
环行器	以频率形成系列；插入损耗、隔离度、功率
集成功率放大模块	以频率、输出功率为系列，接口统一；功率增益、输出功率、效率、带宽等
限幅低噪声放大模块	以频率为系列，外形、接口统一；噪声系数、增益、动态范围、限幅特性等
变频模块	以频率为系列，外形、接口统一；频率关系、增益、带宽、动态范围等
中频数字收发模块	以频率和单元通道数为系列；A/D 位数、I/Q 镜像抑制度、无杂散动态范围等
一体化功分模块	以频率和功分路数为系列；端口驻波和隔离度、幅相平衡度等
DC/DC 电源模块	输入/输出电源的类型和功率
光电转换模块	接口形式、传输速率等
高速采集模块	以工作频率和采样位数形成系列；信号带宽、采样频率、信噪比等

1. 环行器

环行器是利用铁氧体材料在垂直恒定磁场作用下产生的旋磁效应，使得从某一端口输入的电磁波按顺时针旋转 120º 后，从另一端口输出的一种定向分路器件。在它的某一端口加上固定的吸收负载即成为隔离器。它在 DAM 中的主要作用是完成接收和发射信号的定向与分离，使雷达回波信号从天线振子流向接收通道；而大功率发射信号通过环行器馈向天线振子，从而实现收发信号共用天线振子。

环行器的主要技术参数如下。

（1）工作频率：指环行器能够满足各项指标的工作频率范围，通常与 DAM 的射频频率范围一致。设计时，必须在高端和低端预留一定的频率（20MHz 左右），以保证带内平坦度。对于 DAM 组件，工作频率范围覆盖 0.1～18GHz 的窄带频段和分段宽带频段。

（2）插入损耗：指环行器的正向损耗。在工作频率范围覆盖 0.1～18GHz 的窄带频段和分段宽带频段内，正向损耗一般为 0.2～1.0dB。

（3）隔离度：指环行器的反向回波损耗。在工作频率范围覆盖 0.1～18GHz 的窄带频段和分段宽带频段内，一般为 15～25dB。

（4）驻波系数：环行器传输线路上的入射波与反射波形成驻波。驻波系数，也称电压驻波比（VSWR），定义为电压的最大值与最小值之比。驻波比在窄带时一般小于 1.2，在宽带时一般小于 1.5。

（5）二次谐波抑制度：反映环行器对发射输出的二次谐波的抑制能力，一般在低频（0.1～3GHz）窄带时约为 20dBc，在高频（＞3GHz）时约为 5dBc。

（6）峰值功率/平均功率：峰值功率指环行器可承受的脉冲信号的最大功率，常见为 200～1000W；平均功率指连续波信号通过环行器的功率。在频率范围覆盖 0.1～18GHz 的窄带频段和分段宽带频段内，平均功率一般为 1～100W。

环行器的接口常采用带线连接形式。

2. 集成功率放大模块

集成功率放大模块是对 DDS 输出信号或 DDS 输出后经过上变频的激励信号进行功率放大的模块，其最大输出功率通常在几十瓦到千瓦量级。集成功率放大模块的功能示意图如图 8.17 所示。

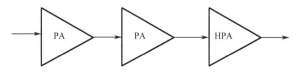

图 8.17　集成功率放大模块的功能示意图

集成功率放大模块的主要技术参数如下。

（1）工作频率：DAM 正常工作时，工作频率范围按相关要求提出，通常为 0.1～40GHz。

（2）输入功率：指集成功率放大模块能够达到正常输出功率的激励信号大小，通常按照集成功率放大模块的增益不大于 40dB 来确定。比如，输出功率为 43dBm，则输入功率选 3dBm 左右。

（3）输出功率：按系统要求提出，一般在百瓦到千瓦量级。

（4）带内起伏：通常根据工作频率范围来确定。相对带宽在 10%以内的带内起伏为 1dB 左右；相对带宽在 10%～20%之间的带内起伏为 1～2dB；相对带宽更宽或倍频程带宽的带内起伏通常在 3dB 以上。

（5）功率附加效率：根据相关要求进行设计，通常饱和输出的集成功率放大模块的效率为 30%～60%，跟所选用的半导体材料及具体工作形式有关。

（6）输入驻波比：在窄带时一般在 1.5 以下，在宽带时一般为 2 左右。

（7）占空比：指功率放大模块工作在脉冲状态时，发射工作期和整个重复周期的时间之比。

（8）幅度一致性：指同频、同温的 n 路输出功率的一致性，一般要求在 1dB 以内。

（9）射频脉冲包络：通常包含上升沿时间、下降沿时间、脉冲宽度及顶降。

（10）稳定负载失配：全相位驻波为 3 时，应不损坏，无自激振荡且能正常工作。

（11）幅相稳定度：一般温度变化范围在 20℃以内时，幅度变化不大于 0.5dB，相位变化不大于 5°。

集成功率放大模块一般包括以下接口。

（1）电源接口：一般采用 28～48V 电源。

（2）控制接口：提供比射频脉冲前后各宽 0.2～1μs 左右的 TTL 控制电平对电源进行调制。

（3）射频接口：一般采用 50Ω 微带搭接方式与前后电路相连。

3. 限幅低噪声放大模块

限幅低噪声放大模块的主要功能是完成对雷达回波信号的低噪声无失真放大，将微弱回波信号放大到一定的功率以利于后续处理。同时，为了防止大功率发射泄漏信号和非同步干扰信号对低噪声放大器等电路造成损坏，在低噪声放大器前面设计限幅电路，完成对低噪声场效应管的保护作用。两者统一设计以减小体积、减轻重量。

DAM 中的限幅低噪声放大模块一般直接连接在环行器的一个端口上，从收发隔离、环行器端口驻波保证和避免发射功率管负载牵引现象等因素考虑，建议采用平衡放大器形式。

限幅低噪声放大模块的主要技术参数如下。

（1）工作频率范围：指限幅低噪放大模块能够正常工作的频率范围。对于 DAM 组件，应当满足 DAM 工作频率范围要求并留有余量。

（2）噪声系数：指模块输入信噪比与输出信噪比之比，是衡量输出信号通过模块后信噪比变坏程度的指标。

通常，限幅低噪声放大模块在各频段的噪声系数如下。

- P 及以下波段：不大于 1dB；
- L 波段：不大于 1.2dB；
- S 波段：不大于 1.5dB；
- C 波段：不大于 1.8dB；
- X 波段：不大于 2.2dB；
- Ku 及以上波段：不大于 3dB。

（3）增益：一般为 25～40dB，在 DAM 设计中应根据系统方案选择。

（4）输出 1dB 压缩点功率：线性放大器输出功率随输入功率线性增加，随着输入功率的增大，放大器进入非线性区，当增益下降到比线性增益低 1dB 时的输出功率值定义为输出功率 1dB 压缩点。在 DAM 组件中，1dB 压缩点一般为 10～18dBm。

（5）增益起伏：要根据工作频率范围来确定。通常，相对带宽在 10%以内的，带内起伏为 1dB 左右；相对带宽在 10%～20%之间的，带内起伏为 1～1.5dB；相对带宽更宽或是倍频程带宽的，带内起伏通常在 4dB 以内。

（6）输入输出驻波比：在窄带时一般在 1.5 以下，在宽带时一般在 2 以下。

（7）耐功率容量及限幅电平：耐功率容量是指限幅低噪声放大模块能够保证不被烧毁的最大输入功率。限幅电平是指在输入最大功率信号时，经过限幅后输出的最高电平。这两项参数必须综合考虑低噪声放大器可承受的电平和功率、DAM 工作环境中的最大同步及异步干扰信号功率等因素。

限幅低噪声放大模块的接口通常采用单电源 5V（或 12V）供电；射频输入、输出信号常采用 50Ω 微带焊盘连接；安装方式常采用 SMT 或 DROP-IN 形式。

4. 变频模块

变频模块通常包含上变频和下变频部分，在 DAM 中用于完成接收及发射通道中的频率变换功能，并将收发信号放大到必要的电平。根据雷达系统的不同工作情况，通常采用二次变频模块或一次变频模块。

一种二次变频模块的原理框图如图 8.18 所示。

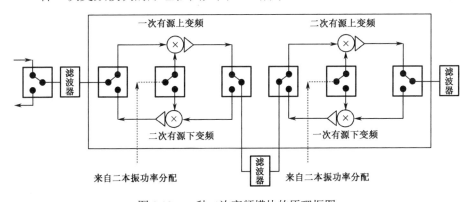

图 8.18　一种二次变频模块的原理框图

变频模块的主要技术参数如下。

（1）工作频率：混频器是多频工作器件，除射频工作频率外，还有本振和中频工作频率，对于二次及以上的混频系统，必须注意混频窗口的选取，特别是交调分量的计算。

（2）变频损耗：混频器射频输入端的微波信号功率与中频输出端的信号功率之比。变频损耗在一定程度上代表了混频器的噪声特性，特别是无源混频器。

（3）1dB 压缩点输入功率：中频输出偏离线性 1dB 时的射频输入功率，对于结构相同的混频器，取决于本振功率大小和二极管特性，一般比本振功率低 6dB。

（4）隔离度：本振或射频信号泄漏到其他端口的功率与相应输入功率之比。

（5）三阶交调抑制比：在混频器的射频或中频端口，两个频率很近的信号（f_{s1}，f_{s2}）一起作用于混频器，与本振信号（f_{LO}）混频，两个输入信号的三阶分量（$2f_{s1}-f_{s2}$ 或 $2f_{s2}-f_{s1}$）同本振信号混频，在输出端口会产生邻近通道的干扰，通常用三阶交调抑制比表示，即有用信号功率与三阶交调信号功率之比。

（6）动态范围：混频器正常工作时的最大输入功率和最小输入功率之比。

变频模块一般包括以下接口。

（1）通信接口：输入信号为本振信号、射频信号、收发控制信号（TTL 电平），输出信号为中频信号；所有射频接口均采用微带过渡形式搭接，不推荐使用微波接插件与其他电路互联；电源及控制信号尽量采用多层电路板走线连接。

（2）电源与控制接口：电源常采用 5V、3V 常用电源；控制信号采用+5V TTL 电平。

（3）结构安装接口：变频模块若采用裸芯片，则必须用气密屏蔽盒进行封装。变频模块在 DAM 中采用 DROP-IN 或是 SMT 方式安装。个别不具备集成条件，采用分立封装元器件设计的变频模块，可以在 DAM 中采用裸板螺钉固定方式。

5. 中频数字收发模块

中频数字收发模块的主要功能是对接收到的中频或射频回波信号完成数字接收（数字化采样及数字下变频），同时根据雷达工作模式完成数字波形信号产生（直接数字合成及数模变换），形成模拟中频激励信号；此外，通过导前和参考时钟，产生 DAM 内部所需要的时序信号，配合雷达整机系统完成同步相参控制。

中频数字收发模块的主要技术参数如下：

（1）工作频率范围。

（2）瞬时带宽：能够处理的最大信号瞬时带宽，也是产生的波形信号（线性调频或非线性调频）的最大带宽。

（3）信噪比（SNR）：包括数字接收最大信噪比和发射激励信号的信噪比。

（4）无杂散动态范围（SFDR）：定义为第 1 Nyquist 带内信号幅度的有效值与最大杂散分量有效值之比的分贝数。

（5）I/Q 镜像抑制比：用来衡量数字接收机幅相平衡度的一个综合指标，一般为 60～75dB。

（6）发射信号形式：数字波形产生输出信号的性质和形式，在雷达中一般包括 LFM、NLFM、单载频等形式。

（7）发射信号输出功率：数字波形产生输出信号的功率，一般为-15～-10dBm。

中频数字收发模块一般包括以下接口。

（1）结构接口：一般单独设计为一块印制电路板，通过螺钉固定在金属屏蔽盒内。当然，中频数字收发模块也可以设计成一个独立的模块，通过电缆连接到前端通道，一般不推荐使用这种方式。

（2）供电接口：使用单独的 5V 或 12V 供电。

（3）数据接口：通常采用光纤接口，传输速率根据系统要求选择。

（4）时序控制：通常采用光纤传输控制命令参数。

（5）通信接口：通常采用 50Ω 焊盘搭接方式，提供模拟中频输入、输出及工作时钟输入。

6. 一体化功分模块

一体化功分模块的主要功能是将输入的一路本振信号进行功率分配，输出多路本振信号到各变频模块中的混频器。通常，频率较高的本振信号用微带功分电路级联来实现，频率较低的本振信号用微波集成功分器来实现。

一体化功分模块的主要技术参数如下。

（1）工作频率：工作的频率范围。

（2）端口驻波：各端口的驻波，一般要求不大于 1.5。

（3）插入损耗。

（4）隔离度：指各分配支路之间的隔离度。

（5）带内起伏：在工作频带内各工作频率点上插入损耗的变化量。

（6）幅相误差：各分配支路幅度和相位的差别。

一体化功分模块的接口多采用多层微带板的结构形式，直接安装于 DAM 壳体内。射频信号输入通常位于多层板的表面，可以通过射频电缆搭焊，而输出通常采用射频绝缘子从多层板的背面引出，与变频模块的混频器本振端口实现垂直互连，有利于提高集成度，节约系统有效空间。

7. DC/DC 电源模块

DC/DC 电源模块的主要功能是将送入 DAM 的一组较高电压的直流电源变换为 DAM 所需的其他直流低压电源。

DC/DC 电源模块的主要技术参数如下。

（1）输入：直流电源，通常为 28～48V。

（2）输出：直流电源，类型根据 DAM 射频单元具体需求而定，常用的输出电压为 12V、5V、3.3V、−5V。

（3）输出纹波：≤100mV。

（4）杂散及谐波抑制：带上 DAM 负载实际工作时，必须保证 DAM 性能指标满足系统要求。

为了提高电磁兼容性，通常将模拟电源和数字电源进行单独隔离设计，即分为模拟 DC/DC 电源模块和数字 DC/DC 电源模块，模拟 DC/DC 电源模块给模拟收发通道供电，数字 DC/DC 电源模块给数字收发模块供电。

DC/DC 电源模块的接口一般采用针脚形式。

8. 光电转换模块

光电转换模块主要用于完成光电信号的调制解调、数据的编码和解码，以及与计算机的接口通信等。

光电转换模块的主要技术参数如下。

（1）传输速率：光信号传输的最高速率。

（2）输出功率：光信号输出功率。

（3）接收灵敏度：接收到的最小光信号，一般小于−15dBm。

（4）接收饱和功率：接收到的最大光信号。

（5）误码率：光电调制解调带来的误差，一般不大于 10^{-12}（传输速率≥2.5Gbps 时）。

光电转换模块的类型有 LC 接口收发光模块、FC 接口收发光模块、尾纤型收发光模块。DAM 通常采用尾纤型收发光模块。

光电转换模块一般包括以下接口。

（1）供电接口：模块为表面贴装器件，通过引脚进行供电。

（2）数据接口：模块为表面贴装器件，通过引脚提供数据接口，接口电平为 LVCML 或 LVPECL。

9. 高速采集模块

高速采集模块是现代宽带雷达，特别是成像雷达的关键部件之一。高速采集模块的基本功能是对宽带模拟正交解调后的模拟 I/Q 信号进行 A/D 采样，并根据需要对数据进行存储，以实时或突发方式传送给信号处理模块。

高速采集模块的功能原理框图如图 8.19 所示。

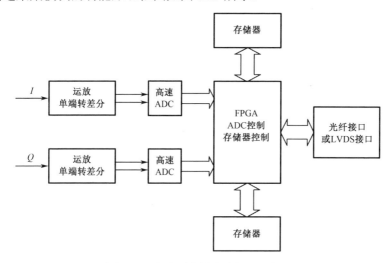

图 8.19　高速采集模块功能原理框图

高速采集模块的主要技术参数如下。

（1）工作频率范围：主要取决于高速采集模块应用模式，以及现有 ADC 器件的技术发展水平。

（2）采样位数：取决于 ADC 的量化位数。

（3）信噪比（SNR）：定义为在有效带宽内，信号幅度的有效值与噪声总功率值之比的分贝数。对于不同的带宽，信噪比的变化较大，一般为 40～65dB。

（4）无杂散动态范围（SFDR）：定义为第 1 Nyquist 带内信号幅度的有效值与最大杂散分量有效值之比的分贝数。

高速采集模块一般包括以下接口。

（1）供电接口：J30JC 接插件或 CPCI 插件提供电源入口。

（2）时序控制接口：J30JC 接插件或 CPCI 插件提供输入控制，其中包括 TTL 并口和 RS422 串口。

（3）数据接口：通常采用光纤接口，或者直接用 CPCI 接口传输数据。

8.5　设计实例

DAM 产品研发历经了概念提出、原理验证、工程样机和型号装备，经过二十多年的技术发展，取得了丰硕的技术成果，形成了 P、L、S、C 等波段的系列化产品，输出功率从几十瓦到上千瓦，中频信号瞬时带宽从几兆赫到几百兆赫，覆盖地面、机载及球载等应用平台，结构形式从砖块式到瓦片式，集成度越来越高，越来越轻/小型化，功能越来越强。

以下给出某 L 波段具有代表性的 DAM 设计实例。

该 DAM 采用宽带接收模拟合成，以及窄带一次有源混频后中频采样数字化技术体制，分时工作，实现宽窄带一体化设计；采用 GaN 功率管技术，实现单元输出峰值功率 450W、总效率 55%等技术指标。

主要技术指标如下：

- 工作频带：L 波段；
- 通道数：14 通道；
- 通道输出功率：450W；
- 脉冲宽度：20～250μs；
- 工作比：≤20%；
- 信号带宽：2.5MHz/20MHz（窄带），200MHz（宽带）；
- 接收瞬时动态范围：≥55dB；
- 接收噪声系数：≤3.0dB；
- 发射改善因子限制：≥55dB；
- A/D 位数：14；
- 效率：≥55%；
- 散热形式：液冷；
- 外形尺寸：288mm×455mm×54mm；
- 重量：10kg。

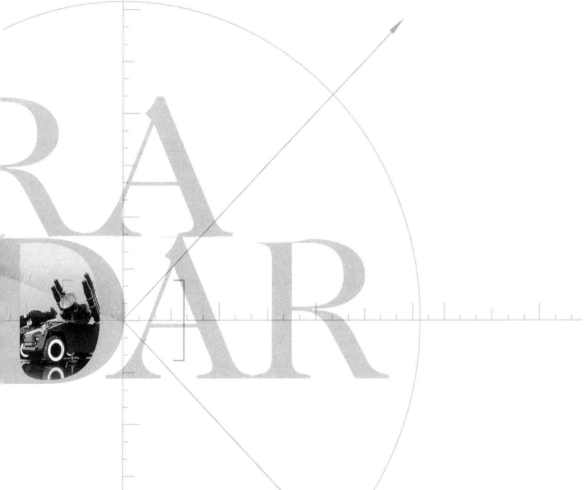

第 9 章
雷达接收机测试技术

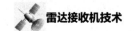

提要：本章主要阐述雷达接收机主要技术参数的测试技术，包括接收机噪声系数和灵敏度、镜像抑制特性、通频带、动态和增益、幅度和相位控制特性，ADC特性，接收机 I/Q 正交特性，频率源功率、频率、杂散抑制度，频率稳定度，波形特性，以及 DAM 的测试。

9.1 接收机噪声系数和灵敏度的测试

9.1.1 噪声系数的测试

噪声系数是接收机的重要技术指标，它表征了接收机检测微弱信号的能力。噪声系数的测试方法虽然较多，有功率倍增法、中频衰减法、冷热负载法和自动测试法等，但其理论基础均为 Y 系数法。

Y 系数法测试噪声系数的原理框图如图 9.1 所示。

图 9.1 Y 系数法测试噪声系数的原理框图

根据噪声系数的定义

$$F = \frac{P_{si}/P_{ni}}{P_{so}/P_{no}} \tag{9.1}$$

式中，P_{si}/P_{ni} 为输入信号噪声功率比；P_{so}/P_{no} 为输出信号噪声功率比。

在测试噪声系数时，输入信号为噪声发生器的输出功率。当不启动噪声发生器时，从指示器上读出的指示值是 P_{no}；当启动噪声发生器时，从指示器上读出的指示值是 $P_{no}+P_{so}$。两次指示值的比值为

$$Y = \frac{P_{so}+P_{no}}{P_{no}} = \frac{P_{so}}{P_{no}}+1 \tag{9.2}$$

$$\frac{P_{so}}{P_{no}} = Y-1 \tag{9.3}$$

将 Y 值代入式（9.1），可得

$$F = \frac{P_{si}/P_{ni}}{Y-1} \tag{9.4}$$

而 P_{si}/P_{ni} 为噪声发生器的输出功率与接收机噪声折合到输入端的功率之比，通常称作超噪比，用 ENR 表示，单位为 dB。因此，接收机的噪声系数可表示为

$$NF = ENR -10\lg(Y-1) \tag{9.5}$$

式中，NF 为接收机噪声系数（dB）；ENR 为噪声发生器超噪比（dB）；Y 为两次测量功率值的比，即 Y 系数。

1. 功率倍增法

功率倍增法的原理框图如图 9.2 所示。

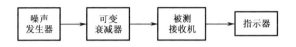

图 9.2　功率倍增法的原理框图

功率倍增法相当于 Y 系数法中 $Y=2$ 的情形，此时有

$$NF = ENR \tag{9.6}$$

即调节噪声发生器的输出功率，当指示器在噪声发生器接通前后的指示功率比为 2 时，噪声发生器输出的超噪比就等于接收机的噪声系数。当噪声发生器输出功率为固定值时，可用可变衰减器调节输出功率，使指示器指示功率比为 2，此时的噪声系数为

$$NF = ENR - L \tag{9.7}$$

式中，ENR 为噪声发生器超噪比；L 为衰减器的衰减量。

2. 中频衰减法

中频衰减法的原理框图如图 9.3 所示。

当噪声发生器不启动时，中频衰减器置于适当值 L_1(dB)，接收机输出电平在指示器上有一指示值；当噪声发生器启动时，增加中频衰减器的衰减量到 L_2(dB)，使接收机输出电平在指示器上的指示值不变，此时噪声系数为

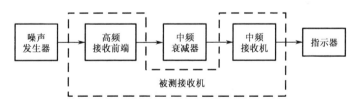

图 9.3　中频衰减法的原理框图

$$NF = ENR - 10\lg(Y-1) \tag{9.8}$$

式中，NF 为接收机噪声系数（dB）；ENR 为噪声发生器超噪比（dB）。因此有

$$Y = 10^{(L_2-L_1)/10} \tag{9.9}$$

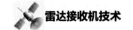

3. 冷热负载法

冷热负载法的原理框图如图 9.4 所示。

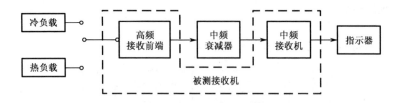

图 9.4　冷热负载法的原理框图

将冷负载接至接收机的输入端，中频衰减器衰减量置于一个适当值，接收机输出电平指示器有一指示值；然后将热负载接至接收机输入端，增加中频衰减器的衰减值，使接收机输出电平指示值与接冷负载时相同，接收机的噪声系数和噪声温度分别为

$$F = 1 + \frac{T_e}{T_0} \tag{9.10}$$

$$T_e = \frac{T_H - Y T_C}{Y - 1} \tag{9.11}$$

式中，F 为接收机噪声系数；T_e 为接收机噪声温度（K）；T_0=290K；T_H 为热负载噪声温度（K）；T_C 为冷负载噪声温度（K）；Y 按式（9.9）计算。

4. 自动测试法

自动测试法的原理框图如图 9.5 所示。它是目前最常用的测试方法。

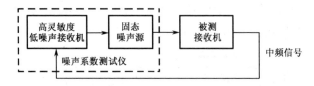

图 9.5　自动测试法的原理框图

自动测试法的主要仪器为噪声系数测试仪，型号有 HP8970B、HP8971C 等。一般在测试前，噪声系数测试仪首先要进行校准，然后接入被测接收机。噪声系数测试仪可自动显示接收机的噪声系数（包括接收机增益）。噪声系数测试仪由高灵敏度低噪声接收机和固态噪声源构成，其原理框图如图 9.6 所示。

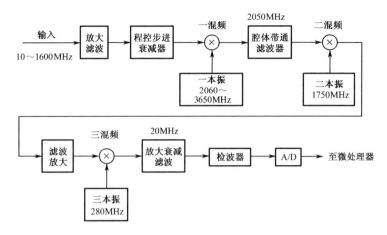

图 9.6　10～1600MHz 噪声系数测试仪原理框图

9.1.2　灵敏度的测试

灵敏度的测试有两种方法：一是直接用信号源进行测试；二是根据噪声系数和灵敏度的关系，在测得噪声系数和接收机带宽后进行计算，称为间接测试法。由于信号源的信号泄漏无法根除，所以在接收机噪声系数越来越小的情况下，大多用间接测试的方法。

雷达接收机的灵敏度表征了接收机对微弱信号的接收能力，通常用最小可检测信号功率（$S_{\min}$）表示。当接收机输出端的信号功率与噪声功率之比等于 1 时，接收机输入端所需的最小信号功率称为临界灵敏度。为了在接收机输出端获得雷达正确检测目标所需的最小信噪比，接收机输入端所需的信号功率称为实际灵敏度。实际灵敏度与临界灵敏度之比称为识别系数，与雷达的工作体制有关。为了判断接收机本身的性能，一般以临界灵敏度来表征雷达接收机的灵敏度。

1. 直接测试法

直接测试法的原理框图如图 9.7 所示。

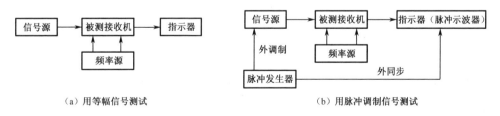

（a）用等幅信号测试　　　　　　　　　　　（b）用脉冲调制信号测试

图 9.7　直接测试法的原理框图

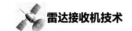

测试灵敏度时，首先使信号源输出为零，把接收机增益控制在适当值，使指示器有一噪声指示值；其次使信号源有一定输出，并微调频率使其输出为最大；最后再调节信号源输出功率，使接收机输出的功率指示值为前者的 2 倍，此时接收机输入端的功率即为雷达接收机的灵敏度。

2. 间接测试法

根据所测得的接收机噪声系数和接收机带宽，计算接收机的灵敏度，公式为

$$S_{\min} = kT_0 B_n F \tag{9.12}$$

式中，k 为玻尔兹曼常数，$k=1.38\times10^{-23}$J/K；$T_0=290$K；B_n 为接收机系统噪声带宽，一般认为就是接收机带宽；F 为接收机噪声系数。

当 $S_{\min}$ 用 dBm 表示、B_n 用 Δf（MHz）表示、F 用 NF（dB）表示时，有

$$S_{\min} = -114 + 10\lg\Delta f + \text{NF} \tag{9.13}$$

9.2 接收机镜像抑制特性的测试

对于雷达接收机和频率源频率特性的测试，如接收通频带特性和镜像抑制特性的测试，频率源频率、频率稳定度及杂散抑制特性的测试等，目前最常用的是频谱分析仪。另外，频谱分析仪对各种输入频率分量的功率也有较准确的定标，因此也常常被用来进行增益及动态范围的测试。

9.2.1 频谱分析仪简介

频谱分析仪是一种测量和显示电信号在频率轴上各点频谱分量分布情况的仪器。频谱分析仪主要用两种方法对信号的频谱进行测量，一种是傅里叶变换（FFT）分析法，它是在一个特定周期内对信号进行变换获得频率、幅度和相位信息，可以分析周期和非周期信号，测量范围为直流到高频段；另一种是扫频调谐分析，这种频谱分析仪实际上是一个可调预选超外差接收机，其工作原理框图如图 9.8 所示，可实时分析变换后的中频信号，测量范围宽（可以从数十赫到毫米波段），通常只给出振幅谱或功率谱，不直接给出相位信息，是目前应用最广的频谱分析仪，型号有 HP8561、HP8562、HP8563 及 HP8566 等。频谱分析仪的主要技术指标包括频率范围、分辨率、带宽、形状因子、噪声边带、增益压缩、灵敏度、动态范围等。频谱分析仪常简称为频谱仪。

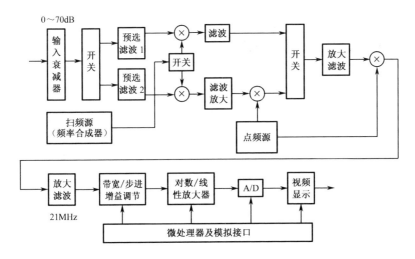

图 9.8　一种频谱分析仪的工作原理框图

9.2.2　镜像抑制特性的测试

镜像抑制特性的测试原理框图如图 9.9 所示。图 9.9（a）和（b）的主要区别在于指示器是频谱仪还是示波器。由于接收机的中频信号一般都在几十兆赫以内，所以用示波器可以代替频谱仪。当示波器为低频示波器时，还可以在接收机和示波器之间加入检波器。

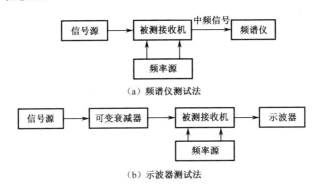

（a）频谱仪测试法

（b）示波器测试法

图 9.9　镜像抑制特性的测试原理框图

镜像抑制特性的测试方法是首先设置信号源和频率源（一本振、二本振等）的频率，在频谱仪或示波器上获得最大的中频输出信号；然后调节信号源的输出幅度（可用信号源本身或可变衰减器调节），使频谱仪上的中频信号小到基本可以观察清楚的程度，以此为基准将信号源输出信号的频率调节到接收机的镜像频率，同时增大信号源输出信号的幅度，使频谱仪或示波器上的中频信号幅度等于原设定信号的幅度，此时信号源输出的增大量即为被测接收机的镜像抑制度。

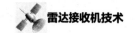

9.3　接收机通频带的测试

接收机通频带的测试原理框图与接收机镜像抑制特性的测试原理框图基本相同。

通频带是雷达接收机的中频输出特性，一般指中频匹配带宽，简称中频带宽。中频带宽一般与接收机通频带宽度是一致的。接收机通频带不够宽时，输出脉冲信号就会产生波形失真，从而影响雷达的测距精度和距离分辨率；通频带太宽，则会影响接收机的灵敏度。因此，接收机的通频带宽度必须与接收机的信号形式相匹配。因此，通频带宽度有时称为系统信号带宽。

通频带宽度可分为 1dB 带宽和 3dB 带宽，示意图如图 9.10 所示。

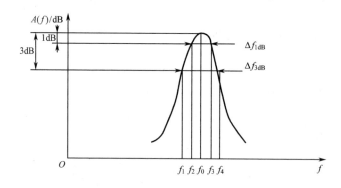

图 9.10　接收机通频带示意图

测试接收机通频带时，首先设置信号源和频率源（一本振、二本振等）的频率，在频谱仪或示波器上获得最大的中频输出信号，为了防止接收机信号输出处于饱和状态，中频输出信号的幅度一般不要超过–10dBm（对应于示波器的电压峰-峰值为 200mV）；然后微调信号源的输出频率，当输出中频信号幅度下降 1dB 时得到对应频率 f_2、f_3，当输出中频信号幅度下降 3dB 时得到对应频率 f_1、f_4（见图 9.10），此时有

$$\Delta f_{1\text{dB}} = f_3 - f_2$$
$$\Delta f_{3\text{dB}} = f_4 - f_1$$

（9.14）

需要指出的是，当通频带的宽度与接收机射频工作频率相比非常小时，用改变射频得到的通频带宽度可能有一定的误差，此时可用改变中频输入信号频率的办法来得到通频带宽度。随着技术的进步，当信号源为非常稳定、步进又十分细密的频率合成器（如 HP8648）时，上述问题不会存在。

9.4　接收机动态和增益的测试

9.4.1　动态测试

接收机的动态又称动态范围，包括接收机的总动态范围和线性动态范围，总动态范围是线性动态范围与 RFSTC 和 IFSTC 范围的总和。这里所说的动态测试一般指线性动态范围测试。图 9.11 所示为动态测试的原理框图。

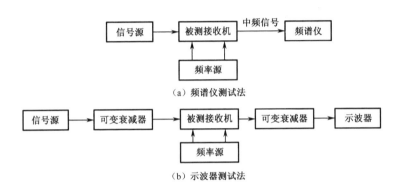

（a）频谱仪测试法

（b）示波器测试法

图 9.11　动态测试的原理框图

接收机线性动态范围有两种表征方法：一是 1dB 增益压缩点动态范围，二是无失真信号动态范围，其表达式分别为

$$DR_{-1} = P_{o-1} + 114 - NF - 10\lg\Delta f - G \qquad (dB)$$

或

$$DR_{-1} = P_{i-1} + 114 - NF - 10\lg\Delta f \qquad (dB)$$

$$DR_{sf} = \frac{2}{3}(DR_{-1} + 10.65) \qquad (dB)$$

式中，P_{i-1} 和 P_{o-1} 分别为 1dB 压缩时接收机输入端的信号功率和接收机输出端的信号功率（dBm）；NF 为接收机噪声系数（dB）；Δf 为接收机通频带，一般取 B_{3dB}（MHz）；G 为增益（dB）。

测试动态时，首先设置信号源和频率源（一本振、二本振等）的频率，在频谱仪上得到一个 -10dBm 左右的接收机中频输出信号，或者在示波器上得到一个电压峰-峰值为 200mW 左右的中频信号；然后增大信号源输出幅度，观察频谱仪或示波器上输出信号的增长情况，当信号源输出信号增大 10dB，而频谱仪或示波器上输出信号增大仅为 9dB 时，信号源的输出幅度即为接收机输入信号的 1dB 压缩点，其值为 P_{i-1}；根据噪声系数和通频带（接收机带宽）即可求出线性动态范围。有时也用直接测得的临界灵敏度与 P_{i-1} 的差值计算线性动态范围，即

$$DR_{-1} = P_{i-1}(\text{dBm}) - P_{\text{imin}}(\text{dBm}) \tag{9.15}$$

在测试接收机动态范围时还需注意以下几点。

（1）用示波器作指示器时，为了保证测量的准确性，接收机输入端和输出端都插入精密的可变衰减器，通过改变衰减器的衰减值，保持示波器输出不变，以提高测量的精度。

（2）接收机 ADC 的位数及信噪比必须与接收机 ADC 前的动态范围匹配，ADC 的动态范围必须大于等于 ADC 前接收机的动态范围。

（3）接收机的总动态范围为线性动态范围与 RFSTC 和 IFSTC 之和。关于 RFSTC 和 IFSTC 的测试，将在 9.5.2 节介绍。

9.4.2　增益测试

接收机增益测试的原理框图与图 9.11 相似。当如图 9.11（a）所示，以频谱仪为指示器时，读出信号源输出功率（dBm）和频谱仪所指示的功率（dBm），二者的差即接收机的增益。需要注意的是，接收机的输入、输出信号必须在接收机的线性动态范围之内。

当如图 9.11（b）所示，以示波器为指示器时，示波器输入端必须并联 50Ω 负载，此时示波器上显示的电压峰–峰值所对应的接收机输出功率为

$$P(\text{dBm}) = 10\lg\left[\left(\frac{V_{\text{p-p}}}{2\sqrt{2}}\right)^2 \cdot \frac{1000}{50}\right] \tag{9.16}$$

式中，$V_{\text{p-p}}$ 的单位为 V。

9.5　接收机幅度和相位控制特性的测试

接收机幅度控制特性测试包括 RFSTC 和 IFSTC 测试，也包括接收机 AGC 特性测试，都在接收机一个通道中进行。测试可以应用增益或动态测试的原理，测试 STC、AGC 在电压或数控二进制码控制下增益的变化特性。随着雷达技术的发展，多通道接收机幅度和相位变化的测试往往非常重要。多通道接收机幅度和相位可以用增益相位计（如 HP3575A）或矢量电压表（如 HP850B）进行测量，前者的工作频率范围为 1Hz～13MHz，后者的工作频率范围为 0.3MHz～2GHz。

矢量网络分析仪是现代接收机测试中最常用的仪器之一，特别是具有变频功能的矢量网络分析仪（如 Anritsu 37347C），可以准确测试接收机系统的增益和相位特性，接收机各通道增益和相位之间的关系也就随之得到了。

9.5.1　矢量网络分析仪的基本工作原理

矢量网络分析仪能同时测量被测网络（电路或系统）的幅度信息和相位信息。矢量网络分析仪主要由激励信号源、[S]参数测试装置、四通道高灵敏度接收机和校准件四个重要部分组成。图 9.12 所示为矢量网络分析仪的原理框图。图 9.13 所示为[S]参数测试装置的原理框图。

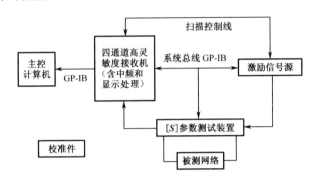

图 9.12　矢量网络分析仪的原理框图

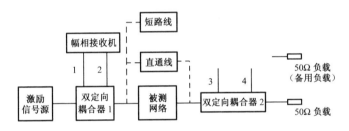

图 9.13　[S]参数测量装置的原理框图

由于矢量网络分析仪可以测量网络的幅度、相位和群时延等，因此不仅广泛应用于传统领域的耦合器、隔离器、滤波器、线性放大器、线性调制器特性的测试，而且广泛应用于微波毫米波二极管、三极单片集成电路、混合集成电路、声表面波器件等特性的测试。具有变频功能的矢量网络分析仪还广泛地应用于接收机系统幅度和相位特性的测试。

9.5.2　接收机幅度控制特性的测试

1. 用频谱仪或示波器测试接收机的增益控制特性

用频谱仪或示波器测试接收机增益控制特性的方法与接收机增益的测试方法类似，原理框图如图 9.14 所示。

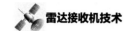
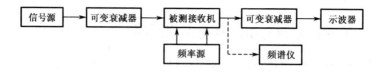

图 9.14 接收机增益控制特性测试的原理框图

　　首先设置信号源和频率源（一本振和二本振等）的频率，在示波器上得到一个电压峰-峰值为 200mV 左右的中频信号，或者在频谱仪上得到一个–10dBm 左右的中频输出信号，以保证接收机工作在线性动态范围之内；然后改变接收机 RFSTC、IFSTC 或 AGC 的控制电压或数控二进制码，同时改变被测接收机输出端的可变精密衰减器，使示波器输出保持不变，此时可变衰减器的变化量即为 RFSTC、IFSTC 或 AGC 的增益控制特性。当用频谱仪作为被测接收机的输出指示时，可直接从频谱仪上读出输出信号的衰减情况。

2. 用增益相位计或矢量电压表测试接收机增益变化特性

　　用增益相位计（简称幅相计）或矢量电压表测试接收机增益变化特性的方法是对两路接收机输出信号进行比较，原理框图如图 9.15 所示。这种方法主要测试两路接收机的增益一致性。对于多路接收机，可以两两进行比较，从而测得多路接收机的增益一致性。

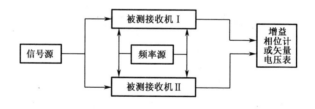

图 9.15 接收机增益变化特性测试的原理框图

　　这种测试方法要求信号源和频率源输出信号被分配到两路被测接收机时，其信号幅度保持一致。增益相位计或矢量电压表读出的是两路被测接收机增益的变化量。

3. 用矢量网络分析仪测试接收机的幅度特性

　　矢量网络分析仪可以测试一个被测网络的反射特性（S_{11}, S_{22}）和传输特性（S_{21}, S_{12}）。根据[S]参数的定义，S_{11}、S_{22} 分别为输入端、输出端的电压反射系数，S_{21}、S_{12} 分别为正向电压传输系数（输入端到输出端）和反向电压传输系数（输出端到

输入端）。接收机的增益即为$|S_{21}|^2$。对相控阵雷达 T/R 组件而言，由于其输入、输出信号频率不发生变化，所以可用矢量网络分析仪来测试。由于接收机一般具有变频功能，所以测试接收机的幅度特性时要采用具有变频功能的矢量网络分析仪，原理框图如图 9.16 所示。这里需要说明的是，在现代接收机的测试中，往往要同时测试幅度特性和相位特性。实际上，如果只测试幅度特性，一般的标量网络分析仪（简称标网）就可完成。

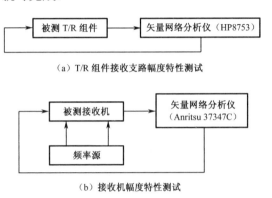

（a）T/R 组件接收支路幅度特性测试

（b）接收机幅度特性测试

图 9.16　接收机幅度特性测试的原理框图

9.5.3　接收机相位控制特性的测试

对于多通道雷达接收机，接收机幅度和相位控制特性有时需要同时测试。在相控阵雷达中，T/R 组件相位的控制尤为重要。在 DBF 接收机中，虽然波束的形成（相位加权和幅度加权）在数字信号处理中完成，然而接收机数十个通道的幅相稳定性直接影响合成波束的副瓣电平，各通道的相位特性必须测试。一般来说，相控阵雷达各通道的相位固定偏差是可以校正的，但是其相位的随机变化直接影响雷达系统的性能（这种随机变化经常用均方差来表示）。接收机通道相位的测试，可以用增益相位计、矢量电压表，也可以用矢量网络分析仪。与增益变化特性的测试类似，使用增益相位计和矢量电压表测试相位特性时，采用通道两两比对的方法；而使用矢量网络分析仪测试时，是测试每路接收机（或 T/R 组件）输入和输出相位的变化特性。当认为输入的相位相同时，各通道相位的变化量就是矢量网络分析仪测得的各通道相位变化的差值。

9.6　接收机 ADC 特性的测试

接收机 ADC 由于受其本身的非线性误差、高频采样时孔径的抖动及 ADC 电路板电磁兼容设计的局限性等因素的影响，实际信噪比往往要比理论计算的信噪比有一定程度的恶化。因此，接收机 ADC 的量化噪声功率及动态范围（与转换灵敏度和最大信噪比等因素有关）要通过实际测试来获得。

对于 ADC 特性的测试，目前常用的方法有：①用逻辑分析仪进行测试；②对 ADC 的 CAT（计算机辅助测试）子系统进行测试。图 9.17 所示为逻辑分析仪原理框图，图 9.18 和图 9.19 所示分别为 ADC 两种测试的原理框图。

逻辑分析仪是数据域测试仪器。概括地说，它由数据捕获和数据处理显示两大部分组成，数据捕获部分用来快速捕获并存储待观察数据，数据处理显示部分则将存储在存储器里的有效数据进行分析处理并以多种形式显示。比较典型的逻辑分析仪有 HP1660 系列和 HP1651B 及 HP16518A 等。

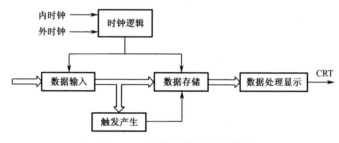

图 9.17　逻辑分析仪原理框图

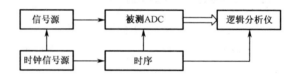

图 9.18　用逻辑分析仪测试 ADC 的原理框图

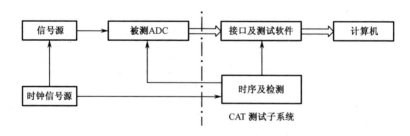

图 9.19　用 CAT 测试 ADC 原理框图

ADC 测试主要是测试其噪声电平（包括干扰及交调）、信噪比、A/D 有效位、最大输入范围及积分非线性等。在信号频率和采样频率选定以后，调节中频信号源输出信号的幅度（从零输出到满量程输出），即可直读或计算出 ADC 的性能参数。

CAT 测试子系统是一个数字接收机通用测试子系统。除了各种所需的信号源，它主要由时序及检测电路、接口、测试软件及计算机等组成。它能测试 ADC 及数字正交鉴相器的各种性能。在鉴相器正交性能测试方法中，它选用了多点 FFT 方法，从而可以在计算机上直接显示鉴相器的正交度及所对应的频谱特性。

9.7 接收机 *I*/*Q* 正交特性的测试

接收机 *I*/*Q* 正交特性就是接收机正交鉴相器的输出特性。接收机正交鉴相器的实现方法分为模拟正交鉴相和数字正交鉴相。由于二者的实现方法不同，因而相应的测试方法也有较大的差异。模拟正交鉴相器输出的是模拟正交基带信号 $I(t)$ 和 $Q(t)$，而数字正交鉴相器输出的是数字正交基带信号 $I(n)$ 和 $Q(n)$，其测试原理框图分别如图 9.20 和图 9.21 所示。

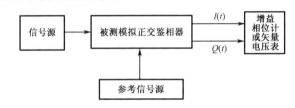

图 9.20 模拟正交鉴相器测试的原理框图

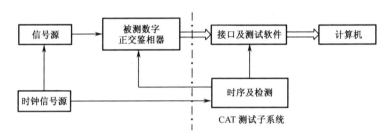

图 9.21 数字正交鉴相器测试的原理框图

模拟正交鉴相器正交特性的测试类似于用增益相位计或矢量电压表对两路接收机进行幅相稳定性测试，区别是模拟正交鉴相器输出的相位特性应为 $90° \pm \Delta\phi$，其中，$\Delta\phi$ 为相位的不正交度。为了测试正交鉴相器的频带特性，必须在相干振荡器频率（参考信号源的频率）固定的情况下，改变被测模拟正交鉴相器的输入信号频率，从而测出其在规定频带内的正交特性。一般来说，参考信号源的功率选择为 7dBm 左右，信号源的功率选择为 0dBm 左右。

数字正交鉴相器正交特性的测试采用数字接收机通用 CAT 测试子系统。在信号频率、时钟频率及信号幅度（保证 ADC 满量程）选定之后，CAT 测试子系统即

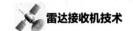

可在计算机上显示 I/Q 幅度不平衡度、I/Q 相位不平衡度、镜像抑制比，以及信号频率和镜像频率的频谱特性。同样，要微调信号源的频率（相当于改变接收机回波信号的多普勒频移），在一定的带宽内测试出数字正交鉴相器的 I/Q 幅相不平衡度，从而获得接收机的正交特性。

9.8 频率源功率、频率及杂散抑制度的测试

9.8.1 频率源功率的测试

频率源功率测试的常用仪器是功率计。功率计一般包括探头和指示器两部分。探头的基本功能是把待测频率源功率转换为可测电信号，如检波器输出的直流信号、惠斯登电桥的失衡电流、热电偶的热电压等。指示器的基本功能是把可测电信号变换为可指示电信号，其读数直接表示功率值。

用功率计测量频率源功率可分为直接测量和耦合式测量。直接测量是把被测频率源直接接到功率计上。耦合式测量是把功率计通过定向耦合器接入被测频率源，耦合器主臂的功率被匹配负载吸收，耦合器副臂接功率计，功率计的指示器加上定向耦合器的耦合度即为被测源的功率。前者适用于小功率测量，后者适用于大功率测量。由于频率源一般属于小功率范畴，所以绝大多数采用直接测量法。需要说明的是，不管哪种测量方法，都要求频率源输出端有良好的匹配，否则功率的反射会带来较大的测量误差。

频率源包括各种本振信号及时钟信号，同时包括发射激励信号。一般来说，本振信号及时钟信号为连续源信号，发射激励信号为调制波信号。在测试发射激励时，要用脉冲功率计，如果用一般功率计，则只能测出其平均功率。

除用功率计测量频率源功率外，用频谱仪或示波器也可以测量频率源功率。现代频谱仪不但能指示被测源的频谱，而且可以指示频谱的功率。对于频率不太高（如几十到几百兆赫）的频率源，可以用示波器直接读出其电压，根据电压和功率的关系，可求出被测源的功率。如果被测频率源输出端接上微波检波器，还可以用比较法（比较同一电平的连续波和脉冲波）在示波器上直读频率源的脉冲功率。

频率源功率测试的原理框图如图 9.22 所示。比较典型的功率计有 HP438A、HP435B，频率范围为 100kHz～26.5GHz，测量功率范围为 –65～44dBm。

图 9.22 频率源功率测试的原理框图

9.8.2 频率源频率的测试

频率源频率测试的主要仪器为频率计。在频率较低时，频率计实际上就是一个电子计数器，其测频的原理框图如图 9.23 所示。

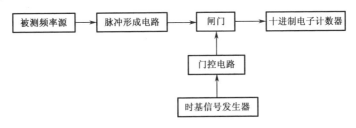

图 9.23 电子计数器测频的原理框图

当频率源频率很高时，需要把微波频率变换成较低的频率，再由计数器直接计数，然后乘以变换比或加上差值来实现微波频率的数字显示。因此，微波频率计的测量方法一般可分为预定标法、频率转换法和外差法等。

频率源频率的测试除采用频率计外，还常常采用频谱仪。由于现代频谱仪的变频本振一般为频率合成器，所以用频谱仪也能比较精确地测试频率源的频率。当频率源频率较低时，可使用示波器通过对信号时间间隔的测量计算出所对应的频率。

频率源频率测试的原理框图如图 9.24 所示。比较典型的微波频率计（又称微波频率计数器）有 HP5342A（频率范围为 10Hz～18GHz，最小分辨率为 1Hz）、HP5343A（频率范围为 10Hz～26.5GHz，最小分辨率为 1Hz）。

图 9.24 频率源频率测试的原理框图

9.8.3 频率源杂散抑制度的测试

频率源杂散抑制度主要是指频率源所产生的各种本振信号的杂散抑制度。杂散抑制度有时分为谐波抑制度和杂散抑制度，其测试方法都是用频谱仪直接观察本振频率信号的功率幅度与杂波的功率幅度，二者之比即为杂散抑制度，通常用 dB 表示，有时也用杂散电平–dB 或–dBc 表示。频率源杂散抑制度测试的原理框图如图 9.25 所示。频谱分析仪可采用 HP8565A 或 HP8566B。

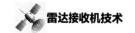

图 9.25　频率源杂散抑制度测试的原理框图

9.9　频率源频率稳定度的测试

频率源频率稳定度分为长期频率稳定度和短期频率稳定度。长期频率稳定度的测试可使用频率计（频率电子计数器）完成，只要把所测得的数据按长期频率稳定度的定义进行计算即可。

在雷达接收系统中，我们更关心短期频率稳定度，因为它与雷达系统的动目标改善因子密切相关。由于短期频率稳定度有时域和频域两种表示方法，所以它的测试方法也分为时域测量和频域测量。另外，雷达频率源中的发射激励源为脉冲调制的载频信号，因而发射激励源频率稳定度的测试方法与连续波频率源（如本振信号）频率稳定度的不同。

9.9.1　短期频率稳定度的时域测试

短期频率稳定度的时域测试方法有直接计数法、频率误差倍增法、零拍法、外差法等。本小节介绍外差法，其原理框图如图 9.26 所示。

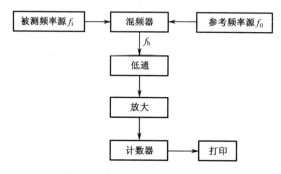

图 9-26　外差法测试的原理框图

在图 9.26 中，混频器将被测频率源频率与参考频率源频率差拍，得到差频 f_b，然后用计数器测量。由于对 f_b 的测量可得到很高的分辨率，所以可获得较高的测试精度。用计数器测定其 M 个周期的长度为 τ，由 τ 的起伏 $\Delta\tau$（其均方差为 $\sigma_{\Delta\tau}$）即可计算出两个频率源的稳定度，当参考频率源的稳定度高于被测频率源一个量级时，即可认为测试结果为被测频率源的频率稳定度。

在 t 时刻，τ 取样长度下的频率相对起伏为

$$y_{t,\tau} = \frac{\Delta f_b}{f_0} = \frac{M \Delta \tau}{f_0 \tau_0^2} \tag{9.17}$$

被测频率源的采样方差为

$$\sigma_y(N,T,\tau) = \frac{M}{f_0 \tau_0^2} \sigma_{\Delta\tau}(N,T,\tau) \tag{9.18}$$

式中，τ_0 为 τ 的平均值；T 为测量周期，$T = \tau + \delta$，δ 为一微小量。

另外，用短期频率稳定度分析仪（或称频稳度测试仪）也可进行时域测试。这类仪器的典型代表是 HP5390A，其工作频率为 500kHz～180MHz，可测试偏离载波为 0.01Hz～10kHz 的相位噪声，典型灵敏度在偏离载波 1kHz 处为 –110dB，在 10kHz 处为 –120dB。这类仪器由高分辨率（2ns）电子计数器 5345A、插入存储器 5358A，混频/中放 10830A 和计算控制器 9825A 等组成，其测试原理框图如图 9.27 所示。该类仪器也可用阿伦方差测量短期频率稳定度。用 HP5390A 测量频率源的阿伦方差时，τ 的范围为 0.1ms～1000s，秒稳灵敏度可达 10^{-13} 量级。

图 9.27 使用短期频率稳定度分析仪的测试原理框图

9.9.2 短期频率稳定度的频域测试

短期频率稳定度的频域测试是目前应用最广泛的方法，包括鉴相器法、鉴频器法及频谱仪直接测量法等。随着相位噪声测试仪的出现和频谱仪性能的不断提高，现在短期频率稳定度的频域测试大多直接使用频谱仪或相位噪声测试仪。

用频谱仪直接测试短期频率稳定度的原理框图如图 9.28 所示。

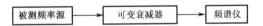

图 9.28 用频谱仪直接测试短期频率稳定度的原理框图

测得的单边带相位噪声谱密度为

$$L(f_m) = N - S + C - 10\lg B_n \tag{9.19}$$

式中，N 为偏离载频 f_m 处的噪声电平（dBm）；S 为载频信号电平（dBm）；C 为频谱仪测量随机噪声的修正值，对于模拟频谱仪为 2.5dB；B_n 为频谱仪的等效噪声带宽。

使用相位噪声测试仪的测试原理框图如图 9.29 所示。常用的型号有 HP3047、HP3048A，其工作频率为 50～18MHz。

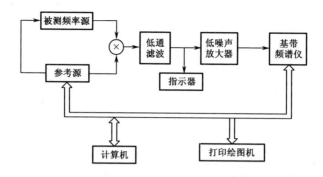

图 9.29　使用相位噪声测试仪的测试原理框图

9.9.3　发射激励源频率稳定度的测试

发射激励源频率稳定度的测试常用频谱仪直接测量改善因子来完成。改善因子表征了发射激励源频率稳定度对雷达改善因子的限制。测试原理框图同图 9.28。由于发射激励源为脉冲调制信号，所以在频谱仪上观察到的是间隔等于脉冲重复频率的一根根谱线，以及分布在谱线之间的噪声。为了保证测试精度，频谱仪的分辨带宽应不小于 10Hz。用频谱仪测出谱线与谱线间噪声的相对电平即可用下式计算发射激励源的改善因子：

$$I = 10\lg(S/N) + 10\lg B_{\mathrm{W}} - 10\lg f_{\mathrm{r}} + 10\lg(B\tau) \qquad （9.20）$$

式中，S/N 为发射激励源单根谱线功率与噪声功率之比；B_{W} 为频谱仪的分辨带宽；f_{r} 为发射激励源的脉冲重复频率；$B\tau$ 为有脉冲压缩时的时宽带宽积，在无脉冲压缩时，$B\tau=1$。

9.10　波形特性的测试

雷达的波形与雷达系统的性能密切相关。早期的雷达只有两种波形，即连续波和脉冲调制波。随着雷达脉冲压缩理论和技术的发展，大时宽带宽积的线性调频信号、非线性调频信号及编码信号已广泛应用于各种全相参雷达，相应地，雷达波形的测试必须同时进行时域测试和频域测试。

测试被测对象在不同时间的特性，即测试它的时间函数 $f(t)$，称为时域测试。用示波器测试脉冲波形的幅度、宽度、上升和下降时间等参数就是时域测试的典型例子。频域测试是测试被测对象在不同频率时的特性，即测试它的频率函数 $S(W)$。用频谱仪测试信号 $f(t)$ 在不同频率的功率分布谱就是频域测试的典型例子。频域测试内容包括信号的频谱、谐波、失真、交调等。

雷达波形的测试除常用的示波器和频谱仪外，还有调制域分析仪。调制域分析仪是一种测量和显示信号频率或相位与时间关系的仪器。调制域分析仪可以测量信号的频率、相位或其他与时间有关参量的动态特性，可用于频偏、调频线性度、调频抖动、调相特性、锁相环的捕捉与跟踪，时钟抖动、脉冲时间参数的变化等参量的测试。

图 9.30 所示为波形特性测试的原理框图。

波形特性测试的主要参数有脉冲波形的幅度、宽度、上升和下降时间、幅度平坦度（包括顶降过冲等）、频谱特性及频率或相位与时间的关系等。

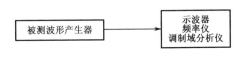

图 9.30　波形特性测试的原理框图

9.11　DAM 测试

DAM 是数字阵列雷达的关键核心部件之一，可实现多通道接收预处理及数字化、灵活波形产生、功率放大及数据光传输等功能。通常，一部数字阵列雷达包含几十到几百，甚至上千个 DAM，通道测试量巨大。同时，DAM 是全数字化多通道收发模块，其测试不同于传统的模拟 T/R 组件，传统的测试手段已满足不了 DAM 批量生产、测试的需求，因此 DAM 自动测试系统应运而生。

9.11.1　DAM 测试需求

DAM 内部有高压大功率发射电路和高灵敏度接收电路，还有高速高集成数字电路，混合了微波、模拟和数字信号，具有多通道和多功能的特征，因此对 DAM 测试有以下要求。

（1）测试指标多，见表 9.1。

表 9.1　DAM 测试指标

类　型	测　试　指　标
发射指标	发射功率，发射顶降，发射脉宽，发射信号脉内信噪比，发射信号带宽，发射信号移相精度
接收指标	接收增益，噪声系数，接收带宽，灵敏度，接收信噪比，射频信号镜像抑制度，I/Q 信号镜像抑制度，通道间隔离度

（2）DAM 接收通道通过光纤接口输出数字 I/Q 信号，需要采集 DAM 输出信号数据，然后送至计算机进行数据分析，计算得出测试指标，因此必须采用数字域测试方法，并开发专用测试软件。DAM 发射通道则以数字控制信号输入，控制 DDS 产生数字射频信号，然后通过 DAC 转换为射频信号，因此 DAM 的发射指

标测试为微波域测试，需要用频谱仪、信号源和功率计等辅助完成。

（3）DAM 通道多、指标多，测试工作量大，手动测试已经无法满足大批量 DAM 研制、生产的需求，因此需采用自动测试方法提升测试效率。

9.11.2　DAM 自动测试系统概述

DAM 自动测试系统主要由仪表、数据采集模块、测试适配器、计算机（测试软件）等组成。仪表主要有信号源、频谱仪、功率计、程控电源等，能够产生时钟、本振、测试信号、组件控制数据、电源等测试激励。数据采集模块是被测 DAM 和计算机之间的"桥梁"，提供光纤、GPIO 等接口，将计算机与被测 DAM 连接起来，可以将计算机发布的控制指令传输给被测 DAM，控制其工作状态；同时把被测 DAM 输出的 *I/Q* 数据采集后传输给计算机。测试适配器主要包括测试夹具及一分多功分网络模块，测试夹具将 DAM 固定，提供电源、时钟及冷却方式；一分多功分网络模块根据接收或发射测试提供信号互联。计算机（测试软件）主要实现数据采集、数据分析和报表显示生成等功能，能够实时测试 DAM 的接收、发射各项性能指标，并提供友好的交互式操作界面。图 9.31 所示为一种经典的 DAM 自动测试系统。

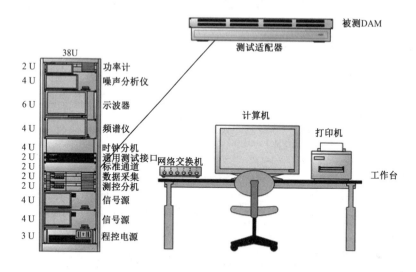

图 9.31　一种经典型的 DAM 自动测试系统

1. 测试适配器

测试适配器为被测 DAM 提供了机械通信接口，如图 9.32 所示，由夹具、功分开关网络、负载、耦合器及风扇等构成。夹具配备了锁紧装置，以保证被测 DAM

与接口可靠连接，且夹具可以在水平面上进行 180°旋转，使工作人员可以多角度操作。

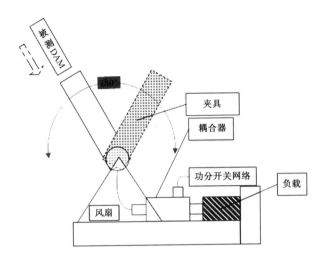

图 9.32 测试适配器夹具示意图

测试适配器通过探针将测试激励引入或从被测件提取测试信号。探针固定在专门的引线板上，引线板可以实现功分或选通测试激励或被测信号。使用时，将被测 DAM 固定在活动底座上，底座向上运动，使探针与测试点连接。活动探针臂安装在探针滑槽上，臂的长度和横向位置由测试点确定。滑槽背面设有定位孔，以方便活动探针横向定位。每个探针臂上可以放多个探针，探针通过探针引线连接到插座上。测试适配器采用模块化设计，可以通过不同的探针组合适应不同 DAM 的需要。测试适配器使用专门的探针引线板将探针和测试系统连接起来。

2. 测试软件

测试软件基于测试环境管理软件，采用了开放性、平台化的设计。目前，市场上公开发行的测试流程管理软件有 NI TESTSTAND、TESTCENTER 等。所有的测试流程管理软件都采用开放式架构，提供测试设备资源管理、测试流程开发、测试流程管理、报表输出、结果网络发布等功能。测试软件可以针对不同测试需求进行二次开发，目前主要针对调试、老炼、线上测试三个测试需求。测试环境管理软件是技术人员依照被测件的测试需求二次开发设计的。测试流程中的单个测试步骤称为"节点"，多个节点构成的测试流程在测试环境管理软件中称为"序列"，测试环境管理软件具备测试序列管理功能，能够满足线上测试要求。测试流程管理软件负责每个测试流程节点的管理，可以根据调试、设计验证、故障检测、线上测试不同需求进行开发。目前，DAM 测试软件主要应用于调试、线上测试。测试流程管理软件是测试环境管理软件测试序列管理功能的进一步扩展，在已经开发好的测试序列的基础上，根据测试结果的分析或交互式操作，调用测试流程节点，完成更加复杂的测试功能，如实时测量参数监控、仿真/半仿真对比、故障分析引导等。

第 10 章
现代雷达接收机设计展望

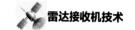

提要： 本章介绍先进封装工艺，并展望其在雷达接收机设计中的应用前景，简述了 RFSoC 接收机技术的原理及其在雷达接收系统中的应用，阐述了微波光子接收机的技术原理和设计方法，以及一体化多功能接收机技术的发展状况。

从雷达等装备的发展趋势来看，在未来战场上，无人化、智能化装备体系将发挥重要作用。雷达与平台一体化要求现代接收机的射频系统重量轻、功耗低、剖面低，"侦干探通"多功能一体化要求收发有源阵面从数字化向软件化和智能化方向发展。需求和挑战的动态变化引导着收发技术的发展，微电子和微系统技术推动收发技术的发展。收发技术需要构建全开放、标准化、智能化的阵面系统，在时、空、频、极化、波形等域全开放，形成标准化、模块化的微系统硬件，嵌入智能化处理单元，融合光电技术，实现信道功能软件可定义、可重构，在性能指标上满足"侦干探通"等多种功能装备的需求，在工作模式上满足装备战时多功能协同作战的需求。因此，应从芯片开始规划，打造一个通用的单元级数字化集成宽带数字阵列硬件平台，让有源阵面射频系统具备"软件可定义、在线可升级"的能力，从而大幅提升频谱感知能力和集成度，减小体积和重量，降低剖面和功耗，形成"侦干探通"多功能一体化宽带有源阵列。

传统雷达接收机技术面临新的挑战，在系统架构上，需要支持构建开放式的数字有源阵面，实现硬件平台共用、系统功能软件可定义，系统由数字化向软件化及智能化跨越；在物理架构上，需要综合应用射频、数字、微波光子和微电子、微系统等先进的技术和工艺手段开发应用 SiP、SoC 等先进器件，采用先进封装工艺，以片式硬件平台方式，构建微系统形态的有源阵列阵面；在硬件形态上，系统将越来越分不清天线、接收、发射和数字处理，这些功能部件将融为一体，构成微系统形态的有源阵面系统。

近五十年来，在摩尔定律的指引下，半导体和微电子产业发生了日新月异的变化。单个芯片上已可集成更多的晶体管，现代先进的节点芯片可以拥有多达200 亿个晶体管。晶体管的工作速度越来越快，使得电子产品的性能持续提升，而体积、功耗和成本不断降低。与目前的无线通信器件相比，雷达收发器件的集成度、成本和功耗仍有非常大的提升空间。而未来装备的小型化、一体化等需求，对雷达系统的体积、重量和成本提出了更加苛刻的要求。基于先进的 COMS 工艺，研究、开发通用型的雷达专用 SoC 将是解决这些问题的重要途径之一，雷达前端的微波、高速数模/模数变换、数字调制解调及数字预处理功能将实现单片集成，构建一个通用型射频前端硬件平台，具有高度可编程和可配置性，以适应不同应用场合。

同时，电路中的晶体管数量已经从数千个增长到数百万甚至数十亿个，开发和验证电路设计的时间和成本居高不下。由于高工艺节点的硅芯片价格高、工艺精密度高，业界提出了新的扩展方式——异质异构集成，主要包含三个层面：技术节点多样性（CHIPS 项目）、功能多样性（PIPES、T-MUSIC 项目）、三维异构材料集成（Frank、Lumos 项目）。其中，CHIPS 项目研究用模块化芯片组成一个系统；PIPES 项目研究光电子集成封装技术；Lumos 项目研究如何将几种化合物半导体材料最优化地结合在一起，如将III-V族器件与硅 CMOS 集成。硅 CMOS 的制造、集成和封装利用了为硅 CMOS 开发的平面、后端互连工艺，提供了多层互连，以实现高密度的集成。用高性能的III-V族晶体管取代射频晶体管，并添加其他功能的数字电路，可以构建一个异质集成的宽带数字收发器。

针对未来复杂战场环境中装备的多功能一体化、智能化等军事需求，需解决传统分离模块搭建的射频系统集成度不高、通用性不强、可配置能力差等瓶颈问题。基于先进的 CMOS 技术，全面突破大规模高速数模混合 SoC 芯片架构和电路设计各项关键技术，研发面向多功能一体化的射频处理器芯片，可让传统的专用射频系统具备可定义、可重构的能力，大幅提升系统集成度，减小体积、重量和功耗，为未来军事系统集"侦干探通攻管评"等多功能一体化、智能化和小型化奠定技术基础。可以看出，未来接收机技术将呈现融合射频和数字、电子和光子、微电子和微系统等先进技术的新形态。本章选取了几种目前研究较多的技术进行简单介绍。

10.1 基于先进封装工艺的接收机技术

雷达接收机的发展，从技术体制上来说，是超外差技术体制实现的方式由模拟向数字化发展，其物理形态依托摩尔定律，体积经历了从机柜到插箱，再从插件到芯片的演变，随着超大规模集成电路的实现，雷达接收机芯片化成为可能。20 世纪 90 年代中期，先进封装逐步发展起来，它是为了适应产品轻薄、高速、价廉的需求而相对于传统封装提出的新概念。先进封装主要有以下特点：①由封装元器件转变成封装系统；②由单个芯片发展成多个芯片；③由平面内的封装发展为立体封装；④倒装连接、通孔连接发展为主要连接方式。先进封装技术主要包括倒装芯片（Flip Chip，FC）、晶圆级封装（Wafer Level Packaging，WLP）、堆叠封装（Package on Package，PoP）、硅通孔（Through Silicon Via，TSV）及系统级封装（System in a Package，SiP）等 3D 封装技术。先进封装中的基板作为芯片与印制电路板之间的新载体同样受到业界的重视，合适的封装基板为产品带来了多引脚、高密度化、提升电性能和可靠性、缩小封装面积等诸多优点。

在无线、射频及微波等高频领域，射频的天线、电感等器件的尺寸往往比 CMOS 器件高 3～5 个数量级，若也采用 CMOS 先进工艺制备，则成本过高，所以仍以 CMOS 器件为主。高频器件若能与 CMOS 器件进行单片集成，则可获得更高的系统性能和更小的体积。利用先进封装技术，将单独制备的高频器件与 CMOS 器件进行三维集成，能够在不增加 CMOS 器件成本的情况下完整实现高频器件的性能。将射频收发器和相应电路集成在一个芯片上实现单片微波集成电路一直是通信系统芯片追求的目标之一。

随着雷达、电子战和通信等电子信息系统新技术和新体制的快速发展，小体积、低功耗、高性能的多功能一体化接收机成为雷达接收机的重点发展方向，先进封装技术为实现这一目标提供了良好的技术支撑。下面通过几个具体实例来说明先进封装在接收机小型化和多功能一体化等设计中的应用。

10.1.1 基于系统级封装的射频前端系统

系统级封装是指在一个封装系统内实现多种功能，集成多种芯片的封装技术。图 10.1 所示为采用硅基集成无源器件（Silicon-based Integrated Passive Device）实现的射频前端系统级封装示意图。它将集成无源器件（Integrated Passive Devices，IPD）设计在硅基底上，硅基底同时作为有源芯片的载板。集成了无源器件和有源器件的硅基底作为一个系统模组进行系统级封装，有源芯片通过倒装芯片技术集成在硅基底上，如图 10.2 所示。系统级封装采用球栅阵列（Ball Grid Array，BGA）进行封装，封装后的尺寸为 14.5mm×6.8 mm×0.8mm，远小于传统封装尺寸，可以很好地适用于射频模组的收发应用。IPD 在系统级封装中替代了分立的表面贴装组件，免除了将分立元器件焊在 PCB 上的过程。

IPD 不仅能够减小封装尺寸和体积，还能够通过降低由焊料或键合引入的寄生、损耗和失配问题，从而提高系统的可靠性和性能，在射频应用方面的效果尤其显著。

图 10.1　射频前端系统级封装示意图

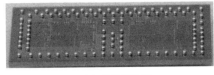

（a）倒装芯片前　　　　　　　　　　　　（b）倒装芯片后

图 10.2　倒装芯片前后的实物图

10.1.2　基于晶圆级封装的收发前端模组

晶圆级封装是指先在晶圆上对大量芯片同时进行封装和测试，然后划片分离器件，一次性获得大量器件的封装方法。图 10.3 所示为一种采用嵌入式晶圆级封装（Embedded Wafer Level Packaging Technology，EMWLP）的 77GHz 汽车雷达的收发前端模组集成示意图。收发芯片和预先制备的 TSV 芯片通过压制成型为一个圆片，其中，TSV 采用高阻硅制备，用来实现垂直信号互联；然后在圆片上进行重新布线。图 10.4 所示为嵌入式晶圆级封装的晶圆及其细节。布线完成后划片分离器件获得晶圆级封装的模组，如图 10.5 所示。嵌入式晶圆级封装模组同时为无源器件的集成提供了平台，在高阻硅上制备 TSV 的同时制备谐振器和带通滤波器，作为一个整体进行嵌入式封装。由于无源和有源器件嵌入了同一个晶圆，它们的集成可以通过简单的再布线来实现，过程相对容易，且嵌入的方式可以减小整体封装的尺寸，封装后的模组尺寸为 8.7mm×9.1mm。

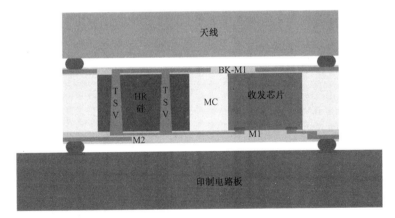

图 10.3　一种嵌入式晶圆级封装的 77GHz 汽车雷达的收发前端模组集成示意图

10.1.3　基于有机基板封装的天线模组

有机基板拥有介电常数低、质量密度低等物理特性，有利于高速信号传输，其较大的热膨胀系数与母板接近，有利于二次集成，是当下封装领域中市场占有率最高的基板类型。图 10.6 所示为采用多层有机封装的 60GHz 天线模组与射频

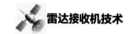

芯片和 PCB 集成的示意图，天线的封装通过四层金属层和有机绝缘材料的堆叠来实现；在侧向和纵向上集成了四个天线，封装后的尺寸为 11mm×11mm×0.5mm。图 10.7 所示为集成了四个天线的封装芯片实物图。封装后的天线通过 BGA 焊料点与 PCB 连接，在天线与 PCB 通过 BGA 贴片的同时实现天线与射频芯片的倒装。相较于传统封装，该封装方案采用标准倒装芯片工艺进行封装，不需要为射频芯片单独预留嵌入空间，提高了封装的灵活性和集成度。

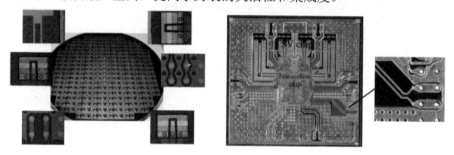

图 10.4 嵌入式晶圆级封装的晶圆及其细节   图 10.5 已置焊料球的嵌入式晶圆级封装模组

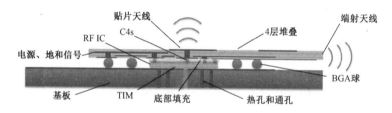

图 10.6 60GHz 天线模组与射频芯片和 PCB 集成的示意图

（a）正面   （b）反面

图 10.7 集成了四个天线的封装芯片正反面实物图

从上述三个实例可以看出，采用先进封装工艺可以成功实现收发系统的小体积、多功能集成，具有更高的封装灵活度和集成度，具备获得多功能一体化雷达接收机的巨大潜力。尽管当前的先进封装中仍存在一些技术难点，如晶圆级封装中的晶圆翘曲较大、有机 ABF（Ajinomoto Build-up Films）基板的良率偏低等，但是随着先进封装工艺的不断发展和基板材料的进一步突破，其势必会广泛应用于雷达、通信及电子战等多个领域。

10.2　RFSoC 接收机技术

10.2.1　RFSoC 简介

目前，随着平台载荷一体化，多功能一体化，单兵、无人平台各方面需求对系统装备的要求越来越高，研制满足需求不断更新的信息系统是一种似乎没有终点的挑战任务。设计者面临越来越多的问题，如在非常小的空间里进行日益增多的功能集成，增强信号处理能力，降低时延和功耗，采用越来越多的通道，以更快的速度传输大量数据等。近年来，一种集成了射频采样 ADC/DAC、FPGA 和 ARM 等的多通道、多功能射频数字收发芯片 RFSoC 应运而生，发展越来越迅速，并得到了广泛应用，替代了以往需要多个独立装置分别执行多种功能的设备。RFSoC 节省了电路板上的空间，减小了功率损耗，互连更少。基于 RFSoC 构建接收机改变了接收系统的物理形态。

以 Xilinx 公司的 Zynq UltraScale+RFSoC 产品为典型代表的新一代高集成系统级芯片，单片集成了高性能 ADC、DAC、可编程逻辑单元、通用处理器、通用 IP 等，目前发布的已在售器件最高可支持 6GHz 以下所有频段的直接采样和信号输出，同时还具备多通道 5GSps 的 14 位 ADC 和 10GSps 的 14 位 DAC，二者的模拟带宽均高达 6GHz，可成为部署 5G 系统、有线电视接入、高级相控阵雷达、MIMO、宽带电子侦察对抗系统、测量测试和卫星通信系统等理想的解决方案。通过取代分立式组件，采用 RFSoC 方案可以将功耗及封装尺寸至少减少 50%。

10.2.2　RFSoC 技术特点

Xilinx 公司的 RFSoC 的主要技术特点包括高集成、低功耗、低时延、PL 端可编程、PS 端可编程、RF 直接采样、RF 直接产生等。

1. 高集成

高集成是 RFSoC 的最大特点和优势，其单芯片集成了 RF-ADC、RF-DAC、DDC、DUC、大容量 FPGA、ARM 等（见图 10.8），具有强大的可编程、可重构定义能力。

图 10.8　RFSoC 集成 IP 示意图

2. 大带宽

大带宽主要体现在三个方面，一是 ADC 接收处理信号瞬时带宽大；二是 DAC 输出信号瞬时带宽大；三是对高速大带宽数据处理能力强大。

片内多通道 14 位 RF-ADC 的最高采样频率高达 5GHz，片内多通道 14 位 RF-DAC 的采样频率高达 10GHz，二者的模拟带宽均高达 6GHz，理论上可以对 6GHz 以下频段进行 RF 直接采样和 RF 信号直接数字化产生。

片内集成了高性能 DDC、DUC、大容量 FPGA，具备对高速数字基带信号进行处理的能力。

3. 低时延/低功耗

传统的 ADC、DAC 与 FPGA 采用高速接口进行数据交互，如 JESD204B 接口、并行 LVDS 接口等。这面临很大的 I/O 互连挑战，为了随带宽扩展，大多数新型变换器都使用基于 JESD204B 协议的速率高达 12.5Gbps 的高速串行接口。这种方案存在很多问题，首先，JESD204B IP 核的实现需要时间，要使用宝贵的 FPGA 资源，并消耗大量的功耗；其次，串行 I/O 功耗在更高速率下会显著增加。不过，最难的还是建立串行链路，12.5Gbps 速度下的信号失真是个问题，对板材、走线等都有一定要求。

RFSoC 将 ADC、DAC 与 FPGA 集成在一起，无须使用 JESD204B 等接口，数据与 FPGA 实现直接传输，其优势不局限于减小功耗和封装尺寸，还能大大降低信号链路的传输时延，提高信号传输的可靠性，这对于快速侦察、干扰领域的应用场景非常重要。

4. 软件化开发流程

RFSoC 集成了高性能 FPGA 和通用 ARM 硬件核，通常称为 PL 端和 PS 端。PL 端的编程完全类似于 FPGA 的编程，使用的软件也一致。PL 端的编程与 ARM 的开发流程也非常类似，开发者主要的工作是根据不同需求，合理划分 PL 和 PS 的任务，合理进行交互协调，这样可以大大加快开发流程。

10.2.3 基于 RFSoC 的数字接收机设计

基于 RFSoC 的数字接收机设计与传统的数字接收机设计类似，主要区别在于集成度更高，处理能力更强，扩展性更强。一般在设计时需要综合考虑电源、时钟、关键走线、电磁兼容、结构散热等多种因素。

10.3 微波光子接收机技术

10.3.1 微波光子接收机的含义与基本结构

随着军工技术的发展，现代战争对雷达装备多功能、高精度、实时探测能力的需求越来越强烈。这些能力实现的基础都是对宽带微波信号的高速处理，但宽带信号的产生、控制和处理在传统电子学中极为复杂，甚至无法完成。微波光子接收机将光子技术与微波工程相结合，通过将微波信号转换到光学域，采用光学方法完成接收机中信号的产生、合成，以及接收与检测等处理，利用光子技术的大宽带、高速、低损耗和电子技术的灵活、精细的特点，可解决宽带微波信号处理的瓶颈问题。

2014 年，意大利国家光子网络实验室的 Bogoni 团队报道了结合微波光子多载波产生、发射和接收的光子雷达。该微波光子雷达包含三个基本构成因素：宽带雷达信号发射、高灵敏度雷达接收机及基于锁模激光器的全系统相参架构。在发射端，通过具有超低抖动的锁模激光器产生 400 MHz～40 GHz 频率步进可调的雷达发射信号；在接收端，利用锁模激光器产生的光脉冲对接收到的雷达回波进行高速采样，在 10GHz 以上频段的光模数变换有效位数优于 7。

微波光子接收机的原理框图如图 10.9 所示。在接收端，宽带回波信号经电光转换后在光频段完成光波束合成（光时延阵列）和光模数变换，形成数字回波信号送入后端进行信号处理；在发射端，宽窄波形通过中频电光转换后，在光频段完成信号的倍频混频、光时延和光电转换后形成宽带发射微波信号；通过低相噪光子频率源实现全系统相参。对于微波光子接收机，宽带光波束形成技术、微波光子数字化技术及微波光子低相噪频率源技术尤为关键，下面分别进行介绍。

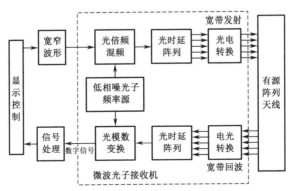

图 10.9 微波光子接收机的原理框图

10.3.2 宽带光波束形成技术

波束形成分为数字波束形成和模拟波束形成。数字波束形成技术目前在窄带系统中无可替代，技术优势明显。但是，面对宽带应用时，庞大的计算开销与运算处理速度要求使得数字电子技术力不能及。

传统的模拟波束形成采用移相器、衰减器及馈电网络形成天线波束，但在大带宽时存在波束偏斜和孔径渡越问题。宽带光波束形成利用光纤、微腔等载体实现精确时延控制，从而完成阵列波束形成功能，具有宽带幅相一致性强、大时延损耗小的优点，解决了宽带宽角扫描时的波束主瓣倾斜和孔径渡越问题。

根据时延方式的不同，光时延可以分为光开关时延、微环时延、光子晶体时延、啁啾布拉格光栅时延等。其中，光开关时延芯片最成熟且最接近工程应用。如图 10.10（a）所示，8 级开关和 7 级延迟线构成了 7 位延迟线，可以实现 2^7 个时延态。延迟线的末端有可调衰减器，用于通道的幅度一致性调节。

在光开关延迟线中，通道的相位一致性和时延态切换速度分别与光开关的消光比和开关速度紧密相关。如图 10.10（b）所示的马赫-曾德尔干涉（MZI）结构光开关，由两个 2×2 的 3dB 功分器和一个移相器组成。其工作机理是利用 3dB 功分器将输入信号分路，通过移相器调控上下臂光信号的相位差，使得两路信号在输出端的 3dB 功分器中产生干涉。完全的相加性干涉发生在某个端口，则信号从这个端口输出。当 MZI 两臂相位差 $\Delta\varphi$ 为奇数个 π 时，光开关为 BAR 状态；当 $\Delta\varphi$ 为偶数个 π 时，光开关为 CROSS 状态。BAR 和 CROSS 状态决定了光开关延迟线中光信号的路径。光开关在工作过程中很难达到理想的 BAR 状态或 CROSS 状态，进而会形成串扰。消光比定义为输出端口的光功率与非输出端口的功率的比值。

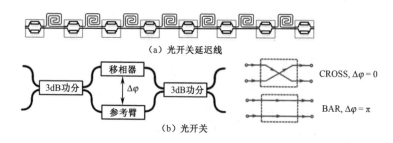

（a）光开关延迟线

（b）光开关

图 10.10 光开关延迟线和光开关的示意图

光移相器分为热光、电光、压光三类，其工作原理分别是光波导的折射率在热、电、力场作用下发生改变，进而表现为相位的变化。电光移相器一般为 PIN

二极管型掺杂波导。硅波导具有自由载流子色散效应，即硅材料的折射率随着其内部自由载流子浓度的变化而变化。通过施加偏压，PIN 二极管的载流子浓度发生改变，Ⅰ区波导的折射率随之改变，进而产生相移。电光移相器的优点是速度快，一般在 100ns 量级，可以与现有雷达系统很好地匹配；缺点是载流子色散效应伴随着载流子吸收效应，因此移相的过程会伴随损耗，即存在移相附加损耗。与电光移相器不同，热光以及压光移相器不存在移相附加损耗。

表 10.1 给出了不同类型、不同材料体系的光开关的性能参数。氮化硅和氧化硅由于无法进行 P 型和 N 型掺杂，只能加工为无源器件，所以基于此类材料的光开关只有热光和压光开关。压光开关的特点是功耗很小，但是偏压很大（大于 10V），并且工艺不成熟。热光开关中，由于硅的热光系数比氮化硅和氧化硅高一个数量级，所以硅基热光开关的速度更快，功耗更小。硅基电光开关在速度和功耗性能上的优势十分明显，其缺点是移相附加损耗导致的损耗偏大及消光比偏小。

表 10.1　片上光开关分类及性能

材料体系	热光开关	电光开关	压光开关
氧化硅	损耗：0.5dB 速度：10ms 消光比：30dB 功耗：100mW	/	/
氮化硅	损耗：0.5dB 速度：1ms 消光比：30dB 功耗：250mW	/	损耗：0.7dB 速度：1μs 消光比：30dB 功耗：1μW
硅	损耗：0.5dB 速度：20μs 消光比：30dB 功耗：20mW	损耗：1dB 速度：100ns 消光比：20dB 功耗：1mW	/

光波导最关键的性能是传输损耗。表 10.2 给出了不同材料体系的光波导的传输损耗。在薄硅体系中，光波导的传输损耗普遍较高，其根源是光场在侧壁的散射损耗较大，但是通过异质集成氮化硅波导可以将损耗降到很低。在厚硅体系中，由于波导截面较大，光场被很好地约束在波导内，侧壁散射损耗较小；但是弯曲半径较大，波导不够紧凑，芯片面积较大。与氮化硅、氧化硅材料体系的光波导相比，硅基波导在传输损耗方面差距不大，考虑到硅基光开关的优异特性及硅基 CMOS 工艺的高度成熟和低成本，硅基光开关延迟线将成为未来的主流。

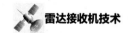

表 10.2　片上光波导分类及传输损耗

材料体系	传输损耗		
薄硅（220nm-SOI）	条形波导：1.5dB/cm；脊形波导：1dB/cm；多模波导：0.3dB/cm； 可异质集成氮化硅波导：0.1dB/cm		
厚硅（3μm-SOI）	0.1dB/cm；弯曲半径：1mm		
氮化硅	0.1dB/cm		
氧化硅	0.05dB/cm；弯曲半径：5mm		

10.3.3　微波光子数字化技术

1979 年，罗克韦尔国际科学中心的 H. F. Taylor 首次提出基于超短光脉冲采样的光模数变换方案。该方案使用脉冲光源对射频信号进行光采样并通过不同半波电压的调制器阵列对采样后的光脉冲信号进行全光量化，确定了以脉冲光采样为主要实现方式的微波光模数变换研究思路，并吸引了大量针对该方案优化改进的研究。经过几十年的研究，微波光模数变换技术涌现出多种实现方式，采样光源有调制光脉冲、主动锁模、被动锁模三种方式，采样方案分为全光处理和结合 ADC 的光采样电量化方式。

对于雷达接收机应用需求，目前较为匹配的微波光模数变换方案为基于超短光脉冲的时间交织采样方案。如图 10.11 所示，锁模脉冲激光器输出的超短锁模脉冲经时分复用、波分复用等光复用技术提升脉冲重频后，通过电光调制器对待采样射频信号进行光采样，然后通过光解复用技术分为多路进行光电转换，并使用 ADC 对采样后的信号进行量化处理形成数字信号输出。2016 年，上海交通大学邹卫文教授团队报道了基于光波分复用的交织采样技术，模拟带宽为 12GHz，采样频率达 40GHz，有效位数为 7.5。在光模数变换的数字信号后处理方面，邹卫文教授团队于 2019 年提出采用深度学习算法抑制光模数变换系统的拼接杂散和非线性谐波交调，实现了有效位数提升（大于 4）。

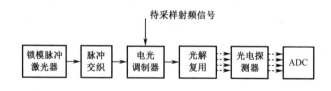

图 10.11　时间交织光模数变换的基本结构

目前，光模数变换技术在采样频率、模拟带宽、有效位数等方面均实现了较高的指标，但由于分立光纤器件的集成度、功耗和环境适应性问题，在雷达接收机应用中还面临很多困难，需通过芯片集成设计来解决工程化的难题。2012 年，美国麻省理工大学的 Anatol Khilo 报道了光模数变换的硅基集成研究，实现了电光调制器、脉冲解复用光链路及光电探测器的芯片集成，以 2.1GHz 采样频率对 10GHz 的模拟输入信号实现了 3.5 有效位数的数据采集。2019 年，德国布伦瑞克大学研究团队报道了基于电调光梳技术的光模数变换芯片，将电光采样芯片和电控驱动电路进行了单片光电混合集成，但同样在采样频率、有效位数等指标上距离分立元器件的光模数变换系统还有一定差距。

10.3.4　微波光子低相噪频率源技术

随着光子技术的快速发展，新型的光学谐振腔（包括光纤、光学微腔等）相比于传统频率发生器在 Q 值、工作频段、抗电磁干扰等方面具有特有的优势，这是新型光电振荡器产生高频、低相位噪声信号的本质基础。光电振荡器可产生极低相位噪声的高品质微波信号，并且信号相位噪声与工作频段无关，是高灵敏度雷达非常理想的本振频率源。

1994 年，美国喷气推进实验室的 Yao X. S. 首先提出利用光电振荡器产生高质量微波信号。该方案的基本结构如图 10.12 所示，其基本组成包括激光器、光调制器、长光纤、光电探测器、微波放大器、带通滤波器和耦合器。光电振荡器是基于光学谐振腔的反馈型振荡器，激光器发出的连续波经光调制器被系统噪声进行强度调制后通过长光纤传输至光电探测器，光电探测器把强度调制光信号转换为电信号，然后经过滤波、选频、放大，最终反馈至光调制器的输入端。系统噪声经过多次循环，满足巴克豪森条件的频点能够起振，形成稳定的振荡信号。因为光纤具有极低的损耗（普通单模光纤的损耗约为 0.2dB/km），千米量级光纤构成的光电谐振腔的 Q 值能够达到 10^6，因此可以产生高频谱纯度的振荡信号。

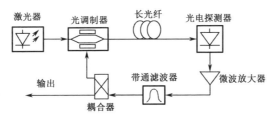

图 10.12　光电振荡器基本结构

基于光电振荡器技术，美国 OEwaves 公司的 10GHz 低相噪频率源在 1kHz 频偏处实现了相位噪声指标优于-140dBc/Hz，在 10kHz 频偏处相位噪声优于 -150dBc/Hz。南京航空航天大学相关课题组也报道了基于光电振荡器技术的低相

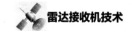

噪微波频率源。该研究利用 4.4km 光纤搭建光电振荡环路，在 10GHz 频段产生了相位噪声为-127dBc/Hz @1kHz 及-153dBc/Hz @10kHz 的微波信号输出。

除基于低损耗光纤传输的光学谐振腔外，使用超高品质光学微腔也可产生低相位噪声的微波信号，使得微波光电振荡器小型化、集成化成为可能。常用于低相噪微波信号产生的光学微腔材料有氟化镁、氟化钙及二氧化硅等，其中，氟化镁微腔与氟化钙微腔的光频梳相位噪声结果更好。2020 年，瑞士洛桑联邦理工学院在 *nature* 上发表了关于 MgF_2 微盘腔的研究论文。该团队使用 MgF_2 微盘腔激发出超宽带频率梳，并将该频率梳锁定到超稳激光器上，通过光频梳分频的方式实现了相位噪声为-135dBc/Hz @10kHz 的 14GHz 微波信号输出。2021 年，南京大学姜校顺团队报道实现了 Q 值为 10^7 的二氧化硅微腔，并基于该微腔实现了 10.43GHz 信号输出，相位噪声达到-130dBc/Hz@10kHz。

目前，美国 OEwaves 公司的微型光电振荡器已经实现商用。相比于传统的射频振荡器，微型光电振荡器在体积、重量、功耗和抗振动等方面都具有明显优势，尤其适合弹载、机载等振动平台，目前已经成功应用于美国弹载系统和军用无人机。

10.4 一体化多功能接收机技术

10.4.1 一体化多功能接收机技术发展概述

随着雷达、电子战和通信等新技术和新体制的发展，雷达接收机和电子战、通信接收机一体化技术正在引起人们的关注。三种接收机的一体化表现为技术上的互相渗透和体制上的互相兼容及物理形态上的统一。随着技术的不断发展，作战平台面临的威胁日益增多，从而不得不配备多型电子设备来提升自身的生存能力。尤其是机动平台，如飞机、战舰等，必须同时装备雷达、通信和电子战等多种电子设备。同时，为了提高等效辐射功率，往往还需要增大发射机的输出功率和天线增益，导致系统的尺寸、重量、功耗等急剧增加，严重限制了机动平台的机动性能，增加了平台的 RCS，降低了其在复杂电磁环境中的生存能力。为了适应战场环境的不断变化，满足机动平台在体积、重量、功耗、电磁兼容、成本等方面的要求，多个机构在雷达、电子战、通信一体化设计和研制方面开展了大量工作。

1. 美国

1995 年初，美国空军赖特实验室开始了综合传感器系统（ISS）概念研究和演示验证计划。ISS 的目的是大幅降低包括雷达、电子战在内的射频传感器系统的全寿命周期费用（LCC），减小重量和体积，提高可靠性。ISS 采用了多种方式来实现这个目标：通用模块、资源共享（中央硬件资源共享和时间共享）、动态组配、开放式系统结构（OSA）、成熟商用技术（COTS）。ISS 计划淡化了传统的雷达、电子战功能界限，将所有的射频发射和接收功能集中到单一系统中实现。ISS 验证了一体化射频结构的可行性，达到了 1/2 的费用、1/2 的重量和体积、3 倍可靠性的预期目标。

JAST 计划办公室于 1996 年 2 月启动了多功能一体化射频系统（MIRFS）计划，根据合同要求，MIRFS 可支持雷达、通信和电子战功能，共享天线和处理器等硬件，使联合攻击战斗机（JSF）具有全频谱自卫能力、全天候隐形攻击平台。MIRFS 工作于 8～12GHz 频段，采用有源阵列低雷达截面积的天线，能完成空对空搜索与跟踪、空对地攻击作战、合成孔径雷达测绘、单脉冲地面测绘、ESM、电子干扰、空中交通管制及一些通信功能。该系统将 JSF 航电系统成本减少 30%、重量减少 50%。在美用空军"北方利刃 2009"演习中，工程发展型的 MIRFS/MFA（APG-81）展示了其电子保护功能，雷达可同时应对多种类型的先进干扰机。

美国海军在对提高舰艇生命力和战斗力的综合桅杆技术研究方面不遗余力，先后推行了先进封闭式桅杆/传感器系统（AEM/S）、多功能电磁辐射系统（MERS）、隐形多功能烟囱系统（LMS）和先进多功能射频系统（AMRFS）等多个先进演示（ATD）计划来发展相关的概念与技术。美国海军的多个一体化项目主要解决多功能和天线数量急剧增加带来的电磁兼容、高 RCS 等问题之间的矛盾。

1996 年，美国海军研究办公室（ONR）开展了 AMRFS 的研究。它与 ISS 计划的最大区别是，将一体化设计的概念扩展到了孔径领域，主要任务是验证宽带射频孔径的概念。根据功能需求和费效比准则，AMRFS 采用收发分置的多个宽带固态电扫天线阵，覆盖 1～18GHz 的工作频段，接收和发射天线阵由可动态分配的多个子阵组成，可以发射和接收多个独立的波束，同时实现雷达、电子战和通信等功能。之后，AMRFS 进一步发展成为 AMRFC 项目。AMRFC 项目在设计方面进行了简化，发射和接收均采用单部天线，频段覆盖范围也相应调整为 6～18 GHz。AMRFC 通过一个共用的孔径来实现雷达、电子战和通信系统的同时工作，基于软件无线电技术，用软件模块在共用的硬件结构上实现多种功能。AMRFC 的设计思想将电子系统的一体化推向更高的水平，代表了一体化电子系统的发展方向。ONR 于 2008 年推出 InTop 计划，目的是在 AMRFC 项目的基础上发展支持多级军舰和平台的可扩展电子战、雷达和通信功能，采用模块化/开放式设计以利于技术升级。

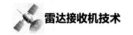

2. 欧洲

法国泰利斯公司生产的基于全数字阵列技术的综合桅杆将各种雷达、通信天线设计成平面式或共形阵列天线，组成一体化的封闭式综合传感器结构，可取代挂满各种鞭状、条状天线和各式彩旗的传统桅杆。综合桅杆可以通过减小舰载雷达截面积和红外特征来提高舰艇隐形能力，可以实现更灵活的频率管理，更精密地控制电子干扰和兼容问题；可以快速适应新需求或增加新功能；可以显著降低更新建造成本和服役期成本；可以动态地分配和管理系统设备。因此，综合桅杆是实现舰上军事信息融合和指挥自动化的前提，是实现海军网络中心战的重要基础。

多功能射频探测一体化系统技术，多频段、高效率、大动态及高线性的多功能综合射频通道技术，多维统一信号理论与多维波形设计和评估方法，新型资源管理与调度技术，多源信息融合技术等必将是侦察、干扰、探测、通信一体化集成技术的发展方向。

综上所述，无论是概念提出、技术攻关、平台规划，统一的着眼点都是提升武器装备的作战效能。从系统功能集成的角度看，一体化集成技术必将在同一作战系统中协调、优化、集成多种作战功能，使各大功能优势互补，提升系统本身及系统所在的整个作战体系的作战效能。

表 10.3 列出了部分欧洲国家舰载射频集成系统的相关信息。

表 10.3　部分欧洲国家舰载射频集成系统的相关信息

国家	射频集成系统	技术特点	特点分析	发展装备计划
英国	先进技术桅杆（ATM）及集成天线	也称封闭式隐形桅杆，它将各种雷达、通信天线设计成平面式或球形阵列天线，组成一体化封闭式综合传感器桅杆结构	类似 AEM/S，继承结构寿命长，布局合理，具有耐久性，能进一步改善传感器特性，减少波瓣，改善 EMC 和降低维修费用等	首舰为"皇家方舟"航母，2012 年后水面战斗舰船作为应用首选目标
德国	多探测器桅杆（MSEM）及集成天线	综合实现全舰探测、通信系统，包括 X、S 波段有源相控阵天线，分别用于对空、对海搜索及引导区域防空雷达。桅杆内通信、雷达、电子战天线均以不同孔径的方式集成	将传统布局散落的天线、探测器集中起来，既减小了雷达散射截面，又能较好地解决 EMC 问题	"未来护卫舰"FDZ-2020 计划
荷兰	综合桅杆	以中央桅杆结构安置所有的雷达、光学和通信传感器与天线，以及所有框箱和外围设备	具备更好的操作性能、更高的操作可用性，缩短了造舰周期，降低了维修成本，大量节省了舰下空间	将安装到荷兰皇家海军4艘海洋巡逻舰（OPV）上

10.4.2　一体化多功能接收机设计综述

通常，雷达需要低副瓣、高频谱纯度和低噪声系数；通信系统需要在可接受的误码率前提下优化数据链传输；电子战系统则需要有选择性地在雷达及通信设备的关键参数和带宽之间进行平衡，以确保对尽量多的信号类型有尽量高的截获概率。由于采用共用孔径和一体化收发实现多项功能，一体化收发系统需要在多项不同甚至相互矛盾的要求间进行严谨的综合权衡。下面将从工作体制选择、系统架构设计和机电热磁一体化仿真设计等方面进行简述。

1. 工作体制选择

目前的阵列体制主要包括有源相控阵体制和数字阵列体制，二者的主要区别在于波束形成方式。在接收状态下，有源相控阵天线接收电磁信号后，经过模拟体制的收发组件实现幅度和相位控制，通过模拟波束合成网络形成波束，数字化后进行信号处理；数字阵列天线接收到电磁信号后，直接进行变频采样数字化，通过数字域的幅度和衰减控制进行波束合成。在发射状态下，有源相控阵的中频信号经过上变频，以及模拟波束合成网络的功率分配，在每个收发组件中进行移相、放大，通过天线辐射到自由空间合成高功率波束；数字阵列中的每路信号经过幅度和相位控制，以及数字通道的上变频输出到天线，在自由空间合成高功率波束。

对比两种体制，有源相控阵和数字阵列的基本原理都是对每个通道进行幅度和相位控制，进行波束合成；其区别在于数字阵列将模拟阵列中的数字化前移到每个通道，幅度和相位控制及波束形成都在数字域进行，优点是幅度和相位控制的精度更高，波束形成的算法更加灵活，多波束形成能力更强。数字阵列孔径对于提升雷达的多功能综合及适应复杂电磁环境的能力具有很大的潜力，是未来阵列发展的主要方向之一。

多功能综合的关键是充分利用射频孔径的资源，实现多种不同的波束特性，以满足不同的功能需求。一体化收发系统采用数字阵列技术体制，易于实现多功能综合，系统可扩展、抗干扰能力强，在适应复杂电磁环境方面更具优势。

2. 架构设计选择

首先，为实现侦察、干扰、探测、通信一体化，一体化收发系统必须是一个宽带的综合射频系统；其次，一体化收发系统的数据量巨大，因此必须采用高速大容量数据传输系统；最后，数字收发单元必须采用开放式软件处理架构和通用运算处理平台，以方便用户参数更改和编程重构。

常用的一体化收发系统功能架构图如图 10.13 所示，由收发前端、上/下变频、数字收发、三种开关矩阵等部分组成。发射时，数字收发单元根据系统指令产生雷达、通信或电子战信号的数字发射波形，经过开关矩阵 3、上变频、开关矩阵 2，选择 2～6GHz 或 6～18GHz 的收发射频前端进行发射功率放大，再通过开关矩阵 1 后由天线辐射出去，在空间形成相应的发射波束。接收时，天线收到的雷达、通信或电子战信号经过开关矩阵 1 选择 2～6GHz 或 6～18GHz 的收发射频前端，经限幅、滤波、低噪声放大器后，经过开关矩阵 2、下变频、模数变换，再经过开关矩阵 3 到数字信号预处理单元进行处理后，通过光纤高速传输到后续系统，形成各自功能所需要的接收数字波束。

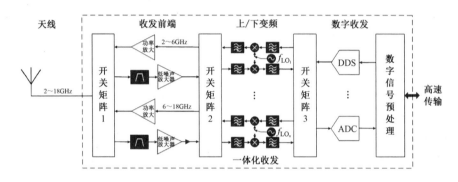

图 10.13　一体化收发系统功能架构图

3. 机电热磁一体化仿真设计

收发子系统集成设计涵盖对系统机电热磁一体化设计及规划、模块级机电热设计仿真、电路布板设计仿真、器件性能和关键参数测试评估，从整机的角度对系统的结构、电磁兼容、热耗、散热进行综合设计仿真，以系统的最优设计满足功能指标及约束条件，完成系统级的方案、设计、仿真、验证。一个完整的集成设计流程包含系统架构设计、射频通道设计、电路设计、芯片设计、结构及热设计、工艺设计等。收发子系统设计将模拟芯片、数字芯片、射频芯片和封装一起进行联合仿真设计，通过建立仿真平台最终实现全数字化仿真设计。在仿真阶段，将系统指标分解，考虑结构、散热等要求，对宽带变频接收通道、发射通道、频率源、D/A 变换、各种控制处理进行高密度集成，对其中的射频信号、中频信号、数字信号进行一体化综合集成仿真，以解决各部分的电磁兼容、信号完整性、散热问题，最终实现满足系统技战术指标要求的产品。

这样设计实现的一体化综合射频系统具有以下特点。

（1）减少了天线数量，减小了雷达散射截面积，在不增加新的孔径的条件下，增强了设备的扩容能力。

（2）功能主要由软件定义，射频系统共用，系统易升级，可进行灵活的频谱管理和控制，减少了专用设备。

（3）根据任务的需求定义系统功能，在空间、频率、发射功率、收发孔径、信号带宽和极化方式等多方面动态定义射频系统的功能，可实现多功能的转换和兼容。

参考文献

[1]   SKOLNIK M I. Radar Handbook[M]. 2nd ed. New York: McGraw-Hill, 1990.

[2]   蔡希尧. 雷达系统概论[M]. 北京：科学出版社，1983.

[3]   西北电讯工程学院. 雷达系统[M]. 北京：国防工业出版社，1983.

[4]   杰里 L. 伊伏斯，等. 现代雷达原理[M]. 卓荣邦，等译，北京：电子工业出版社，1991.

[5]   刘德树. 雷达反对抗的基本原理与技术[M]. 北京：北京理工大学出版社，1989.

[6]   张光义. 相控阵雷达系统[M]. 北京：国防工业出版社，1994.

[7]   郦能敬. 预警机系统导论[M]. 北京：国防工业出版社，1998.

[8]   J. E. 斯蒂芬. 接收系统设计[M]. 康士棣，等译. 北京：宇航出版社，1991.

[9]   本书编写组. 雷达接收设备（上、下）[M]. 北京：国防工业出版社，1978.

[10]   杨小牛，等. 软件无线电原理及应用[M]. 北京：电子工业出版社，2001.

[11]   费元春，等. 微波固态频率源[M]. 北京：国防工业出版社，1994.

[12]   郭崇贤. 相控阵雷达接收技术[M]. 北京：国防工业出版社，2009.

[13]   吴曼青. 数字阵列雷达的发展与构想[J]. 雷达科学与技术，2008（6）：401-405.

[14]   王德纯. 宽带相控阵雷达[M]. 北京：国防工业出版社，2010.

[15]   张光义. 相控阵雷达原理[M]. 北京：国防工业出版社，2009.

[16]   Harry L Van Trees. 最优阵列处理技术[M]. 汤俊，等译，北京：清华大学出版社，2008.

[17]   葛建军. 数字阵列雷达技术[M]. 北京：国防工业出版社，2017.

[18]   SALVADOR H. Talisa. Benefits of Digital Phased Array Radars[J]. Proceedings of the IEEE, 2016(104): 530-543.

[19]   顾其净，等. 微波集成电路设计[M]. 北京：人民邮电出版社，1978.

[20]   靳学明，等. 一种基于 DDS 的通用雷达波形发生器研制[C]//第二届 DDS 技术与应用研讨会，2001.

[21]   RONALD E CROCHIERE. Multirate Digital Signal Processing[M]. New Jersey: Prentice Hall, 1983.

[22]   VAIDYANATHAN P P. Multirate Systems and Filter Banks[M]. New Jersey: Prentice Hall, 1993.

[23]   GORDANA JOVANOVIC-DOLECEK. Multirate Systems: Design and Applications[M].

Singapore；IGP, 2002.

[24] FREDRIC J HARRIS. Multirate Signal Processing for Communitcation Systems[M]. London：Pearson Education Inc., 2004.

[25] ALAN V OPPENHEIM. Signals and Systems[M]. New Jersey：Printice Hall, 1997.

[26] SUTER B W. Multirate and Wavelet Signal Processing[M]. Pittsburgh：Academic Press, 1998.

[27] PAOLO CARBONE, SAYFE KIAEI, XU FANG. Design, Modeling and Testing of Data Converter[M]. Berlin：Springer, 2014.

[28] TIERNEY J, RADER C, GOLD B. A Digital Frequency Synthesizer[J]. IEEE Trans. Audio and Electroacoust, 1971(AU-19): 48-57.

[29] JOUKO VANKKA. Digital Synthesizers and Transmitters for Software Radio[M]. Berlin：Springer, 2005.

[30] PETE SYMONS. Digital Waveform Generation[M]. Cambridge：Cambridge University Press, 2014.

[31] SYMONS P R. DDFS phase mapping technique[J]. Electronics Letters. 2002, 38(21): 1291-1292.

[32] M J, LANGLOIS P, AI-Khalili D. Phase to sinusoid amplitude conversion techniques for direct digital frequency synthesis[J]. IEEE Proc-Circuits Syst, 2004, 151(6): 519-528.

[33] YANG YUANWANG, CAI JINGYE, LIU LIANFU. A novel dds array structure with low phase noise and spurs[J]. IEEE, 2011(11): 302-306.

[34] DAVID A SUNDERLAND, ROGER A STRAUCH, SREVEN S WHARFIELD, et al. CMOS. SOS frequency synthesizer LSI circuit for spread spectrum communications[J]. IEEE Journal of Solid-State Circuits, 1984, 19(4): 497-506.

[35] NICHOLAS H T, SAMUELI H. A 150 MHz direct digital frequency synthesizer in 1.25-micron CMOS with 90dBc spurious-free dynamic range [J]. IEEE Solid-State Circuits, 1991, 26(12): 1959-1969.

[36] DE DINECHIN F, TISSERAND A. Multipartite table methods[J]. IEEE Trans. Comput., 2005, 54(3): 319-330.

[37] DE CARO D, PETRA N, STROLLO A G M. Reducing lookup-table size in direct digital frequency synthesizers using optimized multipartite table method[J]. IEEE Trans. on Circuits and Systems, 2008, 55(7): 2116-2127.

[38] CHEN Y H, CHAU Y A. A direct digital frequency synthesizer based on a new

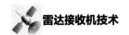
form of polynomial approximations[J]. IEEE Trans. Consum. Electron., 2010,56(2): 436-440.

[39] DE CARO, PETRA N, STROLLO A G M. Direct digital frequency synthesizer using nonuniform piecewise-linear approximation[J]. IEEE Trans. on Circuits and Systems, 2011, 58(10): 2409-2419.

[40] VOLDER J E. The CORDIC trigonometric computing technique[J]. IEEE Transactions on Electronics Computers Trans. Electronic Computing, 1959, 8(3): 330-334.

[41] KANG CY, SWARTZLANDER E E. An analysis of the CORDIC algorithm for direct digital frequeney synthesis[C]//Proceedings of the IEEE International Conference on Application-Specific Systems, Arehitectures, and Processors, 2002.

[42] NADAV LEVANON, ELI MOZESON. Radar Signals[M]. New York: John Wiley & Sons Inc., 2004.

[43] PHILLIP E PACE. Detecting and Classifying Low Probability of Intercept Radar[M]. 2nd ed. London: Artech House, 2009.

[44] MARK A RICHARDS. 雷达信号处理基础[M]. 2 版. 邢孟道，等译，北京：电子工业出版社，2017.

[45] HANS-JURGEN ZEPERNICK. 伪随机信号处理——理论与应用[M]. 甘良才，等译，北京：电子工业出版社，2017.

[46] 朱晓华. 雷达信号分析与处理[M]. 北京：国防工业出版社，2011.

[47] OLIVIER JAMIN. Broadband Direct RF Digitization Receivers[M]. Berlin: Springer, 2014.

[48] AHMED M A ALI, etc. A 12b 18GS/s RF sampling ADC with an integrated wideband track-and-hold amplifiyer and background calibration[C]//ISSCC, 2020.

[49] AHMED M A ALI. Calibration techniques in ADCs[C]//ISSCC tutorial, 2021.

[50] AHMED M A ALI. High Speed Data Converters[M]. London: IET, 2016.

[51] DEVARAJAN S, etc. A 12b 10GS/s interleaved pipeline ADC in 28nm CMOS technology[C]//ISSCC, 2017.

[52] JIANG WENNING, et al. A 7.6mW 1GS/s 60dB-SNDR single-channel SAR-assisted pipelined ADC with temperature-compensated dynamic Gm-R-based amplifier[C]// ISSCC, 2019.

[53] SHANTHI PAVAN, RICHARD SCHREIER, BABOR C TEMES. Understanding

Delta-Sigma Data Converters[M]. 2nd ed. New York: John Wiley & Sons, Inc., 2017.

[54] LO CHILUN, et al. A 116μW 104.4dB-DR 100.6dB-SNDR CT ΔΣ Audio ADC using tri-level current-steering DAC with gate-leakage compensated off-transistor based bias noise filter[C]// ISSCC, 2021.

[55] BLACK W C, HODGES D A. Time interleaved converter arrays[J]. IEEE Journal of Solid-State Circuits, 1980, SC-15(6): 1022–1029.

[56] 李玉生. 超高速并行采样模拟/数字转换的研究[D]. 合肥：中国科学技术大学，2007.

[57] JAMES TSUI, et al. Digital Techniques for Wideband Receivers[M]. 3rd ed. New York: SciTech Publishing, 2015.

[58] TSUI JAMES. Special Design Topics in Digtal Wideband Receivers[M]. London: Artech House, 2010.

[59] WALDEN R. Analog-to-digital conversion in the early twenty-first century [C]// Wiley Encyclopedia of Computer Science and Engineering, 2008.

[60] 王冰，郑世连，谭剑美. 米波雷达射频数字化接收系统试验研究[J]. 现代雷达，2007（6）：80-83.

[61] 张飞，伍小保. 广义多相滤波及其应用[J]. 雷达科学与技术, 2014, 12（6）: 262-266.

[62] RABINER L R, GOLD B. Theory and Application of Digital Signal Processing[M]. New Jersey: Printice Hall,1975.

[63] 伍小保，王冰. 宽带数字下变频和重采样处理 MATLAB 仿真与 FPGA 实现[J]. 现代电子技术，2015，38（23）：6-9.

[64] LJILJANA MILIC. Multi-rate filtering for digital signal processing: matlab applications[C]//Information Science Reference, 2009.

[65] MOU Z J. Symmetry exploitation in digital interpolators/decimators[J]. IEEE Trans. Signal Process, 1996(44): 2611-2615.

[66] 胡仕兵. 超宽带雷达脉冲压缩信号数字产生方法研究[D]. 成都：电子科技大学，2009.

[67] 王永良，丁前军，李荣锋. 自适应阵列处理[M]. 北京：清华大学出版社，2009.

[68] 保铮，邢孟道，王彤. 雷达成像技术[M]. 北京：电子工业出版社，2005.

[69] RIHACZEK A W. Principles of High-Resolution Radar[M]. London: Artech House, 1996.

[70] WLATERK G CARRAR, RON S GOODMAN. Spotlight Synthetic Aperture

Radar: Signal Processing Algorithms[M]. London: Artech House, 1995.

[71] DONALD R WEHNER. High-Resolution Radar[M]. London: Artech House, 1987.

[72] 张利. 宽带数字阵列雷达自适应通道均衡[D]. 西安：西安电子科技大学，2012.

[73] 范欢欢，伍小保，孙维佳. 一种射频数字一体化宽带收发模块设计[J]. 雷达科学与技术，2020（6）：340-350.

[74] 李德儒. 群时延测量技术[M]. 北京：电子工业出版社，1990.

[75] 陈芸芸. 基于软件无线电的变频器件群时延测量方法的研究[D]. 哈尔滨：哈尔滨工业大学，2009.

[76] 张存. 宽带多通道相位延时测量与校正技术研究[D]. 成都：电子科技大学，2016.

[77] 许媛. 宽带数字阵雷达分数时延测量与实现技术研究[D]. 成都：电子科技大学，2005.

[78] 龙腾，刘泉华，陈新亮. 宽带雷达[M]. 北京：国防工业出版社，2017.

[79] VALIMAKI V. Discrete-time modeling of acoustic tubes using fractional delay filers[D]. Espoo：Master Thesis of Helsinki University of Technology, 1995.

[80] MIKE JONES, MICHEAL HENNERICH, PETE DELOS. Power-up phase determinism using multichip synchronization features in integrated wideband DACs and ADCs[C]//Analog Device, 2020.

[81] KAZIM PEKER, ALTUG OZ. Synchronizing sample clocks of a data converter array[C]// Analog Device, 2016.

[82] CHAPPELL W，FULTON C. Digital array radar panel development[C]//IEEE International Sysmposium on Phased Array Systems and Technology, 2010.

[83] 张光义，赵玉洁. 相控阵雷达技术[M]. 北京：电子工业出版社，2006.

[84] 王周海，杨星华. 有源可扩充阵列模块指标体系的研究[C]//全国天线年会论文集（上），2009.

[85] 吴洪江，高学邦. 雷达收发组件芯片技术[M]. 北京：国防工业出版社，2017.

[86] 韩玉鹏. T/R 组件的 MMIC 设计技术研究[D]. 西安：西安电子科技大学，2014.

[87] 胡明春，周志鹏，严伟. 相控阵雷达收发组件技术[M]. 北京：国防工业出版社，2010.

[88] 赵云. S 波段相控阵接收组件的研制[D]. 成都：电子科技大学，2013.

[89] 清华大学. 微带电路[M]. 北京：清华大学出版社，2017.

[90] 於洪标. 有源相控阵雷达 T/R 组件稳定性分析设计[J]. 电子学报，2005(6)：1102-1104.

[91] 吴曼青. 数字阵列雷达及其进展[J]. 雷达科学与技术，2006（1）：12-13.

[92]　张卫青,谭剑美,陈菡. DDS 在数字阵列雷达中的应用[J]. 雷达科学与技术, 2008（6）：467-470.

[93]　FULTON C, CLOUGH P, PAI V, et al. A digital array radar with a hierarchical system architecture[C]//IEEE MIT-S International Microwave Symposium Digest, 2009.

[94]　LYALIN K S, CHISTUHIN V V, ORESHKIN V I, et al. Digital beamforming multibeam antenna array design[C]//19th International Crimean Conference Microwave and　Telecommunication Technology, 2009.

[95]　孙健,汪彦彦. 基于 CORDIC 算法的高速高精度 NCO 的 FPGA 设计[J]. 火控雷达技术, 2007（36）：68-72.

[96]　郑新,李文辉,潘厚忠. 雷达发射机技术[M]. 北京：电子工业出版社, 2006.

[97]　吴永欣,冀祯,党立华. 数字接收机模拟信道和 ADC 的匹配设计[J]. 无线电工程, 2008（6）：59-60.

[98]　张卫清,朱亮,许厚棣. 多通道一体化数字收发电路设计[J]. 电子技术与软件工程, 2016（3）：108-110.

[99]　吴曼青. DDS 技术及其在发射 DBF 中的应用[J]. 现代电子, 1996（2）：9-13.

[100] 张润逵. 雷达结构与工艺[M]. 北京：电子工业出版社, 2004.

[101] 刘晓政,李佩,张德智,等. 集成化 DAM 变频电路设计[J]. 雷达科学与技术, 2008（6）：492-493.

[102] 张运传,李佩,张德智. 多层微带功分网络的设计[J]. 火控雷达技术, 2009（2）：64-66.

[103] 中央军委装备发展部. GJB 8864—2016 数字阵列雷达通用规范[S]. 2016.

[104] ZHANG T, MICHELONI R, ZHANG G, et al. 3-D data storage, power delivery, and RF/optical transceiver-case studies of 3-D integration from system design perspectives[J]. Proceedings of the IEEE, 2009, 97(1): 161-174.

[105] ERDOGAN O E, GUPTA R, YEE D G, et al. A single-chip quad-band GSM/GPRS transceiver in 0.18μm standard CMOS[C]//IEEE international Solid-State Circuits Conference, 2005.

[106] HASHEMI H, GUAN X, HAJIMIRI A. A fully integrated 24 GHz 8-path phased array receiver in silicon[C]. IEEE international Solid-State Circuits Conference, 2004.

[107] 王喆垚. 三维集成技术[M]. 北京：电子工业出版社, 2014.

[108] LUO M, XIAO Q, LU Q, et al. A compact RF Front-end SIP using silicon-based integrated passive devices[C]//International Conference on Microwave and Millimeter Wave Technology(ICMMT), 2018.

[109] LI R, JIN C, ONG S C, et al. Embedded Wafer Level Packaging (EMWLP) for 77GHz Automotive Radar Front-End with Through Silicon Via (TSV) and its 3D Integration[J]. IEEE Transactions on Components, packaging, and manufacturing Technology, 2013, 3(9): 1481-1488.

[110] 杨勇军，梅进杰，雷云龙. 综合射频系统技术研究进展及发展前景[J]. 船舶电子对抗，2018（41）：5.

[111] 徐艳国，胡学成. 综合射频技术及其发展[J]. 中国电子科学研究院学报，2009（4）：6.

[112] 胡善祥，高菡，张德智. 相控阵雷达多功能射频与微波设计[J]. 雷达科学与技术，2018（16）：1.

[113] 赵佩红. 多功能综合射频系统技术综述[J]. 雷达与对抗，2011（31）：3.

[114] 陈精杰. 一体化接收机关键技术研究[D]. 兰州：兰州大学，2011.

[115] 白居宪. 低噪声频率合成[M]. 西安：西安交通大学出版社，1995.

[116] 郑继禹，等. 锁相环原理与应用技术[M]. 北京：人民邮电出版社，1976.

[117] 吴万春. 集成固体微波电路[M]. 北京：国防工业出版社，1981.

[118] 甘本祓，等. 现代微波滤波器的结构与设计[M]. 北京：科学出版社，1973.

[119] MATTHEL G L, YOUNG L, JONES E M T. Microwave Filter Impedance-Matching Networks and Coupling Structures[M]. New York：McGraw-Hill Book Co., 1964.

[120] 本书编写组. 微带电路[M]. 北京：人民邮电出版社，1976.

[121] 沈楚玉. 微波电路的计算机辅助设计[M]. 北京：电子工业出版社，1981.

[122] PHILLIP E PACE. Advanced Techniques for Digital Receivers[M]. London：Artech House, 2000.

[123] 马晓岩，等. 雷达信号处理[M]. 长沙：湖南科学技术出版社，1999.

[124] 承德保. 现代雷达反对抗技术[M]. 北京：航空工业出版社，2002.

[125] 罗特基耶维兹. 无线电工程中的电磁兼容[M]. 冯竞，兰得春，译. 北京：人民邮电出版社，1990.

[126] 白同云，等. 电磁兼容设计[M]. 北京：北京邮电大学出版社，2001.

[127] 栾恩杰. 国防科技名词大典（电子）[M]. 北京：航空工业出版社，2002.

[128] ANDRICOS C. An L-and S band radar exciter using agile low noise PLL synthesizers[C]//34 th Frequency Control Symposium, 1980.

[129] 蔡德林，等. 雷达数字接收机实现[C]//第八届全国雷达学术年会论文集，2002.

[130] 刑燕.一种新的中频采样和数字正交器的实现方法[C]//第八届全国雷达学术年会论文集，2002.